U0347070

高等学校计算机基础教育教材精选

Photoshop CC 2017
图形图像处理教程
（第2版）

赵祖荫　主编

孙濬隆　赵卓群　王　潇　编著

清华大学出版社

北　京

内 容 简 介

本书是一本学习 Adobe Photoshop CC 2017 的教程,具有内容丰富、通俗易懂、精炼实用的特点。本书从图像处理的基础知识着手,详细介绍了 Photoshop CC 2017 的各项基本功能,以及图像处理技术中最基本、最实用的知识。全书共 12 章,内容依次为 Photoshop CC 2017 基础知识、Photoshop CC 2017 的基本操作、选区的创建与编辑、图像的编辑、图层及其应用、形状与路径、图像色调与色彩的调整、通道与蒙版、滤镜的应用、Camera Raw 技术及其应用、网络图像与图像自动化处理,以及 3D 成像技术。

本书每一章中都安排了加深理解重要知识点的思考题,并提供了有坡度的实验练习,以及操作提示。

本书可作为高等学校相关专业的教材,也可作为学习图像处理技术的自学读本。

图书在版编目(CIP)数据

Photoshop CC 2017 图形图像处理教程/赵祖荫主编. —2 版. —北京:清华大学出版社,2019(2019.12 重印)

ISBN 978-7-302-52378-9

Ⅰ. ①P… Ⅱ. ①赵… Ⅲ. ①图像处理软件—教材 Ⅳ. ①TP391.413

中国版本图书馆 CIP 数据核字(2019)第 038912 号

责任编辑:焦　虹　常建丽
封面设计:何凤霞
责任校对:徐俊伟
责任印制:李红英

出版发行:清华大学出版社
　　　网　　　址:http://www.tup.com.cn,http://www.wqbook.com
　　　地　　　址:北京清华大学学研大厦 A 座　　　邮　　编:100084
　　　社　总　机:010-62770175　　　邮　　购:010-62786544
　　　投稿与读者服务:010-62776969,c-service@tup.tsinghua.edu.cn
　　　质量反馈:010-62772015,zhiliang@tup.tsinghua.edu.cn
　　　课件下载:http://www.tup.com.cn,010-83470236
印　装　者:清华大学印刷厂
经　　　销:全国新华书店
开　　　本:185mm×260mm　　　印　　张:28　　　字　　数:663 千字
版　　　次:2010 年 1 月第 1 版　　　2019 年 6 月第 2 版　　　印　　次:2019 年 12 月第 2 次印刷
定　　　价:59.00 元

产品编号:076281-01

前言

21 世纪人类已进入数字化的信息时代，作为数字化重要工具之一的多媒体计算机，具有综合处理图像、文字、声音和视频等信息的功能，它以丰富的图、文、声、像的多媒体信息和友好的交互性，给人们的工作、生活和娱乐带来深刻的变化。

计算机图像处理作为多媒体计算机技术的一个重要分支，已经成为一门新兴学科，得到了快速的发展。Adobe Photoshop CC 2017 就是一款优秀的图形图像处理软件，在图形绘制、文字编排、图像处理、动画制作和 3D 模型的创建与编辑方面都具有十分完善和强大的功能，不但能帮助设计者方便、快捷、精确地完成设计工作，还可以为数码摄影爱好者修饰完善数码相片带来高效与便捷，所以深受广大用户的喜爱。

目前市场上各种非专业类的 Photoshop 的教材种类繁多，侧重讲解软件功能的教材，有的缺少实践操作的内容；侧重实战应用的教材，知识点又介绍得不完整。很多学习者在进行实际项目的设计和制作时，仍然会感到不知所措，究其原因，要么是他们学习的知识不完整，要么是技术和实践有一定程度的脱节，因此他们不能够将学过的知识融会贯通、得心应手地应用到实际工作中。本书力求改变这种状况，本着"知识与技能并重，理论与实践互补，设计与制作兼顾，美观和实用合一"的教学思想，编写了这本图像处理的教材，本书每章均安排了加深理解重要知识点的思考题，并提供了有坡度的实验练习，以及操作提示。希望学习者通过学习能够掌握图像处理软件的各项常用的功能，并具备较好的综合应用能力，能够利用图像处理软件制作出自己脑海中构思的作品。

为了使本书的学习者能扎实地掌握基础知识，并能学以致用，将学过的知识融会贯通应用于实践，我们在编写过程中力求使本书体现下列原则。

（1）实用为主，学以致用。本书从基础知识着手，详细介绍了图像处理技术中最基本、最实用的知识，舍弃了过于枯燥难懂的内容，学习者可以参照本书内容边学习、边实践，在实践过程中逐步掌握软件的各种基本功能。

（2）通俗易懂，难易适当。本书加大了应用理论的阐述，书中既有以熟悉软件基本操作为目的的简单操作，又包含一些较复杂的图形图像处理技法。各章内容的安排紧凑，主题与素材的内在联系较为紧密，避免了结构松散、内容臃肿的问题。文字表达力求简单明了，操作步骤力戒述而不作，每一章都精心设计了思考题与练习题，具有加深理解各重要知识点的作用。

（3）定位明确，通用性强。本书可作为普通高校非计算机专业的本科学生、各类高职、高专等大专学生的图像处理教学用书，也可以作为各类初、中级从事平面设计人员和电脑爱好者的自学读本。初学者可以跟随本教材的讲解由浅入深,从入门学起,对于有一定基础的学习者通过本书也可学到较深入的知识、综合技巧以及相关的设计基础知识。

本书中用到的素材、各章图像处理的结果,以及教学用的 PPT 电子教案可以到清华大学出版社网站下载。

本书的第 1、2、10 章由孙濬隆、赵祖荫编写,第 3~9、11、12 章由赵祖荫、赵卓群编写,王潇编写了第 4~6、9、11 章的部分练习。

在本书的编写中,还得到叶伟芳女士与艾伦朋友的帮助与支持,许君杨、金洁、陈楠参与了本书部分章节的编写,在此表示衷心的感谢。全书由赵祖荫拟定大纲和统稿。

由于时间仓促,作者学识有限,对于书中不妥之处敬请读者批评指正。

作　者
2019 年 3 月于上海

目录

第 1 章　Photoshop CC 2017 基础知识 ································· 1

　1.1　图形图像的基本概念 ··· 1

　　1.1.1　图形图像的种类 ··· 1

　　1.1.2　图像的大小、分辨率和像素 ································· 2

　　1.1.3　常用的图像文件格式 ··· 3

　　1.1.4　常用的图像颜色模式 ··· 4

　1.2　Photoshop CC 2017 工作环境介绍 ······················· 6

　　1.2.1　Photoshop CC 2017 概述 ································· 7

　　1.2.2　工作界面介绍 ··· 8

　　1.2.3　菜单栏与状态栏 ··· 8

　　1.2.4　工具箱与工具选项栏 ··· 10

　　1.2.5　窗口、面板与工作区 ··· 10

　　1.2.6　显示和隐藏面板 ··· 12

　1.3　Photoshop CC 2017 工作环境的优化与设置 ············· 12

　　1.3.1　设置界面颜色 ··· 13

　　1.3.2　设置标尺、参考线与网格 ································· 13

　　1.3.3　素材模板的下载 ··· 16

　1.4　Photoshop CC 2017 搜索功能及其应用 ················· 17

　1.5　本章小结 ··· 18

　1.6　本章练习 ··· 19

第 2 章　Photoshop CC 2017 的基本操作 ····················· 21

　2.1　文件的基本操作 ··· 21

　　2.1.1　创建新图像文件 ··· 21

　　2.1.2　打开图像文件 ··· 21

　　2.1.3　用 Adobe Bridge 应用程序打开图像文件 ············· 24

　　2.1.4　查看图像文件的 3 种模式 ································· 25

　　2.1.5　导航器 ··· 28

　　2.1.6　存储和关闭图像文件 ··· 30

　2.2　图像编辑的基本操作 ··· 30

2.2.1 图像显示比例的调整 ……………………………… 31
2.2.2 调整画布与图像大小 …………………………… 31
2.2.3 图像的旋转与翻转 ……………………………… 35
2.2.4 图像的裁剪 ……………………………………… 36
2.2.5 图像的裁切 ……………………………………… 38
2.3 图像编辑过程中的还原和重做 ……………………… 39
2.3.1 还原和恢复图像 ………………………………… 39
2.3.2 历史记录面板 …………………………………… 39
2.4 本章小结 ……………………………………………… 42
2.5 本章练习 ……………………………………………… 42

第3章 选区的创建与编辑 …………………………………… 46
3.1 创建选区 ……………………………………………… 46
3.1.1 创建规则选区 …………………………………… 46
3.1.2 创建不规则选区 ………………………………… 48
3.1.3 智能化的选取工具 ……………………………… 51
3.2 编辑与调整选区 ……………………………………… 52
3.2.1 移动选区与反转选区 …………………………… 52
3.2.2 编辑选区的图像 ………………………………… 53
3.2.3 变换选区 ………………………………………… 57
3.2.4 选区的合并、减去与相交 ……………………… 59
3.2.5 编辑选区的轮廓 ………………………………… 60
3.2.6 存储与载入选区 ………………………………… 63
3.3 选择并遮住及其应用 ………………………………… 64
3.4 色彩范围及其应用 …………………………………… 69
3.4 本章小结 ……………………………………………… 71
3.5 本章练习 ……………………………………………… 71

第4章 图像的编辑 …………………………………………… 79
4.1 图像的填充与擦除 …………………………………… 79
4.1.1 渐变工具 ………………………………………… 79
4.1.2 油漆桶工具 ……………………………………… 82
4.1.3 擦除工具 ………………………………………… 83
4.2 绘图工具及其应用 …………………………………… 86
4.2.1 画笔工具 ………………………………………… 87
4.2.2 铅笔工具 ………………………………………… 92
4.2.3 颜色替换工具 …………………………………… 93
4.2.4 混合器画笔工具 ………………………………… 94
4.3 修饰工具及其应用 …………………………………… 95
4.3.1 修复工具组 ……………………………………… 95

Photoshop CC 2017 图形图像处理教程(第 2 版)

　　　　4.3.2　图章工具组 ························· 100

　　　　4.3.3　模糊工具组 ························· 103

　　　　4.3.4　色调工具组 ························· 105

　　　　4.3.5　历史记录画笔工具组 ················ 107

　　4.4　本章小结 ···························· 108

　　4.5　本章练习 ···························· 108

第 5 章　图层及其应用 ··················· 114

　　5.1　图层和图层面板 ······················· 114

　　　　5.1.1　图层的概念 ························· 114

　　　　5.1.2　图层面板 ························· 114

　　　　5.1.3　图层的类型 ························· 116

　　5.2　图层的基本操作 ······················· 119

　　　　5.2.1　图层的创建、复制、删除与隐藏 ········ 119

　　　　5.2.2　图层的锁定和顺序调整 ·············· 121

　　　　5.2.3　图层的链接与合并 ················· 122

　　　　5.2.4　链接图层的对齐与分布 ·············· 123

　　　　5.2.5　图层的编组与取消编组 ·············· 125

　　5.3　图层的混合模式和不透明度 ·············· 125

　　　　5.3.1　图层的混合模式 ··················· 125

　　　　5.3.2　图层的不透明度 ··················· 131

　　5.4　图层的变换 ·························· 132

　　　　5.4.1　图层的变换操作 ··················· 133

　　　　5.4.2　图层的自由变换 ··················· 135

　　5.5　图层的样式 ·························· 136

　　　　5.5.1　常用的图层样式 ··················· 136

　　　　5.5.2　图层样式的编辑 ··················· 149

　　5.6　填充图层和调整图层 ··················· 151

　　　　5.6.1　创建填充图层 ····················· 151

　　　　5.6.2　创建调整图层 ····················· 153

　　　　5.6.3　编辑图层内容 ····················· 154

　　5.7　智能对象 ···························· 154

　　　　5.7.1　智能对象的创建与编辑 ·············· 154

　　　　5.7.2　智能对象的导出与栅格化 ············ 156

　　5.8　本章小结 ···························· 156

　　5.9　本章练习 ···························· 157

第 6 章　形状与路径 ····················· 164

　　6.1　形状的创建与编辑 ····················· 164

　　　　6.1.1　矩形工具和圆角矩形工具 ············ 165

  6.1.2 椭圆工具 ……………………………………… 165

  6.1.3 多边形工具 …………………………………… 166

  6.1.4 直线工具 ……………………………………… 167

  6.1.5 自定形状工具 ………………………………… 168

  6.1.6 绘图工具模式 ………………………………… 169

  6.1.7 绘制与编辑形状 ……………………………… 170

 6.2 路径创建工具 ……………………………………… 175

  6.2.1 钢笔工具 ……………………………………… 175

  6.2.2 自由钢笔工具 ………………………………… 177

 6.3 路径编辑工具 ……………………………………… 178

  6.3.1 路径选择工具组 ……………………………… 178

  6.3.2 编辑锚点工具 ………………………………… 179

  6.3.3 路径面板 ……………………………………… 180

 6.4 路径工具的应用 …………………………………… 181

  6.4.1 路径的变形 …………………………………… 182

  6.4.2 路径的填充 …………………………………… 182

  6.4.3 路径的描边 …………………………………… 184

  6.4.4 路径和选区的互换 …………………………… 184

  6.4.5 保存与输出路径 ……………………………… 186

  6.4.6 剪贴路径 ……………………………………… 186

 6.5 文字的编辑处理 …………………………………… 187

  6.5.1 文字的输入 …………………………………… 188

  6.5.2 文字的编辑 …………………………………… 190

  6.5.3 变形文字 ……………………………………… 195

 6.6 本章小结 …………………………………………… 197

 6.7 本章练习 …………………………………………… 197

第7章 图像色调与色彩的调整 …………………………… 203

 7.1 图像的色彩基础 …………………………………… 203

  7.1.1 色彩的形成 …………………………………… 203

  7.1.2 色彩的要素 …………………………………… 203

 7.2 图像的色调调整 …………………………………… 206

  7.2.1 自动调整 ……………………………………… 206

  7.2.2 亮度和对比度 ………………………………… 207

  7.2.3 色阶 …………………………………………… 207

  7.2.4 曲线 …………………………………………… 211

  7.2.5 曝光度 ………………………………………… 215

 7.3 图像的色彩调整 …………………………………… 216

  7.3.1 自然饱和度 …………………………………… 216

      7.3.2　色相/饱和度 ································ 217

      7.3.3　色彩的平衡 ································ 218

      7.3.4　黑白 ···································· 219

      7.3.5　照片滤镜 ·································· 220

      7.3.6　通道混合器 ································ 222

      7.3.7　颜色查找 ·································· 223

      7.3.8　反相 ···································· 224

      7.3.9　色调分离 ·································· 224

      7.3.10　阈值 ··································· 225

      7.3.11　渐变映射 ································ 225

      7.3.12　可选颜色 ································ 227

      7.3.13　阴影和高光 ······························ 227

      7.3.14　HDR 色调 ······························· 229

      7.3.15　去色 ··································· 231

      7.3.16　匹配颜色 ································ 232

      7.3.17　替换颜色 ································ 233

      7.3.18　色调均化 ································ 234

  7.4　本章小结 ······································ 235

  7.5　本章练习 ······································ 235

第 8 章　通道与蒙版 ··································· 244

  8.1　通道概述 ······································ 244

  8.2　通道的基本操作 ·································· 245

      8.2.1　通道的创建、复制与删除 ······················ 245

      8.2.2　通道的分离与合并 ·························· 246

      8.2.3　将通道作为选区载入 ························ 247

      8.2.4　将选区存储为通道 ·························· 248

      8.2.5　专色通道及其应用 ·························· 249

      8.2.6　应用图像与计算 ···························· 251

  8.3　蒙版概述 ······································ 254

  8.4　蒙版的基本操作 ·································· 254

      8.4.1　快速蒙版及其应用 ·························· 254

      8.4.2　图层蒙版及其应用 ·························· 257

      8.4.3　矢量蒙版及其应用 ·························· 261

      8.4.4　剪贴蒙版及其应用 ·························· 263

  8.5　本章小结 ······································ 265

  8.6　本章练习 ······································ 266

第 9 章　滤镜的应用 ··································· 279

  9.1　滤镜概述 ······································ 279

9.1.1 滤镜菜单 …………………………………………… 279
9.1.2 滤镜的用途与使用规则 ……………………………… 280
9.2 几种特殊滤镜 ………………………………………………… 281
9.2.1 自适应广角滤镜 ……………………………………… 281
9.2.2 Camera Raw 滤镜 …………………………………… 283
9.2.3 镜头校正滤镜 ………………………………………… 287
9.2.4 液化滤镜 ……………………………………………… 288
9.2.5 消失点滤镜 …………………………………………… 291
9.2.6 滤镜库 ………………………………………………… 293
9.3 常用滤镜组 …………………………………………………… 294
9.3.1 艺术效果滤镜组 ……………………………………… 294
9.3.2 画笔描边滤镜组 ……………………………………… 298
9.3.3 素描滤镜组 …………………………………………… 301
9.3.4 纹理滤镜组 …………………………………………… 306
9.3.5 风格化滤镜组 ………………………………………… 308
9.3.6 扭曲滤镜组 …………………………………………… 310
9.3.7 模糊滤镜组 …………………………………………… 316
9.3.8 模糊画廊滤镜组 ……………………………………… 320
9.3.9 锐化滤镜组 …………………………………………… 324
9.3.10 视频滤镜组 …………………………………………… 326
9.3.11 像素化滤镜组 ………………………………………… 327
9.3.12 渲染滤镜组 …………………………………………… 329
9.3.13 杂色滤镜组 …………………………………………… 334
9.3.14 其他滤镜组 …………………………………………… 338
9.4 转换为智能滤镜 ……………………………………………… 343
9.5 本章小结 ……………………………………………………… 344
9.6 本章练习 ……………………………………………………… 345
第 10 章 Camera Raw 技术及其应用 ……………………………… 355
10.1 Camera Raw 概述 ………………………………………… 355
10.1.1 Camera Raw 窗口介绍 …………………………… 355
10.1.2 Camera Raw 的基本功能 ………………………… 357
10.2 在 Camera Raw 中打开图像文件 ………………………… 358
10.2.1 打开 RAW 格式的图像文件 ……………………… 358
10.2.2 用 Camera Raw 打开其他格式的图像文件 ……… 358
10.3 在 Camera Raw 中调整颜色 ……………………………… 361
10.3.1 修剪高光和阴影 …………………………………… 361
10.3.2 在 Camera Raw 中调整白平衡 …………………… 362
10.3.3 图像色调的调整 …………………………………… 363

    10.3.4　通过曲线调整色调 ······························ 364

  10.4　使用 Camera Raw 修饰图像 ····························· 366

    10.4.1　旋转和拉直图像 ······························ 366

    10.4.2　使用【调整画笔】对图像局部区域进行颜色调整 ········· 367

    10.4.3　【渐变滤镜】的应用 ··························· 369

  10.5　使用不同格式存储图像 ····························· 372

    10.5.1　保存修改后的 RAW 格式文件 ···················· 373

    10.5.2　保存修改后的 RAW 格式文件的方法 ················ 373

  10.6　管理 Camera Raw 的设置 ···························· 374

    10.6.1　存储、载入和复位图像设置 ···················· 374

    10.6.2　指定图像设置存储位置 ······················· 375

  10.7　本章小结 ································· 376

  10.8　本章练习 ································· 376

第 11 章　网络图像与图像自动化处理 ······················ 381

  11.1　优化图像 ································· 381

    11.1.1　设置图像优化格式 ·························· 381

    11.1.2　设置图像的颜色与大小 ······················· 382

  11.2　网络图像的创建与应用 ····························· 383

    11.2.1　创建与编辑切片 ··························· 384

    11.2.2　创建图像的超链接 ·························· 384

  11.3　帧动画的创建与应用 ····························· 386

    11.3.1　创建与编辑动画 ··························· 386

    11.3.2　创建与设置过渡帧 ·························· 388

    11.3.3　预览与保存动画 ··························· 388

  11.4　动作面板及其应用 ······························ 391

  11.5　图像自动化工具 ······························· 393

    11.5.1　批处理 ······························· 394

    11.5.2　创建快捷批处理 ··························· 395

    11.5.3　图像自动化处理的应用 ······················· 396

  11.6　本章小结 ································· 400

  11.7　本章练习 ································· 400

第 12 章　3D 成像技术 ······························· 408

  12.1　3D 图像概述 ······························· 408

    12.1.1　3D 工作环境介绍 ·························· 409

    12.1.2　3D 相机工具 ···························· 410

  12.2　3D 图像的基本操作 ···························· 411

    12.2.1　创建 3D 明信片 ·························· 411

    12.2.2　创建 3D 形状 ··························· 412

　　　12.2.3　创建 3D 深度映射 ……………………………………………… 412

　　　12.2.4　创建 3D 文字模型 ………………………………………………… 414

　　　12.2.5　3D 模型的绘制 …………………………………………………… 416

　12.3　【3D】面板的运用 ……………………………………………………… 416

　12.4　创建和编辑 3D 模型的纹理与材质 …………………………………… 418

　　　12.4.1　创建与编辑 3D 模型纹理 ………………………………………… 418

　　　12.4.2　创建与编辑 3D 模型材质 ………………………………………… 421

　　　12.4.3　3D 模型的渲染设置 ……………………………………………… 424

　12.5　存储和导出 3D 图像 …………………………………………………… 427

　　　12.5.1　导出 3D 图层 ……………………………………………………… 427

　　　12.5.2　存储 3D 文件 ……………………………………………………… 428

　12.6　本章小结 ………………………………………………………………… 428

　12.7　本章练习 ………………………………………………………………… 429

参考文献 …………………………………………………………………… 433

第 1 章 Photoshop CC 2017 基础知识

本章学习重点：
- 了解图形图像的基本知识。
- 掌握 Photoshop CC 2017 工作环境和界面。
- 掌握 Photoshop CC 2017 搜索功能。

1.1 图形图像的基本概念

Photoshop CC 2017 中文版是 Adobe 公司开发的数字图像编辑软件，这是目前最流行的图像处理软件之一，它编辑功能强大，操作方便实用，可以广泛地应用于平面设计、广告摄影、网页设计、建筑效果图处理和游戏动画制作等领域。在学习这个软件的过程中，经常会涉及图形和图像两个词汇。图形是指在一个二维空间中可以用轮廓划分出的若干空间形状。图形是空间的一部分，它是局限的可识别的形状，一般可用计算机软件绘制，由点、线、面等元素组合而成，又常被称为矢量图形；图像是自然景物的客观反映，是人类认识世界的来源。"图"是物体反射或透射光的分布，"像"是人的视觉系统所接受的图在人脑中形成的印象或认识，照片、绘画、剪贴画、地图、书法作品、卫星云图、X 光片等都是图像。图像可以是由计算机的输入设备捕捉的实际场景的画面，或以数字化形式存储的画面，又称为位图图像。

1.1.1 图形图像的种类

1. 矢量图形

矢量图形也称向量图形，可以用一组指令集描述。这些指令描述了构成一幅图画的所有直线、曲线、矩形、圆、圆弧等的位置、形状和大小。矢量图形无论放大或缩小多少倍，都可以有精确的视觉效果、平滑的边缘和醒目的清晰度，而且其文件体积相对比较小，但是不容易表达丰富的色彩。它们可在计算机内存中表示成一系列的数值，这些数值决定了矢量图形如何显示在屏幕上。矢量图形常用的编辑软件有 CorelDRAW、Illustrator 等。因为矢量图形放大后图像不会失真，故适用于图形设计、文字设计和一些标志与版式设计。

2. 位图图像

位图图像也称点阵图像或像素图像,可用数码照相机或扫描仪等设备获取。位图图像由一个个像素点组成,一个像素可用一个或多个内存位存储,由描述图像的各个像素点的明暗强度与颜色的位数集合而成。与矢量图形的最大区别是,位图图像更容易描述物体的真实效果。将这类图像放大到一定程度,可以看到它是由一个个小方格组成的,这些小方格就是像素点,像素点是图像中最小的图像元素。位图图像的大小和质量取决于图像中像素点的多少。通常,每平方英寸的面积上所含像素点越多,图像越清晰,颜色之间的混合就越平滑,同时文件也越大,越容易表现丰富的色彩图像。不同像素照片的清晰度如图 1-1 所示。

(a) 原图   (b) 放大后的效果图

图 1-1　不同像素照片的清晰度

基于位图图像的编辑软件有 Adobe Photoshop、Adobe Fireworks 等,它们比较适合制作各种特殊效果、图像处理和网页设计等。

对比矢量图与位图的内容与形式可以发现,位图图像比矢量图形色彩更丰富;在存储空间上,矢量图体积较小;图像放大后,矢量图清晰度保持不变,位图却变得较为模糊。

1.1.2　图像的大小、分辨率和像素

像素是构成位图的基本单元,当位图图像放大到一定程度时,所看到的一个一个的马赛克色块就是像素,并且像素色块的大小不是绝对的。位图图像包含的所有像素总量称为图像的像素大小。

分辨率是指图像在水平和垂直方向上所容纳的最大像素数。例如,分辨率为 1024 像素×768 像素的意思是水平像素素为 1024 个,垂直像素为 768 个,其像素大小为 1024×768=786 432,约 80 万像素。图 1-1(a)的郁金香照片的水平像素是 500,(b)的郁金香照片的水平像素是 50。分辨率大小一般可以决定图像的清晰程度。

dpi(dots per inch,每英寸点数)是一个量度单位,用于点阵数码影像,指每一英寸长度中,取样、可显示或输出点的数目。像素色块越小或者分辨率越高,则 dpi 越大。

屏幕分辨率大小决定图像显示的细腻程度。像素大小确定之后,分辨率越高,图像尺寸越小,显示效果越好;反之,尺寸越大,显示效果越差。另外,摄像头像素则指该摄像头的感光元件拥有多么大的总像素数,其分辨率一般与像素数目对应。

30W＝640×480,(即 30 万像素,向下支持 320 像素×240 像素的分辨率)。

100W＝1024×768,(即 100 万像素,向下支持 720 像素×480 像素、640 像素×480 像素的分辨率)。

130W＝1280×1024(虽然超过了 720P,但这是非标准的高清分辨率)。

720P＝1280×720(这是标准的高清分辨率,是最入门的,像素数为 92 万)。

1080P＝1920×1080(这是标准全高清分辨率,像素数为 200 万左右)。

1.1.3　常用的图像文件格式

位图图像的主要格式有 JPEG、GIF、BMP、TIFF、PSD、PNG 等。

1. JPEG 格式

JPEG 图像以 24 位颜色存储单个位图。JPEG 是与平台无关的格式,支持最高级别的压缩,不过,这种压缩是有损耗的。有损耗压缩会使原始图片数据质量下降。当编辑和重新保存 JPEG 文件时,JPEG 会混合原始图片数据,其质量会下降。这种下降是累积性的。JPEG 不适用于所含颜色很少、具有大块颜色相近的区域或亮度差异十分明显的较简单的图片。JPEG 文件的扩展名是.JPG。

JPEG 2000 同样是由 JPEG 组织负责制定的,它有一个正式名称叫作"ISO 15444",与 JPEG 相比,它具备更高的压缩率以及更多新功能的新一代静态影像压缩技术。JPEG 2000 通常被认为是未来取代 JPEG(基于离散余弦变换)的下一代图像压缩标准。JPEG 2000 文件的扩展名通常为.JP2。

2. GIF 格式

GIF 格式的英文原义是"图像互换格式",是使用 LZW 压缩方式产生容量小且无损压缩的一种图像文件格式,它使用 8 位的图像颜色,并能够保留锐化细节。GIF 格式最大的特点是用来制作动画,我们在互联网上经常可以看到 GIF 格式的各种逐帧动画。这种格式最多只能含 256 色的 RGB 色阶数。

3. BMP 格式

BMP 格式是 Windows 标准的位图式的图像文件格式,可以支持 RGB、索引颜色、灰度颜色和位图颜色模式,但不支持 Alpha 通道和 CMYK 模式的图像。BMP 格式的文件有压缩和非压缩之分。通常情况下,BMP 格式的文件占用空间比较大。

4. TIFF 格式

TIFF(Tag Image File Format)是 Mac 中广泛使用的图像格式,它的特点是图像格式复杂、存储信息多。正因为它存储的图像细微层次的信息非常多,图像的质量非常好,所以非常有利于原稿的复制。

该格式有压缩和非压缩两种形式,其中压缩可采用 LZW 无损压缩方案存储。目前,在 Mac 和 PC 上打开和复制 TIFF 文件十分便捷,因而 TIFF 现在也是微机上使用最广泛的图像文件格式之一,它的文件体积相对于 JPG 格式要大得多,扩展名为.TIF。

5. PSD 格式

这是著名的 Adobe 公司的图像处理软件 Photoshop 的专用格式 Photoshop Document(PSD)。PSD 其实是 Photoshop 进行平面设计的一张"草稿图",它里面包含有各种图层、通道、遮罩等多种设计的样稿,以便于下次打开文件时可以修改上一次的设计。在 Photoshop 所支持的各种图像格式中,PSD 的存取速度比其他格式快很多,功能也很强大,扩展名为.PSD。

6. PNG 格式

PNG(Portable Network Graphics)是一种新兴的网络图像格式。1996 年 10 月,由 PNG 向国际网络联盟提出并得到推荐认可标准,并且大部分绘图软件和浏览器都支持 PNG 图像浏览,因此 PNG 图像格式生机焕发。

PNG 是目前保证最不失真的格式,它汲取了 GIF 和 JPG 二者的优点,存储形式丰富,兼有 GIF 和 JPG 的色彩模式;它的另一个特点是能把图像文件压缩到极限,以利于网络传输,但又能保留所有与图像品质有关的信息,因为 PNG 格式是采用无损压缩方式减少文件的大小,这一点与牺牲图像品质以换取高压缩率的 JPG 格式有所不同;它的第三个特点是显示速度很快,只需下载 1/64 的图像信息,就可以显示出低分辨率的预览图像;最后,PNG 同样支持透明图像的制作,透明图像在制作网页图像的时候很有用,可以把图像背景设为透明,用网页本身的颜色信息代替设为透明的色彩,这样可让图像和网页背景很和谐地融合在一起。

PNG 的缺点是不支持动画应用效果,如果在这方面能有所加强,就可以完全替代 GIF 和 JPEG 了。Adobe 公司的 Fireworks 软件的默认格式就是 PNG。现在,越来越多的软件开始支持这一格式,而且在网络上也越来越流行,它的扩展名为.PNG。

1.1.4 常用的图像颜色模式

颜色模式是用于表现颜色的一种算法,也就是将一种颜色表现为数字形式的模型,或者说是呈现图像颜色的一种方式,它可使颜色在各种媒体中有一致性的描述。设计时,可以通过颜色的模式为具体的颜色设置一个具体的颜色值,这样就可以在不同情况下根据这个颜色值得到一种颜色。常用的图像颜色模式有位图模式、灰度模式、双色调模式、索引颜色模式、RGB 模式、CMYK 模式、LAB 模式等。

1. 位图模式

位图模式的像素不是由字节表示,而是由二进制表示,也就是使用两种颜色值(黑色和白色)由二进制表示图像的颜色。位图模式的图像占磁盘空间最小,但无法表现丰富的色彩和色调。

2. 灰度模式

灰度模式是指用黑色和白色显示图像,是由 256 级的灰度组成的。图像中的每一个像素都能用 0~255 的亮度表现,因此,在此模式下图像表现得比较细腻。灰度模式可以由彩色图像转换得到。使用黑白胶片拍出来的照片是灰度模式的图像。

3. 双色调模式

双色调模式通过 2~4 种自定义油墨创建双色调(两种颜色)、三色调、四色调的灰度图像。色彩图像转换为双色调须先转换为灰度模式。

4. 索引颜色模式

在索引颜色模式下,图像像素用一个字节表示,它最多包含 256 色的色表储存并索引其所用的颜色,但图像质量不高,占空间比较少。因此,通常将输出到 Web 和多媒体程序的图像文件转换为索引颜色模式,如 GIF 格式图像为索引颜色模式。

5. RGB 模式

RGB 模式是基于自然界中 3 种原色的混合原理,将红(R)、绿(G)和蓝(B)3 原色按照 0(黑)~255(白色)的亮度值在每个色阶中分配,从而指定其色彩。当不同亮度的原色混合后,便会产生出多达 256×256×256 种颜色,约为 1670 万种。这 3 个通道可以转换成每像素 24(8×3)位的颜色信息。例如,一种明亮的红色可能 R 值为 246,G 值为 20,B 值为 50。

当 3 种原色的亮度值相等时,产生灰色;当 3 种原色的亮度值都是 255 时,产生纯白色;当所有亮度值都是 0 时,产生纯黑色;因此也称为色光加色模式。加色模式一般用于视频、光照和显示器。

6. CMYK 模式

CMYK 模式是一种印刷模式。其中 4 个字母分别代表青(Cyan)、洋红(Magenta)、黄(Yellow)、黑(Black)4 色,在印刷中代表 4 种颜色的油墨。CMYK 模式本质上与 RGB 模式没有什么区别,只是产生色彩的原理不同。在 RGB 模式中,光源发出的色光混合生成颜色,而在 CMYK 模式中,光线照到有不同比例 C、M、Y、K 油墨的纸上,部分光谱被吸收后,反射到人眼的光产生颜色。由于 C、M、Y、K 在混合成色时,随着 C、M、Y、K 4 种成分的增多,反射到人眼的光会越来越少,光线的亮度会越来越低,所有 CMYK 模式产生颜色的方法又被称为色光减色模式。

CMYK 颜色模式为每个像素的每种印刷油墨指定一个百分比值。为最亮颜色指定的印刷油墨颜色百分比低,而为较暗颜色指定的百分比较高。在 CMYK 的图像中,4 种颜色的值为 0% 时就成为纯白色。

7. LAB 模式

LAB 模式是当前包括颜色最广的模式,能够包含所有的 RGB 和 CMYK 模式中的颜色,CMYK 模式所包含的颜色最少,有些在屏幕上看到的颜色在印刷品上却无法实现。因此,这种模式也是 Photoshop 在不同颜色模式中转换使用的中间模式,并且还解决了由于不同的显示器和打印设备所造成的颜色值的差异,也就是它可以不依赖于设备。

LAB 颜色是以一个亮度分量 L 及两个颜色分量 A 和 B 表示颜色的。其中,L 的取值范围是 0~100,A 分量代表由绿色到红色的光谱变化,而 B 分量代表由蓝色到黄色的光谱变化,A 和 B 的取值范围均为 +120~−120。如果只需要改变图像的亮度而不影响其他颜色值,可以将图像转换为 LAB 模式,然后在 L 的通道里进行操作。

每个图像都可以有一个或多个颜色通道,每个颜色通道都存放着图像中颜色元素的信息,所有颜色通道中的颜色叠加后混合产生图像中像素的颜色。图像中默认的颜色通道数取决于其颜色模式,即一个图像的颜色模式将决定其颜色通道的数量。例如,RGB 模式默认有 3 个颜色通道,分别为红色、绿色和蓝色;CMYK 图像默认有 4 个颜色通道,分别为青色、洋红、黄色和黑色。默认情况下,位图模式、灰度、双色调和索引颜色模式只有一个颜色通道,LAB 图像有 3 个颜色通道。

为了便于理解颜色通道的概念,下面以 RGB 模式为例介绍颜色通道原理。如果一幅图像的颜色模式为 RGB,就可以理解为图像颜色由 RGB 这样 3 个颜色通道组成,R 为红色通道;G 为绿色通道;B 为蓝色通道,整个图像的颜色是由这 3 个通道的颜色混合而成,这相当于使用的调色板,几种颜色混合在一起将产生一种新的颜色。

图像颜色中还有一个概念是色彩深度,又叫色彩的位数,即位图图像中要用多少个二进制位表示每个像素点的颜色,这也是分辨率的一个重要指标。常用的有 1 位(单色)、2 位(4 色,CGA)、4 位(16 色,VGA)、8 位(256 色)、16 位(增强色)、24 位和 32 位(真彩色)等。

1.2 Photoshop CC 2017 工作环境介绍

Photoshop CC 2017 是目前全世界采用最广泛的数码图像处理软件,被公认为最好的通用平面美术设计软件之一,它的功能完善、性能稳定、使用方便,几乎在所有的电影、广告、游戏、出版、软件等领域都广为使用。Photoshop CC 2017 已经成为世界标准的图像编辑解决方案,它提供了功能强大、易于使用的各种解决方案。Photoshop 除了具有强大的图像处理功能之外,还有十分广泛的兼容性,能够用比较方便和快速的方法操纵图像输出输入的设备。它已经成为平面设计师和图像工作者们不可缺少的工具软件之一,是一个可以充分发挥设计师艺术才能和想象力的工作平台。

Photoshop CC 2017 的工作环境也并不特殊,它有良好的兼容性和方便的自由度,可以支持 Macintosh(苹果机)或者 Windows PC 的运行。

Photoshop CC 2017 对 Windows 系统的要求如下。

(1) Intel Core 2 或 AMD Athlon 64 处理器;2 GHz 或更快的处理器。

(2) Microsoft Windows 7 Service Pack 1、Windows 8.1 或 Windows 10 操作系统。

(3) 内存为 2GB 或更大的 RAM(推荐使用 8GB)。

(4) 32 位安装需要 2.6GB 或更大的可用硬盘空间;64 位安装需要 3.1GB 或更大的可用硬盘空间;安装过程中会需要更多的可用空间。

(5) 显示器的分辨率起码为 1024 像素×768 像素,(推荐使用 1280 像素×800 像素),推荐使用独立显卡,内存为 512MB 或更大的 VRAM,使用 2GB 更好。

(6) 支持 OpenGL 2.0 的系统。OpenGL 是一个定义了跨编程语言、跨平台的编程接口规格的专业的图形程序接口。它用于三维图像(二维的亦可),是一个功能强大、调用方便的底层图形库。

1.2.1 Photoshop CC 2017 概述

Photoshop 是功能强大的图像处理软件,在平面设计、摄影照片修改、绘画艺术处理、网页制作合成等都发挥着不可替代的作用。Photoshop 在平面设计中应用很广泛,主要包括海报设计、平面广告、包装设计、书籍装帧设计等方面。

Photoshop CC 2017 在前期 Photoshop 的发展基础上新增了不少功能。Photoshop CC 2017 升级和改进了许多比较常用的功能,并增加了一些能显著提高工作效率的功能。例如,增加了更多预设文档大小,增加了全面搜索、人脸识别液化、选择并遮住工作区等。下面对 Photoshop CC 2017 中的新功能进行介绍。

Photoshop CC 2017 增加了一个全新的模板创建功能。当使用 Photoshop 创建文档时,无须从空白画布开始,而是可以从 Adobe Stock 的各种模板中进行选择。这些模板包含资源和插图,可以在此基础上进行构建并对其进行编辑。

选择并遮住工作区替代了 Photoshop 早期版本中的调整边缘对话框,不但包含了调整边缘选项中的设置,而且可以使用调整边缘画笔等工具清晰地分离前景和背景元素,轻松抠取需要的图像。

与之前版本的 Photoshop 相比,【液化】滤镜的处理速度显著提高,并且具备高级人脸识别功能。

Photoshop CC 2017 名字中的"CC"是"Creative Cloud"的缩写。运行 Creative Cloud 命令后,能打开如图 1-2 所示的窗口,有 Apps、学习、资源、发现 4 个选择,为你的需求提供大量的云服务。

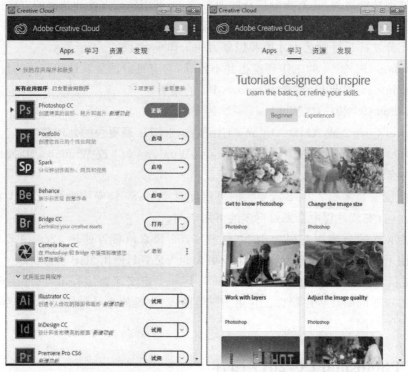

(a) Apps版面   (b) 学习版面

图 1-2　Creative Cloud 窗口

1.2.2　工作界面介绍

　　Photoshop CC 2017 的工作界面继承以往 Photoshop 的版本架构,进行了一些改良,增添了一些新的功能,工作区的切换和面板的访问更为便利。

　　图 1-3 是启动 Photoshop CC 2017 后的界面,在此可以新建文件,也可以打开文件。

1.2.3　菜单栏与状态栏

　　在 Photoshop CC 2017 中打开一个图像文件,或者新建一个图像文件后,就会显示如图 1-4 所示的工作界面,其中各部分的功能如下。

　　(1) 工具面板(工具箱):该面板中包含用于创建和编辑图像、图稿、网页元素等的工具。相关工具按操作类型分组排列在工具面板中。

　　(2) 文档标签:显示当前编辑文档的文件名、显示比例、颜色模式等文件信息。

　　(3) 菜单栏:显示图像编辑的各类操作的菜单按钮。

　　(4) 工具选项栏:可以在此调整当前所选工具的各个参数选项。

　　(5) 面板放置区:可以在此处对各类面板进行编组、堆叠或停放。

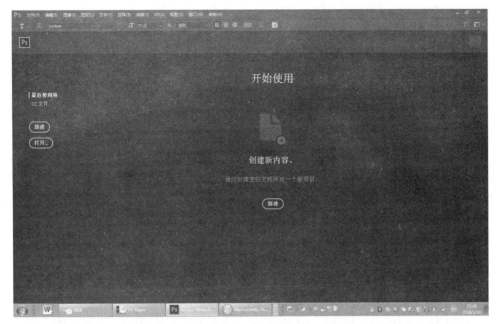

图 1-3　启动 Photoshop CC 2017 后的界面

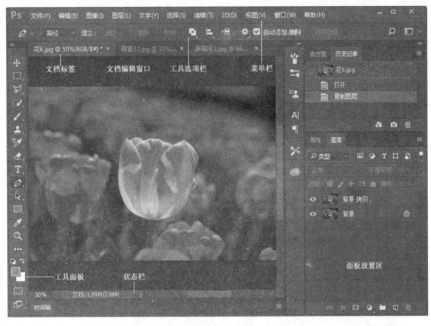

图 1-4　Photoshop CC 2017 的工作界面

（6）文档编辑窗口：显示当前所编辑的图像文档。可以将文档窗口设置为选项卡式窗口，并且在某些情况下可以将多个图像文档并列放置。

（7）状态栏：显示当前所编辑文档的缩放比例、文件大小等信息。

1.2.4　工具箱与工具选项栏

启动 Photoshop CC 2017 后,选择【窗口】|【工具】命令,可以显示或隐藏【工具箱】。工具箱中有 10 多个工具组可供选择,相同类型操作的工具放置在一个工具组中,工具组按钮的右下角有一个小三角图标,把鼠标移到这个小三角图标处,按下左键不放,隐藏的其他工具就显示出来,把鼠标移到想要的工具,然后释放左键,就完成了选择。

选择某种工具后,在工具选项栏中便可以显示该工具的各项参数了。编辑图像时,需要设置其各项参数,这样才能更好地使用工具。在工具选项栏中列出的通常是单选按钮、下拉菜单、参数数值框等。

1.2.5　窗口、面板与工作区

图 1-4 正中间所示的区域就是文档编辑窗口,简称窗口。窗口是显示被编辑图像的工作区域。在窗口中可以打开多个文件,可以为图像的编辑、移动、修改等工作提供方便。

当打开多个文件时,窗口中的文档将以选项卡的方式显示,各个文档标签横向排列在文档编辑窗口的上方。图 1-4 所示的文档编辑窗口中有 3 个图像文档已经打开,其中当前正在编辑的文档标签以高亮状态显示。单击选项卡上的文件名,即可选中这个图像文档进行编辑。

面板放置区域中可以放置多个面板,每个面板都有其各自不同的功能。例如,与图层相关的操作大部分都被集成在【图层】面板中,如果要对路径进行操作,则需要显示【路径】面板。虽然面板的数量很多,但在实际工作中使用的、最常用的面板只有几个,即【图层】面板、【通道】面板、【字形】面板、【色彩】面板、【画笔】面板和【属性】面板等。掌握这些面板的使用,基本上就能完成图像编辑工作中大部分的操作。

要显示某个面板,可以在【窗口】菜单中寻找对应的命令选项,单击该面板的命令选项,就可以打开该面板。用鼠标拖曳某个面板左上角的选项卡标签,就可以拆分或者组合面板到面板放置区的选项卡组中。例如,在如图 1-5(a)所示的面板放置区中有上、下两个

(a)【图层】面板

(b)【通道】面板

图 1-5　面板与选项卡组的示意图

选项卡组,单击【通道】选项卡标签将其选中,并拖曳至下方的选项卡组,如图1-5(b)所示,完成【通道】面板的重新组合。单击选项卡组右上角的按钮▤,在展开的下拉菜单中选择【关闭选项卡组】命令,可以关闭当前选项卡组。

工作区就是图像编辑的一个工作场所,Photoshop CC 2017启动后,就提供了一个基本的工作区,或者叫工作界面。Photoshop CC 2017中提供了【基本功能】、【3D】、【图形和Web】、【动感】、【绘画】和【摄影】6种预设工作区,如图1-6(a)所示,选择不同的预设工作区,系统会显示不同的工具箱和面板组合的搭配,使得图像编辑时能得心应手地选择并使用相应的工具与面板。

如果想按自己创建和编辑的内容设置好工作环境,如新建一个名为"网页与逐帧动画"预设的工作区,可以选择【窗口】|【工作区】|【新建工作区】命令,打开【新建工作区】对话框,如图1-7(a)所示。在该对话框中,可以输入新建工作区的名称,并按要求选择复选项,然后单击【存储】按钮即可。新建工作区创建后的下拉菜单会增加【网页与逐帧动画】命令选项,如图1-6(b)所示。

(a) 选择【基本功能】

(b) 选择【网页与逐帧动画】

图1-6　工作区菜单选项

在Photoshop中可以根据处理的对象选择或切换不同的工作区,选择【窗口】|【工作区】命令,在弹出的级联菜单中选择合适的工作区即可。

既然工作区能创建,当然工作区也能删除,删除的操作如下:选择【窗口】|【工作区】|【删除工作区】命令。在弹出的级联菜单中选择不需要的工作区删除即可。当前使用的工作区是无法删除的。另外,软件自身提供的6种预设工作区不要被删除了。图1-7(b)就是【删除工作区】对话框,选择【工作区】下拉列表中的某个工作区选项,单击【删除】按钮即

(a) 新建工作区

(b) 删除工作区

图1-7　新建和删除工作区对话框

可删除该工作区。

1.2.6　显示和隐藏面板

编辑图像时,有时要放大图像,要对其进行细致操作,此时会感到屏幕不够用,面板、工具箱、工具选项栏等的存在有点碍事,Photoshop CC 2017 提供了快速显示和隐藏面板功能。只需按一下 Tab 键,即可隐藏面板、工具箱、工具属性栏等;再按一下 Tab 键,即恢复到隐藏面板之前的界面。

另外,选择【编辑】|【首选项】|【工作区】命令,可以打开【首选项】对话框,勾选【自动显示隐藏面板】复选框,如图 1-8 所示,单击【确定】按钮确认。如果按了 Tab 键,就会隐藏工具箱。此时,当鼠标指针滑到屏幕左边时,隐藏的工具箱就会自动显示出来。当鼠标指针离开时,工具箱会自动隐藏起来。

图 1-8　自动显示隐藏面板的设置

1.3　Photoshop CC 2017 工作环境
的优化与设置

【首选项】对话框记录了 Photoshop 的设置状态,如果首选项的设置乱了,则可以使用恢复默认设置恢复首选项。启动 Photoshop 时按住 Shift＋Ctrl＋Alt 组合键,此时 Photoshop 会提示用户是否删除当前的首选项设置,如果选"是",则软件会自动恢复默认的首选项设置。

1.3.1 设置界面颜色

Photoshop CC 2017 提供了界面颜色的设置，可以根据个人的喜好改变界面颜色，选择【编辑】|【首选项】|【界面】命令，可以打开【界面】对话框，如图 1-9 所示。在其中可以设置【标准屏幕模式】、【全屏(带菜单)】、【全屏】和【画板】4 个项目的颜色，在每个项目的【颜色】下拉列表中，可以选择【默认】、【黑色】、【深灰色】、【中灰】、【浅灰】和【自定】6 个选项之一，改变屏幕的颜色。另外，还可以设置屏幕模式的【边界】、屏幕【文本】的参数，以及【外观】的【颜色方案】等。

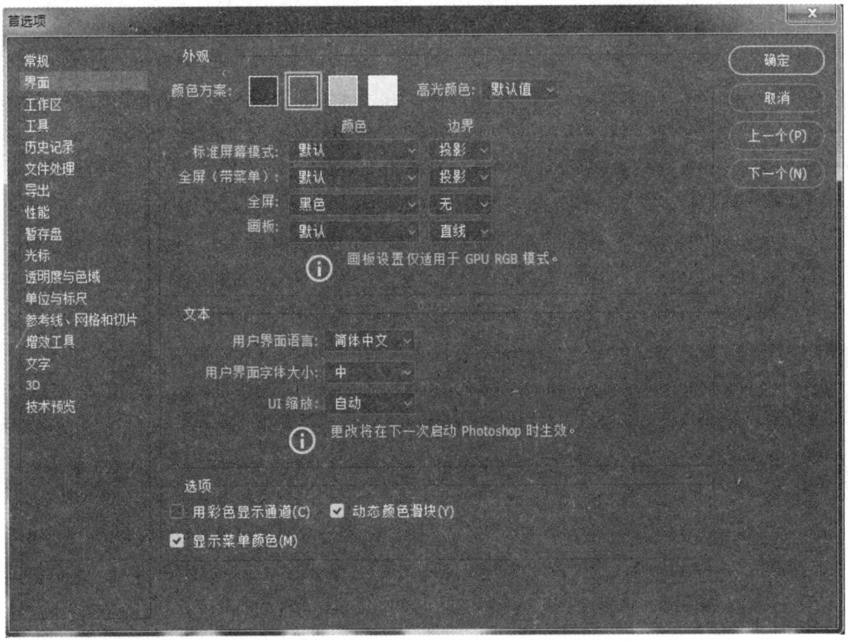

图 1-9 【界面】对话框

1.3.2 设置标尺、参考线与网格

默认情况下，工作区窗口中的标尺是隐藏的，绘制精细的图像作品时，常常会借助标尺定位，选择【视图】|【标尺】命令，【标尺】就会在文档编辑窗口的左边和上边出现，也可按 Ctrl+R 组合键显示和隐藏标尺。

打开工具箱中的【吸管】工具组，选择【标尺工具】，此时，【标尺工具】选项栏如图 1-10(a)所示，选择【标尺工具】时的工具箱如图 1-10(b)所示。选择【标尺工具】后在图像上单击并拖曳，可以在【标尺工具】选项栏和【信息】面板中快速查看线段的长度、倾斜角度和位置，如图 1-10(c)所示。

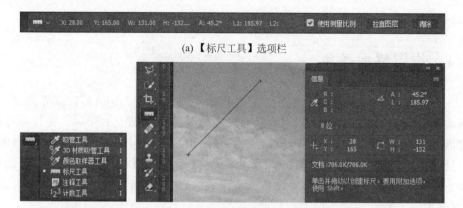

(a)【标尺工具】选项栏

(b)【吸管】工具组   (c) 使用工具示意图

图 1-10   用【标尺工具】测量直线长度与倾斜角度

例 1.1   利用【标尺工具】纠正相机拍摄角度问题引起水平线丢失的照片。原始图像如图 1-11(a)所示,用【标尺工具】测量出水平线倾斜角度后纠正的图像,如图 1-11(b)所示。

(a) 倾斜的原图   (b) 校正后的效果图

图 1-11   纠正倾斜图像前、后的效果

操作步骤如下。

(1) 选择【文件】|【打开】命令,打开素材文件夹中的图像文件"浦江.jpg",如图 1-11(a)所示。

(2) 在工具箱中选择【标尺工具】,沿着地平线从左至右拖曳鼠标,如图 1-12(a)所示。

(a) 倾斜的原图   (b) 校正裁剪的图

图 1-12   调整图像倾斜角度示意图

（3）选择【窗口】|【信息】命令，打开【信息】面板，查看信息后得知用标尺绘制的直线倾斜角度为 3.2°，如图 1-13(a)所示。

（4）掌握照片倾斜的角度后，选择【图像】|【图像旋转】|【任意角度】命令，打开【旋转画布】对话框，如图 1-13(b)所示。对话框中的【角度】值是软件自动按照【标尺工具】测量值确定的，并自动在顺时针与逆时针的转动方向之间进行了选择，单击【确定】按钮，即可看到画面按照标尺的倾斜角度进行了调整，如图 1-12(b)所示。

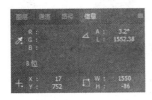

(a)【信息】面板   (b)【旋转画布】对话框

图 1-13   【信息】面板与【旋转画布】对话框

（5）选择工具箱中的【裁剪工具】，使用【裁剪工具】在画面中拖曳裁剪框和仔细修改裁剪框的大小，确认如图 1-12(b)所示的裁剪范围后，按 Enter 键完成裁剪。

Photoshop CC 2017 中的网格和参考线定位可应用于选区、画笔、钢笔的准确绘制。

网格就是显示在画面中的规则的方形格子。使用网格可以方便地从不同视角查看图像是否有偏差。选择【视图】|【显示】|【网格】命令可以启用网格，或按组合键 Ctrl+'，可以根据需要设置网格的间距。选择【编辑】|【首选项】|【参考线、网格和切片】命令，在打开的【首选项】对话框中可以设置网格的间隔、子网格数和颜色等，如图 1-14 所示。

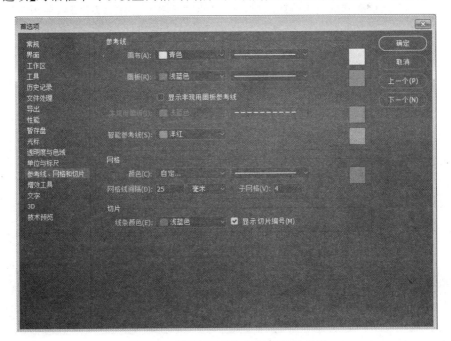

图 1-14   【网格】和【参考线】的参数设置

参考线是系统为了对对象精确定位,方便操作所显示在画面中的蓝色直线。选择【视图】|【锁定参考线】命令,可以将参考线锁定,使参考线不会因拖曳而引起误差。启用该功能后,当拖动一个图形对象与另一个图形对象靠近或对齐时,软件就会自动显示智能参考线。图 1-15 所示的紫色线就是自动显示的智能参考线。

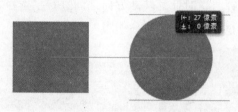

图 1-15　自动显示的智能参考线

1.3.3　素材模板的下载

Photoshop CC 2017 增加了一个新的模板创建功能。开始创建文档时,可以跳过空白画布,直接从 Adobe Stock 的各种模板中进行选择。这些模板包含了资源、素材和插图,可以在此基础上构建图像,并对其进行编辑。除此之外,还可以从大量可用的预设中选择或者创建自定义大小的文档。

选择【文件】|【新建】命令,打开【新建文档】对话框,在对话框中就可以下载并应用模板创建文档。Adobe 公司提供的模板可以预览,不少模板可以免费下载,如图 1-16 所示,可以在【新建文档】对话框底部的文本框【在 Adobe Stock 上查找更多模板】中输入模板名称,单击搜索按钮 🔍 查找所需模板。图 1-17 所示的是正在预览的模板,如果需要,可以下载。

图 1-16　提供下载的各种模板

图 1-17　正在预览的模板

1.4　Photoshop CC 2017 搜索功能及其应用

　　Photoshop CC 2017 增加了强大的搜索功能，可以在用户界面元素、文档、帮助和学习内容、Adobe Stock 资源中进行搜索，并且可以使用统一的对话框完成对象的搜索。当启动 Photoshop 后或者打开一个或多个文档时，就可以立即搜索相应的项目。选择【编辑】|【搜索】命令，或者按下组合键 Ctrl＋F，打开如图 1-18（a）所示的【搜索】对话框。例

(a) 搜索框

(b) 搜索 "画笔"

图 1-18　【搜索】对话框

如,在搜索的文本框中输入"画笔",执行搜索操作后,搜索结果会组织到【全部】、【Photoshop】、【学习】和【Stock】等选项卡中,如图 1-18(b)所示。

选择【文件】|【搜索 Adobe Stock】命令,可以通过互联网搜索各种图片,如搜索"背景"这个词,搜索结果如图 1-19 所示,可以得到 10 个免费的图片。

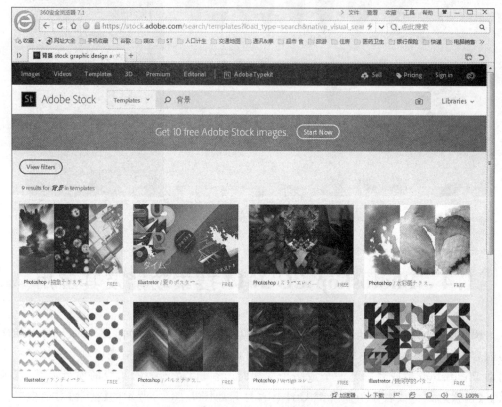

图 1-19 【搜索 Adobe Stock】命令的结果

1.5 本章小结

本章着重介绍图形图像的种类,矢量图和位图的各自特点,Photoshop CC 2017 工作界面,如菜单栏、工具箱、窗口、面板与工作区等知识。

本章介绍了 Photoshop CC 2017 工作环境优化与设置,设置颜色,设置标尺、参考线与网格等内容,还介绍了 Photoshop CC 2017 的搜索功能,以及怎样下载素材模板等知识。

本章介绍的知识是 Photoshop CC 2017 图像处理的基础知识,也是应该熟练掌握的重要知识点。

1.6 本章练习

1. 思考题

(1) 请描述一下矢量图与位图的特点及主要用途。

(2) 哪种颜色模式可用于手机、电视和计算机屏幕？哪种颜色模式用于印刷？

(3) 如果想制作一个在 iPhone 7 上使用的壁纸,该创建哪种格式的图像?

(4) 如果在处理一个重要的图像文件时,如何给这个文件增加创建日期、版权所有、作者姓名、作者描述、图像特点描述等备注信息?

2. 操作题

(1) 熟悉 Photoshop CC 2017 新增的搜索功能,下载素材模板,为平面设计提供便利。

(2) 请在【工具】设置中把【矩形选框工具】中的组合键"M"变更为"A"。

操作提示如下。

选择【编辑】|【键盘快捷键…】命令,打开【键盘组合键和菜单】窗口,了解对【应用程序】、【面板】、【工具】中各种命令的组合键的设置、删除和变更。

(3) 在图像处理时,为了便于图像处理,常常会对系统默认设置做一些改动,请将图像的【标尺】单位"厘米"改为"像素",【打印分辨率】改为 600 像素,【网格】线的颜色改为"浅蓝色"。

操作提示如下。

选择【编辑】|【首选项】命令。

(4) 用 Photoshop 进行图像处理时,需要在图像上输入钢笔字体、文鼎字体与汉仪字体等,请在系统中安装这些字体,以便在图像处理时能使用这些汉字字体。

操作提示如下。

在网络上找到所需字体的 ttf 格式的字体文件,下载后双击该文件,然后单击【安装】按钮,安装该字体即可。

(5) 用 Photoshop 进行图像处理时,常常会用【画笔工具】编辑图像,增加多种不同的笔刷,可以使【画笔工具】使用起来得心应手。请将素材文件夹中的 abr 格式的笔刷文件载入 Photoshop,并观察新载入的笔刷。

操作提示如下。

选择【编辑】|【预设】|【预设管理器】命令,在【预设类型】中选择【画笔】,单击【载入】按钮,安装 abr 格式的笔刷格式文件,然后就可以在【预设管理器】中看到新安装的笔刷了。

(6) 用 Photoshop 进行图像处理时,常常会用【渐变工具】改变图像的填充颜色,增加多种不同的渐变颜色的样式,可以使【渐变工具】使用起来变化多端,请将素材文件夹中的

grd 格式的渐变文件载入 Photoshop,并观察新载入的渐变样式。

操作提示如下。

选择【编辑】|【预设】|【预设管理器】命令,在【预设类型】中选择【渐变】,单击【载入】按钮,安装 grd 格式的渐变格式文件,然后就可以在【预设管理器】中看到新安装的渐变样式了。

(7) 参考(5)、(6)题,在 Photoshop 中载入素材文件夹中 csh 格式的形状素材文件和 asl 格式的样式文件。

第 **2** 章　Photoshop CC 2017 的基本操作

本章学习重点：

- 掌握创建、打开、导入和存储图像文件的方法。
- 了解查看图像文件的 3 种模式。
- 掌握图像的缩放、旋转、裁剪和裁切的方法，注意裁剪和裁切的区别。

2.1　文件的基本操作

图像文件的基本操作有新建文件，打开本地计算机上的文件，或者从其他设备（如数码相机、扫描仪等）导入文件，这些文件经过编辑加工之后，保存到计算机的存储设备或其他外部存储设备中。

2.1.1　创建新图像文件

Photoshop CC 2017 被启动后，就进入如图 2-1 所示的界面，可以选择【新建】文件，或者【打开】已有的文件。

如单击【新建】按钮，则可以打开如图 2-2 所示的【新建文档】窗口，在其中可以选择【照片】、【打印】、【图稿和插图】、【Web】、【移动设备】、【胶片和视频】6 种模式。【照片】模式中提供了 10 种常用的规格，如没有合乎需要的，可在右边的部分自行设置【宽度】、【高度】、【方向】、【分辨率】。另外，【颜色模式】可选择【RGB 颜色】、【位图】等 5 种选项，【背景内容】默认是白色，也可选其他颜色。

2.1.2　打开图像文件

Photoshop CC 2017 中的【打开】命令可以打开软件所支持的图像格式文件，然后进行编辑。常用打开图像文件的方法如下。

1. 使用【打开】命令

选择【文件】|【打开】命令，或者按组合键 Ctrl＋O，就可以打开【打开】对话框，如

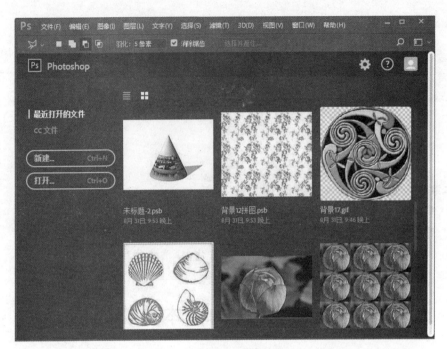

图 2-1　新建或打开文件窗口

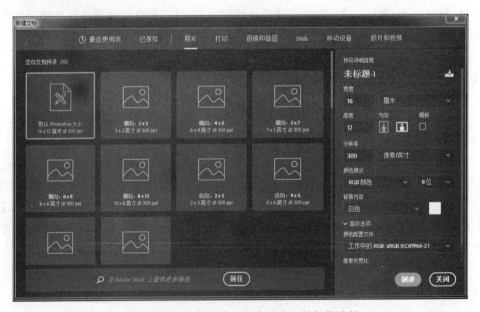

图 2-2　软件提供新建文件各种类型的智能选择

图 2-3 所示,可以从硬盘、文件夹、子文件夹中找到想要打开的文件。例如,可以找到 D 盘下的文件夹"201803 郁金香"内的文件名为 DSC02223.JPG 的文件,单击【打开】按钮,打开图像文件。

Photoshop CC 2017 图形图像处理教程(第 2 版)

图 2-3　打开图像文件示意图之一

2. 使用资源管理器

打开资源管理器,确定需要打开的文件所在路径,即在哪个盘内的哪个文件夹。找到这个文件后,右击该文件,在文件边上弹出一个快捷菜单,如图 2-4 所示,选择【打开方式】命令,在级联菜单中列出了可以打开这个图像文件的软件,选中 Adobe Photoshop CC 2017 选项,这个图像文件就可以在 Adobe Photoshop CC 2017 中被打开了。

图 2-4　打开图像文件示意图之二

3. 使用【打开为】命令

选择【文件】|【打开为】命令,或者用组合键 Alt+Shift+Ctrl+O,可以打开【打开为】对话框,单击对话框右下角的下拉列表按钮,如图 2-5(a)所示。在展开的列表中选择 Photoshop 支持的图像文件格式,所打开的图像文件只能是指定格式的图像文件,要打开其他格式的图像文件,系统就会显示错误信息。例如,选择了要打开的格式为 Photoshop(＊.PSD;＊.PDD;PSDT),如果选择了要打开的图像文件是 ＊.jpg 格式,或者其他格式的图像文件,就会显示错误信息。

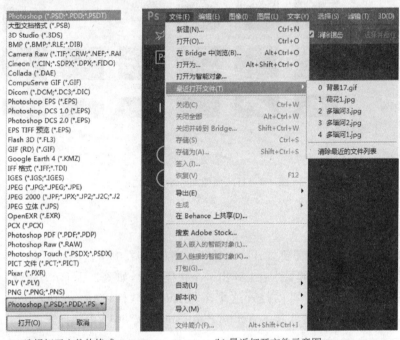

(a) 选择打开文件的格式   (b) 最近打开文件示意图

图 2-5　打开图像文件示意图之三

4. 使用【最近打开文件】命令

选择【文件】|【最近打开文件】命令,在如图 2-5(b)所示的级联菜单中可以显示最近曾经编辑过的图像文件,用这个命令可以快速打开最近使用过的文件。

2.1.3　用 Adobe Bridge 应用程序打开图像文件

用 Adobe Bridge 应用程序打开和浏览图像文件,同时 Adobe Bridge 应用程序提供了一些图像处理的快捷方式。启动 Photoshop,选择【文件】|【在 Bridge 中浏览】命令,就可以启动 Adobe Creative Cloud,在该窗口中打开 Br(Bridge CC)软件,在该软件中可执行浏览图像、打开图像等操作,如图 2-6 所示。

图 2-6　用 Adobe Bridge 打开和浏览图像文件

　　用 Adobe Bridge 应用程序浏览图像,有【全屏预览】、【幻灯片放映】和【审阅模式】3 种方式。如图 2-7 红色箭头所示的【审阅模式】是一种比较特殊的浏览图像的方式,选择 【审阅模式】,便会显示如图 2-8 所示的界面,移动鼠标就可以浏览图像,这是一种新颖的、别具特色的图像浏览形式。

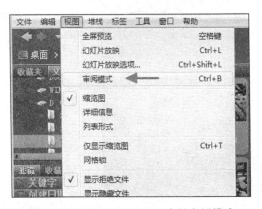

图 2-7　选用 Adobe Bridge 中的审阅模式

2.1.4　查看图像文件的 3 种模式

　　在进行图像处理时,为了便于把握图像的全局,常常会对屏幕的显示模式进行转换。屏幕的显示模式有【标准屏幕模式】、【带有菜单栏的全屏模式】和【全屏模式】3 种。编辑图像时,这 3 种屏幕模式可以互相切换。

图 2-8　审阅模式运行界面

1．标准屏幕模式

当启动 Photoshop 时，展现在用户面前的是 Photoshop 的标准屏幕模式，它也是默认的模式。标准屏幕模式下显示了文档标签、菜单栏、工具选项栏、工具箱、状态栏及一些控制面板。要切换到标准屏幕模式，可以选择【视图】|【屏幕模式】命令，在级联菜单中选择【标准屏幕模式】命令即可，如图 2-9 所示。

图 2-9　标准屏幕模式

2．带有菜单栏的全屏模式

要切换到带有菜单栏的全屏模式，可以选择【视图】|【屏幕模式】命令，在级联菜单中选择【带有菜单栏的全屏模式】命令，屏幕界面如图 2-10 所示，文档编辑窗口变得比较大，适合编辑处理较大的图像，窗口中无状态栏与文档标签。

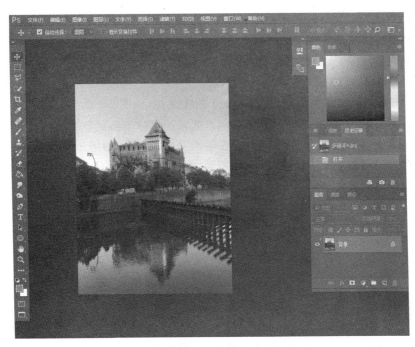

图 2-10 带有菜单栏的全屏模式

3. 全屏模式

要切换到全屏模式,可以选择【视图】|【屏幕模式】命令,在级联菜单中选择【全屏模式】命令,如图 2-11 所示。在全屏模式下只能查看图像,其他的屏幕界面元素都会被隐藏

图 2-11 全屏模式

起来,背景默认以黑色显示,按 Esc 键,可退出全屏模式。

3 种屏幕模式的切换较为简便的方法是直接按 F 键,这样就可以在【标准屏幕模式】、【带有菜单栏的全屏模式】和【全屏模式】之间轮流切换。另外,如果需要更大的工作空间,可以按 Tab 键显示或隐藏工具箱和各种面板。

Photoshop CC 2017 被启动后,打开 4 个图像文件,如图 2-9 所示,窗口中有 4 个文档标签,当前的图像文件的文档标签高亮显示。如果用鼠标单击其他文档标签,该文档标签从灰色变为高亮,同时该文件的图像就会在编辑窗口中显示,如图 2-9 所示。

选择【窗口】|【排列】命令,如图 2-12 所示,在级联菜单中有【全部垂直拼贴】等 10 多种编辑窗口的排列方式。

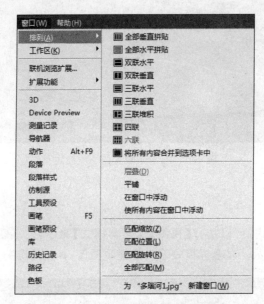

图 2-12　多个文件的显示方式

图 2-13 所示的是选择【四联】命令,显示 4 个图像文件的编辑窗口排列方式。如果选择【窗口】|【将所有内容合并到选项卡中】命令,则可以恢复到图 2-9 所示的显示方式。

2.1.5　导航器

导航器是 Photoshop 中为方便查看图像而设置的一个面板,在面板中以一个浅红色边框的形式展示了画面中显示的局部图像。下面详细讲述导航器的功能和作用。

选择【窗口】|【导航器】命令,打开【导航器】面板,如图 2-14 所示。

【导航器】中各部分的功能如下。

(1)【图像预览窗口】:该窗口能显示当前完整图像的内容。

(2)【代理预览区域】:该区域由一个浅红色边框线构成,用鼠标拖曳浅红色预览框,可以改变框内画面的显示区域。

(3)【缩小】按钮:单击该按钮,可以缩小图像显示比例。

　　　　　　　　　　　Photoshop CC 2017 图形图像处理教程(第 2 版)

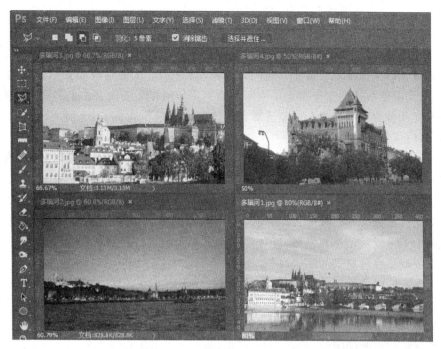

图 2-13　选择【四联】的显示方式

图 2-14　【导航器】面板

（4）【缩放滑块】：用鼠标拖曳该滑块，可以调节画面显示比例。

（5）【放大】按钮：单击该按钮，可以放大图像显示比例。

单击【导航器】面板右上角的扩展按钮，在弹出的菜单中选择【面板选项】命令。打开【面板选项】对话框，在【颜色】下拉列表框中选择【绿色】选项，然后单击【确定】按钮，返回【导航器】面板，面板中的【代理预览框】可以改变为绿色。用【导航器】可以缩放图像，并可以观看图像局部的细节。

2.1.6 存储和关闭图像文件

图像数据以文件形式存放于指定的计算机文件夹下,这种管理模式给数据的维护提供了方便,同时给数据的安全带来了一定的隐患。如何存储图像文件是需要加以重视的。存储图像文件分为两种方式:一种是对新创建的文件进行存储;另一种是对已打开经过修改的文件进行存储。

Photoshop CC 2017 中有很多种存储文件的方法,根据不同需求,可分为【存储】和【存储为】两类。用【存储】方式时,就是将当前编辑的文件覆盖原有打开的图像文件。对新建的图像文件,它和【存储为】的功能一样。【存储为】方式就是将当前所编辑的文件保存为一个新的图像文件。在 Photoshop CC 2017 中主要以 PSD 文件格式进行存储,如果要保存为 JPEG 或其他格式图像,可对它的品质和大小进行设置后再保存。如图 2-5(a)所示的选项就是各种格式的图像文件。

对于打开的图像文件,可以选择【文件】|【关闭】命令,关闭该文件,也可以选择【文件】|【关闭全部】命令,关闭全部已打开的文件,如图 2-15 所示。也可以单击需要被关闭图像右上角的"X",关闭该图像文件。如果对该图像有过编辑操作,则会弹出一个对话窗口,提示是否要存储更改的图像,如图 2-15 所示,可以单击【是】或【否】按钮,确定存储更改与否。

图 2-15 关闭文件示意图

2.2 图像编辑的基本操作

在图像编辑设计过程中,必须对图像的基本信息有所了解,经常会查看图像的内容、像素值、分辨率、文件大小。然后,根据需要调整显示比例、调整画布与图像大小。下面介绍如何对图像信息进行查看和调整。

2.2.1　图像显示比例的调整

对图像的全局和局部进行查看,可以使用工具箱中的【缩放工具】对图像进行缩放,或者使用【视图】菜单中的命令放大或缩小图像。打开任意图像,单击工具箱中的【缩放工具】按钮,如果工具为放大状态,在画面中多次单击,就可以放大图像。

单击工具箱中的【缩放工具】按钮 🔍 ,【缩放工具】选项栏如图 2-16 所示。

图 2-16　【缩放工具】选项栏

该工具选项栏的各选项与参数的功能如下。

(1)【放大】按钮 🔍 :如果选中该按钮,在画面中用鼠标连续单击图像时,可将图像逐步放大。

(2)【缩小】按钮 🔍 :如果选中该按钮,在画面中用鼠标连续单击图像时,可将图像逐步缩小。

(3)【调整窗口大小以满屏显示】复选框:选择此复选框后,用【缩放工具】缩放图像时,文档编辑窗口会跟随图像缩放大小。

(4)【缩放所有窗口】复选框:选择此复选框后,可以同时对打开的多个图像窗口进行缩放操作。

(5)【细微缩放】复选框:选择此复选框,单击并左右移动鼠标,可以使用【缩放工具】细微缩放图像。

(6)【100%】按钮 100% :单击该按钮,可将当前窗口缩放为原图大小,也就是以原图像显示。

(7)【适合屏幕】按钮 适合屏幕 :单击该按钮,可将当前图像文档编辑窗口缩放为屏幕的宽度。

(8)【填充屏幕】按钮 填充屏幕 :单击该按钮,可将当前图像文档编辑窗口放大为四边紧贴屏幕。

Photoshop 还提供了一种便捷的方式调整图像的显示比例,即通过应用程序窗口底部的【状态栏】进行调整。【状态栏】左侧的数值框中显示了当前图像的显示比例,可以在该数值框中直接输入数值调节图像的显示比例。

2.2.2　调整画布与图像大小

调整画布的大小是指调整图像工作区域的大小。图像创作的工作区域变大或者变小,图像本身的大小是不变的,不会影响图像本身的大小比例。但是,改变画布的大小可能会改变图像在画布上的位置,这也是调整画布大小与调整图像大小的区别。选择【图像】|【画布大小】命令或使用组合键 Alt+Ctrl+C 打开【画布大小】对话框,如图 2-17(a)所示。

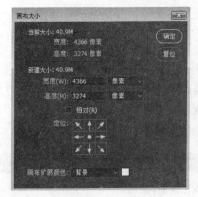
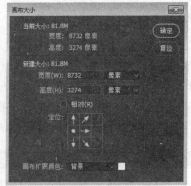

(a) 【画布大小】对话框　　　　　　　(b) 设置左侧对齐

图 2-17　【画布大小】对话框

对话框中各选项的意义如下。

(1)【当前大小】：显示当前图像的宽度与高度。

(2)【新建大小】：用来确定新画布的大小。当输入的宽与高大于原画布时,就会在原图像的基础上增加画布区域;反之则会裁切原图像。

(3)【相对】复选框：选择该复选框,输入的宽度和高度的数值将不代表图像的大小,而表示图像增加或减少区域的大小。输入的数值为正值,表示要增加图像区域;反之,表示要减少图像区域。

(4)【定位】：该区域中的按钮可以用于确定【画布大小】更改方式,原图像在画布中心的位置。单击图像与画布左侧的对齐按钮![左对齐],并将宽度尺寸加大,【画布大小】对话框如图 2-17(b)所示。此时图像与画布左对齐,画布的右边会留白。

(5)【画布扩展颜色】：设置画布增大空间的颜色。系统默认为背景色,也可以选择前景色、白色、黑色或灰色为画面扩展区域颜色,或单击列表框右侧的色块拾取所需的颜色。

新建一个文件时,就能确定画布的大小。如无法确定画布大小,可以先考虑将画布设置得大一些,到图像编辑后期再做调整。如果把一个图像作为背景,那么只要打开图像即可,画布大小就是图像的大小。

例 2.1　利用改变画布大小的功能,将素材文件夹中的图像文件"郁金香 8.jpg""郁金香 9.jpg"拼接在一起,使两个图像拼接成一个图像。

操作步骤如下。

(1) 打开素材文件夹中的图像文件"郁金香 8.jpg""郁金香 9.jpg",如图 2-18 所示。

(2) 选择当前图像文件为"郁金香 8.jpg",选择【图像】|【画布大小】命令,打开的【画布大小】对话框如图 2-17(a)所示。把【新建大小】中的【宽度】改为 8732 像素,并把扩展的空白画布定位在右边,如图 2-19 所示。

(3) 单击图像"郁金香 9.jpg",将当前窗口切换到图像"郁金香 9.jpg"。按组合键 Ctrl+A 全选图像,再按组合键 Ctrl+C 复制图像,然后将当前窗口切换到"郁金香 8.jpg",按组合键 Ctrl+V 粘贴图像。

图 2-18　两个被拼接的图像

图 2-19　拼接图像示意图之一

（4）按组合键 Ctrl＋T 调整图像，按 Enter 键确认调整，用移动工具调整图像"郁金香 9.jpg"的位置，完成两图拼接后的效果如图 2-20 所示。

图 2-20　拼接图像示意图之二

例 2.1 中不仅对画布调整了大小，也对图像的宽度做了调整。如果一个图像的宽度是 4366 像素，高度是 3274 像素，文件的大小是 40MB 左右，把图像的宽度和高度的像素各减 50％，即宽度改为 2183 像素，高度改为 1637 像素，那么文件的大小只有原来的四分

之一，如图 2-21 所示。选择【图像】|【图像大小】命令，打开【图像大小】对话框，可以调整图像的大小。

图 2-21　【图像大小】对话框

图像大小的单位可以是【像素】、【英寸】、【厘米】、【毫米】等，如图 2-21 中下拉列表所示。软件提供了多种图像调整的预设尺寸供选择，在【图像大小】对话框中单击【调整为】右边的倒三角按钮，下拉列表如图 2-22 所示。其中包括显示器的分辨率、打印机的 dpi、需打印照片的尺寸等。

图 2-22　预设【图像大小】的尺寸

默认情况下调整图像大小时，图像的宽度和高度是相互约束的，只要在其中一个数值框中输入参数，另一个参数就会随之发生改变。如不要相互约束，可以单击解除约束的图标。如要恢复相互约束，再单击一次图标即可。

【图像大小】对话框的左边有一个图像预览框,在其中可以预览图像。当鼠标移到预览框内部时,预览图上会出现放大与缩小预览图像的工具条,单击这个工具条上的缩放按钮,可以放大或缩小预览的图像。

2.2.3　图像的旋转与翻转

用数码相机拍摄时,常常由于相机没有端平,拍摄照片的水平角度有时会有偏差。Photoshop CC 2017中提供了下述两种方法进行图像的旋转。

(1) 使用【旋转视图工具】旋转图像。打开工具箱上的【抓手工具】组,选择【旋转视图工具】 ，如图2-23(a)所示。【旋转视图工具】选项栏如图2-23(b)所示。

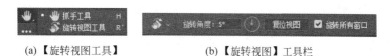

(a)【旋转视图工具】　　　　　　(b)【旋转视图】工具栏

图2-23　【旋转视图工具】选项栏

选项栏中的各参数的意义如下。

- 【旋转角度】文本框:使用【旋转视图工具】在画面中单击,会出现上红下白的旋转指针,如图2-24所示,拖曳指针可以改变画面的旋转角度。也可以在选项栏中直接输入【旋转角度】值,如图2-23(b)所示,直接旋转图像。或者通过鼠标拖曳【旋转角度】右侧的圆形控制按钮,如图2-23(b)所示,也能完成此操作。

图2-24　【旋转视图工具】的红白旋转指针示意图

- 【复位视图】按钮:单击选项栏中的【复位视图】按钮,可以恢复图像原来的角度。
- 【旋转所有窗口】复选框:在打开多个图像文件的时候,打算旋转所有窗口的图像,则可以选择这个复选框。此时只需要对其中一个窗口的图像进行旋转,其他窗口中的图像也会随之发生相同角度的旋转。

（2）选择【图像】|【图像旋转】命令旋转图像，在级联菜单中可以选择对图像进行【180度】、【顺时针 90 度】、【逆时针 90 度】和【任意角度】的旋转，也可以选择【水平翻转画布】和【垂直翻转画布】命令，对图像做水平翻转和垂直翻转的操作，如图 2-25 所示。

(a) 原图   (b) 水平翻转   (c) 垂直翻转   (d) 180度旋转

图 2-25　几种图像旋转的示意图

2.2.4　图像的裁剪

使用【裁剪工具】可以根据需要裁剪不需要的图像。在裁剪过程中可以进行拉直处理，还可以使用多种网格线辅助决定是否裁剪掉不需要的像素。单击工具箱中的【裁剪工具】按钮，【裁剪工具】选项栏如图 2-26 所示。

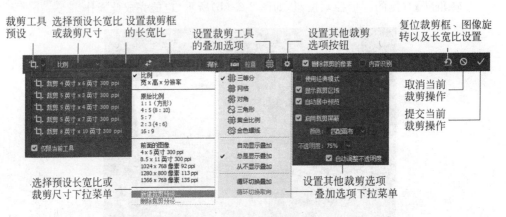

图 2-26　【裁剪工具】选项栏

选项栏中各项参数和选项的意义如下。

（1）【裁剪工具预设】按钮：单击右侧的倒三角按钮，打开工具预设，从中可以选择预设的图像尺寸与分辨率。

（2）【选择预设长宽比或裁剪尺寸】：单击右侧的倒三角按钮，可以在下拉菜单中选择裁剪时的所需比例。如果选择【新建裁剪预设】命令，在弹出的对话框中可以将当前所设置的裁剪比例、像素数值及其他选项保存为一个预设，以便于以后使用。如果选择【删除裁剪预设】命令，在弹出的对话框中可以将已经存储的预设删除掉。

Photoshop CC 2017 图形图像处理教程（第 2 版）

（3）【设置裁剪框的长宽比】：这是两个数值文本框，在框中填入数值，可以输入裁剪的长度和宽度的像素值，以精确控制图像的裁剪程度。在左边的框填入长度值，在右边的框填入宽度值。

（4）【高度和宽度互换】按钮 ⇄：单击此按钮，互换当前裁剪的长度与宽度的数值。

（5）【清除】按钮 清除：单击该按钮，可以清除左边【设置裁剪框的长宽比】的两个数值文本框内的数据。

（6）【拉直】按钮 ：单击此按钮后，可以在裁剪框内进行拉直校正处理，特别适合裁剪并同时校正倾斜的画面。

（7）【设置裁剪工具的叠加选项】按钮 ：单击此按钮，在弹出的菜单中可以选择裁剪图像时的显示设置，该菜单共分为 3 栏，如图 2-26 所示。第 1 栏中的选项用于设置裁剪框中辅助线的形态，如【三等分】、【网格】、【对角】、【三角形】、【黄金比例】以及【金色螺线】；在第 2 栏中可以设置裁剪时是否叠加显示辅助线；在第 3 栏中，若选择【循环切换叠加】命令或按 O 键，则可以在不同的裁剪辅助线之间进行切换，若选择【循环切换取向】命令或按 Shift＋O 组合键，则可以切换裁剪辅助线的方向。

（8）【设置其他裁剪选项】按钮 ：单击此按钮，将弹出一个下拉对话框，在其中可以设置裁剪图像时的选项。选择【使用经典模式】复选框，则使用 Photoshop 旧版中的裁剪预览方式，选中此选项后，下面的两个选项将变为不可用状态；若选择【显示裁剪区域】复选框，在裁剪过程中会显示被裁剪的区域，反之，若取消选中该复选框，则隐藏被裁剪的图像；若选择【自动居中预览】复选框，裁剪后的图像会自动置于画面的中央位置，以便于观看裁剪后的效果；选中【启用裁剪屏蔽】复选框时，可以在裁剪过程中对裁剪的图像进行屏蔽显示，在其下面的区域中可以设置屏蔽时的【颜色】和【不透明度】。

（9）【删除裁剪的像素】复选框：选择此复选框时，确认裁剪后，会将裁剪框以外的像素删除，反之，若未选中此选项，则可以保留所有被裁剪的像素。当再次选择裁剪工具时，需要单击裁剪控制框上的任意一个控制手柄，或执行任意的编辑裁剪框操作，即可显示被裁剪的像素，以便于重新编辑。

（10）【内容识别】复选框：选择此复选框时，会对原始图像外的内容自动识别后，填充背景图像内容。

（11）【复位】按钮 ：单击此按钮，可以复位裁剪框、图像旋转和长宽比的设置。

（12）【取消】按钮 ：单击此按钮，可以取消当前的各种裁剪设置，恢复到原图像状态。

（13）【确定】按钮 ：单击此按钮，提交当前的裁剪操作，完成图像裁剪。

在图像上创建一个要裁剪的选区，然后选择【图像】|【裁剪】命令，就可以对图像进行裁剪了，如果创建的是不规则选区，执行裁剪命令后会自动被裁剪为矩形选区，如图 2-27 所示。

还可以单击工具箱中的【裁剪工具】 ，使鼠标指针变形为【裁剪工具】图样，此时在图像上拖曳鼠标划定需要裁切的范围，如果觉得确定的裁剪区域不合适，还可以通过调整其边框上的调整点重新设定裁剪区域。确定好裁剪区域后，在图像上的裁剪区域内双击或直接按 Enter 键，也可以单击工具栏中的【确定】按钮 完成裁剪。

(a) 裁剪前的图像　　　　　　　(b) 裁剪后的图像

图 2-27　图像裁剪前后的效果

2.2.5　图像的裁切

　　用图像的裁切功能同样可以裁剪图像。裁切时,先确定要删除的图像区域,该区域可以是透明色或者是图像边缘像素的颜色,然后将图像中与该像素处于水平或垂直的像素的颜色与之判别比较,再将其进行裁切删除。选择【图像】|【裁切】命令,可以打开如图 2-28(b)所示的【裁切】对话框。

(a) 原图　　　　　　(b)【裁切】对话框　　　　　(c) 裁切后效果图

图 2-28　图像裁切前后的效果

　　【裁切】对话框中各个选项的意义如下。

　　(1)【基于】区域:该区域有以下三个单选项。

　　• 【透明像素】单选项:选择该选项,可以修剪掉图像边缘的透明区域,留下包含非透明像素的最小图像。

　　• 【左上角像素颜色】单选项:选择该选项,可以从图像中剪去左上角边缘像素颜色的区域。

　　• 【右下角像素颜色】单选项:选择该选项,可以从图像中剪去右下角边缘像素颜色的区域。

　　(2)【裁切】区域:在该区域内可以选择一个或多个要裁切的图像区域,包括【顶】、【底】、【左】和【右】4 个复选框。如果选好要裁切的图像位置,则会把图像的符合条件的像素剪切。

例如,要将如图 2-28(a)所示的原图像的顶边和左边的透明像素裁切,可以在如图 2-28(b)所示的【裁切】对话框中设置选项,裁切后的效果如图 2-28(c)所示。

2.3 图像编辑过程中的还原和重做

如果在编辑图像的过程中出现了误操作,可以使用还原和恢复功能快速返回到以前的编辑状态。

2.3.1 还原和恢复图像

要对某个图像文件进行编辑修改,可以在打开文件之前先复制一个备份,一旦图像编辑修改得不满意,就可以重新打开备份的图像文件再次编辑修改。

有时在执行某个误操作后,如果要返回这个误操作之前的状态,可以选择【编辑】|【还原】命令,或者按组合键 Ctrl+Z 还原到最近一次操作的状态。连续选择【编辑】|【前进一步】命令和选择【编辑】|【后退一步】命令,可以连续还原和重做多步操作。【前进一步】的组合键是 Shift+Ctrl+Z;【后退一步】的组合键是 Alt+Ctrl+Z。

在图像的编辑过程中,如果取消对图像的编辑,想恢复到图像最初打开的状态,可选择【文件】|【恢复】命令或使用功能键 F12。但使用该命令的前提是设计者对曾经编辑过的图像没有执行过【保存】操作。

2.3.2 历史记录面板

在 Photoshop CC 2017 中的操作可以被记录在【历史记录】面板中。选择【窗口】|【历史记录】命令,可以打开如图 2-29 所示的【历史记录】面板,在【历史记录】面板中可以看到之前操作的历史记录步骤,其记录的步骤总数可以在【首选项】中设置。单击【历史记录】面板右上角的菜单按钮▤,下拉菜单如图 2-29 所示。在【历史记录】面板的底部有 3 个按钮,分别是【从当前状态创建新文档】按钮▣、【创建新快照】按钮▣和【删除当前历史记录】按钮▣。下拉菜单中的命令和【历史记录】面板底部按钮的功能如下。

(1)【前进一步】命令:回溯到当前步骤的下一步骤的状态。

(2)【后退一步】命令:返回到当前步骤的上一步骤的状态。

【历史记录】面板记录的操作步骤是有限制的,一般只能记录 20 步。有些操作常常会超过这个步骤总数。例如,用【画笔工具】修图的操作一般都会超过 20 步,有时甚至更多,此时就可以用快照把重要的步骤或者修改中满意的画面记录下来。单击【创建新快照】按钮▣,可以新建快照,需要返回这个重要步骤时,只要单击该项历史快照即可。

(3)【新建快照】命令:单击这个命令可以将当前图像画面记录成快照,与单击面板底部【创建新快照】按钮▣的作用相同。

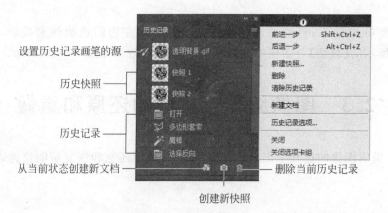

设置历史记录画笔的源 —— 透明背景.gif
历史快照 —— 快照 1 / 快照 2
历史记录 —— 打开 / 多边形套索 / 魔棒 / 选择反向
从当前状态创建新文档 ——
创建新快照
删除当前历史记录

前进一步　Shift+Ctrl+Z
后退一步　Alt+Ctrl+Z
新建快照...
删除
清除历史记录
新建文档
历史记录选项...
关闭
关闭选项卡组

图 2-29 【历史记录】面板

（4）【删除】命令：单击这个命令可以删除当前状态。与单击面板底部【删除当前历史记录】按钮🗑的作用相同。

（5）【清除历史记录】命令：清除所有的历史记录步骤，此操作不可逆。

（6）【新建文档】命令：以当前状态新建一个文档。与单击面板底部【从当前状态创建文档】按钮🗗的作用相同。

（7）【历史记录选项】命令：用于设置【历史记录】面板的使用方式。

（8）【关闭/关闭选项卡组】命令：关闭【历史记录】面板或面板组。

（9）【历史记录画笔的源】：在打开的【历史记录】面板中某个历史记录步骤左侧图标上单击，会显示【历史记录画笔的源】的图标🖉。历史记录画笔源设定后，以后可用【历史记录画笔工具】涂抹图像，涂抹之处的图像部分可以恢复到所选择的源图像的状态。

例 2.2　打开素材文件夹中的图像文件"花 3.jpg"，如图 2-30（a）所示，在图像上做高斯模糊处理，并将【历史记录画笔的源】设置在做高斯模糊的操作前，【历史记录画笔工具】涂抹图像，使图像某部分恢复到做模糊处理前的效果。

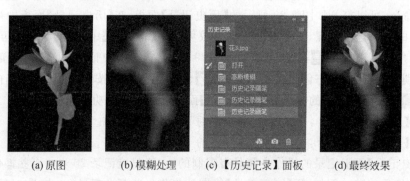

(a) 原图　　　(b) 模糊处理　　　(c)【历史记录】面板　　　(d) 最终效果

图 2-30 设置【历史记录画笔的源】的示意图

操作步骤如下。

（1）选择【文件】|【打开】命令，打开素材文件夹中的图像文件"花 3.jpg"，如图 2-30（a）所示。选择【窗口】|【历史记录】命令，打开【历史记录】面板。

Photoshop CC 2017 图形图像处理教程（第 2 版）

（2）选择【滤镜】|【模糊】|【高斯模糊】命令，对图像做模糊处理，效果如图 2-30（b）所示。

（3）在【历史记录】面板中的【高斯模糊】历史记录步骤的前一步骤左侧图标处单击，将【历史记录画笔的源】设置在【高斯模糊】操作的前一步骤处，如图 2-30（c）所示。

（4）选择工具箱中的【历史记录画笔工具】按钮 ，并在工具选项栏中设置画笔合适的大小，用鼠标在图像上慢慢涂抹，使得涂抹处的图像恢复到【历史记录画笔的源】的步骤处，效果如图 2-30（d）所示。

例 2.3　在裁剪图像的同时完成水平拉直校正图像，裁剪前的图像如图 2-31（a）所示，拉直裁剪后的图像效果如图 2-31（b）所示。

(a)原图 　　　　　　　　　　　　　　　　(b)拉直后的效果图

图 2-31　拉直裁剪图像的前、后效果

操作步骤如下。

（1）选择【文件】|【打开】命令，打开素材文件夹中的图像文件"水平线倾斜.jpg"，如图 2-30（a）所示。

（2）单击工具箱中的【裁剪工具】 ，并在【裁剪工具】选项栏中单击 拉直 按钮，按照图像中的水坝线从左向右拖曳鼠标，如图 2-32（a）所示，单击【确定】按钮确认。

（3）此时图像按照测出的倾斜角度旋转，图像上出现网状裁剪框，拖曳裁剪框拐角处的调整手柄，如图 2-32（b）所示，按 Enter 键确认裁剪后，最终效果如图 2-31（b）所示。

(a)用【拉直】方式给裁剪确定一个旋转角度 　　　　(b)调整裁剪框示意图

图 2-32　拉直裁剪图像示意图

2.4　本章小结

　　本章主要介绍了 Photoshop CC 2017 中对图像文件的基本操作和图像编辑中的一些基本操作及工具的使用方法,这些知识是学好本书必须掌握的基础。

　　在图像文件基本操作中主要介绍了创建、打开、存储和关闭文件的基本操作,以及如何使用 Adobe Bridge 软件对图像文件进行处理,还介绍了图像文件在不同屏幕的显示模式下打开的效果,以及如何利用导航器查看图像文件的局部细节等。

　　在图像的编辑操作中主要介绍了如何调整图像文件的显示比例,调整图像与画布的大小,图像的旋转与翻转,图像的裁剪与裁切,图像操作的撤销与重做,以及【历史记录】面板的使用方法等知识。

2.5　本章练习

1. 思考题

　　(1) 如果要新建一个图像文件,背景的颜色有几种模式可以选择?

　　(2) 新建图像文件时,软件提供了很多预设的模板供选择,那么如何保存一个经常使用的预设模板呢?

　　(3) 什么情况下要将图像打开为智能对象?

　　(4) 如果文档编辑窗口中同时打开 3 个图像文件,那么图像文件的文档窗口有几种排列方式?

　　(5) 图像大小尺寸的单位有很多种,例如有百分比、英寸、厘米、毫米和像素等,如何更改图像尺寸的单位?

　　(6) 如何导入数码相机中的图像?

2. 操作题

　　(1) 打开本章素材文件夹中的"梅花.jpg"文件,按下列要求对图像进行编辑,操作结果以"梅花.psd"为文件名保存在本章结果文件夹中。

　　操作提示如下。

- 按图 2-33 所示的样张一对图片进行裁剪,并按比例将裁剪图片的宽度缩小为 500 像素,垂直翻转。
- 将背景色设置为 #0131B1,顺时针旋转 15°。

　　(2) 打开本章素材文件夹中的"田园.jpg"文件,按下列要求对图像进行编辑,操作结果以"田园.psd"为文件名保存在本章结果文件夹中。

图 2-33　操作题样张一

操作提示如下。

- 按样图 2-34 所示的样张二裁剪图像。重新设置画布的宽度为 3.8 厘米,高度为 2.9 厘米,颜色为黑色。
- 为图像四周居外描边,宽度为 3 像素,白色。
- 输入文字"田园风光美如画",文字的格式为华文行楷、白色、4 点,按样张二排放。
- 描边操作:使用【矩形选框工具】创建选区,选择【编辑】|【描边】命令。文字操作: 在工具箱中选中【文字工具】,在工具选项栏中设置字体、大小、颜色,输入文字。

图 2-34　操作题样张二

(3) 打开本章素材文件夹中的"长颈鹿.psd"文件,如图 2-35(a)所示,利用【操控变形】命令对长颈鹿做变形,变形效果如图 2-35(c)(d)所示,操作结果以"长颈鹿(变形). psd"为文件名保存在本章结果文件夹中。

操作提示如下。

选择【编辑】|【操控变形】命令,在工具选项栏中将【模式】设为【正常】,【浓度】设为【较少点】,取消【显示网格】复选项(观察选择与取消该复选项的区别),此时鼠标指针为一个

图钉,分别单击"长颈鹿"的尾部、颈部底端和颈部顶端,插入 3 个图钉,如图 2-35(b)所示。拖曳顶部的图钉就可以操控"长颈鹿"变形。

| (a)原图 | (b)添加图钉 | (c)向下变形 | (d)向上变形 |

图 2-35 【操控变形】示意图

(4)新建一个 800 像素×600 像素、背景色为白色的文档,利用【自由变换】命令绘制如图 2-36(a)(b)(c)所示的几何图像,操作结果的截图以"几何图形.psd"为文件名保存在本章结果文件夹中,并按照操作提示自己构思绘制更多不同的几何图形。

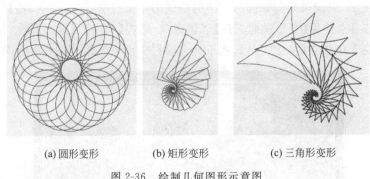

(a)圆形变形 (b)矩形变形 (c)三角形变形

图 2-36 绘制几何图形示意图

操作提示如下。

- 按题目要求创建新文档,选择工具箱中的【多边形工具】◯,工具选项栏如图 2-37 (a)所示。

- 绘制如图 2-38(a)所示的五角星,按组合键 Ctrl+T,或者选择【编辑】|【自由变换】命令,并将中心点移到右下角,如图 2-38(b)所示。

- 设置工具选项栏如图 2-37(b)所示,并按 Enter 键确认。

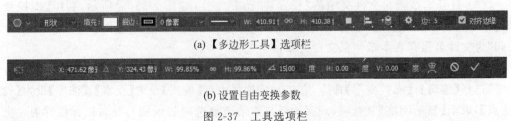

(a)【多边形工具】选项栏

(b)设置自由变换参数

图 2-37 工具选项栏

Photoshop CC 2017 图形图像处理教程(第 2 版)

按住组合键 Alt＋Shift＋Ctrl 不放,按两次 T 键,结果如图 2-38(c)所示,连续按 T 键,结果如图 2-38(d)所示,最终效果如图 2-38(e)所示。

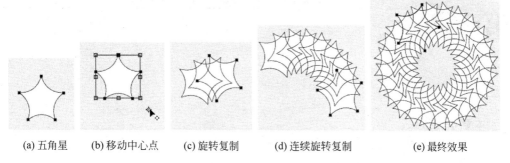

(a) 五角星　　(b) 移动中心点　　(c) 旋转复制　　(d) 连续旋转复制　　(e) 最终效果

图 2-38　绘制五角星几何图形的过程

- 图 2-36(a)先绘制一个圆,多次旋转 15°。图 2-36(b)先绘制一个矩形,【宽度】与【高度】比例缩小 5％,多次旋转 15°。图 2-36(c)先绘制一个三角形,【宽度】与【高度】比例缩小 5％,多次旋转 15°。

第 **3** 章 选区的创建与编辑

本章学习重点：

- 掌握正确使用选区工具的方法。
- 掌握选区轮廓线的编辑方法。
- 掌握选区内容的编辑方法。

3.1 创建选区

在图像处理时，常常要对图像的局部区域进行处理，Photoshop CC 2017 提供了选择区域的工具，它们可以用来选取图像中需要进行局部处理的区域，这些区域称为选区，所以选择工具也称为选区工具或者选框工具。当图像上某些区域被选框工具选中后，选区的边界为流动状态的虚线（俗称蚂蚁线），被虚线围住的区域处于可编辑的活动状态。编辑图像时，被编辑的范围将会局限在选区内，而选区外的图像将会处于被保护状态，不能被编辑。

创建选区的工具分为 3 类：规则选框工具、不规则选框工具以及特殊选框工具。如果需要设置规则选区，则使用选框工具组下的【矩形选框工具】、【椭圆选框工具】等；如果需要绘制不规则的选区，则使用【套索工具】、【多边形套索工具】、【磁性套索工具】，或者特殊选区工具，像【快速选择工具】和【魔术棒工具】等。

3.1.1 创建规则选区

Photoshop CC 2017 中用来创建规则选区的工具被集中在规则选框工具组中，其中包括【矩形选框工具】、【椭圆选框工具】、【单行选框工具】和【单列选框工具】。如果在工具箱中的某一工具图标右下角有一个向下的小三角形，就说明这是一个有多个工具的工具组。在此工具图标上按住鼠标左键不放，就会弹出工具组菜单选项供选择。图 3-1 所示就是选框工具组。

图 3-1 选框工具组

在图像编辑时，当需要绘制的区域是规则的矩形或者椭圆形时，可使用【矩形选框工具】和【椭圆选框工具】选择；当需要选择高度或者宽度为一个像素的选区时，可以使用【单行选框工具】和【单列选框工具】,如图 3-1 所示。

1. 矩形选框工具

用【矩形选框工具】可在当前图像上绘制矩形选区。在工具箱中单击【矩形选框工具】,然后按住鼠标左键,在图像需要编辑的区域上拖曳鼠标就可以绘制一个矩形选区。在绘制矩形选区前,可先在编辑窗口上方的工具选项栏中设置【矩形选框工具】的参数。【矩形选框工具】选项栏如图 3-2 所示。

图 3-2 【矩形选框工具】选项栏

各选项的意义如下。

(1) ▢▾:表示当前使用的是矩形选框工具。单击该按钮右侧的小三角形,可以弹出该工具的预设内容。

(2)【新选区】按钮▢:选中该按钮后可新建一个选区。

(3)【添加到选区】按钮▢:选中该按钮后,可设置图像上的选区自动形成并集,单击此按钮,可将多次画的相交的选区合并到一起。

(4)【从选区减去】按钮▢:选中此按钮后,当新创建的选区与原选区相交时,则合成的区域会删除相交的区域。如果新创建的选区与原选区不相交,则不能绘制出新选区。

(5)【与选区交叉】按钮▢:使图像上的选区自动形成交集,单击此按钮后,在已经存在的选区处绘制新的选区,如果选区相交,则合成的选区会只留下相交的部分。如果新创建的选区与原选区不相交,则不能绘制出新选区。

(6)【羽化】文本框:在该文本框内可以设置矩形选择区域边框的羽化程度,该数值设置得越大,选区的边缘越模糊,羽化效果就越明显。

(7)【消除锯齿】复选框 ☑ 消除锯齿:该复选框仅在不是【矩形选框工具】时可以使用,选中该复选框可以消除选区的锯齿边缘。

(8)【样式】下拉菜单:该下拉菜单可用来设置当前选择区域的限制方式。共有 3 种方式,选择【正常】方式,创建选择区域时没有限制,可以是任意高宽比例的区域。选择【固定比例】方式,可以根据事先固定好的高宽比例创建选区。选择【固定大小】方式,只能按事先设置好的高度和宽度创建选区。

(9)【选择并遮住】按钮:该按钮被选中后能对特殊选区中的一些图像边缘做一些特殊处理,从而提高图像编辑的效果,这部分内容详见 3.3 节。

选择不同的工具时,工具选项栏里的显示会不同。例如,当前选择的是【椭圆选框工具】,则【样式】的选择主要影响椭圆的长径和短径之间的关系。当选择【固定比例】方式时,可以在其中设置椭圆的长和宽比例系数;当选择【固定大小】时,可以直接在其中输入长和宽的大小,单位为 px(像素)。

如果在绘制矩形选区的时候按住 Shift 键,则可以绘制正方形的选区;如果在绘制选区的时候按住 Alt 键,则可以以光标所处的位置为中心点开始绘制选区。

例 3.1　打开本章素材文件夹中的"盒子.jpg"文件,创建一个矩形选区。

操作步骤如下。

(1)选择工具箱中的【矩形选框工具】,然后将鼠标移动到编辑窗口中,此时光标会变成十字形,将光标移动至要绘制选区的左上角。

(2)按住鼠标左键拖曳鼠标创建矩形选框,这时鼠标绘制的区域四周会出现闪烁的虚线框(俗称"蚂蚁线")。

(3)当需要选取的区域完全处于虚线框中后,再释放鼠标,这样虚线框内的图像就被选取了。图 3-3(a)所示的是一个正方形的选取区域。

2. 椭圆选框工具

使用【椭圆选框工具】设置选区的方法步骤与使用【矩形选框工具】相似,即在工具箱中选中【椭圆选框工具】后,在图像编辑窗口中按住鼠标左键拖曳,便可绘制一个椭圆形区域,图 3-3(b)所示的就是一个椭圆形的选择区域。

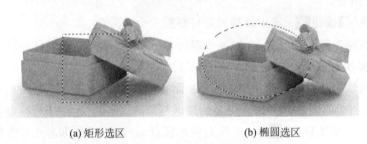

(a) 矩形选区　　　　　　　(b) 椭圆选区

图 3-3　创建矩形与椭圆选区

(1)如果在绘制椭圆形选区的时候按住 Shift 键,就可以绘制正圆形的选区;如果在绘制选区的时候按住 Alt 键,也可以以光标所处的位置为中心点开始绘制选区。

(2)在已经选择了【矩形选框工具】的情况下按住 Shift+M 组合键,可以快速改为【椭圆选框工具】;同样,在已经选择了【椭圆选框工具】的情况下按住 Shift+M 组合键,也可以快速切换到【矩形选框工具】。

(3)如果要取消选区,可以按组合键 Ctrl+D;如果想让选区发生偏移,可以通过键盘上的方向键进行微调。

3. 单行选框工具和单列选框工具

这两种工具的使用方法类似,主要用来绘制高度或者宽度为 1 像素的选区。图 3-4就是在图像上绘制了一个单行选区,然后可选择【编辑】|【缩放】命令放大选区,从而达到精确定位选区的目的。

3.1.2　创建不规则选区

在图像处理中,除了设置规则的选区外,有时还需要设置一些不规则的选区,这时使

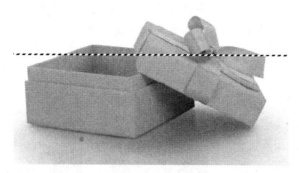

图 3-4 绘制一个单行选区

用不规则的工具就显得较为方便。图 3-5(a)所示的是不规则选框工具组。

(a) 不规则选框工具组

(b)【套索工具】选项栏

图 3-5 不规则选框工具组与【套索工具】选项栏

1. 套索工具

【套索工具】的使用较为灵活方便,相当于用铅笔在图像上绘制一个不规则的封闭区域。选择图像的不规则区域时,先选择工具箱中的【套索工具】,此时在编辑窗口上方显示【套索工具】选项栏,如图 3-5(b)所示。

各选项的意义如下。

(1)【羽化】文本框:可以设置选择区域边缘的羽化程度。该数值越大,羽化范围越明显。

(2)【消除锯齿】复选框:选中该复选框后,可以消除边界像素的锯齿,使边缘更平滑。

其他选项的作用同【矩形选框工具】,这里不一一赘述。

在图像某处单击设置起点后,按住鼠标左键不放并拖动鼠标绘制选区,直到选区设置完成松开鼠标即可。图 3-6(a)所示的就是使用【套索工具】绘制的选区。

使用【套索工具】绘制的选区必须是闭合的,如果释放鼠标时,鼠标拖动路径的起点和终点不重合,则系统将自动用直线段连接起点和终点强行构成封闭选区。此外,在选区没有封闭之前,如果按住 Delete 键不放,可以使曲线变直,以便对选区边界进行微调;如果在释放鼠标前按 Ese 键,则可以取消该选区的建立。

2. 多边形套索工具

【多边形套索工具】可以绘制由直线连接形成的不规则的多边形选区。此工具和【套索工具】的不同是,可以通过确定连续的点确定选区。单击工具箱中的【多边形套索工具】,此时在编辑窗口上方显示其工具选项栏,各参数的作用参见【套索工具】。在图像上单击,确定起始点后释放鼠标,然后在需要转折的地方再单击并释放,如此重复确定其他的转折点,最后将光标移到起始点附近,这时鼠标指针下方出现一个小圆圈,单击即可形成一个封闭的选择区域。图 3-6(b)所示的就是使用【多边形套索工具】绘制的选区。

(a) 套索工具 (b) 多边形套索工具 (c) 磁性套索工具

图 3-6 使用【套索工具】创建选区

使用【多边形套索工具】工具时,如果按住 Shift 键,多边形区域的边界线段将会按照 45°整数倍方向选取。

3. 磁性套索工具

使用【磁性套索工具】绘制的选区,并不是完全按照鼠标点到的位置形成,而是在一定的范围内寻找一个色阶最大的边界,然后像磁铁一样吸附到图像上。此工具适合于在图像中选取不规则的且边缘与背景颜色反差较大的区域。在工具箱中单击【磁性套索工具】,此时在编辑窗口上方显示其工具选项栏如图 3-7 所示。

图 3-7 【磁性套索工具】选项栏

各选项的意义如下。

(1)【宽度】文本框:在该文本框内可以设置在移动【磁性套索工具】时的监测范围,如果设定了一个宽度,则将在该宽度内寻找色阶明显的边缘。

(2)【对比度】文本框:在该文本框内可以设置发现选区边缘反差的灵敏度。

(3)【频率】文本框:在该文本框内可以设置查找边缘时标记点的频率,该值越大,绘制相同范围的选区时路径标记点越多。

(4)【光笔压力】按钮:可以用来设置专用绘图板的笔刷压力。

其他选项的意义参见【套索工具】。

在起点处单击,并沿着待选图像区域边缘拖动,回到起点附近,当鼠标指针下方出现一个小圆圈时,单击鼠标或者按 Enter 键即可形成封闭区域。图 3-6(c)所示的就是使用【磁性套索工具】绘制的选区。

3.1.3　智能化的选取工具

前面介绍的规则选框工具和不规则选框工具都需要通过手动绘制选区,在Photoshop中还可以根据图像不同的色调、饱和度、亮度等信息进行区域选择,这种"智能化"的选取工具是【魔棒工具】和【快速选择工具】,用这两种工具能够快速选取图像相似颜色的区域,其使用起来比较灵活。

1. 魔棒工具

【魔棒工具】可以为图像中颜色相同或相近的像素快速创建选区,从工具箱中单击【魔棒工具】,此时在编辑窗口上方显示其工具选项栏,如图 3-8 所示。

图 3-8　【魔棒工具】选项栏

各选项的意义如下。

(1)【容差】文本框:该文本框内的数值可以决定【魔棒工具】选取区域时颜色相近的程度。数值越大,颜色容许的范围越大,选择的范围越广;反之,选择的范围越小。在文本框中可输入的数值为 0~255,系统默认值为 32。

(2)【消除锯齿】复选框:选中该选项,可以消除选区边界像素的锯齿,使边缘更平滑。

(3)【连续】复选框:选中该复选框后,选取的范围只能是颜色相近的连续区域;不选择该复选框,选取的范围可以是颜色相近的所有区域。

(4)【对所有图层取样】复选框:选择该复选框,可以选取多个图层中该图像相同颜色的像素;不选择该复选框,只能在当前工作的图层中选取颜色区域。

选择工具箱中的【魔棒工具】,然后在图像中需要选择的颜色上单击,Photoshop 会自动选取与该色彩类似的颜色区域,此时图像中所有包含该颜色的区域将同时被选中,如图3-9(a)所示。

2. 快速选择工具

在 Photoshop CC 2017 中使用【快速选择工具】,在图像中可以快速对需要选取的部分建立选区,使用方法很简单,只要选中该工具后,用鼠标指针在图像中拖动,就可将鼠标经过的地方创建为选区,如图 3-9(b)所示。

选择【快速选择工具】后,工具选项栏中会显示该工具的一些选项设置,如图 3-10所示。

各选项的意义如下。

(1)【选区模式】:用来对选择选区方式进行设置,方式包括【新选区】、【添加到选区】、【从选区中减去】等。

 • 【新选区】按钮:选择该按钮时,可对图像选取选区,松开鼠标后会自动转换成【添

(a) 魔棒工具 　　　　　　　　(b) 快速选择工具

图 3-9 　用【魔棒工具】与【快速选择工具】创建选区

图 3-10 　【快速选择工具】选项栏

加到选区】的功能。再选该项时，可以创建另一个新选区或使用鼠标移动选区。

- 【添加到选区】按钮：选择该按钮时，可以在图像中创建多个选区。当选区相交时，可以将两个选区合并。
- 【从选区中减去】按钮：选择该按钮时，拖曳鼠标时经过的区域将会减去已有选区。

(2)【画笔】参数：该参数可以用来设置创建选区的笔触、直径、硬度和间距等参数。

(3)【自动增强】复选框：选择该复选框，可以增强选区的边缘。

(4)【对所有图层取样】复选框：参见上节【魔棒工具】所述。

使用【快速选择工具】创建选区时，按住 Shift 键可以自动完成【添加到选区】的功能；按住 Alt 键可以自动完成【从选区中减去】的功能。

3.2 　编辑与调整选区

在 Photoshop CC 2017 中，选区的操作和选区内容的操作是两个不同的概念。对创建的选区，可以进行移动、变换、反转、填充、描边、修改和羽化等操作。对选区的内容，也可以进行复制、移动、剪切和粘贴等操作。本节将对选区的这些相关操作进行详细解释。

3.2.1 　移动选区与反转选区

在 Photoshop CC 2017 中，可以根据图像处理的需要在图像上绘制选区，然后对选区的边框线进行编辑。例如，可以根据图像处理实际需要移动、反转选区，具体方法如下所述。

1. 移动选区

当使用【选框工具】或者【套索工具】绘制好一个选区以后，可以将鼠标指针放在选区内部,直接拖曳鼠标,就可以移动选区,调整选区在图像上的位置,如图 3-11 所示。或者也可以按上、下、左、右方向键移动选区。

(a) 选择选区   (b) 移动选区

图 3-11　移动选区示意图

2. 反转选区

反转选区是将原先没有被选取的区域改变为选取的区域,而已经选取的区域变为不选取状态。实际应用中,如对前景与背景反差较大的图像建立选区时,采用这种方法较为有效。先用【魔棒工具】选择某一区域,再选择【选择】|【反选】命令,此时可以得到反转后的选择区域。

在如图 3-12(a)所示的图像中,使用【魔棒工具】单击背景,背景区域被选中,再选择【选择】|【反选】命令,得到如图 3-12(b)所示的选择区域,此时这朵边缘不规则的花就很方便地建立了选区。

(a) 选择背景   (b) 反选后的效果

图 3-12　反转选区前、后的示意图

3.2.2　编辑选区的图像

1. 复制、剪切与粘贴选区的内容

在图像中创建选区后,常常会根据应用的需求将选区内的图像复制或者移动到不同的图层中,甚至不同的文件中。选择【编辑】|【拷贝】命令,可将选区内的图像复制保留到剪贴板中,如果目标位置在其他图像窗口,可以先切换到该窗口,再选择【编辑】|【粘贴】命

令,粘贴选区内的图像到目标位置。此时选区中的图像会被粘贴到新的位置处,并生成新的图层。

要移动选区内的图像,可以选择【编辑】|【剪切】命令,剪切后选区中的图像将会被保留到剪贴板中,被剪切的区域处会使用背景色填充,然后再选择【编辑】|【粘贴】命令,粘贴选区内的图像到目标位置,完成图像移动并生成新的图层,如图 3-13 所示。

图 3-13　剪切与粘贴后的示意图

2. 复制并移动选区的内容

用【矩形选框工具】在图像上创建矩形选区,当鼠标移动到选区内时,鼠标指针变成白色的箭头,如图 3-14(a)所示,按住 Ctrl＋Alt 组合键,此时鼠标指针变为两个重叠的小箭头,按住鼠标左键移动选区,可以将选区内的图像复制后再移动到目标位置,如图 3-14(b)所示。

(a) 创建选区　　　　　　　　　　　(b) 复制并移动选区

图 3-14　复制并移动选区内容

3. 剪切并移动选区的内容

用【矩形选框工具】在图像上创建矩形选区,当鼠标移动到选区内时,按住 Ctrl 键,此时鼠标指针右下方显示一个小剪刀图标,如图 3-15(a)所示,按住鼠标左键移动选区,则可以将选区内的图像剪切后再移动到目标位置,如图 3-15(b)所示,此时在【图层】面板中不会产生新的图层。

(a) 创建选区　　　　　　　　　　(b) 剪切并移动选区

图 3-15　剪切并移动选区内容

4. 变换选区内容

变换选区内容是改变创建的选区内图像形状的操作。在图像上创建选区后,选择【编辑】|【变换】|【变形】命令,然后根据需要用鼠标拖动选区边框线上的 16 个调节点中的某几个调节点,改变选区内图像的形状,如图 3-16(b)所示,确定变形后,结果图像如图 3-16(c)所示。

(a) 创建选区　　　　　　　(b) 选区变形　　　　　　　(c) 最终效果图

图 3-16　选区内容变形变换示意图

还可以在图像上绘制选区,然后选择【编辑】|【变换】|【变形】命令,此时可在【变形】工具选项栏中选择【变形】样式,并设置该变形样式的参数。【凸起】样式与该样式的【变形】工具选项栏如图 3-17 所示。

5. 内容识别缩放变换选区内容

在图像处理时,有时需要对图像的局部内容进行改变,可以利用【内容识别缩放】功能变换选区中图像的内容。操作时,可以先根据需要在图像上建立规则的或者不规则的选区,选择【编辑】|【内容识别缩放】命令对图像选定内容建立保护区,并把这个保护区保存下来,选择【编辑】|【内容识别缩放】命令,可以改变编辑保护区内图像的比例。在改变保护区内的图像整体比例时,保护区外的图像比例保持不变,从而完成图像处理。

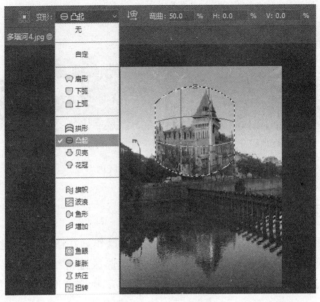

图 3-17 【变形】样式示意图

例 3.2 改变如图 3-18(a)所示的图像中桥与房子的比例,而且图像中的天空与水面的比例保持不变。

操作步骤如下。

(1) 打开素材文件夹中的图像文件"多瑙河 3.jpg",用【快速选择工具】选择图像中的桥与房子,如图 3-18(b)所示。

(a) 原图

(b) 建立保护区

图 3-18 选择图像保护区域示意图

(2) 选择【选择】|【存储选区】命令,建立名为"桥与房子"的保护区,如图 3-19 所示,单击【确定】按钮后,可以创建保护区,如图 3-20(a)所示。

(3) 选择【编辑】|【内容识别缩放】命令,在工具选项栏上的【保护】下拉列表中选择【桥与房子】选项,使用鼠标拖动矩形保护区的控制点,将保护区中的"桥与房子"图像比例纵向放大,调整到合适时按 Enter 键确认,取消保护区。选择【选择】|【取消选择】命令,图像处理结果如图 3-20(b)所示。

Photoshop CC 2017 图形图像处理教程(第 2 版)

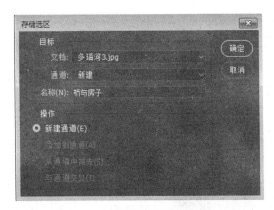

图 3-19 【存储选区】对话框

(a) 保护区示意图

(b) 调整后的效果图

图 3-20 用【内容识别缩放】处理图像比例示意图

3.2.3 变换选区

在图像上创建好选区后,还可以根据图像处理的需要对选区进行编辑,例如缩放、旋转、扭曲、翻转等变形操作。变换方法是在图像上绘制一个选区,然后选择【选择】|【变换选区】命令,此时图像上的选框四周显示调节点,在选区中间右击,会弹出如图 3-21 所示的菜单,在其中选择需要进行的变换选区的命令。

1. 缩放

在如图 3-21 所示的快捷菜单中选择【缩放】命令,然后将鼠标指针移到选择框上的调整点附近,当鼠标指针变化为双向箭头图标时,移动调整点即可缩放选区。

2. 旋转

用【快速选择工具】在图像上绘制选区,如图 3-22(a)所示,将鼠标放到选区中间,右击,从快捷菜单中选择【旋转】命令,然后将鼠标指针移到选择框上的调整点附近,当鼠标指针变化为弯曲的双向箭头图标时,如图 3-22(b)所示,移动调整点就可以旋转选区了。此外,用鼠标拖动选框中心点至其他位置,可以改变选框的旋转基点。

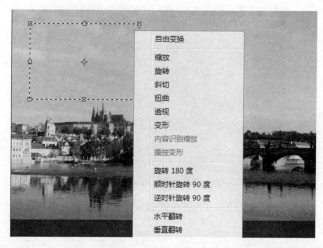

图 3-21　变换选区弹出菜单

(a) 建立选区

(b) 旋转选区

图 3-22　旋转选区的示意图

采用同样的方法,还可以对选区进行【斜切】、【扭曲】、【透视】等操作,这里不一一赘述。

3. 变形

选区变换是指改变选区边框线的形状,而不会对选取的内容进行变换。在如图 3-21 所示的快捷菜单中选择【变形】命令,可以用软件预置的变形样式对选区进行【变形】操作,此时工具选项栏如图 3-23 所示。

图 3-23　【变换选区】选项栏

各选项的意义如下。

(1)【参考点位置】按钮:单击该按钮可以用来设置变换与变形的中心点。

(2)【变形样式】下拉菜单:该下拉菜单用来设置变形的方式。

（3）【变形与变换互换】按钮：该按钮为自由变换和变形模式之间切换按钮。

选区变换示意图如图 3-24 所示。图 3-24(a)是用【魔棒工具】建立的选区；图 3-24(b)是选择【选择】|【变换选区】命令后的示意图；在选区中右击，从快捷菜单中选择【变形】后，得到如图 3-24(c)所示的示意图；在【变换选区】工具选项栏的变形样式的下拉菜单中选择【上弧】变换，得到如图 3-24(d)所示的示意图。

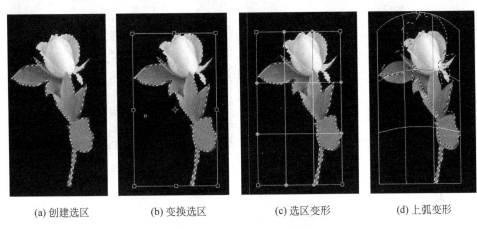

| (a) 创建选区 | (b) 变换选区 | (c) 选区变形 | (d) 上弧变形 |

图 3-24　选区变换示意图

4. 选区特定方向、角度的旋转

选区特定方向、角度的旋转包括 3 种情况，分别是如图 3-21 所示快捷菜单中的【旋转180 度】、【顺时针旋转 90 度】、【逆时针旋转 90 度】选项。可以在要处理的图像上绘制一个选区，然后选择【选择】|【变换选区】命令，在如图 3-21 所示的快捷菜单中选择相关选项完成相应的旋转。

5. 水平、垂直翻转

在如图 3-21 所示的快捷菜单中选择【水平翻转】、【垂直翻转】选项，可以直接将选区水平变换或者垂直变换。

选择【选择】|【变换选区】命令是将选区的选框变形，而选择【编辑】|【变换】命令是将选框和其内部的图像一起变形。

3.2.4　选区的合并、减去与相交

在图像上创建选区后，可以继续绘制新选区与原选区合并，或者从已创建的原选区中减去部分选区，还可以在图像上保留原选区与新选区相交部分的选区。在图像上创建选区时，或者对选区做修改时，经常会用到这些操作。

1. 增加选区

绘制好一个选区后，如果想继续增加选区，可以按住 Shift 键，当鼠标指针的右下方

出现一个"＋"号时,再绘制其他需要增加的选区;也可以单击工具选项栏上的 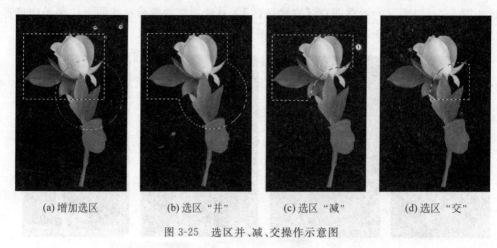 按钮,再绘制需要增加的选区,如图 3-25(a)所示,第二个选区绘制好后,松开鼠标左键,两个选区就合二为一,如图 3-25(b)所示。

(a) 增加选区　　　　(b) 选区"并"　　　　(c) 选区"减"　　　　(d) 选区"交"

图 3-25　选区并、减、交操作示意图

如果连续绘制的几个选区有重叠的区域,则重叠部分被合并,最后的选区将是这几个区域的并集区域。

2. 减去选区

如果想将某选区减去一部分,可以按住 Alt 键,当鼠标指针的右下方出现一个"-"号时,再绘制用来修剪的选区;也可以单击工具选项栏上的 按钮,再绘制用来修剪的选区,这样就可以用新绘制的选区修剪原来的选区,如图 3-25(c)所示的图像就是用一个新绘制的圆形选区减去一个矩形选区的一部分。减去选区时,用来修剪的选区和被修剪的选区之间必须有重叠的部分区域。

3. 选择两个选区相交的部分

如果要获得两个选区相交部分的选区,在绘制第二个选区时可以按住 Shift＋Alt 组合键,当鼠标指针的右下方出现一个"×"号时,绘制第二个新选区;也可以单击工具选项栏上的 按钮,再绘制第二个新选区,新选区绘制后将在图像上保留两个选区的重叠部分,如图 3-25(d)所示。用这个方法可以绘制多个相交的选区,最终结果是这些选区的相交部分为最终的选区。

3.2.5　编辑选区的轮廓

在 Photoshop CC 2017 中,可以对图像上绘制好的选区进行细致的修改,如扩大边界、平滑选区、扩展选区、收缩选区等。

1.扩大边界

绘制好一个选区后,选择【选择】|【修改】|【边界】命令,在弹出的【边界选区】对话框中设置需要扩展边界的像素宽度,然后确认。如图 3-26(a)所示的图像是用【快速选取】工具选取的选区,选择【选择】|【修改】|【边界】命令,扩边 20 个像素后,得到如图 3-26(b)所示的选区,此时选区为两条蚂蚁线中间的部分。

2.平滑选区

使用【平滑】命令可以使选区的轮廓线更平滑。绘制好选区后,选择【选择】|【修改】|【平滑】命令,在弹出的【平滑选区】对话框中设置取样半径的大小,最后单击【确定】按钮即可。图 3-26(c)是平滑取样半径设置为 40 个像素后的结果。

(a)快速创建选区　　　　(b)选区扩边　　　　(c)选区平滑

图 3-26　扩大与平滑选区示意图

3.扩展选区

使用扩展命令可以使原选区的边缘向外扩展,并平滑边缘。在图像上绘制好选区后,选择【选择】|【修改】|【扩展】命令,在弹出的【扩展选区】对话框中设置扩展宽度为 20 像素,按【确认】键即可。图 3-27(a)是用【快速选择工具】建立的选区,图 3-27(b)是选区向外扩展 20 个像素得到的结果。

4.收缩选区

与扩充选区相反,使用收缩命令可以将选区向内收缩。绘制好选区后,选择【选择】|【修改】|【收缩】命令,在弹出的【收缩选区】对话框中设置收缩宽度为 20 像素,确认后得到如图 3-27(c)所示的图像。

5.羽化选区

在图像绘制选区后,可以用羽化命令对其边缘进行柔化处理,使选区内图像的边缘产生朦胧的效果。羽化的半径越大,边缘的朦胧范围越大。在图像上建立选区,如图 3-28(a)

(a) 快速创建选区   (b) 扩展选区   (c) 收缩选区

图 3-27   扩展与收缩选区示意图

所示，选择【选择】|【修改】|【羽化】命令，此时会弹出【羽化选区】对话框，根据需要设置【羽化半径】的值，若设置羽化半径的值为 30 像素，确认后就可以对选区内的图像边缘完成羽化效果的处理，如图 3-28(b)所示。绘制规则选区时，在选取工具的工具选项栏中也可以设置【羽化】的半径参数，如图 3-29 所示，完成选区的羽化效果。

(a) 创建选区   (b) 羽化选区

图 3-28   选区内图像羽化前、后示意图

```
[::] ~   ■ ■ ■ ■   羽化: 30 像素   消除锯齿   样式: 正常  ~   宽度   ↔   高度
```

图 3-29   在选取工具选项栏中设置羽化参数

如果是在选取工具的工具选项栏中的【羽化】框中设置羽化值，必须在创建选区前设置才会生效；如果是使用【选择】|【修改】|【羽化】菜单命令，则可以在选区创建好之后再设置羽化参数。

6. 选区描边

在设定好的选区上，可以使用选定的颜色对选区的边缘描边。描边的方法是：首先在图像上绘制一个选区，如图 3-30(a)所示，然后选择【编辑】|【描边】命令，在如图 3-30(b)所

示的【描边】对话框中设置【描边】的属性参数,确认后如图 3-30(c)所示。

(a) 创建选区

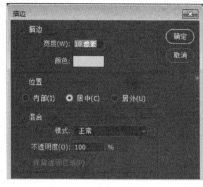
(b)【描边】对话框

(c) 选区描边

图 3-30 【描边】对话框

【描边】对话框中各项参数的意义如下。

(1)【宽度】文本框:可以设置用来描边笔触的宽度。

(2)【颜色】按钮:可以设置用来描边笔触的颜色。如果采用默认设置,则会使用工具箱中前景色颜色框中的颜色描边;如果想另外设置颜色,则可以单击对话框中的【颜色】按钮,在弹出的【拾色器】中选取想要的颜色。

(3)【位置】:可用来设置描边笔触与选区边缘线的位置关系。

(4)【模式】下拉菜单:从该下拉菜单中可以选择设置描边笔触颜色和背景颜色的混合模式。

(5)【不透明度】文本框:可用来设置描边笔触的不透明度,该值越小,越透明。

3.2.6 存储与载入选区

由于图像编辑需要,常常要在图像上绘制复杂的选区,选区的绘制与编辑不很容易,如果在类似的图像上还要绘制类似的选区,可以先将选区保存下来,以便在需要时将目标选区快速加载到图像中,这样可以提高图像处理的效率。

1. 将选区保存为通道

在图像上建立选区后,可以选择【选择】|【存储选区】命令,打开如图 3-31(a)所示的【存储选区】对话框,然后完成【存储选区】的参数设置,确定后便可以保存选区。

【存储选区】对话框中各项参数的意义如下。

(1)【文档】下拉列表:在该下拉列表中可以选择文件的来源,默认状态为当前文件。

(2)【通道】下拉列表:在该下拉列表中可以选择一个新通道,或者选择要载入的通道。

(3)【名称】文本框:在该文本框中可以输入一个通道的名称。

(4)【新建通道】单选按钮:将当前选区创建为新通道。

（5）【添加到通道】单选按钮：将当前选区添加到目标通道的现有选区中。

（6）【从通道中减去】单选按钮：从目标通道的现有选区中减去当前选区。

（7）【与通道交叉】单选按钮：将当前选区和目标通道中的现有选区中的相交区域存储为一个选区。

在图像上建立选区后，将鼠标指针移动到选区内右击，从快捷菜单中选择【存储选区】命令，也可以打开【存储选区】对话框，设置参数后确认，也可以保存选区。

2. 载入选区

如果要调用已经存储过的选区，则选择【选择】|【载入选区】命令，在弹出的如图 3-31(b) 所示的【载入选区】对话框中单击【通道】下拉列表，选择所需的通道名，单击【确定】按钮后，可将该通道中的选区载入当前图像中。

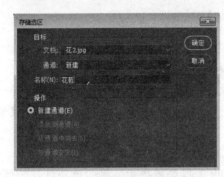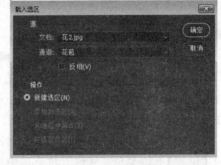

(a)【存储选区】对话框   (b)【载入选区】对话框

图 3-31　【存储选区】与【载入选区】对话框

【载入选区】对话框中的【反向】复选框被选中后，载入的是反选后的选区，其他各参数同【存储选区】对话框，这里不一一赘述。

3.3　选择并遮住及其应用

在对有些轮廓线上有很多不规则毛刺的图像对象建立选区时，为了让选取的边缘更真实，可以应用【选择并遮住】功能，清晰地分离图像的前景与背景，去除选区边缘多余的像素，使得选区的选择更加精准。

选择【选择】|【选择并遮住】命令后，可以转换到【选择并遮住】工作界面。也可以选择规则或者不规则选框工具，建立选区后，单击工具选项栏上的【选择并遮住】按钮，就可以进入如图 3-32 所示的【选择并遮住】工作界面。

【选择并遮住】工作界面分 4 个部分：图像编辑区、工具栏、工具选项栏、属性面板，下面分别介绍这 4 个部分。

图 3-32 【选择并遮住】工作界面

1. 图像编辑区

图像处理的窗口,左上角的标签显示当前图像文件名、显示比例、颜色的类型。

2. 工具栏

【选择并遮住】工具栏中共有 6 个工具,它们的功能分别如下。

(1)【快速选择工具】:在图像上单击或单击并拖曳要选择的区域时,可以根据颜色和纹理的相似性快速选择。

(2)【调整边缘画笔工具】:可以精确调整图像对象边框区域的边缘。可以轻刷柔化区域(如头发或毛皮)以向选区中加入精妙的细节。可以在工具选项栏上更改画笔大小、硬度、间距等参数。

(3)【画笔工具】:使用画笔工具可以清理选区内的细节部分,可以在工具选项栏中选择添加模式 ⊕,绘制想要选择的图像区域;选择减去模式 ⊖,在绘制好的选区中减去不想选择的图像区域。

(4)【套索工具】:这是一个工具组,其中有套索工具与多边形套索工具,利用这两个工具可以徒手绘制选区,创建较精确的选区,功能与 3.1.2 节介绍的内容相同。

(5)【抓手工具】:使用该工具可以移动图像。

(6)【缩放工具】:与工具栏上的【放大】按钮 🔍 与【缩小】按钮 🔍 配合,可以放大或者缩小当前编辑的图像。

3. 工具选项栏

完成对图像选择并遮住操作时，选中工具栏中的某一种工具时，可以在这种工具对应的工具选项栏中设置参数，以便使该工具的使用更有效。

4. 属性面板

属性面板有 4 个区域，分别是【视图模式】、【边缘检测】、【全局调整】、【输出设置】，下面分别介绍这些区域的作用。

(1)【视图模式】：编辑图像时，可以按照编辑的需要或者自己的喜好选择以下某种视图进行图像处理。按 F 键可以在各个模式之间来回切换，按 X 键可以暂时禁用所有模式。

- 【洋葱皮（O）】：图像上将显示为洋葱皮视图结构，并可以调整【透明度】到合适值方便操作。
- 【闪烁虚线（M）】：使用【快速选择工具】、【套索工具】等选取工具，选择图像区域的边框线显示为闪烁虚线。
- 【叠加（V）】：将使图像显示为透明颜色叠加，默认颜色为红色。
- 【黑底（A）】：将选区置于黑色背景上。
- 【白底（T）】：将选区置于白色背景上。
- 【黑白（K）】：将选区显示为黑白蒙版。
- 【图层（Y）】：将选区周围变成透明区域。
- 【显示边缘】、【显示原稿】、【高品质预览】为编辑图像时视图显示的方式。

(2)【边缘检测】：可以通过这个区域设置边缘的参数，确定发生边缘调整的选区边框的大小。对锐边使用较小的半径，对较柔和的边缘使用较大的半径。其中，【智能半径】复选框选中，可允许选区边缘出现宽度可变的调整区域。如果选区是涉及头发和肩膀的人物肖像，可能需要为头发设置比肩膀更大的调整区域，若此选项选中，则会十分方便。

(3)【全局调整】：这个区域有 4 个参数，这些参数的值会相互影响，可以根据图像边缘的柔和程度调节这些参数，最终把图像主体很漂亮地抠出来。

- 【平滑】：调整该参数可以减少选区边框中不规则的凸凹不平的区域，控制像素边缘的平滑度，能创建较平滑的轮廓。平滑值越高，边缘越柔和，如果边缘参差不齐，就可以调整这个数值。
- 【羽化】：该参数可以模糊选区与周围像素之间的过渡效果。
- 【对比度】：对比度增大时，沿选区边缘的过渡会变得不连贯。通常，使用【智能半径】选项效果会更好。
- 【移动边缘】：通过调整百分比确定创建选区的移动范围。使用负值是向内移动柔化边缘的边框，使用正值是向外移动这些边框。这些边框移动有助于从选区边缘移去不想要的背景颜色。

(4)【输出设置】：该区域为图像处理完成后，输出方式和参数设置的区域。

- 【净化颜色】：勾选该复选框，将彩色边缘替换为附近完全选中图像的颜色。颜色替换的强度与选区边缘的软化度成比例。

- 【记住设置】：勾选该复选框后，可将当前设置存储后用于其他图像。如果在【选择并遮住】工作区中重新打开当前图像，这些设置会被应用于该图像，也可以应用于以后打开的其他所有图像。
- 【输出到】下拉列表：决定调整后的选区是变为当前图层上的选区或蒙版，还是生成一个新图层或文档。

例 3.3 利用本章素材文件夹中的素材文件"小猫.jpg"和"背景.jpg"制作如图 3-33 所示的图像，并以"小猫的念想.psd"为文件名保存在本章结果文件夹中。

图 3-33 "小猫的念想"的样张

制作要求：

（1）打开素材文件"小猫.jpg"和"背景.jpg"，对"背景.jpg"建立梯形选区，填充颜色，并添加纹理。

（2）打开本章素材文件夹中的"小猫.jpg"文件，使用【套索工具】抠选猫咪图案，再利用【选择并遮住】命令对毛发细节抠出。

（3）打开本章素材文件夹中的"小鱼 1.jpg"文件，使用【矩形选框工具】选出若干小鱼，并利用魔棒工具建立小鱼的选区，抠出小鱼的图像。

（4）使用【自由变换】调整小猫与小鱼在图像中的位置与大小。

制作分析：

本案例使用【椭圆选框工具】、【选择并遮住】、【套索工具】、【魔棒工具】等多种选框工具创建选区，用【油漆桶工具】对选区填充颜色，以及用变换命令对选择对象进行编辑处理。本例要求掌握如何正确地使用选择工具，以及对选取对象边缘的编辑操作。

操作步骤如下。

（1）打开本章素材文件夹中的"背景.jpg"文件，选择【多边形套索工具】，建立如图 3-34(a)所示的梯形选区。设置前景色为♯483898，用【油漆桶工具】对梯形选区填充颜色。选择【滤镜】|【滤镜库】命令，打开【滤镜库】对话框，如图 3-34(b)所示设置参数，效果如图 3-36(a)所示。选择【文件】|【存储为】命令，以"小猫的念想.psd"为文件名将其存储在本章结果文件夹中。

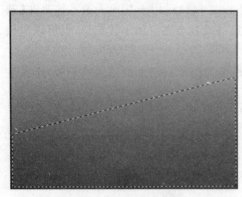
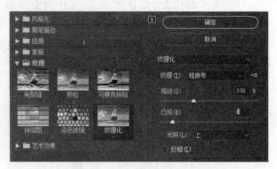

(a) 渐变色背景上创建选区   (b)【纹理化】滤镜参数设置示意图

图 3-34　添加背景纹理示意图

(2) 打开本章素材文件夹中的"小猫.jpg"文件,在工具箱中选择【套索工具】🖉,对图像中的猫咪建立选区,如图 3-35(a)所示。选择【选择】|【选择并遮住】命令,在弹出的对话框左侧单击【调整边缘画笔工具】按钮🖌,在工具选项栏中可以更改画笔大小,在右侧【属性】的视图模式里选择【显示边缘】☑ 显示边缘 (J),拖曳鼠标对图像中小猫的边缘进行描绘,如图 3-35(b)所示,完成后单击【确定】按钮,退出【选择并遮住】界面。

(a) 创建选区   (b) 应用【选择并遮住】命令

图 3-35　用【选择并遮住】命令抠图

(3) 按组合键 Ctrl+C,复制选区中的小猫,切换到"小猫的念想"编辑窗口,按组合键 Ctrl+V 粘贴图像,按组合键 Ctrl+T 调整图像的大小,并移动到合适的位置,如图 3-36(b)所示。按 Enter 键确认。

(4) 打开素材文件"小鱼 1.jpg",如图 3-37(a)所示,用【矩形选框工具】选择其中一条小鱼,按组合键 Ctrl+C 复制到剪贴板。选择【文件】|【新建】命令,创建剪贴板文档,按组合键 Ctrl+V 粘贴图像,如图 3-37(b)所示。

(5) 选择工具箱中的【魔棒工具】,单击图像白色背景,如图 3-37(c)所示,将小鱼白色背景选中,选择【选择】|【反选】命令,如图 3-37(d)所示。

(6) 复制由【魔棒工具】选择的小鱼的图像,粘贴到"小猫的念想"的编辑窗口,按组合键 Ctrl+T 调整图像的大小,并移动到合适的位置,如图 3-33 所示。

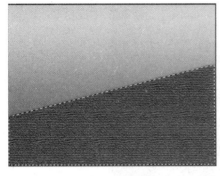

(a) 滤镜填充后的背景   (b) 粘贴对象并应用变形

图 3-36　复制并调整抠图内容的大小

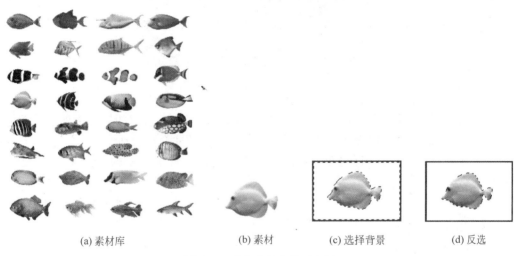

(a) 素材库   (b) 素材   (c) 选择背景   (d) 反选

图 3-37　获取素材文件示意图

(7) 重复步骤(4)至步骤(6)，复制几条小鱼放到合适的位置，如图 3-33 所示。按题目要求将文件保存到结果文件夹中。

3.4　色彩范围及其应用

在 Photoshop CC 2017 中选择【选择】|【色彩范围】命令，可以打开如图 3-38 所示的【色彩范围】对话框，设置合适的参数后，就可以根据图像颜色的差异创建图像的选区了，其功能与【魔棒工具】有些类似。可以先使用【吸管工具】吸取需要选择的颜色，然后根据指定的颜色调整色彩范围选择图像并创建选区。

【色彩范围】对话框中各选项的意义如下。

(1)【选择】：用来设置创建选区的方式。在下拉菜单中可以选择创建选区的方式，包括【取样颜色】、【红色】、【黄色】、【高光】、【阴影】等选项。

图 3-38　【色彩范围】对话框

(2)【颜色容差】：用来设置被选颜色的范围。数值越大,选取相同像素的颜色范围越广。只有在【选择】下拉菜单中选择【取样颜色】时,该项才会被激活。

(3)【选择范围】与【图像】单选按钮：用来设置预览框中显示的是选择区域,还是图像。

(4)【选区预览】：用来设置在预览图像时创建选区的方式,包括【无】、【灰度】、【黑色杂边】、【白色杂边】和【快速蒙版】等选项。选择这些选项时的效果如下。

・【无】：不设定预览。

・【灰度】：以灰度方式显示预览,选区为白色。

・【黑色杂边】：选区显示为原图像,非选区区域以黑色覆盖。

・【白色杂边】：选区显示为原图像,非选区区域以白色覆盖。

・【快速蒙版】：选区显示为原图像,非选区区域以半透明蒙版颜色显示。

(5)【载入】：可以将之前处理过的.axt 文件载入当前文件。

(6)【存储】：将当前处理的图像效果存储起来。

(7)【吸管工具】：使用该工具在图像中单击后,可将该区域的色彩信息作为选区的依据创建选区。

(8)【添加到选区】：使用该工具在图像中单击后,可以将选中的颜色信息添加到先前创建的选区范围中。

(9)【从选区中减去】：使用该工具在图像中已经被创建选区的部位处单击,可以将被单击的区域从已创建的选区范围内删除。

(10)【反相】：勾选此复选框,可以将创建的选区反选。

【色彩范围】对话框中的【添加到选区】按钮、【从选区中减去】按钮与【快速选择工具】

中的【添加到选区】、【从选区中减去】按钮的使用方法类似。

　　例3.4 打开本章素材文件夹中的图像文件"夜景1.jpg"，图3-39（a）所示为原始图像，选择【选择】|【色彩范围】命令，打开【色彩范围】对话框，设置各项参数如图3-38所示，用【吸管】工具单击蓝色夜空，单击【确定】按钮确认后，便可得到如图3-39（b）所示的选区。

(a) 原图　　　　　　　　　　　　　(b) 创建选区

图3-39　【色彩范围】建立选区前后对照图

3.4　本章小结

　　本章比较详细地介绍了创建规则与不规则选区的方法，以及各种选区的调整、修改与变换的方法。在图像处理中，选区的操作是非常频繁和十分重要的，这部分知识是图像处理的基础，能否熟练掌握并运用这些知识，将直接影响学习图像处理的效果。

　　在学习过程中，不仅要熟练掌握各种选区的编辑操作方法，并且还要了解和掌握对图像选区内的像素进行编辑的方法。注意对选区的编辑、修改与对选区中内容的编辑、修改的不同。要熟练掌握选区的合并、选区的相减、选区的相交以及选区的旋转与变形等操作，为后续的学习打下良好的基础。

3.5　本章练习

1. 思考题

　　(1) 选择【选择】|【变换选区】命令与选择【编辑】|【变换】命令有何区别？怎样变换选区？反选选区的组合键是什么？

　　(2) 选择【图像】|【裁剪】命令与选择【图像】|【裁切】命令有何区别？

（3）想一想，除了用选框工具创建规则的选区，用套索工具创建不规则的选区和用魔棒等工具快速创建选区外，还有哪些方法可以创建图像的选区？

（4）选区建立之后可以放大、缩小吗？如何保存和载入选区？在哪里可以设置选区的羽化的宽度？

（5）如何设置【魔棒工具】的容差？选择工具的容差值的作用是什么？【色彩范围】命令的作用是什么？

2. 操作题

（1）打开本章素材文件夹中的"一朵花.jpg"，按下列要求对图像进行编辑，操作结果以"五朵花.psd"为文件名保存在本章结果文件夹中。

操作提示如下。

- 新建一个 500 像素×400 像素，【背景】为黑色的文件，保存为"五朵花.psd"。
- 用【魔棒工具】选择如图 3-40(a) 中所示的花朵，复制到图像文件"五朵花.psd"中。
- 多次复制花朵，如图 3-40(b) 所示调整大小，以及旋转角度。

(a) 原图　　　　　　　　　　　(b) 五朵花

图 3-40　图像处理前、后示意图

（2）打开本章素材文件夹中的"折纸鸽子.jpg"，按下列要求对图像进行编辑，操作结果以"四只折纸鸽子.psd"为文件名保存在本章结果文件夹中。

操作提示如下。

- 新建黑色背景的文件，保存为"四只折纸鸽子.psd"。
- 用【魔棒工具】选择如图 3-41(a) 中所示的鸽子，复制到图像文件"四只折纸鸽子.psd"中。
- 多次复制鸽子，如图 3-41(b) 所示，按组合键 Ctrl＋T 调整图像的大小，并移动到合适的位置。

（3）打开本章素材文件夹中的"花草背景.jpg""小猫1.jpg"和"蝴蝶1.jpg"，用【磁性套索工具】对图片中的小猫进行框选，并利用【选择并遮住】调整毛发边缘，复制到图像文件"花草背景.psd"中。用【魔棒工具】选择蝴蝶，去除背景，复制到图像文件"花草背景.psd"中，如图 3-42 所示调整大小与位置。操作结果以"猫与蝴蝶.psd"和"猫与蝴蝶.jpg"为文件名保存在本章结果文件夹中。

Photoshop CC 2017 图形图像处理教程（第 2 版）

(a) 折纸鸽子   (b) 四只鸽子

图 3-41　图像处理前、后示意图

图 3-42　"猫与蝴蝶"样张示意图

操作提示如下。

- 打开素材文件"花草背景.jpg""小猫 1.jpg"和"蝴蝶 1.jpg",将"花草背景.jpg"保存为"猫与蝴蝶.psd"。

- 切换到"小猫 1.jpg"的编辑窗口,用【磁性套索工具】对小猫进行框选,选择【选择】|【选择并遮住】命令,在对话框中单击【调整边缘画笔工具】按钮，在右侧的【属性】中选择 ☑ 显示边缘 (J)，拖曳鼠标对小猫的边缘进行描绘,如图 3-43(a)所示,完成后复制小猫的图像到"猫与蝴蝶.psd"窗口,按组合键 Ctrl＋T 调整小猫的大小与位置。

- 切换到"蝴蝶 1.jpg"的编辑窗口,用【矩形选框工具】框选并复制蝴蝶,如图 3-43(b)所示,选择【文件】|【新建】命令,创建剪贴板文档,并粘贴蝴蝶。用【魔棒工具】选择背景,如图 3-43(c)所示,如图 3-43(d)所示反选,复制后粘贴到"猫与蝴蝶.psd"窗口,并调整大小与位置。按题目要求保存文件。

（4）打开本章素材文件夹中的"景色 1.png"文件,按下列要求对图片进行编辑,操作结果以"扇形景色.psd"为文件名保存在本章结果文件夹中。

(a) 应用【选择并遮住】命令　　　(b) 选择素材　　　(c) 选择背景　　　(d) 反选

图 3-43　选区"小猫"与"蝴蝶"示意图

操作提示如下。

- 打开如图 3-44(a)所示的素材文件,使用【矩形选框工具】创建一个略小于原图像的选区,选择【编辑】|【变换】|【变形】命令,在工具选项栏的【变形】下拉列表中选择【扇形】。
- 按组合键 Ctrl＋T 调整扇形的大小与位置。选择【编辑】|【描边】命令,并设置【描边颜色】为黑色,描边【宽度】为 2 像素,居中描边,对扇形选区描边。
- 将选区中的图像内容复制到一个新的空白文档后,按题目要求将图像保存在本章结果文件夹中。

(a) 原图　　　　　　　　　　　　(b) 扇形效果图

图 3-44　扇形选区变形示意图

(5) 打开素材文件夹中的素材文件"花 3.jpg",如图 3-45(a)所示,分别按照图 3-45(b)(c)(d)的样例建立选区,设置不同的【前景色】和【背景色】,用滤镜作用选区以外的图像,然后将处理后的图像保存为"花 31.jpg""花 32.jpg"和"花 33.jpg"。

操作提示如下。

- 如图 3-45(b)所示用【椭圆工具】创建选区,【羽化】为 15 像素,反选。可设置【前景

(a) 原图   (b) 应用【玻璃】滤镜 (c) 应用【染色玻璃】滤镜 (d) 应用【玻璃】滤镜

图 3-45   选区与滤镜处理示意图

色】为♯3404f4,【背景色】为♯7f7777。选择【滤镜】|【渲染】|【云彩】命令,再选择
【滤镜】|【滤镜库】|【扭曲】|【玻璃】命令。

- 如图 3-45(c)所示用【椭圆工具】创建选区,【羽化】为 15 像素,反选。可设置【前景
色】为♯fcfd05,【背景色】为♯5c5c55。选择【滤镜】|【渲染】|【云彩】命令,再选择
【滤镜】|【滤镜库】|【纹理】|【染色玻璃】命令。

- 如图 3-45(d)所示用【椭圆工具】创建选区,【羽化】为 15 像素,反选。可设置【前景
色】为♯ea1a1a,【背景色】为♯f4dfef。选择【滤镜】|【渲染】|【云彩】命令,再选择
【滤镜】|【滤镜库】|【扭曲】|【玻璃】命令。

(6) 打开本章素材文件夹中的"杯子.jpg"文件和"青花瓷.jpg"文件,如图 3-46(a)(b)所
示,使用【变形】命令将"青花瓷"图案贴到杯子上,效果如图 3-46(c)所示,操作结果以"青
花瓷杯子.psd"为文件名保存在本章结果文件夹中。

(a) 原图   (b) 青花图   (c) 最终效果图

图 3-46   "青花瓷杯子"的素材与效果

操作提示如下。

- 打开本章素材文件夹中的"杯子.jpg"文件和"青花瓷.jpg"文件,切换到"青花瓷.
jpg"编辑窗口,按组合键 Ctrl+A、Ctrl+C 切换到"杯子.jpg"编辑窗口,然后按
组合键 Ctrl+V。

- 选择【编辑】|【变换】|【变形】命令,图像上会显示变形网格,如图 3-47(a)所示。用
鼠标调整锚点,效果如图 3-47(b)所示。

(a) 粘贴青花图   (b) 青花图变型

图 3-47　调整变形网格示意图

- 打开【图层】面板,选择【图层 1】,将其【混合模式】设置为"正片叠底",使得贴图更加真实自然,如图 3-48 所示。

图 3-48　【图层】面板

(7) 制作如图 3-49 所示的按钮并以"按钮 2. psd"为文件名存储在本章结果文件夹中。

图 3-49　按钮效果的样张

制作分析:

在制作过程中综合使用了【椭圆选框工具】、【多边形选框工具】和【套索工具】,制作按钮和按钮中的箭头,使用【油漆桶工具】填充颜色,使用【收缩】和【羽化】命令,使按钮具有颜色的变化和立体感。本题的难点是如何正确地选择和使用选框工具加减选区,掌握选区的编辑操作,以及对选区的缩放和羽化操作。本章使用了图层的概念,不妨先按照操作提示完成练习,然后再慢慢体会图层的概念和作用。

───────── Photoshop CC 2017 图形图像处理教程(第 2 版)

操作提示如下。

- 打开本章素材文件夹中的"背景图1.jpg"文件,选择【文件】|【存储为】命令,以"按钮2.psd"为文件名将其存储在本章结果文件夹中。

- 选择【图层】|【新建】|【图层】命令,新建图层1,使用【椭圆选框工具】在背景图上创建正圆选区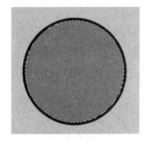,设置工具选项栏中的【样式】为固定大小,【宽度】为250像素,【高度】为250像素。在图层1中创建正圆形选区。使用【油漆桶工具】在圆形选区填充黑色。

- 选择【图层】|【新建】|【图层】命令,新建图层2,设置【前景色】为♯e114e1(紫色)。选择【选择】|【修改】|【收缩】命令,在弹出的对话框中设置收缩3像素,收缩选区,使用【油漆桶工具】填充紫色,如图3-50(a)所示。

- 新建图层3,选择【选择】|【修改】|【收缩】命令,在弹出的对话框中设置收缩3像素并确认。选择【选择】|【修改】|【羽化】命令,在弹出的对话框中设置参数为3像素并确认。使用【油漆桶工具】在紫色圆形中间绘制白色圆形,如图3-50(b)所示。

- 选择【图层】|【复制图层】命令,复制图层3的副本。用【油漆桶工具】填充紫色,选择【椭圆选框工具】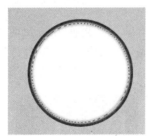,将圆形选区向左上方移动,如图3-50(c)所示,并按Delete键删除其中的内容;选择图层3,在圆形选区中间向右下方移动选区,并按Delete键将其删除,如图3-51(a)所示。

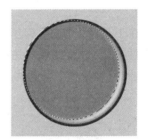

(a) 选区填充紫色   (b) 选区羽化   (c) 移动选区

图3-50　按钮制作示意图之一

- 新建图层4,设置【椭圆选框工具】的参数【羽化】为3像素、【样式】为固定大小、【宽度】为200像素,【高度】为200像素,在紫色圆形中间创建正圆形选区,并使用【油漆桶工具】将选区填充为黑色,如图3-51(b)所示。

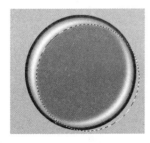

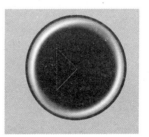

(a) 移动选区   (b) 羽化并填充选区   (c) 绘制三角形选区

图3-51　按钮制作示意图之二

- 新建图层5，使用【多边形套索工具】在黑色圆形左侧绘制三角形，现将【羽化】改为0，单击鼠标确定起始点，按住 Shift 键向下拖曳画直线，再在 45°转角处单击并释放，再在终点处单击，完成三角形的绘制如图 3-51(c)所示。采用同样的方法绘制第二个三角形，并使用【油漆桶工具】在三角形内填充灰色，完成两个箭头的制作，如图 3-52(a)所示。
- 在工具箱中选择【矩形选框工具】，在工具选项栏中选择【从选区中减去】，用鼠标拖曳绘制一个矩形选区，减少选区，如图 3-52(b)所示。在工具箱中选择【油漆桶工具】，将前景色设为白色，并填充，如图 3-53(a)所示。

(a) 绘制三角形按钮　　　　　(b) 创建选区　　　　　(c) 创建按钮立体效果选区

图 3-52　按钮制作示意图之三

- 在工具箱中选择【多边形套索工具】，在按钮两个箭头的合适位置单击并释放，再在 45°转角处单击并释放，多次操作，制作斜边如图 3-53(b)所示。在工具箱中选择【油漆桶工具】，将前景色设置为♯565656，并填充，如图 3-53(c)所示。

(a) 填充按钮边缘　　　　　(b) 按钮制作效果　　　　　(c) 最终效果图

图 3-53　按钮制作示意图之四

- 完成制作后，选择【文件】|【存储】命令，按题目要求保存操作结果。

Photoshop CC 2017 图形图像处理教程(第 2 版)

第 4 章 图像的编辑

本章学习重点:

- 掌握 Photoshop CC 2017 中色彩的填充与擦除工具。
- 掌握渐变色与自定义图案的使用方法。
- 掌握绘图工具与图像修饰工具的使用方法。

4.1 图像的填充与擦除

在 Photoshop CC 2017 中,图像的填充操作是指对被编辑的图像文件整体或局部使用色彩覆盖。擦除操作正好与之相反,是指用擦除工具将图像整体或局部的色彩清除掉。填充工具被集中在填充工具组中,有【渐变工具】、【油漆桶工具】和【3D 材质拖放工具】3 种工具,使用该工具组中的工具,可以在当前的图像或选区中填充渐变色、前景色和图案,如图 4-1(a)所示,擦除工具组中有【橡皮擦工具】、【背景橡皮擦工具】和【魔术橡皮擦工具】3 种工具,如图 4-1(b)所示。本节将着重介绍填充和擦除工具的使用方法。

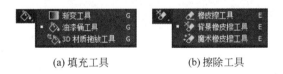

(a) 填充工具　　　　　　　(b) 擦除工具

图 4-1　【填充工具】与【擦除工具】组示意图

4.1.1 渐变工具

【渐变工具】是用来填充颜色的,它不是用纯色填充,而是用两种或者两种以上混合的、逐渐变化的颜色填充。用【渐变工具】可以在图像或选区中填充一个逐渐过渡的颜色,也可以在图像或选区中填充一种颜色过渡到另一种颜色的填充色,还可以填充多个颜色之间相互过渡的渐变颜色。渐变颜色千变万化,大致可以分成线性渐变、径向渐变、角度渐变、对称渐变和菱形渐变 5 类。

选择工具箱中的【渐变工具】■,【渐变工具】选项栏如图 4-2 所示。

其中主要选项的意义如下(注:对工具选项栏中介绍过的选项不再叙述)。

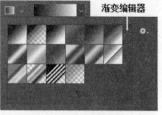

图 4-2 【渐变工具】选项栏

（1）【可编辑渐变】 框：该框是一个用于选择与编辑渐变颜色的下拉框，单击下拉按钮，可显示如图 4-3 所示的【渐变编辑器】，可以在【拾色器】中选择某种渐变色进行填充。

单击【渐变编辑器】右上角的小按钮 打开下拉菜单，如图 4-4 左图所示，下拉菜单的第 1、2 部分是对 Photoshop CC 2017 中的渐变管理，第 3 部分是对【渐变编辑器】管理的一些选项，第 4 部分是【预设管理器】，第 5 部分是渐变管理的 4 种操作，可以对预设的渐变管理，最后一部分就是可以选择的渐变预设。

图 4-3 【渐变编辑器】示意图

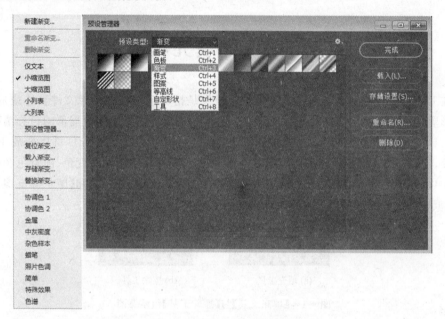

图 4-4 【预设管理器】对话框

在菜单中选择【预设管理器】选项，可以打开如图 4-4 所示右图所示的【预设管理器】对话框，打开【预设类型】下拉菜单，从中可以选择【预设类型】的选项，载入已经设置好的预设渐变。也可以单击【载入】按钮，找到本地磁盘上的渐变预设文件，该文件的扩展名为 *.grd，装入【预设管理器】对话窗口。在【存储设置】中可以保存当前渐变预设，还可以【重命名】与【删除】当前的渐变预设。

双击【可编辑渐变】框，可以打开【渐变编辑器】对话框，在其中选择与编辑预设的渐变色，也可以创建新的渐变颜色。

【渐变编辑器】对话框中各选项的意义如下。

• 【预设】框：在该对话框中显示当前各种渐变色，单击【预设】右侧的按钮 ，可以

Photoshop CC 2017 图形图像处理教程（第 2 版）

打开下拉菜单,在菜单中有管理、编辑预设的渐变色的选项。

- 【名称】:显示当前渐变类型的名称,可以自行定义渐变名称。
- 【渐变类型】下拉列表:该下拉列表中包括【实底】和【杂色】选项。选择【实底】选
  项时,参数设置如图 4-5(a)所示。选择【杂色】选项时,参数设置如图 4-5(b)所示。
  可以根据不同的需要选择不同的选项。

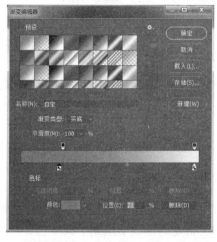
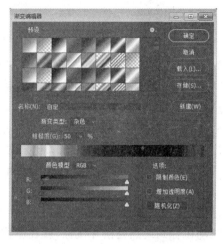

(a)【渐变类型】为【实底】的【渐变编辑器】　　(b)【渐变类型】为【杂色】的【渐变编辑器】

图 4-5　【渐变编辑器】对话框

　　例如,要在当前渐变色的基础上创建新渐变,可以在对话框的【预设】部分选择一种渐变,从【渐变类型】弹出式菜单中选取【实底】,然后可以定义新渐变的起始颜色与终点颜色,单击渐变条下方左侧的色标,该色标上方的三角形将变黑,这表明正在编辑起始颜色。如果要选取颜色,可以双击色标。或者在对话框的【色标】部分单击【颜色】框,在【拾色器】中选取一种颜色,然后确定。也可以在对话框的【色标】部分将鼠标指针移到渐变条上,鼠标指针变成吸管状,单击鼠标左键采集色样,或者将鼠标指针移到图像的合适位置上,从图像中采集色样。要定义终点颜色,首先单击渐变条下方右侧的色标,然后选取一种颜色。

　　编辑渐变颜色时,可以根据需要调整起点或终点的位置,将相应的【色标】拖动到所需位置的左侧或右侧。也可以单击相应的色标,在【色标】区域的【位置】框中输入值。如果值是 0%,【色标】会在渐变条的最左端;如果值是 100%,【色标】会在渐变条的最右端。要调整中点的位置(渐变将在此处显示起点颜色和终点颜色的均匀混合),请向左或向右拖动渐变条下面的菱形,或单击菱形并输入【位置】值。

　　要将中间色添加到渐变,可在渐变条下方单击,以便定义另一个新的【色标】。像对待起点或终点那样,为中间点指定颜色,并调整中点的位置。

　　要删除正在编辑的【色标】,请单击【删除】,或向下拖动此【色标】,直到它消失。要控制渐变中的两个色带之间逐渐转换的方式,可在【平滑度】文本框中输入一个数值,或拖动【平滑度】弹出式滑块。还可以根据需要设置渐变的透明度值。编辑完成渐变色后,输入新渐变颜色的名称,并单击【存储】按钮,保存新建的渐变预设。

(2)【渐变样式】按钮 ：该按钮可用于设置渐变颜色的形式，单击工具选项栏上的渐变的样式按钮，从左至右依次是【线性】、【径向】、【角度】、【对称】和【菱形】按钮，填充效果如图4-6所示。

线性　　　径向　　　角度　　　对称　　　菱形

图 4-6　几种渐变方式的效果示意图

(3)【模式】：用来设置填充渐变色和图像之间的混合模式。

(4)【不透明度】文本框：用来设置填充渐变颜色的透明度。数值越小，填充的渐变色越透明。

(5)【反向】复选框：如果选择了此复选框，则反转渐变色的先后顺序。

(6)【仿色】复选框：如果选择了此复选框，可以使渐变颜色之间的过渡更加柔和。

(7)【透明区域】复选框：如果选择了此复选框，则渐变色中的透明度设置以透明蒙版形式显示。

【渐变工具】工具的操作方法很简单，在图像中或者指定的区域中按下鼠标左键设置起点，拖动鼠标到终点处松开鼠标，就在图像或者指定的区域中填充了渐变色。

4.1.2　油漆桶工具

使用【油漆桶工具】可以在当前图像指定的选区中使用前景色或者图案填充，单击【油漆桶工具】，其选项栏如图4-7所示。

图 4-7　【油漆桶工具】选项栏

各选项的意义如下。

(1)【设置填充区域的源】：这是一个下拉菜单，用于选择图层、选区的填充类型，包括【前景】色和【图案】两种选项。选择【前景】选项后，用【油漆桶工具】填充的颜色与工具箱中的【前景】色一致，选择【图案】选项后，用【油漆桶工具】填充的是预设的图案。

填充的图案可以是 Photoshop CC 2017 预设的图案，也可以是自定义图案。创建自定义图案时，可以先打开图像，再对图像建立选区，如图4-8(a)所示，在图像上绘制一个80像素×80像素的矩形选区，然后选择【编辑】|【定义图案】命令，在显示的【图案名称】对

(a) 建立选区

(b)【图案名称】对话框

图 4-8　自定义填充图案示意图

话框中输入自定义图案【名称】为"花1",如图4-8(b)所示,然后单击【确定】按钮,此时便可以自定义名为"花1"的图案供填充选用。

打开如图4-9(a)所示的源图像,选择工具箱中的【油漆桶工具】,将工具箱下方的【设置前景色】的颜色设置为黄色,单击花瓣,此时图像花瓣上颜色容差范围内的颜色便被填充为黄色,如图4-9(b)所示。选择工具箱中的【油漆桶工具】,在工具选项栏的【设置填充区域的源】下拉列表中选择【图案】选项后,可以选择新创建的图案"花1",如图4-10所示。单击源图像花瓣处,此时图像花瓣上颜色容差范围内的颜色便被填充为"花1"的图案,如图4-9(c)所示。

(a) 原图　　　　　　　(b) 填充颜色　　　　　　　(c) 填充图案

图4-9　填充颜色与图案前、后效果对比

(2)【模式】下拉列表:该下拉列表中的选项为填充颜色的各种模式。

(3)【容差】文本框:用于填充时设置填充色的范围,取值范围为0~255。在文本框中输入的数值越小,填充的颜色范围越小;输入的数值越大,选取的颜色范围越广。图4-9(b)所示为图容差值是50的填充效果。

(4)【消除锯齿】复选框:选择该复选框,填充颜色的边缘比较光滑。

(5)【连续的】复选框:选择该复选框,使得填充时的颜色具有连贯性。

图4-10　【图案拾色器】对话框

(6)【所有图层】复选框:选择该复选框,可以将多图层的图像看作单层图像填充,不受图层的限制。

4.1.3　擦除工具

在图像处理中,常常会去除图像中不必要的部分像素,【橡皮擦工具】能够完成这项工作。橡皮擦工具组中包括3种工具,分别是【橡皮擦工具】、【背景橡皮擦工具】和【魔术橡皮擦工具】,如图4-1(b)所示,它们都可以擦除图像的整体或局部,也可以对图像的某个区域进行擦除。

1. 橡皮擦工具

使用【橡皮擦工具】擦除图像后将会显示背景色,其选项栏如图4-11所示。

图 4-11　【橡皮擦工具】选项栏

各选项的意义如下。

（1）【画笔】：可用来设置橡皮擦的主直径、硬度和画笔样式。

（2）【抹除模式】下拉列表：该下拉列表中有用来设置橡皮擦的擦除方式的命令，下拉列表中有【画笔】、【铅笔】和【块】3 个命令。选择【画笔】命令时，橡皮的边缘柔和带有羽化效果，选择【铅笔】命令时，则没有这种效果。选择【块】命令时，橡皮以一个固定的方块形状擦除图像。

（3）【不透明度】滑块：该滑块可用于设置橡皮擦的透明程度，当设置的值为 100％时，橡皮擦可以完全擦除图像的前景；当设置的值为 1％～99％时，橡皮擦擦除图像处为半透明。

（4）【流量】滑块：可以控制橡皮擦在擦除时的流动频率，数值越大，频率越高。不透明度、流量以及喷枪方式都会影响擦除的力度，较小力度（不透明度与流量较低）的设置，擦除后会留下半透明的像素。

（5）【启用喷枪样式建立效果】按钮：该按钮被选中时，橡皮擦会有喷枪样式的擦除效果。

（6）【抹到历史记录】复选框：选择该复选框后，用橡皮擦除图像的步骤能保存到【历史记录】面板中，要是擦除操作有错误，可以从【历史记录】面板中恢复原来的状态。

使用【橡皮擦工具】，选择【画笔】、【铅笔】和【块】3 种橡皮模式在图像上的擦除痕迹，并设置笔尖参数【大小】为 30 像素，【硬度】为 20％，擦除后的效果图 4-12(a)所示；设置不同透明度分别是 30％、60％、90％橡皮擦擦除后的效果如图 4-12(b)所示；选中【启动喷枪样式建立效果】按钮，用橡皮擦横向移动，在终点停留 2 秒钟，效果如图 4-12(c)上面一条擦痕所示，【启动喷枪样式建立效果】按钮未选中，用橡皮擦横向移动，效果如图 4-12(c)下面一条擦痕所示。

(a) 不同模式的擦痕　　　　(b) 不同透明度擦痕　　　　(c) 带喷枪效果的擦痕

图 4-12　使用橡皮不同的擦除方式的示意图

（7）【压力控制】按钮：该按钮被选中时，始终对笔尖大小使用压力。该按钮未选中时,按照画笔预设的压力完成擦除。

使用【橡皮擦工具】擦除像素时,按住 Shift 键不放,可以以直线方式擦除;按住 Alt 键不放,系统会将擦除的地方在鼠标经过时自动还原。

2. 背景橡皮擦工具

用【背景橡皮擦工具】可以擦除指定图像的颜色,鼠标经过处图像将会变成透明,也可以在擦除背景的同时,在前景中保留对象的边缘。【背景橡皮擦工具】选项栏如图 4-13 所示。

图 4-13　【背景橡皮擦工具】选项栏

各选项的意义如下。

(1)【取样】区域:有 3 个设置取样的按钮。3 种取样按钮的功能如下。

* 【连续】按钮:选中该按钮后,随着鼠标的移动,会在图像中连续取样,并不断取样擦除。
* 【一次】按钮:选中该按钮后,仅擦除与第一次按下鼠标左键取样的颜色相近的颜色。
* 【背景色板】按钮:选中该按钮后,仅擦除与当前背景色相近的颜色。

(2)【限制】下拉列表:该下拉列表中有 3 种擦除命令,这 3 种擦除命令的功能如下。

* 【不连续的】命令:选择该命令,可以擦除任意区域的颜色。
* 【临近】命令:选择该命令,可以擦除与取样色相连的颜色。
* 【查找边缘】命令:选择该命令,可以擦除与取样色相连的颜色,但可以保留与取样色反差较大的边缘轮廓。

(3)【容差】滑块:该滑块可以设置擦除颜色的范围。该值越大,能被擦除的颜色范围越大。

(4)【保护前景色】复选框:如果选择此复选框,图像中与当前前景色一致的颜色将不会被擦除。

当图像前景色与背景色存在的差异较大时,使用【背景色橡皮擦工具】可以很好地擦除背景色。图 4-14(a)所示的是原始图像,选中工具箱中的【背景色橡皮擦工具】,并在工具选项栏设置【画笔的直径】为 40 像素,【取样】为【背景色板】,【限制】为【查找边缘】,【容差】为 32%,则擦除后的效果如图 4-14(b)所示。

3. 魔术橡皮擦工具

【魔术橡皮擦工具】的功能相比其他两个擦除工具来说更加智能化,一般用来快速去除图像的背景。其用法相当简单,只要选择清除颜色的范围,单击鼠标就可将其清除。其功能相当于【魔棒选择工具】与【背景橡皮擦工具】的合并。

使用【魔术橡皮擦工具】可以轻松地擦除与取样颜色相近的所有颜色,根据在其工具选项栏上设置的【容差】值的大小决定擦除颜色的范围,擦除后的区域将变为透明。

(a) 原图   (b) 擦除背景

图 4-14　使用【背景橡皮擦工具】擦除图像示意图

　　【魔术橡皮擦工具】选项栏如图 4-15 所示，选择【容差】值为 32％，单击图像的背景，处理后的图像如图 4-16(a)所示。选择【容差】值为 80％，单击图像的背景，处理后的图像如图 4-16(b)所示。

图 4-15　【魔术橡皮擦工具】选项栏

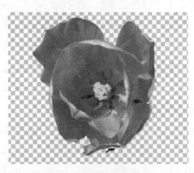

(a) 容差为32%的擦除效果   (b) 容差为80%的擦除效果

图 4-16　不同容差的【魔术橡皮擦工具】处理后的效果

　　按组合键 Shift＋E，可以在【橡皮擦工具】、【背景橡皮擦工具】以及【魔术橡皮擦工具】之间快速切换。

4.2　绘图工具及其应用

　　Photoshop CC 2017 提供了强大的图像绘制与修饰功能。图像绘制与修饰工具主要集中在【画笔工具组】中。【画笔工具组】中包括【画笔工具】、【铅笔工具】、【颜色替换工具】和【混合器画笔工具】，如图 4-17 所示，使用好这 4 种工具，并熟练掌握好相

图 4-17　画笔工具组

关的绘图技巧,就可以绘制出富有创造性的图像。

4.2.1 画笔工具

使用画笔工具并选择合适的笔触,可以用当前前景色在图像上绘制丰富多彩的艺术作品。

选择【画笔工具】后,可以直接在图像上绘画。绘画时,画笔的笔触类型有 3 种。第 1 种是硬边画笔,用这种画笔绘制的线条边缘清晰;第 2 种是软边画笔,用该类画笔绘制的线条边缘柔和,具有过渡效果;第 3 种画笔是不规则画笔,此类画笔可以绘制类似于喷发、喷射或者自定义的图案。【画笔工具】的使用方法与现实中的画笔相似,只要选择相应的画笔笔尖后,在画布上按下鼠标左键拖曳鼠标便可以绘制以画笔颜色为前景色的图画。

在工具箱中单击【画笔工具】 ✎,【画笔工具】选项栏如图 4-18 所示。

图 4-18 【画笔工具】选项栏

各选项的意义如下。

(1)【工具预设选取器】 ✎：在【画笔工具】选项栏中单击【工具预设选取器】右边的小三角形按钮,可以弹出【工具预设选取器】,其中显示了当前画笔工具的预设。单击【工具管理】菜单按钮 ⚙,可以打开画笔工具管理菜单,选择其中的选项可以完成画笔工具管理。单击【创建新工具预设】菜单按钮 ◻,可以为新建工具命名,并保存为新的画笔工具,如图 4-19 左图所示。

(2)【画笔预设选取器】 ⬤：在【画笔工具】选项栏中单击【画笔预设选取器】右边的小三角形按钮,可在弹出的【画笔预设选取器】中选择合适的画笔直径、硬度、笔尖的样式,如图 4-19 右下图所示,可以单击【画笔管理菜单】按钮和【创建新画笔预设】按钮完成相应的操作,如图 4-19 右图所示。

(3)【切换画笔面板】按钮 ▦：单击该按钮,系统会打开如图 4-19 右图所示的【画笔】面板,可以从中对选取的画笔进行更精确的设置,如可以调整画笔的大小、旋转角度和笔触的深浅等。单击【画笔预设】按钮,可以切换到【画笔预设】面板,在其中可以直接选择所需要的预设画笔。

(4)【模式】：设置画笔绘制的图像与背景图像融合的方式。

(5)【不透明度】：决定画笔不透明度的程度,不透明度的值越小,笔触越透明,也就越能透出背景图像,其取值范围为 0%～100%。

(6)【不透明度压力】按钮 ⬛：选中该按钮时,将对画笔的不透明度产生压力;未选中该按钮时,将采用预设画笔的压力。

(7)【流量】：设置笔触的压力程度,数值越小,笔触越淡,将会带有模糊的效果。

(8)【喷枪】按钮 ⬛：选中【喷枪】按钮后,【画笔工具】在绘制图案时将具有喷枪功能。

(9)【笔尖压力】 ⬛：选中该按钮时,将对画笔的笔尖产生压力;未选中该按钮时,将采用预设画笔的压力。

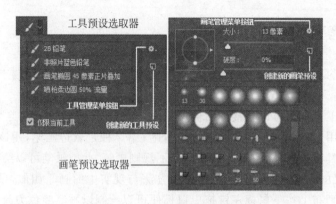

图 4-19 【画笔工具预设】示意图

在 Photoshop CC 2017 中使用【画笔工具】绘图时,可以直接载入预先设置的画笔绘图,也可以根据绘图的需要创建画笔。在【画笔预设选取器】中,可以对预设的画笔进行管理,创建、载入、存储、删除、调整各类画笔。在【画笔面板】中,可以对各类画笔做各种更加精细化的设置,包括调整画笔大小、旋转角度、笔触的深浅程度等。

打开【画笔预设选取器】，单击其右边的【画笔管理菜单】按钮，弹出的菜单中包含了对画笔设置管理的各项命令,以及预设的画笔种类,如图 4-20 所示。

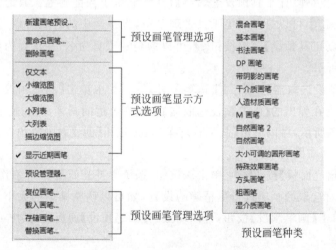

图 4-20 【画笔管理菜单】示意图

【画笔管理菜单】中一些重要选项的意义如下。

(1)【新建画笔预设】命令:该命令可用于创建新的画笔预设。选择该命令后,可打开【画笔名称】对话框,在对话框中输入新建画笔的名称,单击【确定】按钮,即可新建画笔。

(2)【重命名画笔】/【删除画笔】命令:选择这两个命令选项后,可以分别对预设画笔进行改名和删除。

(3)【预设管理器】命令:选择该命令后,可以打开【预设管理器】对话框,如图 4-21 所示,在其中可以完成画笔【预设类型】的选择。预设画笔的操作有【载入】、【存储设置】、【重命名】和【删除】等。

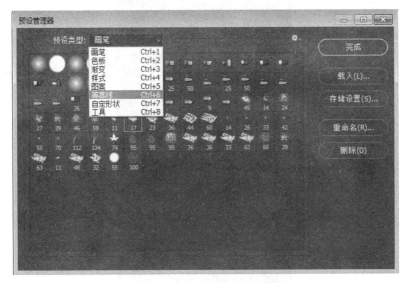

图 4-21 【预设管理器】对话框

(4)【复位画笔】命令：选择该命令后，可以用默认的画笔替换当前的画笔，或者将画笔库中的画笔【追加】到当前画笔中。

(5)【载入画笔】命令：选择该命令后，可以将预设的画笔库添加到当前【画笔预设选取器】中。

(6)【存储画笔】命令：选择该命令后，可以将画笔存储到画笔库中。

(7)【替换画笔】命令：选择该命令后，可以将另一个画笔库中的画笔文件替换到当前【画笔预设选取器】中。

(8)各种预设画笔种类：选择不同的画笔种类命令项后，单击【确定】按钮，可以替换【画笔预设选取器】中的画笔。单击【追加】按钮，可以在【画笔预设选取器】中的当前画笔后追加新载入的画笔。

在【画笔工具】选项栏上单击【切换画笔面板】按钮，打开【画笔】面板，如图 4-22 所示。【画笔】面板中各主要部分的意义如下。

(1)【画笔预设】按钮：单击此按钮，可以打开【画笔预设】面板，在该面板中可以直接选择所需要的预设画笔，并可以修改画笔、删除画笔和自定义画笔。单击【切换画笔面板】按钮，可以返回【画笔】面板。

(2)【画笔笔尖形状】区域：在该区域中，可以根据需要调整画笔的各项参数，在区域中可以勾选画笔预设效果左侧的复选框并单击，给画笔添加效果。该区域中各选项的功能如下。

- 【形状动态】复选框：勾选该复选框，可以调整画笔的动态形状，可以指定画笔抖动的最大百分比值，还可以在【控制】下拉菜单中选择选项控制画笔笔迹的大小变化，以及笔尖的抖动方式等。
- 【散布】复选框：勾选该复选框，可以指定画笔笔迹在绘画时的分布方式。当取消

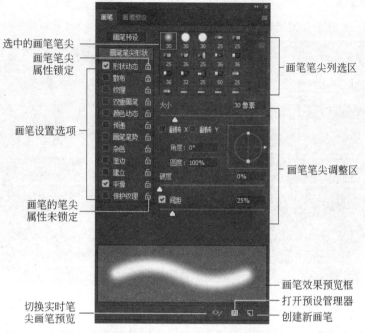

图 4-22 【画笔】面板

选择【两轴】时，画笔笔迹垂直于描边路径分布，此时要指定散布的最大百分比值。如果要控制画笔笔迹的散布变化，可以选择【控制】下拉菜单中的选项。

- 【纹理】复选框：勾选该复选框，可以为每个画笔设置纹理，可以选择【模式】下拉菜单中的选项，设置画笔和纹理之间的交互方法，并可以选择【控制】下拉菜单中的选项，设置画笔深度的动态控制。

- 【双重画笔】复选框：勾选该复选框，可以设置画笔笔触的纹理，可以合成不同的画笔，构建出独特效果的画笔。选择【模式】下拉菜单中的选项，可以设置主要画笔与双重画笔之间混合叠加的方法。

- 【颜色动态】复选框：勾选该复选框，可以在画笔拖曳时调整颜色、明度、饱和度和纯度。选择【控制】下拉菜单中的选项，可以设置画笔颜色的动态控制。

- 【传递】复选框：勾选该复选框，可以设置不透明度抖动、流量抖动、湿度抖动、混合抖动等。例如，设置不透明的值越小，不透明度随机变化越弱，笔触就越鲜明；反之，值越大，不透明度随机变化越强，笔触越容易出现断断续续的现象。

- 【画笔笔势】复选框：勾选该复选框，可以设置画笔笔势选项，可以控制画笔前、后、左、右的倾斜角度、位置，以及确定硬毛刷旋转的笔势。选中【覆盖】选项，可以保持静态的画笔笔势。

- 【杂色】复选框：勾选该复选框，可以在画笔笔触的边缘部分加入杂色。

- 【湿边】复选框：勾选该复选框，可以使画笔具有水彩画的特色效果。

- 【建立】复选框：勾选该复选框，可以使画笔具有喷枪效果的特色效果。

- 【平滑】复选框：勾选该复选框，可以使画笔实现光滑的画笔笔触效果。

Photoshop CC 2017 图形图像处理教程（第 2 版）

• 【保护纹理】复选框：勾选该复选框，可以保护画笔笔触中应用的纹理图案。

（3）【画笔笔尖列选区】：在该列选区内，可以根据画笔的缩略图选择合适的画笔。

（4）【画笔笔尖调整区】：在该区域内，可以调整画笔的形状，设置画笔的大小、角度、圆度、间距、硬度、翻转等参数。

（5）【画笔效果预览框】：可以预览调整后的画笔笔触效果。

打开工具选项栏上的【画笔预设管理器】，拖动滚动条，在【画笔预设选取器】中选择"散布枫叶"，并将大小改为 60 像素，如图 4-23(a)所示。

(a)【画笔预设管理器】对话框

(b) 散布枫叶

(d)【大小抖动】改为30%，【角度抖动】改为80%，【圆度抖动】改为60%

(f) 预设为【传递】，【不透明度】为30%，【钢笔斜度】为50%，【渐隐】改为25

(c) 改为角度180度，间距80%，圆度50%

(e) 预设为【散布】，并将【数量】改为5，【数量抖动】改为30%

(g) 勾选【杂色】、【湿边】、【建立】后的画笔效果

图 4-23　画笔设置后的示意图

在【画笔】面板中，将预设画笔"散布枫叶"的参数改为角度 0 度，间距 80%，圆度 100%，画笔效果如图 4-23(b)所示；将预设画笔"散布枫叶"的参数改为角度 180 度，间距 80%，圆度 50%，画笔效果如图 4-23(c)所示；选择预设【形状动态】，并将【大小抖动】改为 30%，【角度抖动】改为 80%，【圆度抖动】改为 60%，画笔效果如图 4-23(d)所示；选择预设【散布】，并将【数量】改为 5，【数量抖动】改为 30%，画笔效果如图 4-23(e)所示；选择预设【传递】，并将【不透明度】改为 30%，【钢笔斜度】改为 50%，【流量抖动】改为 50%，【渐隐】改为 25，画笔效果如图 4-23(f)所示；勾选【杂色】、【湿边】、【建立】，画笔效果如图 4-23(g)所示。

使用【画笔工具】绘制线条时，按住 Shift 键可以以水平或垂直的方式绘制直线。使用【画笔工具】绘制图案的最终效果不仅和画笔的笔触类型、笔触流量等设置有关，还和当前文档的前景色设置有关，图 4-23 中的前景为♯4c0ed8，要想绘制符合要求的图案，必须正确设置以上各种参数。

在 Photoshop CC 2017 中，除了使用本身提供的画笔外，还可以自定义不同图案的画笔，不管是一个文字或者是一幅图像，都可以被定义为画笔。

例 4.1　将如图 4-24(a)所示的图像中的花朵定义为画笔预设，然后用新画笔绘制图案。

操作步骤如下。

（1）打开如图 4-24(a)所示的图像，使用【快速选择工具】选取花朵部分的图像，如图 4-24(b)所示。

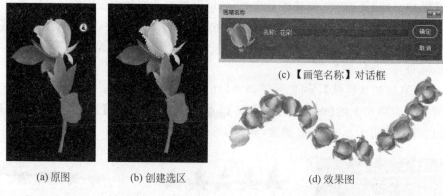

(a) 原图   (b) 创建选区   (c)【画笔名称】对话框   (d) 效果图

图 4-24 　在图片中选择需要定义为画笔的像素

（2）选择【编辑】|【定义画笔预设】命令，在如图 4-24（c）所示的【画笔名称】对话框中为此预设画笔命名为"花朵"，单击【确定】按钮确认。

（3）新建一个文档，大小为 500 像素×220 像素，背景色为白色。

（4）打开【画笔】面板，在画笔笔尖列选区选择名为"花朵"的画笔预设，将【大小】改为 70 像素，【间距】改为 100％。选择预设【形状动态】，并将【大小抖动】改为 30％，【角度抖动】改为 80％，【圆度抖动】改为 60％，【最小圆度】改为 30％；选择预设【散布】，并将【数量】改为 2，【数量抖动】改为 20％；并选择预设【双重画笔】、【颜色动态】、【平滑】后适当调整参数。

（5）然后拖曳鼠标，绘制的图案如图 4-24（d）所示。

如果重新安装 Photoshop CC 2017，则除 Photoshop CC 2017 本身自带的画笔外的自定义画笔将全部丢失。为了便于以后使用自定义画笔，可以在【画笔管理菜单】中选择【预设管理器】命令，在打开的【预设管理器】对话窗口中选择【存储设置】命令，将自定义的画笔保存下来。

保存后的画笔随时可以载入使用，载入方法是在【预设管理器】对话窗口中选择【载入画笔】命令，然后选择需要载入的画笔即可。

4.2.2 　铅笔工具

【铅笔工具】与【画笔工具】的使用方法基本相同，通过【铅笔工具】可以真实地绘制类似于铅笔画出来的曲线。一般【铅笔工具】绘制出的笔触较硬，边缘是有棱角的，如图 4-25 所示。Photoshop CC 2017 中通常使用其绘制线条。

【铅笔工具】的使用方法很简单，在工具箱中单击铅笔工具 🖉，就可以绘制线条或者图案。【铅笔工具】选项栏如图 4-26 所示，其中大部分选项的意义与【画笔工具】相同。

工具选项栏中的【自动抹除】复选项的意义如下。

【自动抹除】复选框：如果勾选该复选框，则当【铅笔工具】在与前景色相同的像素区域中拖曳鼠标时，将会自动抹掉前景色，而用背景色填充笔触。在与前景色不相同的像素区域中拖曳鼠标时，拖曳的痕迹将以前景色填充。默认情况下，该复选框为不选择状态。

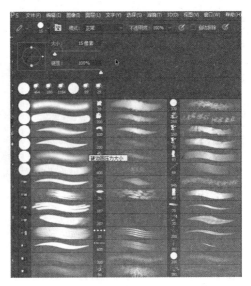

图 4-25　使用铅笔工具绘制的曲线

图 4-26　【铅笔工具】选项栏

4.2.3　颜色替换工具

使用【颜色替换工具】可以非常方便地将图像中的颜色按照设置改变为前景色,从而快速地完成整幅图像或者图像上的某个选区中的色相、颜色、饱和度和明度的改变。【颜色替换工具】选项栏如图 4-27 所示。

图 4-27　【颜色替换工具】选项栏

其中各选项的意义与前面章节介绍相同的就不再介绍了。

(1)【模式】下拉列表:该下拉列表用来设置替换颜色时的混合模式,包括【色相】、【饱和度】、【颜色】和【明度】命令。其中颜色为色相、饱和度与明度的综合。

(2)【取样】按钮组　：该按钮组用来选择取样类型。单击　按钮,在拖曳鼠标时可以连续对颜色进行取样;单击　按钮,只能采样单击鼠标时光标所在位置的颜色,并设置此色为基准色;单击　按钮,只能替换包含当前背景色的区域。

(3)【限制】下拉列表:该下拉列表可用来确定替换颜色的作用范围,共有 3 个命令。选择【连续】命令,可以替换鼠标指针拖动范围内所有与指定颜色相近并相连的颜色;选择【不连续】命令,可以替换鼠标指针拖动范围内所有与指定颜色相近的颜色;选择【查找边缘】命令,可以替换所有与指定颜色相近并相连的颜色,并可以保留较强的边缘效果。

(4)【容差】参数:该参数的数值越大,被替换的范围越大。

例 4.2　利用【颜色替换工具】将如图 4-28(a)所示图像中的花朵颜色改为如图 4-28(b)所示的蓝色。

(a) 原图　　　　　　　　　　　(b) 替换颜色后的效果图

图 4-28　使用【颜色替换工具】修改图像的前、后效果

操作步骤如下。

(1) 在 Photoshop CC 2017 中打开如图 4-28(a)所示的图像。

(2) 在工具箱中将前景色设置为♯4902fc,然后选取【颜色替换工具】按钮。

(3) 在如图 4-27 所示的【颜色替换工具】选项栏上设置画笔直径为 60 像素,【模式】为【颜色】,【限制】为【查找边缘】,【容差】为 50%。

(4) 设置好后,在花朵上拖曳,颜色替换后的效果如图 4-28(b)所示。

4.2.4　混合器画笔工具

【混合器画笔工具】可以模拟真实的绘画技术,可以混合绘画的颜色,干燥或者稀释画笔上的颜色,以及在绘画描边时使用不同干燥或湿度的画笔工具,能画出水彩画与油画的效果。【混合器画笔工具】有两个绘画色管(又称储槽和拾取器)。储槽存储最终画在画布上的颜色,并且具有较多的色彩容量。拾取色管吸收来自画布的色彩。如果要将色彩载入储槽,可以在按住 Alt 键(Windows)或 Option 键(Mac OS)的同时单击画布上想要选取的色彩处选取色彩,也可以直接选择前景色。

每次绘画时,可以单击工具箱中的【混合器画笔工具】 ,该选项栏如图 4-29 所示。

图 4-29　【混合器画笔工具】选项栏

各选项的意义如下。

(1)【画笔预设】按钮 :单击该按钮,可以打开【画笔预设】选取器,从中选择合适的画笔。

(2)【切换画笔面板】按钮 :单击该按钮,可以打开或者关闭【画笔面板】,以便绘画时更好地调整画笔的效果。

(3)【当前画笔载入】下拉列表 :该下拉列表中有 3 个命令,即【载入画笔】、【清理画笔】、【只载入纯色】,选择前两个命令,可以载入或者清除画笔,如果希望画笔笔尖的颜色均匀,可选择【只载入纯色】命令。

(4)【每次描边后载入画笔】按钮🖌与【每次描边后清理画笔】按钮🖌:可以控制绘画时每一笔涂抹结束后对画笔是否更新和清理。就好像画家在绘画时,一笔过后是否需要将画笔在水中清洗。

(5)【有用的混合画笔组合】下拉菜单:该下拉菜单中有5组命令,分别是【自选】、【干燥】、【湿润】、【潮湿】、【非常潮湿】,每组命令中还有不同的搭配。这实际上是系统已经设置好的画笔,选择每种搭配好的组合,工具栏中【潮湿】、【载入】与【混合】的参数值系统就已经设置好了,绘画时可以直接选用不同效果的画笔。

(6)【潮湿】参数:该参数可以控制画笔中含有色彩量,取值是为0%~100%,百分比越大,表示画笔中含有的水分越大,画笔在画布上涂抹的颜色越淡。

(7)【载入】参数:该参数可以指定储槽中载入的油彩量。载入速率较低时,绘画描边干燥的速度会更快。

(8)【混合】参数:该参数可以控制画布油彩量同储槽油彩量的比例。比例为100%时,所有油彩都将从画布中拾取;比例为0%时,所有色彩都来自储槽。【潮湿】设置仍然会决定油彩在画布上的混合方式。

(9)【流量】参数:该参数可以设置描边的流动速率。

(10)【喷枪】按钮🖌:选中该按钮,用画笔工具绘画时,按住鼠标按钮不拖动,放在一个固定的位置时,画笔会像喷枪一直喷出颜色。如果不启用这个模式,则画笔只描绘一下就停止流出颜色。

(11)【对所有图层取样】复选框:勾选该复选框,无论当前图像有多少个图层,都会将它们作为一个单独的、合并的图层看待。

4.3 修饰工具及其应用

在Photoshop CC 2017中修饰图像的工具和方法多种多样,用来修饰图像的工具组包括修复工具组、图章工具组和模糊工具组等,这些工具组都是对图像的某个部分进行修饰。应用这些工具时,都使用【画笔工具】修饰图像,所以【画笔工具】的参数设置会影响到修饰的质量。

4.3.1 修复工具组

修复工具组中包含【污点修复画笔工具】、【修复画笔工具】、【修补工具】、【内容感知移动工具】以及【红眼工具】,如图4-30所示,这几种工具的用法类似,都用来修复图像上的瑕疵、褶皱或者破损部位等。不同的是,前3种修补工具主要是针对区域像素而言的,【红眼工具】则主要针对照片中常见的红眼而设。

图4-30 修复工具组

1. 污点修复画笔工具

【污点修复画笔工具】比较适合用来修复图片中小的污点或者杂斑，如果需要修复大面积的污点等，最好使用后面介绍的【修复画笔工具】、【修补工具】以及【橡皮图章工具】等。单击工具箱中的【污点修复画笔工具】，此时【污点修复画笔工具】选项栏如图 4-31 所示。

图 4-31　【污点修复画笔工具】选项栏

各选项的意义如下。

（1）【画笔】按钮：单击该按钮后，在展开的面板中可以设置画笔的形状和大小。

（2）【模式】下拉列表：在该下拉列表中可以设置修复图像时的色彩混合模式。

（3）【类型】区域：如果选中【内容识别】按钮，则使用内容识别的填充方式修复图像。如果选中【创建纹理】按钮，则使用纹理质感效果修复图像。选中【近似匹配】按钮时，如果没有为污点建立选区，则样本以污点周围的像素为准取样，并用来覆盖鼠标单击位置的像素，以达到修复目的；如果为污点建立选区，则样本以选区外围的像素为准取样。

（4）【对所有图层取样】复选框：勾选该复选框后，可以在多个图层存在的情况下，使取样范围扩大到所有的可见图层。

如果利用【污点修复画笔工具】将如图 4-32(a)所示图像上的花蕾去除，花蕾修复后的效果如图 4-32(b)所示。选择【污点修复画笔工具】，将画笔调整到与要修改的花蕾大小相似（画笔笔触比污点稍大一点为好），设置画笔为 24 像素，这时鼠标变为画笔笔触形状，将鼠标移动到花蕾处多次单击即可去除花蕾，修复后的效果如图 4-32(b)所示。

(a) 原图　　　　　　　　　　　　(b) 擦除污点后的效果图

图 4-32　【污点修复画笔工具】修复图像示意图

2. 修复画笔工具

【修复画笔工具】可以把指定样本图像区域中的纹理、光照、透明度和阴影等像素与目标区域内的像素相融合，使图像中修复过的像素与临近的像素过渡自然，合为一体。

使用该工具进行修复时先进行取样，按住 Alt 键不放，单击图像获取样本修补色，再在修补的位置上涂抹，完成图像瑕疵的修复。

单击工具箱中的【修复画笔工具】 ，此时【修复画笔工具】选项栏如图 4-33 所示。

图 4-33 【修复画笔工具】选项栏

各选项的意义如下。

(1)【模式】：用来设置修复时的混合模式。如果选用【正常】选项，则在使用样本像素进行绘画的同时可把样本像素的纹理、光照、透明度和阴影与像素相融合；如果选用【替换】选项，则只用样本像素替换目标像素，在目标位置上没有任何融合。也可在修复前建立一个选区，选区限定了要修复的范围在选区内。

(2)【源】：选择修复方式，有下面两种方式。

• 【取样】：勾选【取样】后，按住 Alt 键不放并单击获取修复目标的取样点。

• 【图案】：勾选【图案】后，可以在【图案】列表中选择一种图案修复目标。

(3)【对齐】：勾选【对齐】复选框后，只能用一个固定位置的同一图像修复。

(4)【样本】：选取图像的源目标点，包括以下 3 种选择。

• 当前图层：当前处于工作状态的图层。

• 当前图层和下面图层：当前处于工作状态的图层和其下面的图层。

• 所有图层：可以将全部图层看成单图层。

(5)【忽略调整图层】：单击该按钮，在修复时可以忽略图层。

单击【修复画笔工具】，按照图 4-33 所示的工具选项栏设置选项，修复前有污点的图像如图 4-34(a)所示，按住 Alt 键在污点附近单击取样，然后在污点处拖曳鼠标，就可擦除污点，修复后的图像如图 4-34(b)所示。

(a) 原图   (b) 修复后的图像

图 4-34 修复有大污点的图片

3. 修补工具

【修补工具】与【修复画笔工具】的功能差不多，不同的是，【修补工具】可以精确地针对一个区域进行修复。该工具比【修复画笔工具】的使用更快捷方便，所以通常使用此工具处理照片、图像中的大面积瑕疵。

单击工具箱中的【修补工具】 ，此时文档窗口上方显示该工具的选项栏，如图 4-35

所示。

 图 4-35 【修补工具】选项栏

各选项的意义如下。

（1）**修补**：指定修补的【源】与【目标】区域，有下面两个选项。

- 源：要修补的对象是现在选中的区域。
- 目标：与【源】选项正好相反，要修补的是选区被移动后到达的区域，而不是移动前的区域。

（2）**透明**：如果勾选该项，则被修补的区域除边缘融合外，还有内部的纹理融合，被修补的区域好像做了透明处理。如果不选该项，则被修补的区域与周围的图像只在边缘上融合，而在内部图像的纹理保留不变。

（3）**使用图案**：单击【使用图案】按钮，被修补的区域将会以后面显示的图案修补。

要利用【修补工具】将如图 4-36(a)所示图像上的污点去除，可选择【目标】，表示要修补的对象是目标到达处。将鼠标移动到图像窗口，在花上用鼠标绘制一个大于污点的区域，移动这个选区到花的污点上，则污点处就会被修补，如图 4-36（b）所示。如果选择【源】，表示要修补的对象就是污点源，用鼠标绘制一个选区，将污点包含在选区内，拖曳鼠标到花某处，此处的颜色会将污点覆盖掉。

(a) 修补工具示意图　　　　　　　　(b) 修补后的效果图

图 4-36　【修补工具】修补图像的前、后示意图

4. 内容感知移动工具

利用 Photoshop CC 2017 的【内容感知移动工具】，可以选取图像场景中的某个物体，然后将其移动到图像的其他位置上。移动后图像的边缘会自动得到柔化处理，与周围环境融合，移动后的空隙位置，系统会智能修复，从而完成极其真实的合成效果。

选择工具箱中的【内容感知移动工具】，该工具的选项栏如图 4-37 所示。

图 4-37　【内容感知移动工具】选项栏

各选项的意义如下。

(1)【模式】下拉菜单：使用【移动】模式，可以将选定的对象移动到不同的位置。使用【扩展】模式，可以扩展或收缩对象。

(2)【结构】参数：输入一个1～7的值，指定在修补现有图像图案时应达到的近似程度。如果输入7，则修补内容将严格遵循现有图像的图案。如果指定1作为【结构】的值，则修补内容只是大致遵循现有图像的图案。

(3)【颜色】参数：取值范围为0～10，该数值决定在多大程度上对修补内容应用算法颜色混合。如果输入0，则将禁用颜色混合。如果【颜色】的值为10，则将应用最大颜色混合。

(4)【对所有图层取样】复选框：勾选此复选框，可以使【内容感知移动工具】选择的移动选区能作用于所有图层。

例如，打开图像文件"花6.jpg"，选择工具箱中的【内容感知移动工具】，选择工具选项栏的【模式】为【移动】，【结构】为5，【颜色】为7，在郁金香四周拖曳，完成移动选区，如图4-38(a)所示。移动选区到图像右侧，如图4-38(b)所示。选择【模式】为【扩展】，将图4-38(b)所示的选区移动到图像的左侧，并适当调整大小后，单击工具选项栏中的【确认】按钮✓，结果如图4-38(c)所示。按Ctrl＋D组合键取消选择，并用【修复工具】对图像稍加修饰，最终的图像效果如图4-38(d)所示。

(a)【内容感知移动】工具创建选区　　　　　　(b)移动选区

(c)应用【扩展】模式　　　　　　(d)最终效果图

图4-38　【内容感知移动工具】处理图像的效果

5.红眼工具

【红眼工具】可以将数码相机在夜晚灯光下，或者使用闪光灯照相时产生的红眼睛效果轻松去除，在保留原有的明暗关系和质感的同时，使图像中人或者动物的红眼变成正常颜色。此工具也可以改变图像中任意位置的红色像素,使其变为黑色调。【红眼工具】的操作方法非常简单,在工具箱中单击【红眼工具】+⊙,设置好属性后,直接在图像中的红眼部分单击即可。

【红眼工具】选项栏如图 4-39 所示。

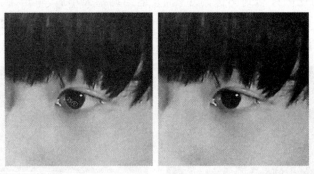

图 4-39 【红眼工具】选项栏

各选项的意义如下。

(1)【瞳孔大小】参数:该参数可用来设置眼睛的瞳孔或中心的黑色部分的比例大小。数值越大,修复后黑色部分越多,一般情况下使用默认设置。

(2)【变暗量】参数:该参数可用来设置瞳孔的变暗量。数值越大,变暗部分越多,一般情况下使用默认设置。

用【红眼工具】修饰前、后的效果如图 4-40 所示。

(a)应用【红眼工具】前的原图　　(b)应用【红眼工具】后的效果图

图 4-40 【红眼工具】修饰前、后效果图

4.3.2　图章工具组

图章工具组中包括【仿制图章工具】和【图案图章工具】,如图 4-41 所示。【仿制图章工具】可以从图像中取样,而【图案图章工具】则可以在一个区域中填充指定的图案。

图 4-41 图章工具组

1. 仿制图章工具

【仿制图章工具】可以十分轻松地复制整个图像或图像的一部分。【仿制图章工具】的使用方法与【修复画笔工具】差不多,其也是一种同步工具,包括源指针和目标指针两部分。源指针初始指向要复制的部分,目标指针则可以将复制的部分在图像中另外一个地方绘制出来。在绘制的过程中,两种指针保持着一定的联动关系,该工具仅是克隆源区域中的像素。单击工具箱中的【仿制图章工具】🏛,此时该工具选项栏如图 4-42 所示。

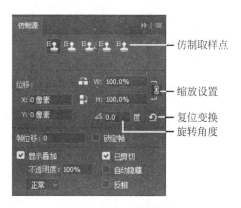

图 4-42 【仿制图章工具】选项栏

各选项的意义如下。

(1)【不透明度】参数：该参数可设置克隆后的像素的不透明度，该值越小越透明。

(2)【流量】参数：该参数可设置画笔的绘制强度。

(3)【对齐】复选框：如果勾选此复选框，则在绘制的过程中，不管停顿多少次，最终绘制的还是一个整体的图像；如果不勾选此复选项，一旦停笔后，每次绘制都是单独的，即停笔的都是从起点开始绘制。

在 Photoshop CC 2017 中，可以利用【仿制源】面板对复制的图像进行缩放、旋转、位移等设置，还可以设置多个取样点。选择【窗口】|【仿制源】命令，打开如图 4-43 所示的【仿制源】面板。

图 4-43 【仿制源】面板

各选项的意义如下。

(1)【仿制取样点】：用来设置取样复制的采样点，可以一次设置 5 个取样点。

(2)【位移】：用来设置复制源在图像中的坐标值。

(3)【缩放】：用来设置仿制源的缩放比例。

(4)【旋转】：用来设置仿制源的旋转角度。

(5)【复位变换】：单击该按钮，可以清除设置的仿制变换。

(6)【帧位移】：用在仿制视频或者动画中，要使用与初始取样的帧相关的帧完成仿制，可在【帧位移】框中输入帧数。如果要完成仿制的帧在初始取样的帧之后，可输入一个正值。如果要完成仿制的帧在初始取样的帧之前，可输入一个负值。

(7)【锁定帧】复选框：勾选该复选框，表示在仿制视频或者动画中，仿制源与仿制后的内容在同一个帧中。

(8)【显示叠加】复选框：勾选该复选框，可以显示仿制源的叠加效果。此时如果仿制图章的笔触比较大，则可以比较清晰地看到鼠标指针上叠加了仿制源的图像。

(9)【不透明度】参数：用来设置鼠标指针处显示的仿制源叠加效果的不透明度。【不透明度】的值越大，鼠标指针上叠加的仿制源的图像越清晰。

（10）【已剪切】复选框：勾选该复选框，可以将叠加限制为画笔大小。取消选择该复选框，将叠加整个源图像。

（11）【自动隐藏】复选框：勾选该复选框仿制时，将叠加层隐藏。

（12）【反相】复选框：勾选该复选框，可以将叠加层效果以负片显示。

例 4.3 利用【仿制图章工具】完成图像的复制。

（1）将如图 4-44(a)所示图像上的白色荷花复制到图像的左上角，复制后的效果如图 4-44(b)所示。

(a) 选择仿制图章源区域　　　　　　　　(b) 应用仿制图章复制图像

图 4-44 【仿制图章工具】克隆图像的示意图

（2）将如图 4-45(a)所示图像上的花草旋转 15°复制在图像的左边，复制后的效果如图 4-45(b)所示。

(a) 原图　　　(b) 用仿制图章倾斜复制图像　　　(c)【仿制源】面板

图 4-45 在【仿制源】面板中设置参数后的复制效果图

操作步骤如下。

（1）在 Photoshop CC 2017 中分别打开图 4-44(a)与图 4-45(a)。

（2）在这里按照图 4-42 所示的【仿制图章工具】选项栏设置参数，处理如图 4-44(a)所示的图像。按住 Alt 键，在图像中合适的位置单击鼠标设置源区域，如图 4-44(a)所示，松开 Alt 键后鼠标指针变为一个圆圈。

（3）将圆形鼠标指针移动到图像中要复制的位置处，单击并拖动鼠标在图像上涂抹。随着鼠标的移动，源指针也在图像上移动，源区域的像素被复制在目标指针的指示处(源指针鼠标为十字形，目标指针鼠标为圆形光标)，如图 4-44(b)所示，松开鼠标即可得到克隆的图像。

(4) 切换到图 4-45(a)，选择【窗口】|【仿制源】命令，打开【仿制源】面板，按住 Alt 键，在图像中合适的位置单击鼠标设置源区域。

(5) 按照图 4-45(c)的【仿制源】面板设置参数，将圆形鼠标指针移动到图像中要复制的位置处，单击并拖动鼠标在图像上涂抹，效果如图 4-45(b)所示。

2. 图案图章工具

【图案图章工具】可以将预设的图案或自定义的图案复制到图像或者指定的区域中。其选项栏如图 4-46 所示，其比【仿制图章工具】多了一个【印象派效果】复选框，如果勾选该复选框，则仿制后的图案以印象派绘画的效果显示。图 4-47(a)所示的是在图像上绘制一个指定的区域，单击【图案图章工具】，并设置如图 4-46 所示的工具选项栏，然后用鼠标在选区中拖曳复制填充图案，结果如图 4-47(b)所示。

图 4-46 【图案图章工具】选项栏

(a) 原图　　　　　　　　　(b) 应用图案图章工具

图 4-47 在指定区域中复制填充图案

4.3.3 模糊工具组

模糊工具组下包括【模糊工具】、【锐化工具】以及【涂抹工具】3 种工具，如图 4-48 所示。这几种工具主要用于对图像局部细节进行修饰，它们的操作方法都是按住鼠标左键在图像上拖动以产生效果。下面分别介绍这几种工具的用法。

图 4-48 模糊工具组

1. 模糊工具

使用【模糊工具】在图像中拖动鼠标，在鼠标经过的区域中就会产生模糊效果，如果在其工具选项栏上设置【画笔】的值较大，则模糊的范围就较广。单击【模糊工具】，其选项栏如图 4-49 所示，其中【强度】选项用于设置【模糊工具】对图像的模糊程度，取值范围为 1%～100%，取值越大，模糊效果越明显。其他选项与前面介绍的工具选项功能相同。

图 4-49 【模糊工具】选项栏

用【模糊工具】对图 4-50(a)所示的图像做模糊处理,处理后的效果如图 4-50(b)所示。

(a)原图　　　　　　　(b)模糊后效果图

图 4-50　图像模糊前、后的效果对比

2. 锐化工具

使用【锐化工具】▲ 在图像中拖动鼠标,在鼠标经过的区域中就会产生清晰的图像效果,如果在其工具选项栏上设置【画笔】的值较大,则清晰的范围就较宽;如果【强度】的值较大,则清晰的效果就较明显。其工具选项栏与【模糊工具】基本相似。用【锐化工具】对图 4-51(a)所示的图像做清晰处理,处理后的效果如图 4-51(b)所示。

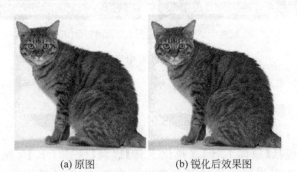

(a)原图　　　　　　　(b)锐化后效果图

图 4-51　图像锐化前、后的效果对比

3. 涂抹工具

使用【涂抹工具】🖐,可以模拟出用手指在画纸上涂抹未干的油彩后的效果,能将画面上的色彩与前景色融合在一起,产生和谐的效果。

如果在其工具选项栏上设置【画笔】的值较大,则每一笔涂抹的范围就较宽;如果设置【强度】的值较大,则每一笔涂抹的效果就较明显。与之前两个工具不同的是,【涂抹工具】

的工具选项栏上多了一个【手指绘画】复选框,如果勾选此项,则用鼠标涂抹时是用前景色与图像中的颜色相融合后产生涂抹的笔触;如果不勾选此项,则涂抹过程中使用的颜色来自每次单击的开始之处。图 4-52(a)(b)所示的是图像涂抹前、后的效果对比。

(a)原图　　　　　　　　(b)涂抹后效果图

图 4-52　图像涂抹前、后的效果对比

4.3.4　色调工具组

色调工具组中包括【减淡工具】、【加深工具】以及【海绵工具】3 种工具,如图 4-53 所示。这 3 种工具都可以通过按住鼠标在图像上的拖动改变图像的色调。下面分别介绍这 3 种工具的用法。

1. 减淡工具

使用【减淡工具】，可以使图像或者图像中某区域内的图像变亮,色彩饱和度降低,如图 4-54 所示。

(a)原图　　　　　　　　(b)减淡后效果图

图 4-54　图像像素减淡前、后的效果对比

单击工具箱中的【减淡工具】,其选项栏如图 4-55 所示。

图 4-55　【减淡工具】选项栏

各选项的意义如下。

（1）【范围】下拉菜单：可用于对图像减淡处理时的范围选取，包括【阴影】、【中间调】和【高光】3个命令。

- 【阴影】命令：选择该命令时，加亮范围只局限于图像的暗部。
- 【中间调】命令：选择该命令时，加亮范围只局限于图像的灰色调。
- 【高光】命令：选择该命令时，加亮范围只局限于图像的亮部。

（2）【曝光度】参数：该参数可用来控制图像的曝光强度。数值越大，曝光强度越明显。

（3）【保护色调】复选框：选择该复选框，可以在对图像进行减淡处理时，对图像中存在的颜色进行保护。

2. 加深工具

使用【加深工具】与使用【减淡工具】相反，可以使原图像（图4-56(a)）或者图像中某区域内的像素变暗，但是色彩饱和度提高，如图4-56(b)所示。其工具选项栏与【减淡工具】选项栏一致。

(a) 原图   (b) 加深后效果图

图4-56　图像像素加深前、后的效果对比

3. 海绵工具

使用【海绵工具】，可以精确地提高或者降低图像中某个区域的色彩饱和度，其工具选项栏如图4-57所示。

图4-57　【海绵工具】选项栏

各选项的意义如下。

（1）【模式】下拉菜单：用于对图像加色或去色的选项设置，下拉列表中的命令为【降低饱和度】和【饱和】两种。

（2）【自然饱和度】复选框：勾选该复选框，可以对饱和度不够的图像进行处理，可以调整出非常优雅的灰色调。

图4-58(a)所示的是图像原图，选择【饱和】后的效果如图4-58(b)所示。选择【降低

饱和度】后的效果如图 4-58(c)所示。

(a) 原图　　　　　　　　(b) 加色后效果图　　　　　　(c) 减色后效果图

图 4-58　使用【海绵工具】中的"加色"和"减色"模式后的效果对比

4.3.5　历史记录画笔工具组

【历史记录画笔工具】组中包括【历史记录画笔工具】和【历史记录艺术画笔工具】两种
工具，如图 4-59 所示。它们与【历史记录】面板结合，可
以很方便地恢复图像之前的操作。

图 4-59　历史记录画笔工具组

1. 历史记录画笔工具

【历史记录画笔工具】常用于恢复图像的操作步骤，使用时与【历史记录】面板结合，才能充分
发挥该工具的作用。单击工具箱中的【历史记录画笔工具】，该工具选项栏如图 4-60 所示。

图 4-60　【历史记录画笔工具】选项栏

选项栏中各选项的意义与前面所述工具栏的选项相同。

使用【历史记录画笔工具】时必须结合【历史记录】面板对图像进行处理，【历史记录】
面板在第 2 章已经介绍，这里不再赘述。

2. 历史记录艺术画笔工具

使用【历史记录艺术画笔工具】，并结合【历史记录】面板，可以将图像恢复至以前
操作的任意步骤。【历史记录艺术画笔工具】常用在制作艺术效果的图像上，该工具的使
用方法与【历史记录画笔工具】相同。单击工具箱中的【历史记录艺术画笔工具】，该工具
的选项栏如图 4-61 所示。

图 4-61　【历史记录艺术画笔工具】选项栏

各选项的意义如下。

(1)【样式】下拉菜单：该下拉菜单中的命令可以用来控制产生艺术效果的风格，具

体效果如图 4-62 所示。

(a) 原图   (b) 绷紧短   (c) 绷紧长   (d) 松散中等

图 4-62　【历史记录艺术画笔工具】效果之一

（2）【区域】参数：该参数可以用来控制产生艺术效果的范围，取值范围是 0～500，数值越大，范围越广。

（3）【容差】参数：该参数可以用来控制图像色彩保留程度。

使用【历史记录艺术画笔工具】，并按图 4-61 所示的工具选项栏设置各项参数，具体效果如图 4-62 和图 4-63 所示。

(e) 轻涂   (f) 绷紧卷曲   (g) 绷紧卷曲长   (h) 松散卷曲

图 4-63　【历史记录艺术画笔工具】效果之二

4.4　本章小结

本章主要介绍了图像的编辑与修饰的各种工具及其使用方法。Photoshop CC 2017 中的填充与擦除工具、绘图及颜色工具、图像修饰工具是图像编辑处理中常用的、重要的工具，了解和掌握这些工具的使用方法以及在图像处理中使用它们的技巧，对学习后面的章节将有重要的作用。

本章介绍的工具是图像编辑中最常用的工具，是初学者必需熟练掌握的操作技能。在学习过程中，可以对重要的基本操作反复练习、不断总结、举一反三，逐步掌握这些基本工具及其应用方法。

4.5　本章练习

1. 思考题

（1）本章介绍的【污点修复画笔工具】、【修复画笔工具】和【修补工具】有何共同之处？

它们的区别又在哪里?

（2）如何载入外部的画笔？如何自定义画笔？请将素材文件夹中的画笔载入Photoshop,然后试用其中几种画笔。

（3）本章介绍的工具中有哪些工具可用来绘图？使用画笔工具时,如果要绘制毛笔的笔触效果,应该调整哪些选项？

（4）请描述如何使用修复工具修补缺损或者污浊的图片？

（5）使用仿制图章工具复制图像后,还可以恢复成原来的图像吗？

（6）使用历史记录画笔可以做什么？如何利用【历史记录】面板中的【历史记录画笔源】？

（7）3种橡皮擦工具的作用和使用方法有何不同？

2. 操作题

（1）打开本章素材文件夹中的"水莲.jpg"文件,使用【仿制图章工具】在莲花的左侧复制一朵莲花,在莲花的右侧复制一朵大小为原莲花的70%、旋转角度为-15°的莲花,如图4-64所示。操作结果以"水莲.psd"为文件名保存在本章结果文件夹中。

(a) 原图　　　　　　　　　　　　　　　(b) 效果图

图 4-64　图像编辑练习题(1)的素材与样张

（2）新建一个 400 像素×300 像素白色背景的文档,用【铅笔工具】绘制如图 4-65 所示的山水画,并将文件以"山水.psd"为文件名保存到本章结果文件中。

图 4-65　图像编辑练习题(2)的素材与样张

操作提示如下。

- 用【铅笔工具】画水平线,并勾画山体曲线,构成封闭图形后填充黑色。将山体垂直翻转,改成灰色,形成山体在水中的倒影,画水鸟与太阳。
- 打开素材文件夹中的素材文件"船.png",用【魔棒工具】选择船,并复制、粘贴到画面中。

(3) 新建一个 400 像素×300 像素白色背景的文档,绘制如图 4-66 所示的铅笔和圆柱体,用渐变色填充后,将文件以"圆柱体.psd"为文件名保存到本章结果文件中。

(a) 铅笔效果图　　　(b) 圆柱体效果图　　(c) 斜面圆柱体效果图

图 4-66　图像编辑练习题(3)的样张

操作提示如下。

- 新建一个 400 像素×300 像素白色背景的文档,选择【渐变工具】，单击【可编辑渐变】框，打开【渐变编辑器】对话框,在颜色条上、下单击可以增加色块,调整渐变颜色条如图 4-67(a)所示。在工具选项栏中选择【对称渐变】。

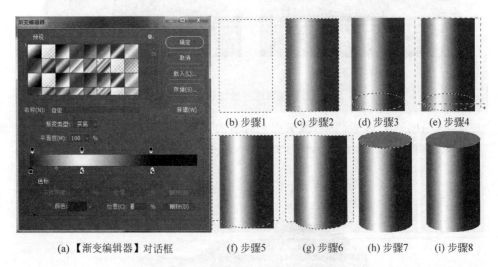

(a)【渐变编辑器】对话框　　(f) 步骤5　(g) 步骤6　(h) 步骤7　(i) 步骤8

(b) 步骤1　(c) 步骤2　(d) 步骤3　(e) 步骤4

图 4-67　制作立体圆柱体示意图

- 绘制矩形选区如图 4-67(b)所示,按住 Shift 键,并在矩形选区内部从左至右拖曳鼠标,填充渐变颜色如图 4-67(c)所示。在矩形底部绘制椭圆选区,如图 4-67(d)所示,选择工具选项栏中的【添加到选区】，再绘制矩形选区,如图 4-67(e)所示,结果两个选区合并后如图 4-67(f)所示。按组合键 Shift+Ctrl+I 反选,按 Delete

　　　Photoshop CC 2017 图形图像处理教程(第 2 版)

键删除多余部分,如图 4-67(g)所示,按组合键 Ctrl＋D 取消选择。

- 打开【图层】面板,单击底部的【创建新图层】按钮 📄 新建一个图层,在圆柱形顶部绘制椭圆选区,并填充浅灰色,效果如图 4-67(h)所示,按组合键 Ctrl＋D 取消选择,最终效果如图 4-67(i)所示。
- 其他 2 个立体图形的绘制参考操作提示。

(4) 按下列要求对素材文件夹中的"甲壳虫.jpg"文件进行编辑,操作结果以"甲壳虫.psd"为文件名保存在本章结果文件夹中。

操作提示如下。

- 打开本章素材文件夹中的"甲壳虫.jpg"文件。使用【仿制图章工具】擦除背景内多余的内容。使用【快速选择工具】建立甲壳虫选区,复制并粘贴选区内容。
- 新建图层,使用【渐变工具】,选择【径向渐变】,在【渐变编辑器】中分别在两段设置颜色为♯4ca001 和♯295601。纵向拖曳鼠标,填充图层,并调整图层次序。
- 复制该图层,设置不透明度为 40％,按图 4-68 所示,将甲壳虫调整到右上方合适位置。
- 使用【仿制图章工具】,按图 4-68 所示,在图片左边的合适位置复制两次图片。

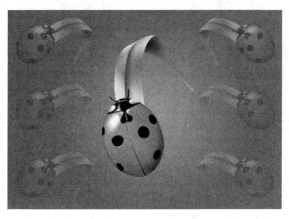

图 4-68   图像编辑练习题(4)的样张

- 复制该图层,选择【编辑】中的【变换】中的【水平翻转】。

(5) 打开本章素材文件夹中的 Fashion.jpg 文件,如图 4-69(a)所示,按下列要求对图像进行编辑,编辑以后的效果图如图 4-69(b)所示,操作结果以 Fashion.psd 为文件名保存在本章结果文件夹中。

操作提示如下。

- 使用【矩形选框工具】在合适的位置建立选区,如图 4-69(b)所示。
- 使用【渐变工具】,在【渐变编辑器】中分别设置两端颜色为♯fb034f 和♯ffffff,并填充选区。
- 使用【横排文字工具】,输入 Fashion,设置颜色为♯ffffff,字体为 Impact,大小为 80 点。右击该图层,选择快捷菜单中的【混合选项】命令,在图层样式中选择【投影】、【外发光】,参数设置自定。

(a) 原图   (b) 效果图

图 4-69　图像编辑练习题(5)的素材与样张

(a) 原图上创建选区   (b) 效果图

图 4-70　图像编辑练习题(6)的素材与样张

(6) 打开本章素材文件夹中的 Jump.jpg 文件,按下列要求对图像进行编辑,制作结果如图 4-70(b)所示。操作结果以 Jump.psd 为文件名保存在本章结果文件夹中。

操作提示如下。

- 新建一个 29.7cm×21cm 的 RGB 文档,背景色为白色。新建一个图层,并删除背景图层。
- 使用【渐变工具】选择【径向渐变】,在【渐变编辑器】中分别设置两端颜色为 #01dcfd 和 #027f78。
- 在 Jump.jpg 文件中使用【钢笔工具】,如图 6-70(a)所示,描出图片路径,并建立选区。使用【移动工具】将选取的图片移动到新建文档中合适的位置。
- 在新建文档中复制该图层。选择【编辑】中的【变换】中的【水平翻转】,再复制这两个图层,如图 4-70(b)所示,调整到合适的大小与位置。

(7) 打开本章素材文件夹中的素材文件"郁金香 02.jpg"和"竹筒.jpg",两个素材文件分别如图 4-71(a)(b)所示。将素材文件处理成如图 4-71(c)所示的效果,并将操作结果以"插花.psd"为文件名保存在本章结果文件夹中。

               Photoshop CC 2017 图形图像处理教程(第 2 版)

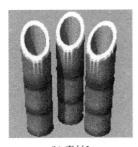
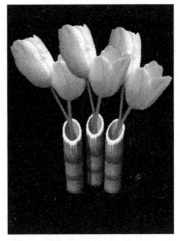

(a) 素材1　　　　　　(b) 素材2　　　　　　(c) 效果图

图 4-71　图像编辑练习题(7)的素材与样张

新建一个 500 像素×400 像素,背景为黑色的文档。用【魔棒工具】选择竹筒,将竹筒的背景处理成透明色复制、粘贴到新建文档中,放在合适的位置处。

用【魔棒工具】选择郁金香的花朵,并复制、粘贴到新建文档中。复制郁金香花朵两次,用组合键 Ctrl+T 调整郁金香的大小与倾斜角度,调整【图层】中郁金香的图层,改变花朵的叠放次序。

(8) 按下列要求制作如图 4-72 所示的按钮,操作结果以"按钮 1. psd"为文件名保存在本章结果文件夹中。

操作提示如下。

- 新建一个 200 像素×200 像素的 RGB 文档。使用【椭圆选框工具】创建一个正圆形选区。设置前景色为白色、背景色为蓝色。选择工具箱中的【渐变工具】,并选择工具选项栏中的【径向渐变】样式,从圆的左上角至右下角填充颜色。

图 4-72　制作按钮的样张

- 新建图层,再次使用【椭圆选框工具】创建一个正圆形选区,按上述方法填充颜色。选择【选择】|【修改】|【收缩】命令,收缩选区 2 个像素。使用【色相/饱和度】命令,调整颜色,居中排放。调整颜色的操作是按组合键 Ctrl+U,在【色相/饱和度】对话框中完成。

第 **5** 章 图层及其应用

本章学习重点：
- 了解图层的概念。
- 掌握【图层】面板和图层的基本操作。
- 掌握图层的混合模式和图层样式的应用。
- 了解智能对象及其应用。

5.1　图层和图层面板

图层技术是图像处理过程中使用最频繁，也是最重要的技术之一。利用图层技术可以编辑各个图层中的各个图像元素，完成各种各样的图像组合和合成，使得整个图像既产生丰富的层次效果，又能得到彼此关联的整体效果，并且能方便和快捷地对图像进行修改和重组，让许多整体图像中无法实现的效果通过分层编辑处理完成，从而使得图像的处理更加方便与得心应手。

5.1.1　图层的概念

图层的概念可以通过现实生活中绘图过程的透明纸概念理解。在绘图中，设计者为了便于改变整体图像的效果，可以将图像中的各个要素分别绘制在不同的透明纸上，通过叠加透明纸从上层一直看到下层的透明特性，灵活制作图像的整体效果，而这种方式实际上就是图层的工作方式，各个图层类似于不同的透明纸，这样不仅应用灵活，而且修改方便。可以通过图层的顺序叠加看到整个图像的结构和效果，如图 5-1 所示。

从图 5-1 中可以观察到图层就是按照排列顺序由上而下进行的叠加，并且透明的方式可以让层与层之间更加清晰和操作更加方便。

5.1.2　图层面板

大部分图像编辑操作都是在【图层】面板中完成的，它是图层操作的主要场所，在【图层】面板中可以完成选择图层、新建图层、删除图层、隐藏图层等操作。

图层的原始效果 图层的分解叠加效果

图 5-1 图层的示意效果图

选择【窗口】|【图层】命令，或按下 F7 功能键，便可打开【图层】面板，如图 5-2 所示。【图层】面板中的各选项意义及其操作将在后面的章节中详细介绍，部分图标和图层的意义如下。

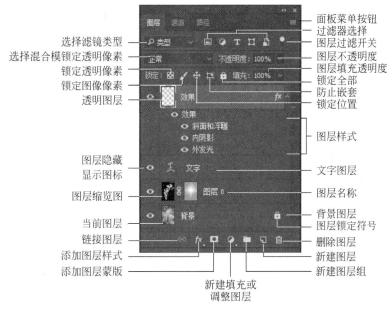

图 5-2 【图层】面板

（1）【图层隐藏显示图标】：用来显示和隐藏图层。当显示图标 时，表示当前图层处于显示状态；当不显示图标 时，则表示当前图层处于隐藏状态。隐藏图层后，可以避免干扰其他图层的编辑。单击眼睛图标，可以随时切换显示和隐藏状态。

（2）【图层名称】：为了识别方便，每个图层都可以定义一个名称，默认名称为"图层 1、图层 2……"，双击图层名称可以更改图层的名称。

（3）【当前图层】：在【图层】面板中单击任意一个图层，该图层便会加色显示，这个图层就是当前图层。一幅图像只有一个当前图层,通常图像编辑也只对当前图层有效。

(4)【图层缩览图】:可以查看该图层的大致内容。

(5)【面板菜单】按钮:单击该按钮,可以打开图层操作菜单,菜单中包含图层中的各主要操作选项。

(6)【图层不透明度】:可以设置当前图层的不透明度,当不透明度值为100%时,图层全透明;当不透明度值为0%时,图层不透明,只能显示背景色。

(7)【图层填充透明度】:可以设置当前图层与填充色的透明度,当透明度值为100%时,图层全透明,可以显示图层内容以及填充色;当不透明度值为0%时,图层不透明,只能显示背景色。

【图层】面板底部按钮介绍。

(8)【链接图层】按钮:选择两个以上的图层后,该按钮才能使用,此时单击该按钮,可以链接选中的图层。

(9)【添加图层样式】按钮:单击该按钮时,可以对当前图层添加图层样式效果。

(10)【添加图层蒙版】按钮:单击该按钮时,可以对当前图层添加图层蒙版。

(11)【新建填充或调整图层】按钮:单击该按钮时,可以选择填充或调整图层的命令,创建能调整图像色调的填充或调整图形。

(12)【新建图层组】按钮:单击该按钮时,可以新建图层组,以便管理图像中的各类图层。

(13)【新建图层】按钮:单击该按钮时,可以在当前图层上方新建图层。

(14)【删除图层】按钮:单击该按钮时,可以删除当前图层。

【图层】面板中的其他功能将在后面章节中介绍。

5.1.3 图层的类型

Photoshop CC 2017 中的图层功能强大,同时类型也比较丰富,在图像编辑时可以创建各种各样的图层,如背景图层、透明图层、蒙版图层、文字图层等。各种图层的使用方法和创建过程都不相同,且有些图层之间还可以相互转换,掌握好各类图层的创建与编辑方法,可以更快捷地完成图像编辑。

1. 背景图层

背景图层位于所有图层的最下方,是不透明的图层,并且是锁住的。背景图层不可以随意移动和改变图层层叠的次序,不能改变色彩模式和不透明度,如图 5-2 所示。

背景图层和普通图层可以相互转换。双击背景图层,弹出【新建图层】对话框,单击【确定】按钮即可使背景图层转为普通图层,如图 5-3 所示。

图像取消背景层后,也可以指定一个普通层为背景层。选择好要指定的普通层为当前图层,选择【图层】|【新建】|【图层背景】命令,可使该当前的普通图层转为背景图层。

图 5-3　新建图层

2. 普通图层

普通图层是在图层中应用最多、最频繁的图层。选择【图层】|【新建】命令,可以按下Ctrl+Shift+N组合键,或单击【图层】面板下的【新建图层】按钮,都可以创建普通图层。

新建的普通图层通常都是透明的,隐藏背景层后,可以看到图层显示为灰白色方格,表示为透明区域,如图5-4所示。可以用工具和菜单中的各种图像编辑命令在普通图层上进行编辑和修饰。

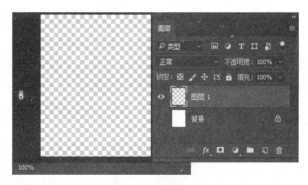

图 5-4　普通图层

3. 文字图层

文字图层是通过使用【文字工具】而产生的一种特殊图层。使用【横排文字工具】或者【竖排文字工具】时,会自动创建该图层,文字的输入内容就是该图层的名称,并且在文字图层上的缩略图中有一个"T"文字工具的一个标记,文字变形图层的缩略图为 $\mathcal{T}$,单击图像上的该文字或双击文字图层,均可进入文字的编辑状态,如图5-5所示。

在 Photoshop 中,文字层含有该图层的文字内容和文字格式信息,这些是矢量信息,滤镜效果或者绘画工具只能应用于普通位图图层。编辑文字图层时,有时需要将文字图层转换为普通图层编辑,这就是文字图层的栅格化操作。栅格化操作可将文字图层转换为普通图层,选择【图层】|【栅格化】|【文字】命令,可以把当前的文字图层转换为普通图层。

4. 蒙版图层

蒙版图层常用于图像的调整、抠取与合成。在图像处理时,蒙版可以看成遮在图像上

图 5-5　文字图层

的一张透明薄膜,通过薄膜可以看到图像内容的同时,还可以在薄膜上调整颜色的位置与透明度,从而改变下面图像的效果。图 5-2 中的"图层 0"就是蒙版图层,蒙版图层的具体内容参见第 8 章。

5. 填充图层与调整图层

在图像编辑的过程中,根据需要可以方便地添加填充图层和调整图层。填充图层的填充内容可以是纯色、渐变色或图案,并且可以自动添加图层蒙版控制填充的可见性和隐藏性。调整图层可以改变其图层的色相、饱和度、对比度,并且可以对调整图层进行修改。单击【图层】面板下方的【创建新的填充或调整图层】按钮，此时会显示如图 5-6(a)所示的菜单选项,每个菜单选项被单击后都会创建一个新的图层,对应的图层如图 5-6(b)(c)所示。

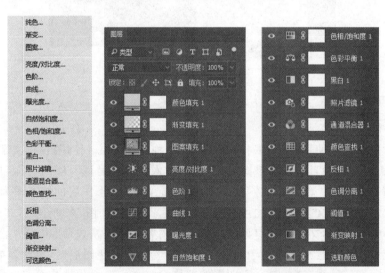

(a) 图层的菜单选项　　(b) 各种类型的图层之一　　(c) 各种类型的图层二

图 5-6　创建填充或调整图层的菜单与图层示意图

6. 链接图层

链接图层是图层间建立相互链接的关系,当链接图层中的某个图层在做移动、旋转或变换操作时,其他被链接图层也随之变化。如要单独操作某个独立图层,就要先解除链接。在【图层】面板中按住 Ctrl 键单击鼠标,将希望链接的图层全部选中,然后单击【图层】面板下方的 ∞ 按钮创建链接图层,如图 5-7 所示。

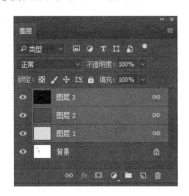

图 5-7　链接图层

5.2　图层的基本操作

图层的基本操作包括图层的显示、隐藏、创建、选中、复制、移动、删除、锁定、链接等,【图层】面板和【图层】菜单是完成图层操作的主要方式,各种图层操作都要通过它们实现或完成。

5.2.1　图层的创建、复制、删除与隐藏

1. 图层与图层组的创建

在 Photoshop CC 2017 中有很多种方法可以创建新的图层,选择【图层】|【新建】|【图层】命令后,会弹出【新建图层】对话框,如图 5-8 所示,根据需要设置该图层的【颜色】、【混合模式】与【不透明度】等参数后,单击【确定】按钮即可新建一个图层。也可以单击图层面板下方的【创建新图层】按钮 🗔,在【图层】面板中直接加入一个新的图层。按住 Alt 键不放,单击【图层】面板下方的【创建新图层】按钮 🗔,或按下组合键 Ctrl＋Shift＋N,也可以显示【新建图层】对话框,如图 5-8 所示,根据需要设置该图层的各个参数后,单击【确定】

图 5-8　【新建图层】对话框

按钮就可以新建一个图层。

在图像编辑时,要将当前图层中的图像、选区等内容复制或者剪辑到新图层中,可选择【图层】|【新建】|【通过拷贝的图层】或【通过剪切的图层】命令,在新建的图层中包含原来图层的内容。

新建的图层默认情况下都位于当前图层的上方,并自动变为当前图层。按 Ctrl 键的同时单击【创建新图层】按钮,可在当前图层的下方新建一个图层。

如果一个图像文件中有很多各类图层,为了便于管理,可以在【图层】面板中创建图层组,将不同种类的图层置于不同的图层组中。选择【图层】|【新建】|【组】命令,会弹出【新建组】对话框,如图 5-9 所示。设置【名称】、【颜色】、【模式】与【不透明度】参数,单击【确定】按钮,创建一个图层组。也可以单击【图层】面板下方的【创建新组】按钮 新建一个图层组。

图 5-9 【新建组】对话框

按住 Ctrl 键后分别单击图层,可以选中要放置于新建图层组内的图层,如图 5-10(a)所示,再单击【图层】面板下方的【创建新组】按钮 ,此时可以创建有 2 个图层的【图层组1】,如图 5-10(b)所示,单击图层组图标左边的折叠按钮后,可以折叠图层组,折叠后的图层组如图 5-10(c)所示。

(a) 选择图层　　　　　　　(b) 创建【图层组1】　　　　　　　(c) 折叠图层组

图 5-10 图层组的操作示意图

也可以新建一个图层组,然后将要置于图层组内的图层分别拖曳到图层组中。

2. 图层的复制

在图层操作中,复制图层是必不可少的操作之一。选择【图层】|【复制图层】命令,弹

Photoshop CC 2017 图形图像处理教程(第 2 版)

出【复制图层】对话框,如图 5-11 所示。或者在【图层】面板中拖动图层到【创建新图层】按钮上,即可获得当前图层的复制图层,也可以通过组合键 Ctrl+J 复制图层。

图 5-11 【复制图层】对话框

3.图层的删除

当某个图层不需要时,可以删除该图层,这样可以减小图像文件的体积,让操作和处理图像的时间更短、更快。选择【图层】|【删除】|【图层】命令,会显示删除图层的提示框,如图 5-12 所示,单击【是】按钮,就可以删除当前选中的图层。或者选择要删除的图层,将其拖曳至【图层】面板下方的【删除】按钮 上。也可以按住 Alt 键,单击【删除】按钮 快速删除当前图层。

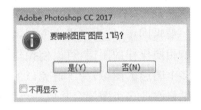

图 5-12 删除图层提示框

4.图层的隐藏与显示

在【图层】面板中单击图层缩略图前的图标 就可以显示或者隐藏当前图层。单击图层缩略图前的图标,可以隐藏该图层;单击图层缩略图前的 图标,可以显示该图层。按住 Ctrl 键后,单击多个图层,可以将这些图层选中,选择【图层】|【隐藏图层】命令,或者选择【图层】|【显示图层】命令,就可以同时隐藏或显示多个图层。

5.2.2 图层的锁定和顺序调整

1.图层的锁定

为了让图层更好地发挥作用,防止图层的内容在误操作中受到破坏,图层的锁定功能可以限制图层编辑的内容和范围,在如图 5-2 所示的【图层】面板中,各锁定按钮的意义如下。

(1)锁定透明像素:选择图层后,单击【锁定透明像素】按钮 ,图像中的透明部分被锁定,只能编辑和修改不透明区域的图像。

(2)锁定图像像素:选择图层后,单击【锁定图像像素】按钮 ,透明区域和非透明区域都被锁定,无法进行编辑和修改,但对背景层无效。

(3)锁定位置:选择图层后,单击【锁定位置】按钮 ,图像不能执行移动、旋转和自由变形等操作,其他的绘图和编辑工具可以继续使用。

(4)防止在面板内外自动嵌套:Photoshop的画板包含图层及组,为了防止图像编辑时图层或组移出画板边缘,可以单击【防止在面板内外自动嵌套】按钮 ⬚ ,可以锁定画板在画布上的位置,防止图像上的内容在移动时发生嵌套。

(5)锁定全部:选择图层后,单击【锁定全部】按钮 🔒 ,图层全部被锁定,也就是不可以执行任何图像编辑的操作。

2. 图层顺序调整

在图像中,图层的叠放顺序会直接影响到图像的效果。叠放在最上方的不透明图层总是将下方的图层遮掉。可以选择【图层】|【排列】命令,从弹出菜单【置为顶层】、【前移一层】、【后移一层】、【置为底层】、【反向】的选项中选择所需要调整的顺序位置,或使用鼠标直接在【图层】面板中拖曳当前图层改变图层的叠放顺序。

5.2.3 图层的链接与合并

编辑图像时,为了操作方便,常常会对多个图层作链接和合并的操作。链接多个需要实施相同操作的图层,可以使操作一致和简化。对于已经处理完的、不会再做修改的、具有多个图层的图像,为了避免以后图像处理时原有效果发生变化,可以将处理完的、不会再做修改的多个图层合并成一个图层,这样图像效果就不会轻易发生变化。

1. 图层的链接

图层的链接可以同时对多个图层或图层组进行相同、重复的操作,对链接的图层中的某个图层的移动,或者应用变换后,其他被链接的图层将同步执行相应的操作,这样就可以增加图像编辑的速度。

(1)**建立图层链接**:在【图层】面板中按住Ctrl键,单击要链接的图层,将要链接的所有图层或图层组全部选中,在【图层】面板下方单击链接按钮 🔗 ,则可以把所需的图层或图层组全部链接起来。如图5-13(a)所示。所有建立好的链接图层在图层的旁边都有一个链接图标 🔗 ,表示图层链接成功,在进行图层的移动、变形、蒙版和创建各种效果时,链接图层仍是链接状态。

(2)**取消图层链接**:如果要取消链接,可以选择链接图层,单击链接图标 🔗 ;或按住Shift键,在【图层】面板中单击图层链接图标 🔗 ,链接图标上会出现红色的×符号,如图5-13(b)所示。

2. 图层的合并

在Photoshop CC 2017中,图层的编辑和操作虽然很方便,并且图层没有数量的限制,但一幅图像中图层数量越多,图像文件也就越大,同时计算机的运行速度也就越慢。因此,为了让图像的体积减小,图层管理方便,可以合并一些不需要进行修改的图层。

可以先选中要合并的图层,如图5-14(a)所示,再选择【图层】|【合并图层】命令,或者

(a) 设置图层链接　　　　　　　　(b) 取消图层链

图 5-13　设置与取消图层链接示意图

选择【图层】|【合并可见图层】和选择【图层】|【拼合图像】命令,达到合并减少图层的目的。

(1) **合并图层**:在保证选中的图层都为可见的状态下,完成图层进行合并,合并不影响其他图层,可以用菜单命令,也可以按组合键 Ctrl+E 完成合并,如图 5-14(b)所示。

(a) 选中需要合并的图层　　　　(b) 合并图层　　　　(c) 合并可见图层

图 5-14　合并图层示意图

(2) **合并可见图层**:图像中所有可见的图层全部被合并,即所有显示眼睛图标的图层都被合并。可以用菜单命令,也可以按组合键 Shift+Ctrl+E,如图 5-14(c)所示。

(3) **拼合图像**:合并图像中所有的图层。如果有隐藏图层,系统会弹出提示框,单击【确定】按钮,隐藏图层将被删除,单击【取消】按钮,则取消合并的操作。选择【图层】|【拼合图像】命令,图像中的所有图层都被合并到背景层中。

5.2.4　链接图层的对齐与分布

在编辑图像时,多个图层经常要进行对齐与排列的操作,要先将对齐和排列的图层全部链接起来,再进行对齐与分布。【对齐】与【分布】菜单选项如图 5-15 所示。

1. 链接图层的对齐

要对齐链接的图层,须确保有两个或两个以上的链接图层,然后通过对齐操作将链接图层向上、向下、居左或居右对齐。

选择【图层】|【对齐】命令,子菜单下面各种相应的对齐操作如图5-15(a)所示。

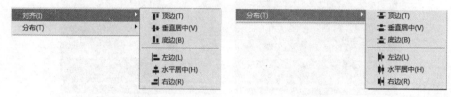

(a)【对齐】菜单选项　　　　　　　　(b)【分布】菜单选项

图5-15　链接图层的【对齐】与【分布】子菜单

在如图5-16(a)所示原图像中有3个已建立链接的图层,【图层】面板如图5-16(b)所示。选择【对齐】命令中的子菜单【顶边】、【左边】命令后的对齐效果如图5-17(a)(b)所示。

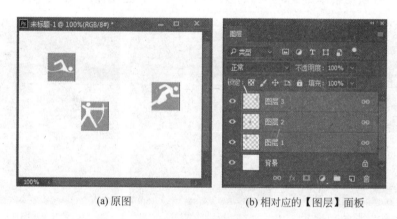

(a)原图　　　　　　　　　　　(b)相对应的【图层】面板

图5-16　原图像

(a)顶对齐效果图　　　　　　　　　(b)左对齐效果图

图5-17　链接图层的对齐效果

2. 链接图层的分布

要分布链接的图层,须确保有 3 个或 3 个以上的链接图层,然后通过分布操作将链接图层均匀间隔重新分布。选择【图层】|【分布】命令,子菜单下面各种相应的分布操作如图 5-15(b)所示。选择【分布】命令中子菜单的各种分布命令,可以完成各种图层分布的效果。

5.2.5 图层的编组与取消编组

在 Photoshop CC 2017 中,当图层比较多的情况下,可以将多个图层进行编组,以方便管理。图层组中的图层可以被统一移动或变换,也可以单独进行编辑。

选中有某些相同特点的图层,选择【图层】|【图层编组】命令,或者按组合键 Ctrl+G,也可以按下 Alt 键,再单击【图层】面板底部的【创建新组】按钮,如图 5-18 所示,就可对图层编组。

(a) 选择编组的图层   (b) 编组后折叠的示意   (c) 编组后展开的示意

图 5-18　图层编组示意图

同样,也可以取消编组,选中要取消编组的图层组,然后选择【图层】|【取消图层编组】命令,或者按组合键 Shift+Ctrl+G,就可以取消图层编组。

5.3　图层的混合模式和不透明度

在 Photoshop CC 2017 的图层应用中,可以通过设置当前图层的混合模式、不透明度及图层样式改变图像的各种效果。可以在【图层】面板中调整图层的混合模式,对图像的色彩进行加减,或者变换;调整图层的不透明度,完成图像像素的透明化设置;在图层上添加预先定制好的样式,使图像处理后产生立体、发光和纹理等各种效果。

5.3.1 图层的混合模式

图层的混合模式是将当前的图层与其下面的图层的像素进行混合计算,因为有各种不同的混合模式,产生的图层合成效果也就各不相同。在【图层】面板中单击【图层的混合模式】右边的下拉按钮,显示的下拉菜单如图 5-19 所示。

图 5-19   图层色彩的混合模式

在图层的混合模式中,按住 Shift 键的同时,按"+"或"-"键可以快速切换当前图层的混合模式。

打开素材文件夹中的图像文件 pic1.jpg 和 pic2.jpg,如图 5-20(a)(b)所示。将图像pic2.jpg 复制到 pic1.jpg 中,pic1.jpg 在下面,pic2.jpg 在上面,用各种不同的图层的混合模式对这两个图像进行处理,各种模式的含义如下。

(a) 在下面图层的pic1.jpg   (b) 在上面图层的pic2.jpg

图 5-20   两张叠放在上下图层中的图像

1. 正常模式

在 Photoshop CC 2017 中,正常模式为默认模式,而这种模式上、下图层保持互不发生作用的关系,上面的图层覆盖下面的图层,当不透明度变为 100% 以下时,才会根据数值慢慢显示下面的图层内容。正常模式下不同透明度的效果如图 5-21(a)(b)(c)所示。

(a) 正常模式，不透明度为100% (b) 正常模式，不透明度为70% (c) 正常模式，不透明度为30%

图 5-21　正常模式下不同透明度的效果图

2. 溶解模式

溶解模式是在上方图层为半透明状态时,结果图像中的像素由上层图像中的像素和下一图层的图像中的像素随机替换为溶解颗粒的效果。不透明度越低,产生的效果越明显,如图 5-22(a)所示。

(a) 溶解模式，不透明度为70% (b) 变暗模式，不透明度为70% (c) 正片叠底模式，不透明度为70%

图 5-22　溶解、变暗和正片叠底模式示意图

3. 变暗模式

变暗模式是用上、下两个图层中较暗的像素代替较亮的像素,混合后图像只保留两个图层中颜色较暗的部分,因此最终叠加的效果使整个图像呈暗色调,如图 5-22(b)所示。

4. 正片叠底模式

正片叠底模式可以查看每个通道的颜色信息,将两个图层的颜色值相乘,然后再除以 255 得到的结果。也就是上层是黑色,合成后还是黑色;上层是白色,合成后变透明,其他颜色变暗。使用此模式的效果比原图像的颜色深,如图 5-22(c)所示。

5. 颜色加深模式

此模式将对图层每个通道的信息进行计算,下层图像依据上层图像的灰度程度变暗,再与上层图层溶合,通过增加对比度加深图像的颜色,如图 5-23(a)所示。

(a) 颜色加深模式，不透明度为70%　(b) 线性加深模式，不透明度为70%　(c) 深色模式，不透明度为70%

图 5-23　颜色加深、线性加深和深色模式示意图

6. 线性加深模式

此模式与颜色加深模式相似，将对图层每个通道的信息进行计算，加暗下层图像的像素，提高上层图像的颜色亮度衬托混合颜色，如图 5-23(b)所示。

7. 深色模式

两个图层混合后，通过上层图像中较亮的区域被下层图像替换后显示结果，如图 5-23(c)所示。

8. 变亮模式

此模式是选择上、下两个图层较亮的颜色作为结果图像的颜色，比上层图像中暗的像素被替换，比上层图像中亮的像素保持不变，如图 5-24(a)所示。

(a) 变亮模式，不透明度为70%　(b) 滤色模式，不透明度为70%　(c) 颜色减淡模式，不透明度为70%

图 5-24　变亮、滤色和颜色减淡模式示意图

9. 滤色模式

滤色模式又称屏幕模式，与正片叠底模式相反。正片叠底模式是去白留黑，滤色模式是去黑留白，中间灰色合成后提亮图像。使用此模式的效果比原图像的颜色更浅，具有漂白的效果，如图 5-24(b)所示。

10. 颜色减淡模式

此模式通过计算每个颜色通道的颜色信息，调整对比度，而使下层像素颜色变亮反映上层像素颜色。如果上层是黑色,那么混合时是没有变化的,如图5-24(c)所示。

11．线性减淡模式

此模式通过计算每个颜色通道的颜色信息,上层图像黑色合成后消失,白色无变化,中间色提升亮度减淡图像,如图5-25(a)所示。

(a)线性减淡模式,不透明度为70%　　(b)浅色模式,不透明度为70%　　(c)叠加模式,不透明度为70%

图5-25　线性减淡、浅色和叠加模式示意图

12．浅色模式

此模式上、下两个图层混合后保留亮色调,即比上层亮的保留,比上层暗的变为上层色调,效果如图5-25(b)所示。

13．叠加模式

此模式将上一层图像颜色与下一层图像颜色进行叠加,保留高光和阴影部分。下一层图像比上一层图像暗的颜色会加深,比上一层图像亮的颜色将会更亮,如图5-25(c)所示。

14．柔光模式

此模式可以产生柔光效果,可根据上层颜色的明暗程度决定颜色是变亮,还是变暗。当上层图像颜色比下层图像颜色亮,结果图像则变亮;当上层图像颜色比下层图像颜色暗,结果图像则变暗,如图5-26(a)所示。

(a)柔光模式,不透明度为70%　　(b)强光模式,不透明度为70%　　(c)亮光模式,不透明度为70%

图5-26　柔光、强光和亮光模式示意图

15. 强光模式

此模式与柔光模式类似,但效果比柔光更加强烈,有点类似于聚光灯投射在物体上的效果,如图 5-26(b)所示。

16. 亮光模式

此模式是通过增加或减少对比度加深和减淡颜色。如果上层图像颜色比 50％灰度亮,则通过降低对比度加亮图像,反之,则加深图像,如图 5-26(c)所示。

17. 线性光模式

此模式根据上层图像颜色增加或减少亮度加深或减淡颜色。如果上层图像颜色比 50％的灰度亮,则结果图像将增加亮度,反之,则图像变暗,如图 5-27(a)所示。

(a) 线性光模式,不透明度为70%　　(b) 点光模式,不透明度为70%　　(c) 实色混合模式,不透明度为70%

图 5-27　线性光、点光和实色混合模式示意图

18. 点光模式

此模式根据上层图像颜色来替换颜色。如果上层图像颜色比 50％的灰色亮,那么就会替换比上层图像暗的像素,而不改变比上层颜色亮的像素。反之,如果上层图像颜色比 50％的灰色暗,则替换比上层图像亮的像素,而不改变上层图像暗的像素,如图 5-27(b)所示。

19. 实色混合模式

选用实色混合模式,上层图像会和下层图像中的颜色混合,取消中间色的效果,如图 5-27(c)所示。

20. 差值模式

此模式是一种比较的混合模式,上层图层颜色与下层图层颜色的亮度值互减,取值时以亮度较高的颜色减去亮度较低的颜色。较暗的像素被较亮的像素取代,而较亮的像素不变,如图 5-28(a)所示。

21. 排除模式

与差值的模式很相似,但是具有高对比度和低饱和度,效果比较柔和,如图 5-28(b)所示。

Photoshop CC 2017 图形图像处理教程(第 2 版)

22. 色相模式

用上层图像的色相值和下层图像的亮度、饱和度创建结果图像的颜色，如图 5-28(c) 所示。

(a) 差值模式，不透明度为70%　　(b) 排除模式，不透明度为70%　　(c) 色相模式，不透明度为70%

图 5-28　差值、排除和色相模式示意图

23. 饱和度模式

使用下层图像的亮度、色相和上层图像的饱和度混合，若上方图层图像的饱和度为零，则图像没有变化，如图 5-29(a) 所示。

(a) 饱和度模式，不透明度为70%　　(b) 颜色模式，不透明度为70%　　(c) 明度模式，不透明度为70%

图 5-29　饱和度、颜色和明度模式示意图

24. 颜色模式

使用上层图像的饱和度和色相进行着色，下层图像的亮度保持不变，颜色模式可以看成饱和度模式和色相模式的综合效果，如图 5-29(b) 所示。

25. 明度模式

使用上层图像的明度着色，下层图像的饱和度和色相保持不变，用下层图像的饱和度和色相与上层图像的明度创建新图像，如图 5-29(c) 所示。

5.3.2　图层的不透明度

在【图层】面板中，可以分别对图层的不透明度和填充的不透明度进行设置。图层的不透明度用于设置当前图层遮蔽或显示其下方图层的程度,而填充的不透明度用于设置当前图层上绘制形状的不透明度。更改图层的不透明度可以改变图层的透明性,原本上方图层完全覆盖下方图层,调整透明度后,当色彩变为半透明时,会露出底部的颜色。不同程度的不透明度可以使图像产生不同的效果。

例如,将两个图像 pic1.jpg 和 pic2.jpg 叠放在一起,pic2.jpg 放在上面,pic1.jpg 放在下面,如图 5-30 所示。将 pic2.jpg 所在层的不透明度调整为 30%,效果如图 5-31 所示。调整图层的不透明度,可以让图像变得更加富有层次感,让画面更加生动。

图 5-30　图层不透明度调整前的效果

图 5-31　图层不透明度调整后的效果

如果当前图层中有使用阴影效果绘制的形状或者文本,则可以在不改变阴影不透明度的情况下,调整填充形状或者文本的不透明度。

背景图层、锁定图层与隐藏图层是不能改变透明度的。

5.4　图层的变换

对图像进行编辑时,经常需要进行各种对象变形处理,而图层的变形是不可缺少的操作。通过变形命令,可以将图层、通道、图层蒙版、路径及选取范围内的图像进行变形,图层变形操作十分方便。

5.4.1 图层的变换操作

选择图像中要进行变形操作的图层作为要编辑的当前图层,然后就可以进行下面的各种变形操作了。

1. 缩放

选择【编辑】|【变换】|【缩放】命令,当前图层的图像周围会出现带有 8 个控制点的变形方框。鼠标靠近控制点时,鼠标变为 形状,此时拖曳控制点可以放大或缩小当前图层。将鼠标移入变形框中,鼠标指针变为 ▶ 形状,此时可以移动当前图层,如图 5-32(a)(b)(c)所示,就是对当前图层中的图像放大和缩小的示意图。

| (a) 放大 | (b) 原图 | (c) 缩小 |

图 5-32 对当前图层放大、缩小的示意图

2. 旋转

选择【编辑】|【变换】|【旋转】命令,当前图层的图像周围会出现 8 个带有控制点的变形方框。鼠标靠近控制点时,鼠标变为 形状,拖曳鼠标,图像会按旋转中心进行旋转,如图 5-33(b)所示。如果要改变旋转中心的位置,移动鼠标到旋转中心位置,当鼠标变为 形状时,拖动旋转中心到所需的位置即可,如图 5-33(c)所示。

| (a) 顺时针旋转180度 | (b) 原图 | (c) 顺时针旋转90度 |

图 5-33 图层旋转变形

同时还可以执行快速旋转图层的命令,实现【顺时针旋转 180 度】、【顺时针旋转 90 度】、【逆时针旋转 90 度】的旋转效果,如图 5-33(a)所示。

3. 斜切

选择【编辑】|【变换】|【斜切】命令,当前图层的图像周围会出现 8 个带有控制点的变形方框。鼠标靠近四角的控制点时,鼠标变为 形状,可以单方向斜切图层。若将鼠标靠近中间的控制点上,当鼠标边为 形状时,拖曳控制点可按变形框方向斜切图层,如图 5-34(a)(b)(c)所示。

(a) 单方向斜切效果　　　　　　(b) 原图　　　　　　(c) 左右两边斜切效果

图 5-34　图层斜切变形

4. 扭曲

选择【编辑】|【变换】|【扭曲】命令,当前图层的图像周围会出现 8 个带有控制点的变形方框,如图 5-35(a)所示。鼠标靠近四角的控制点时,鼠标变为 形状,拖动鼠标可以随意扭曲图层,如图 5-35(b)所示。

(a) 原图　　　　　　　　　　(b) 扭曲操作效果

图 5-35　图层扭曲前后示意图

5. 透视

选择【编辑】|【变换】|【透视】命令,当前图层的图像周围会出现 8 个带有控制点的变形方框,如图 5-36(a)所示。鼠标靠近变形框的控制点时,拖动鼠标可将图层进行透视变形,如图 5-36(b)所示。

Photoshop CC 2017 图形图像处理教程(第 2 版)

(a) 原图   (b) 透视效果

图 5-36   图层透视变形示意图

6. 变形

选择【编辑】|【变换】|【变形】命令,会出现由横竖线组成的 9 个方格的网格,除了四角的节点,还有外边交叉之处具有圆形的控制点。对形状进行变形,可以拖动控制点或网格线段进行。可以通过数值和扭曲样式控制图像变形。【图层扭曲变形】选项栏如图 5-37 所示。

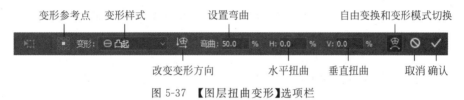

图 5-37   【图层扭曲变形】选项栏

单击选项栏中的【自由变换和变形模式切换】按钮,可以改变扭曲的各种方向和样式,如图 5-38(a)(b)(c)所示。

(a) 图层变形增加效果   (b) 原图   (c) 图层变形扇形效果

图 5-38   图层变形效果

5.4.2   图层的自由变换

选择【编辑】|【自由变换】命令,当前图层的图像周围会出现 8 个控制点的变形方框,此时就可以随意缩放和旋转变形了,或使用组合键 Ctrl＋T,也可以随意调节变形。

图层自由变换时,按 Ctrl 键的同时拖动控制点,可扭曲图层;按 Ctrl+Shift 组合键的同时拖动控制点,可斜切图层。

当拖动控制点进行调节和变形时,会出现工具选项栏,可以通过输入数字精确地控制图层的变形,如图 5-39 所示。

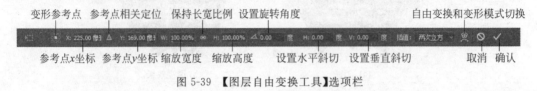

图 5-39 【图层自由变换工具】选项栏

5.5 图层的样式

图层样式类似于预先设定好的效果模板,它是由很多预设的图层效果组成的,它的种类很多,有投影、外投影、外发光、内发光、斜面和浮雕、光泽、颜色叠加、图案叠加、渐变叠加、描边等图层样式效果。在图像处理时,可以对图层添加一种或者多种图层样式,可以让平面图像顷刻间转变为具有立体材质或具有发光的效果。但是,图层样式对背景层和锁定层是无效果的。

5.5.1 常用的图层样式

图层样式的设置要通过【图层样式】对话框实现。有以下 3 种方法可以打开【图层样式】对话框。

(1)单击【图层】对话框下方的按钮 **fx**,选择【混合选项】或任意一个图层效果,便可以打开【图层样式】对话框,如图 5-40 所示。

(2)双击需要设置效果的图层,可以打开【图层样式】对话框。

(3)选择【图层】|【图层样式】命令,可以打开【图层样式】对话框。

单击【图层样式】对话框左侧样式列表中的样式名,然后在右侧的对话框中进行相应的选项设置,就可以完成添加图层样式的操作了。如果某个样式前面的复选框处于选中状态,则表示已经为当前图层添加了该样式。下面分别介绍常用的图层样式。

1. 样式

Photoshop 提供了一个【样式】面板,可用于创建多种类型的样式。选择【窗口】|【样式】命令,打开【样式】面板;也可以单击【图层样式】对话框左侧的【样式】选项,打开【样式】面板,然后选择【样式】面板中的预设样式,为图像添加多种类型的样式效果。在【样式】面板中单击中间的菜单按钮 ⚙,可以打开如图 5-41 所示的菜单。

该菜单上面 3 部分是样式管理的各种操作,菜单的第 4 部分是预设的各种样式库。选择不同的样式库,就可以将该样式库中的样式添加到【样式】面板的预览窗口中。例如,

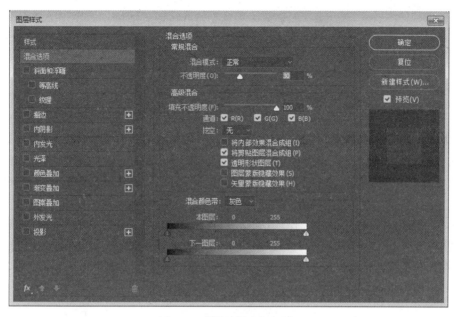

图 5-40 【图层样式】对话框

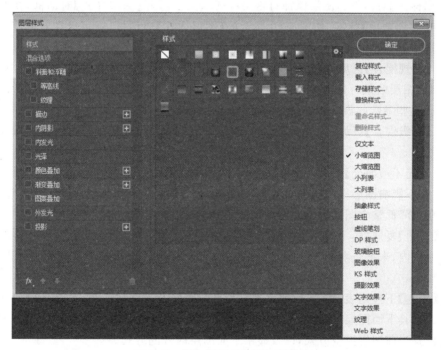

图 5-41 【样式】面板与【样式】菜单

选择【抽象样式】后,就会弹出如图 5-42 所示的对话框,可以根据需要单击【确定】、【取消】与【追加】按钮,分别用【抽象样式】库替换当前样式,取消【抽象样式】库的替换,或将【抽象样式】库追加到当前样式预览窗口中。

图 5-42　样式替换提示对话框

在【样式】面板中,如果对多个样式库进行替换与追加操作后,面板中就存放了很多样式,这样样式选择变得不方便,此时可以选择菜单中的【复位样式】命令,将面板中的样式恢复成初始状态。选择【载入样式】命令,可以载入本地硬盘上已经保存的样式文件。

右击样式预览窗口中的某个样式,可以对该样式做新建、重命名和删除操作,将效果好的、经常使用的样式编辑好后,选择【存储样式】命令,将这些样式保留到本地硬盘上。选择【替换样式】命令,可以用本地硬盘上的样式库文件替换当前样式库。

2. 混合选项

在图像编辑时,不仅可以通过【样式】面板中的预设样式为图层添加样式效果,还可以通过【图层样式】对话框为图层添加自定义样式效果。打开【图层样式】对话框,在对话框左侧单击【混合选项】标签,如图 5-40 所示的【图层样式】对话框,就可以在右侧面板中调整【混合选项】的参数。【混合选项】的参数如下。

(1)【常规混合】区域:这个区域中包括【混合模式】和【不透明度】两项参数,这两项参数是调整图层效果时最常用到的,也是最基本的图层处理参数,与【图层】面板上的对应选项相同,这些参数的设置将在【图层】面板上同步显示出来。

(2)【高级混合】区域:在这个区域中的设置相对复杂,可以根据图像处理需要设置以下参数。

- 【填充不透明度】参数:设置该参数时,可以只影响图层中绘制的像素与填充的形状,不影响图层中的图像与其他图层样式。通过调整【填充不透明度】参数,可以在不降低整个图层不透明度的前提下,减少图层填充物的不透明度。
- 【通道】复选框:该选项用于多个图层或者图层组,可以将效果限制在指定的颜色通道内,未被选择的通道被排除在外,每禁用一个通道,图像都会显示特有的颜色。
- 【挖空】下拉列表:该下拉列表决定了当前图层及其图层效果,并显示以何种方式穿透其下面图层。【挖空】下拉列表中包括【无】、【浅】和【深】3 种方式,分别用来设置当前图层挖空方式,以及显示下面图层内容的方式。
- 【混合颜色带】下拉列表:混合颜色带的作用与通道类似,它们都是通过选取图像的像素达到控制显示或隐藏图像的目的。所不同的是,使用混合颜色带时,可以拖动代表某个图层的滑条上的滑块对图层进行修改。该选项有上、下两个滑条,通过这两个滑条不仅可以控制本图层的显示,还可以控制下一图层的显示。为了保证上、下图层混合效果平滑过渡,按住 Alt 键,并拖曳滑条下方的滑块,将滑块分开,就可以分别控制【混合颜色带】对当前图层或下方图层的影响,从而使得混合效果不过于生硬。

例 5.1 打开图像文件"鹰.jpg",如图 5-43(a)所示,利用【图层样式】对话框中的【混合选项】的挖空操作完成图像处理,结果如图 5-43(b)所示,并将结果文件保存为"鹰.psd"。

(a) 原图像　　　　　　　　(b) 挖空操作后的效果

图 5-43　挖空操作示意图之一

操作步骤如下。

(1) 打开图像文件"鹰.jpg"与"背景 1.jpg",选择"鹰.jpg"为当前编辑的文件。

(2) 用魔棒工具选择"鹰.jpg"中的灰色线条,如图 5-44(a)所示。按组合键 Ctrl+C 复制选区。

(3) 切换到图像"背景 1.jpg",按组合键 Ctrl+V 粘贴选区,如图 5-44(b)所示。粘贴对象后的【图层】面板如图 5-44(c)所示。

(a) 用魔棒工具选择对象　　　(b) 将对象粘贴到背景图上　　　(c)【图层】面板

图 5-44　挖空操作示意图之二

(4) 新建一个名为"图层 2"的图层,用【油漆桶工具】给"图层 2"填充红色,将该图层放在"图层 1"与"背景"层中间,编辑窗口如图 5-45(a)所示。【图层】面板如图 5-45(b)所示。

(5) 选中"图层 1",将其【填充】不透明度设置为 20%,编辑窗口如图 5-45(c)所示。

(6) 选择【图层】|【图层样式】|【混合选项】|【高级混合】,选择【挖空】下拉列表中的【深】选项,确认后的结果如图 5-43(b)所示,按题目要求保存文件。

| (a) 增加红色衬底图层 | (b)【图层】面板 | (c)【填充】不透明度为20% |

图 5-45　挖空操作示意图之三

3. 斜面和浮雕

利用【斜面和浮雕】样式,并设置不同的参数,用来控制浮雕样式的强弱、大小、明暗变化,在图层上产生各种各样的凹陷或凸出的立体浮雕效果。【斜面和浮雕】样式对话框如图 5-46 所示。

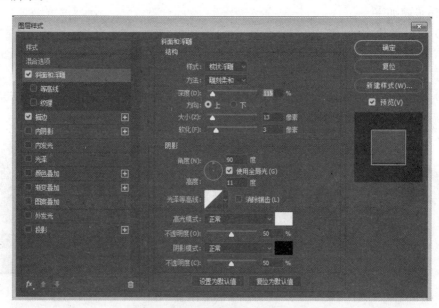

图 5-46　【斜面和浮雕】样式对话框

各项参数的意义如下。

1) 结构

(1)【样式】下拉列表:该下拉列表可以用来设置斜面的位置,设置斜面在对象的内部、外部或者描边上的浮雕效果。样式分为 5 种类型,原图如图 5-47(a)所示。

- 【外斜面】:制作对象外边缘的斜面效果,如图 5-47(b)所示。
- 【内斜面】:制作对象内边缘的斜面效果,如图 5-47(c)所示。
- 【浮雕效果】:制作对象的凸起的浮雕效果,如图 5-47(d)所示。

Photoshop CC 2017 图形图像处理教程(第 2 版)

(a) 原图像   (b) 外斜面   (c) 内斜面

(d) 浮雕效果   (e) 枕状浮雕   (f) 描边浮雕

图 5-47 【斜面与浮雕】样式效果

- 【枕状浮雕】：制作对象的边缘嵌入下层的效果，如图 5-47(e)所示。
- 【描边浮雕】：制作的对象已经描边，可以对描边部分做浮雕效果，如图 5-47(f)所示。

（2）【方法】下拉列表：该下拉列表可用来表现浮雕效果强弱的方式，具体分为以下3 种。

- 【平滑】：可使用于边缘过度较为柔和的图像。
- 【雕刻清晰】：可制作清晰、精确的生硬斜面。
- 【雕刻柔和】：不如【雕刻清晰】精确，但适合应用范围较大的边缘。

【枕状浮雕】样式的【平滑】、【雕刻清晰】与【雕刻柔和】3 种方式处理后的图像效果如图 5-48(a)(b)(c)所示。

(a) 平滑   (b) 雕刻清晰   (c) 雕刻柔和

图 5-48 【枕状浮雕】样式 3 种方法的效果

（3）【深度】参数：可用来设置对象阴影的强度。

- 【方向】单选按钮：可用来设置上、下方向改变高光和阴影的位置。
- 【大小】参数：该参数可用来控制阴影面积的大小。

• 【软化】参数：该参数可用来调节阴影的柔和程度。

2）阴影

（1）【角度】参数：该参数可以设定立体光源的角度。

（2）【高度】参数：该参数可以设定立体光源的高度。

（3）【光泽等高线】：可以给阴影设定外观形状，使选择的轮廓明暗对比分布比较明确。

（4）【高光模式】：可以设置立体化高亮的模式，右边的拾色器可以设定亮部的颜色，下面的滑块可以设定亮部的不透明度。

（5）【阴影模式】：可以设定立体化后阴暗部分的模式，右边的拾色器可以设定阴暗部分的颜色，下面的滑块可以设定阴暗部分的不透明度。

3）等高线

在【图层样式】对话框左侧选择【等高线】复选框，可以设置斜面弧度的等高线效果。

（1）【等高线】拾色器：可用于设置斜面的弧度效果。在【等高线】拾色器中选择可以设置斜面弧度的色调变换，选择【消除锯齿】复选项后，可使得斜面弧度比较平滑。

（2）【范围】参数：该参数可以用滑块调节斜面弧度被削弱的程度。【范围】值越小，斜面弧度越小，图 5-49（a）所示的是【图层样式】中【等高线】设置的面板。图 5-49（b）所示的是【等高线】下拉列表展开后的【等高线】样式。

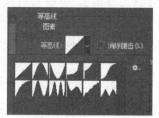

(a)【等高线】设置　　　　　　　　　(b)【等高线】样式

图 5-49　【等高线】的示意图

例如，图 5-50（a）（b）（c）所示的是设置了【斜面和浮雕】样式中，【样式】为【内斜面】，【方法】为【雕刻柔和】，【等高线】为【半圆】、【锥形】、【画圆步骤】等参数后的图像处理结果。

(a) 半圆　　　　　　　　(b) 锥形　　　　　　　　(c) 画圆步骤

图 5-50　部分【等高线】的浮雕效果

Photoshop CC 2017 图形图像处理教程（第 2 版）

4)纹理

在【图层样式】对话框左侧单击【纹理】选项,对话框右侧变为【纹理】的设置,如图 5-51(a)所示。单击【图素】中的【图案】下拉按钮,可以选择【纹理】图案样式,如图 5-51(b)所示,部分添加【纹理】效果的图像如图 5-52(a)(b)(c)所示。

| (a)【纹理】设置 | (b)【纹理】图案样式 |

图 5-51　【纹理】样式示意图

| (a) 右对角虚线 | (b) 嵌套方块 | (c) 网点1 |

图 5-52　部分添加【纹理】效果的图像

【纹理】对话框中各参数的意义如下。

(1)【图案】下拉列表:打开该下拉列表,从列表中可以选择用于修饰的纹理图案。单击列表右上角的按钮 ,可以在菜单选项中完成【纹理】图案的管理与载入。

(2)【贴紧原点】按钮:单击该按钮,可以将纹理对齐图层或图像文档的左上角。

(3)【缩放】参数:该参数可以定义图案的缩放比例。

(4)【深度】参数:该参数可以设定纹理的强弱程度。

(5)【反相】复选框:勾选该复选框,可以将原来的浮雕效果反转。

(6)【与图层链接】复选框:勾选该复选项,可以使图案纹理与被作用的图层链接。

4. 描边

描边是图像处理的常用手段,可以为当前图层中的图像对象添加内部、居中或外部的单色、渐变或图案的描边效果,【描边】对话框如图 5-53 所示。

各项参数的意义如下。

(1)【大小】参数:该参数可以设定描边的宽度,单位是像素。

(2)【位置】下拉列表:该下拉列表可以设定描边的位置,分为【外部】、【内部】和【居中】3 种方式。

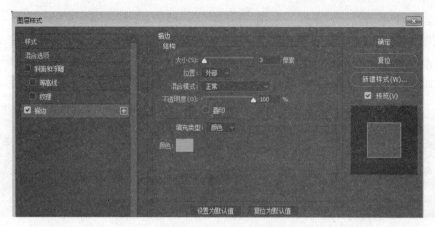

图 5-53 【描边】对话框

  (3)【混合模式】下拉列表：该下拉列表可以确定图层样式与下层图层(可以包括，也可以不包括当前图层)的混合方式。

  (4)【不透明度】参数：与前面章节介绍相似，这里不再赘述。

  (5)【填充类型】下拉列表：可以通过【填充类型】下拉列表选择【颜色】、【渐变】或【图案】命令。

  改变【描边】的【填充类型】，选择【颜色】、【渐变】与【图案】后得到的图像效果分别如图 5-54～图 5-56 所示。

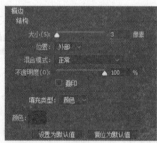

(a) 效果图   (b) 参数设置

图 5-54 设定【颜色】描边后的效果

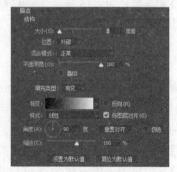

(a) 效果图   (b) 参数设置

图 5-55 设定【渐变】描边后的效果

  Photoshop CC 2017 图形图像处理教程(第 2 版)

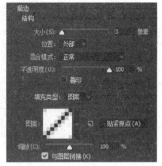

(a) 效果图　　　　　　　　　(b) 参数设置

图 5-56　设定【图案】描边后的效果

5. 内阴影

内阴影效果是在靠近对象内部边缘添加柔化的阴影效果,使对象具有凹陷外观,可用于制作各种立体图形或立体文字。【图层样式】面板中的【内阴影】样式如图 5-57 所示。

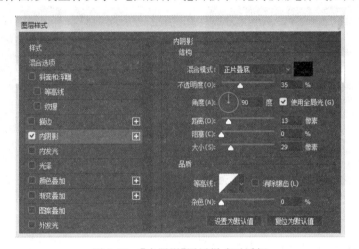

图 5-57　【内阴影】图层样式对话框

其参数设置方法如下,前面章节介绍过的参数设置方法不再赘述。

(1)【角度】参数:该参数可用来设置光源的照射角度,可以用鼠标拖动圈内的指针或直接输入角度的数值。选择【使用全局光】,可使所有的图层效果保持相同的光线照射角度。

(2)【距离】参数:该参数可用来设置图层中对象与阴影之间的距离。

(3)【阻塞】参数:该参数可以设定内侧阴影与图像边界之间内缩的距离。

(4)【大小】参数:该参数可以设置阴影或发光模糊边缘的大小。

(5)【杂色】参数:该参数可以在阴影或者发光的效果中增加杂点,产生特殊的效果。

【内阴影】样式效果示意图如图 5-58(a)(b)(c)所示。

(a)原图像

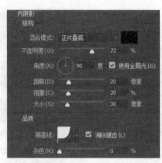
(b)【内阴影】参数设置

(c)内阴影效果图

图 5-58　【内阴影】样式效果

6. 内发光

内发光效果是在图像对象的内部产生光晕效果,发光可以向各个方向均匀地辐射,可以设置单色或者渐变色的发光效果,其参数设置和文字效果如图 5-59 所示。

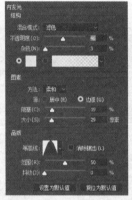

图 5-59　【内发光】与【光泽】样式效果

【内发光】样式中各项以前未介绍的参数如下。

(1)【方法】下拉列表:该下拉列表中有【柔和】和【精确】两个选项,这两个选项都可以应用于【内发光】或者【外发光】效果。【柔和】可以使发光效果稍显模糊,【精确】可以使发光效果更加清晰。

(2)【源】单选项:可以设置图层中对象发光的来源,有【居中】和【边缘】两种发光形式。

(3)【阻塞】参数:该参数可以收缩【内发光】与图像边界之间的距离,加大阻塞数据的百分比,可以使发光效果更稠密与集中。

(4)【大小】参数:指定发光边缘模糊的半径的大小。

(5)【范围】参数:该参数可以控制发光效果中等高线的范围。

(6)【抖动】参数:该参数可以改变渐变的颜色和不透明度的应用。

7. 光泽

光泽效果可以在图像上添加光源照射的效果,使图像产生物体的内反射,类似于绸缎的表面反射效果。【光泽】效果的参数设置与文字效果如图 5-59 所示。

【光泽】样式中各项参数的意义如下。

(1)【角度】参数:该参数可以设定光泽效果实施的角度。

(2)【距离】参数:该参数可以设定光泽效果的偏移距离。

(3)【大小】参数:该参数可以控制实施效果边缘的模糊大小。

8. 颜色叠加

【颜色叠加】是简单有用的样式,它可以为图像着色。在【颜色叠加】样式中,单击【设置叠加颜色】的拾色器,可以选择设置叠加的颜色,另外还可以选择颜色的混合模式以及不透明度,从而改变图像叠加的色彩效果。【颜色叠加】样式叠加浅黄颜色后的效果如图 5-60 所示。

图 5-60 【颜色叠加】样式叠加浅黄颜色后的效果

9. 渐变叠加

【渐变叠加】与【颜色叠加】样式的原理完全一样,只不过覆盖图像的颜色是渐变色,而不是单种颜色。在【渐变叠加】样式中,可以选择不同类型的【渐变】,也可以改变渐变【样式】、【角度】与【缩放】,渐变叠加后的不同效果如图 5-61 所示。

【渐变】:铭黄渐变

【渐变】:透明彩虹渐变

图 5-61 【渐变叠加】样式效果

10. 图案叠加

【图案叠加】可以为图层中的图像添加自定义或预设的图案,并可以用【混合模式】、【不透明度】与【缩放】等参数调整图案叠加的效果。不同图案叠加后的效果如图 5-62

所示。

【图案】：嵌套方块

【图案】：黄菊

图 5-62　【图案叠加】样式效果

以上 3 种叠加样式中各项参数的意义与前面章节的叙述相同，这里不再赘述。

11. 外发光

外发光样式效果能在对象的边缘产生光晕效果，从而使图像对象更加鲜亮、醒目。单击【图层样式】面板左侧的【外发光】样式，【图层样式】面板右侧如图 5-63 所示。

【等高线】：线性

【等高线】：锥形

【等高线】：环形-双

图 5-63　【外发光】样式效果

【外发光】样式中各项参数的意义如下。

（1）【结构】区域：该区域中的【混合模式】、【不透明度】和【杂色】的功能都与前面章节中叙述的相似，用来设置光晕的颜色效果。【设置发光颜色】是单选项，可以选择发光颜色，或者选择编辑发光渐变色。

（2）【图素】区域：该区域中的参数有 3 个，【方法】参数与【大小】参数参见内发光中的介绍，增大【扩展】参数可以加大发光的范围。

（3）【品质】区域：该区域中的参数有【等高线】、【范围】和【抖动】，参数设置的方法与前面章节相似，这里不再赘述。

12. 投影

投影效果是图层样式中使用比较频繁的一种,它可以使平面图形产生阴影的立体感效果,如图 5-64(a)所示。在【图层样式】对话框的左侧选择【投影】选项,其右侧会变为相应的【投影】样式,如图 5-64(b)所示。【投影】样式作用在文字图层后的效果如图 5-64(a)所示。

(a) 投影效果图　　　　　　(b)【投影】参数设置

图 5-64　【投影】样式效果

【投影】样式中各项参数的意义如下。

(1)【混合模式】:可以设置阴影与下方图层的色彩混合模式,单击右侧的菜单按钮,可以为阴影选择不同的混合模式。单击阴影颜色拾色器,便可重新定义阴影的颜色。

(2)【不透明度】参数:该参数可用来设置阴影的不透明度,值越大,阴影颜色越深。

(3)【角度】参数:该参数可用来设置阴影的角度,拖动圈内的指针或输入数值,就可以调整阴影的角度。选择【使用全局光】,可使所有的图层效果保持相同的光线照射角度。

(4)【距离】参数:该参数可以设置图层与投影之间的距离。

(5)【扩展】参数:该参数可以设置光线的强度,值越大,效果越强烈。

(6)【大小】参数:该参数可以设置阴影边缘的柔化程度。

(7)【等高线】:可以使阴影产生不同的不透明度变化和不同的光环形状。

(8)【杂色】参数:该参数可以在阴影的暗调中增加杂点,产生特殊的效果。

(9)【图层挖空投影】复选框:选择该复选框,可以在填充为透明时使阴影变暗。

5.5.2　图层样式的编辑

对某个图层添加了图层样式后,可以对该图层样式重新编辑。可以更改该图层样式的各项参数,设置图层样式的显示和隐藏效果,还可以对图层样式进行复制、粘贴和清除等操作。从【图层】面板中双击要编辑修改的图层样式,就可以打开【图层样式】面板,将其参数全部显示出来,然后根据需要修改图层样式的各项参数。另外,还可以对已经添加的图层样式进行以下的编辑操作。

1. 隐藏与显示图层样式

要隐藏相应的图层样式效果,可单击该图层样式效果前的眼睛图标,需要显示该图层样式效果时,再单击眼睛图标,即可显示图层样式效果。也可以选择【图层】|【图层样式】|【隐藏所有效果】命令,隐藏这个图层的所有图层样式效果。同样,也可以选择【图层】|【图层样式】|【显示所有效果】命令,显示这个图层的所有图层样式效果。

2. 缩放与清除图层样式

缩放图层效果可以同时缩放图层样式中的各种效果,而不会影响应用了图层样式的对象。当对一个图层应用了多种图层样式时,【缩放效果】可以对这些图层样式同时起缩放样式的作用,能够省去单独调整每一种图层样式的麻烦。

例如,在如图 5-65(a)所示的原图上,添加如图 5-65(b)所示的样式。然后选择【图层】|【图层样式】|【缩放效果】命令,打开【缩放图层效果】对话框,设置缩放比例为 50%,确认后的效果如图 5-65(c)所示。

(a) 添加多种图层样式的原图　　　(b)【图层】面板　　　(c) 将原图层样式缩小50%后的效果

图 5-65　缩放图层效果

如要清除图层样式时,可以采用单击图层右侧的小三角展开图层样式,将其全部显示出来,然后拖曳需要清除的图层样式至面板底部的删除按钮上,即可清除图层样式。

选择【图层】|【图层样式】|【清除图层样式】命令,也可以清除图层的样式。此外,右击该图层,可以从快捷菜单中选择【清除图层样式】命令清除图层样式。

3. 复制与粘贴图层样式

在【图层】面板中右击需要拷贝图层样式的图层,从快捷菜单中选择【拷贝图层样式】命令,然后再右击相应要粘贴图层样式的图层,从快捷菜单中选择【粘贴图层样式】命令,便可以很方便地完成复制和粘贴图层样式的操作。

也可以选择【图层】|【图层样式】|【拷贝图层样式】和【粘贴图层样式】命令,拷贝和粘贴图层的样式。

　　Photoshop CC 2017 图形图像处理教程(第 2 版)

4. 图层样式转换为图层

图层样式可以转换为图层,对图层样式的编辑就可以转换为对图层的编辑。这样,在图层样式转换成的图层上,可以用图层的方法进行编辑,可以通过绘画、应用命令和滤镜渲染效果,或者在这种图层上再添加图层样式进行编辑和修改。将图层样式转换为普通图层时,可以先选中该图层样式,如图 5-66(a)所示。然后选择【图层】|【图层样式】|【创建图层】命令,把图层的各种样式转换为普通的图层,所应用的各种效果都分离开形成独立的图层,如图 5-66(b)所示。

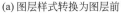

(a) 图层样式转换为图层前   (b) 图层样式转换为图层后

图 5-66   将图层样式转换为普通图层

5.6   填充图层和调整图层

应用【新建填充图层】和【新建调整图层】命令,可以在不改变图像本身像素的情况下对图像整体进行效果处理。单击【图层】面板底部的【创建新的填充或调整图层】按钮,在弹出的列表中选择要创建的填充或调整图层选项,就可以创建相应的填充或调整图层。

5.6.1   创建填充图层

填充图层与普通图层具有相同颜色的混合模式和不透明度,可以进行图层的顺序调整、删除、复制、隐藏等常规操作,它是一种具有比较特殊效果的图层。创建的新填充图层有【纯色】、【渐变】和【图案】3 种类型,分别用于单一颜色、渐变颜色和图案填充图层的创建。

选择【图层】|【新建填充图层】|【渐变】命令,或者单击【图层】面板底部的【创建新的填充或调整图层】按钮,选择列表中的【渐变】命令后的【图层】面板如图 5-67(a)所示,【渐变填充】对话框如图 5-67(b)所示。新建填充图层效果图如图 5-68 所示。选择【纯色】与

【图案】命令,在相应的【颜色】拾色器或者【图案】拾色器中设置参数,便可以获得其他填充图层的效果,这里不一一赘述。

(a)【图层】面板   (b)【渐变填充】对话框

图 5-67 新建填充图层

(a)原始图像   (b)新建【渐变】类型填充
                                          图层后的效果

图 5-68 新建填充图层

例 5.2 用新建填充图层的方法对图像的模式和不透明度进行调整。图像调整前的效果如图 5-68(a)所示,调整后的效果如图 5-69(b)所示。

(a)【渐变填充】对话框   (b)效果图

图 5-69 渐变填充图层的处理效果

操作步骤如下。

(1) 选择【文件】|【打开】命令,打开素材文件"pic1.jpg",如图 5-68(a)所示。设置【前景色】为♯8bdcf4。

(2) 选择【图层】|【新建填充图层】|【渐变】命令,打开【新建图层】对话框,在【模式】下

拉列表中选择【溶解】选项,【不透明度】设为 50％,其他参数默认,单击【确定】按钮确认。

(3) 此时会显示【渐变填充】对话框,如图 5-69(a)所示,按图中所示设置各项参数,设置完毕后单击【确定】按钮,效果如图 5-69(b)所示。

5.6.2 创建调整图层

调整图层是一种比较特殊的图层,可用来调整图层的色彩和色调,但不改变图像本身的颜色和色调,这样,色彩和色调设置可以灵活地反复修改。

选择【图层】|【新建调整图层】命令,系统会弹出【色阶】、【色彩平衡】、【色相/饱和度】等命令。所有的设置都在【属性】面板中完成。【属性】面板示意图如图 5-70 所示。创建调整图层后的【图层】面板如图 5-71(a)所示。

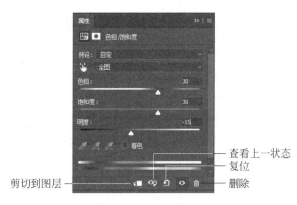

图 5-70 【属性】面板

(a)【图层】面板   (b) 效果图

图 5-71 创建调整图层前、后的效果图

例 5.3 用新建调整图层的方法对图像的色相、饱和度和明度进行调整。图像调整前的效果如图 5-68(a)所示,图像调整后的效果如图 5-71(b)所示。

操作步骤如下。

(1) 选择【文件】|【打开】命令,打开素材文件"pic1.jpg",如图 5-68(a)所示。

(2) 选择【图层】|【新建填充图层】|【色相/饱和度】命令,打开【新建图层】对话框,在【模式】下拉列表中选择【溶解】选项,【不透明度】设为 50％,其他参数默认,单击【确定】按

钮确认。

（3）按图 5-70 所示设置【属性】面板的各项参数，设置完成后单击【确定】按钮，【图层】面板如图 5-71(a)所示，效果如图 5-71(b)所示。

5.6.3 编辑图层内容

创建填充和调整图层后，还可以对图层内容进行编辑。在【图层】面板中双击新的填充或调整图层的缩略图，在面板中进行进一步的调整即可。

如果要更改填充图层和调整图层的内容，可以选择【图层】|【图层内容选项】命令，进行相应的更改和调整即可。

5.7 智 能 对 象

在编辑一个多图层、效果较为复杂的图像时，可以将其中某个要编辑的图层创建为智能对象。编辑智能对象的内容时，会打开一个与智能对象关联的编辑窗口，此编辑窗口保持与创建智能对象的图层的所有特性，而且是完全可以再编辑的，这个编辑窗口中的内容就是智能对象的源文件，对智能对象的源文件可以比较灵活地进行缩放、旋转和扭曲等各种编辑，而不会对智能对象所在图像造成破坏。当编辑完成保存源文件后，智能对象也会得到相应的修改。用创建智能对象的编辑方法可以使得图像编辑更方便、高效。

5.7.1 智能对象的创建与编辑

1. 创建智能对象

智能对象的创建可以选择【图层】|【智能对象】|【转换为智能对象】命令，该命令能将图层中的单个图层、多个图层转换成一个智能对象，或者将普通图层与智能对象的图层转换成一个智能对象。转换成智能对象后，图层的缩略图会出现一个表示智能对象的图标，如将例5.3 的结果转换为智能对象，【图层】面板如图 5-72(a)所示，效果如图 5-72(b)所示。

(a)【图层】面板　　　　　　　　(b) 效果图

图 5-72　【图层】面板与【创建智能对象】的图像

2. 编辑智能对象

智能对象的编辑可以选择【图层】|【智能对象】|【编辑内容】命令。智能对象允许对源内容进行编辑。编辑时,源图像将在 Photoshop CC 2017 中打开,智能对象与其相连的所有图层都将打开,然后就可以进行各种编辑了,当效果满意时再保存源文件,回到含有智能对象的主图像文件中可以看到编辑改变后的图像都进行了更新。

例 5.4 利用素材文件"云 1. gif"和"pic2. jpg",采用智能对象的方法对图像"pic2. jpg"的天空背景进行调整。调整图像时先创建蓝天白云的自定义图案,如图 5-73(a)所示。调整源图像后智能对象的效果如图 5-73(d)所示。

(a) 创建云的定义图案   (b) 原图

(c) 创建填充图层后的选区   (d) 智能对象的变化效果

图 5-73 智能对象【编辑内容】命令的效果

操作步骤如下。

(1) 选择【文件】|【打开】命令,打开素材文件"云 1. gif",在合适的位置上创建矩形选区,如图 5-73(a)所示,并选择【编辑】|【定义图案】命令,将矩形选区中的图像定义为"图案 1"。

(2) 选择【文件】|【打开】命令,打开素材文件"pic2. jpg",如图 5-73(b)所示。选择【图层】|【智能对象】|【转换为智能对象】命令,将该图像转换为智能对象。

(3) 选择【图层】|【智能对象】|【编辑内容】命令,或者双击【图层】面板中智能对象的图标,会显示如图 5-74 所示的提示信息,单击【确定】按钮,便可打开智能对象源文件的编辑窗口。

图 5-74 编辑智能对象源文件的提示信息

（4）在源文件的编辑窗口中，用设置【容差】为80％的【魔棒工具】在图像天空部分建立选区，如图5-73(c)所示。

（5）选择【图层】|【新建填充图层】|【图案】命令，打开【新建图层】对话框，图案名称为新定义的"图案填充1"，默认其他参数后，单击【确定】按钮确认。

（6）此时系统就会显示【图案填充】对话框，如图5-75所示，单击图案后的下三角按钮，选择自定义的图案后，单击【确定】按钮确认。

图5-75 【图案填充】对话框

（7）此时源文件的编辑窗口中的选区便被蓝天白云的图案所填充，用【涂抹工具】修饰选区中图案的接缝处，修饰前按系统提示栅格化图像，编辑完成后的效果如图5-73(d)所示。

（8）选择【文件】|【存储】命令，保存源文件后可以发现，另一窗口中的智能对象也得到了相应的修改。

5.7.2　智能对象的导出与栅格化

智能对象的导出可以将智能对象的内容完整地传送到任意的磁盘驱动器中，以方便今后使用。选择【图层】|【智能对象】|【导出内容】命令，智能对象会以PSB格式或PDF格式进行保存。

智能对象的栅格化可以选择【图层】|【智能对象】|【转换到图层】命令。可以将智能对象的图层转换为普通图层，并且以当前大小的规格将所选择的内容栅格化。如果想再创建智能对象，就要重新对所选的图层进行设置。

5.8　本章小结

本章主要介绍了Photoshop CC 2017的重要知识点——图层，并着重介绍了图层的基本概念与基本操作、【图层】面板及其基本功能、常用的图层类型、图层的混合模式和图层样式，以及图层的管理和智能对象等。

在图像处理中，应尽可能将构成图像的不同元素放置在不同的层上，这样会给操作带来方便；把含有多个图层的图像保存为不会丢失图层信息的PSD格式的文件，这样会有利于图像的再编辑；背景图层是被锁定的、最底层的图层，图层的一些基本操作在背景层上一般都被禁止；在图像上创建的选区一般不专属于某个图层，对选区进行的操作，会作用在当前图层上；合理巧妙地运用图层混合模式，可以将上、下两个图层中的像素混合而产生浑然一体的图像合成效果；图层变形和图层样式的设置又可为图像的编辑提供变化多端的、令人眩目的各种效果。

本章图层的各种操作都是图像处理的重点操作，很多基本操作对学习者来说是必须熟练掌握的，在学习过程中应该正确理解图层的基本概念，对重要的基本操作应反复练习、认真归纳总结、举一反三,做到能熟练运用和正确掌握图层的各种操作。

5.9 本章练习

1. 思考题

(1) 什么是图层? 图层的作用是什么? 打开图层面板的组合键是什么?

(2) 图层样式和图层混合模式的区别是什么?

(3) 如何解除背景图层的锁定? 背景图层如何转换成普通图层?

(4) 何为调整图层? 何为填充图层? 它们的作用是什么?

(5) 文字图层和普通图层有何区别? 如何把文字图层转变为普通图层? 什么情况下要把文字图层转变为普通图层?

(6) 选择【图层】|【图层样式】|【描边】命令与选择【编辑】|【描边】命令有何区别? 它们各自用在什么地方?

(7) 图像的旋转与图层的旋转有区别吗? 区别在哪里?

2. 操作题

(1) 参考如图 5-76 所示的样张,并按提示打开素材图像文件,制作如样张所示的设计图,操作结果以 Balance.psd 为文件名保存在本章结果文件夹内。

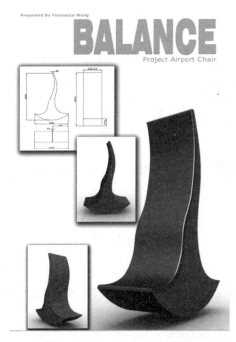

图 5-76 练习 Balance 的样张

操作提示如下。

- 分别打开本章素材文件夹中的图像文件 Balance-1. jpg、Balance-2. tif、Balance-3. jpg 和 Balance-4. tif。
- 使用【矩形选框工具】分别在 Balance-2. tif、Balance-3. jpg 和 Balance-4. tif 中整个画布上建立矩形选框。
- 在 Balance-2. tif、Balance-3. jpg 和 Balance-4. tif 中双击取消背景图层锁定。使用【移动工具】分别将选取的图片移动到 Balance-1. jpg 文件中合适的位置。
- 选择【编辑】|【自由变换】命令，把图片缩放到合适的大小。右击该图层，选择快捷菜单中的【混合选项】命令，在图层样式中勾选【投影】、【内投影】，参数设置如图 5-64 所示。
- 新建 3 个图层，使用【横排文字工具】分别输入 BALANCE、Presented by Francesca Wang 和 Project Airport Chair 字样。设置文字颜色为♯32bce1，并设置 BALANCE 的字体为 Swis721 BlkEx BT，大小为 174 点。设置 Presented by Francesca Wang 的字体为 Verdana，大小为 13 点。设置 Project Airport Chair 的字体为 Verdana，大小为 24 点。根据样张将文字移动到合适位置。

（2）参考图 5-77 所示样张，并按提示打开素材图像文件，制作如图 5-77 所示的香水包装设计平面图，操作结果以 DKNY. psd 为文件名保存在本章结果文件夹内。

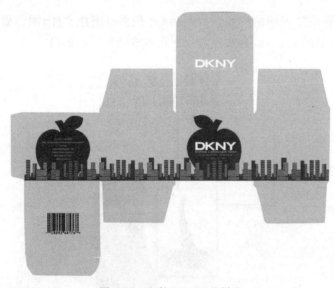

图 5-77　文件 DKNY 的样张

操作提示如下。

- 分别打开本章素材文件夹中的图像文件 DKNY-1. png、DKNY-2. png、DKNY-3. png、DKNY-4. png 和 DKNY-5. png。
- 使用【移动工具】将图像 DKNY-2. png、DKNY-3. png、DKNY-4. png 和 DKNY-5. png 移动到 DKNY-1. png 文件中的合适位置处。分别设置各主文件名为图层名称，选择【编辑】|【自由变换】命令，把图像缩放到合适的大小。

Photoshop CC 2017 图形图像处理教程（第 2 版）

- 单击 DKNY-5 图层,使用【魔棒工具】单击空白处,右击,从快捷菜单中选择【选择反向】。使用【油漆桶工具】,设置前景色为♯ffffff,单击选区为背景填充颜色。
- 分别右击 DKNY-3 和 DKNY-5 图层,从快捷菜单中选择【复制图层】,保存为 DKNY-3 和 DKNY-5 副本。选择 DKNY-3 图层副本,选择【编辑】|【自由变换】|【水平翻转】命令。
- 将图片移动到如图 5-78 所示样张的合适位置,并适当调整大小。

图 5-78 编辑图像 DKNY 的示意图

- 新建两个图层,使用【横排文字工具】分别输入 EAU DE PARFUM SPRAY/VAPORISATEUR 3. 4 FL. OZ. /OZ. LIQ/100ML 和 EN SPRAY / BORRIFO DKNY BE DELICIOUS FRESH BLOSSOM FRAGRANCE PARFUM DKNYFRANGRANCES. COM DONNA KARAN COSMETICS NEW YORK, N. Y. 10022 MADE IN FRANCE 字样。设置文字颜色为♯ffffff,格式为居中,字体为 Miriam,大小为 6 点。根据样张将文字移动到合适位置。

(3) 参考图 5-79 所示样张,并按提示打开素材图像文件,制作如样张所示的图片,操作结果以 Car. psd 为文件名保存在本章结果文件夹内。

图 5-79 文件 Car 的样张

操作提示如下。

- 分别打开本章素材文件夹中的图像文件 Car-1. bmp 和 Car-2. tif。
- 在 Car-1. bmp 中根据图 5-80(a)所示,使用【矩形选框工具】建立选区,右击选区,选择快捷菜单中的【通过复制的图层】,设置该图层的名称为 Car-3。
- 在 Car-2. tif 中,使用【钢笔工具】描出汽车的路径,保存工作路径为"路径 2"。右击该路径,选择快捷菜单中的【建立选区】。使用【移动工具】将选取的图片移动到 Car-2. tif 文件中合适的位置,如图 5-79 所示。选择【编辑】|【变化】|【斜切】命令,将选取的图像调整到合适的形状,设置该图层的名称为 Car-2。将图层 Car-3 移动到 Car-2 之上,如图 5-80(b)所示。

(a)效果图　　　　　　　　　　　　(b)【图层】面板

图 5-80　建立选区示意图

(4)参考图 5-81(a)所示样张,并按提示打开素材图像文件,制作如样张所示的图像,操作结果以 Rose. psd 为文件名保存在本章结果文件夹内。

(a)最终效果图　　　　　　　　　　　　(b)【图层】面板

图 5-81　文件 Rose 的样张

操作提示如下。

- 分别打开本章素材文件夹中的图像文件 Rose-1.jpg 和 Rose-2.jpg。
- 在 Rose-1.jpg 中,使用【钢笔工具】描出玫瑰花的路径,保存工作路径为"路径 1"。右击该路径,从快捷菜单中选择【建立选区】。使用【移动工具】将选区的图片移动到 Rose-2.jpg 中,设置该图层的名称为 Rose-1。
- 在 Rose-2.jpg 中,设置背景图层名称为 Rose-2。如图 5-82(a)(b)所示,使用【钢笔工具】分别描出头发和手指的路径,保存工作路径为"路径 1"和"路径 2"。右击选区,从快捷菜单中选择【通过拷贝的图层】,分别设置图层的名称为 Rose-3 和 Rose-4。(注意,也可以用套索工具建立选区)

(a) 描绘头发的路径　　　　　　　　　　(b) 描绘手指的路径

图 5-82　描出头发和手指的路径

- 在 Rose-2.jpg 中,右击图层 Rose-1,从快捷菜单中选择【复制图层】,分别复制 7 个图层,分别设置图层名称为"Rose-1 副本 1""Rose-1 副本 2""Rose-1 副本 3""Rose-1 副本 4""Rose-1 副本 5""Rose-1 副本 6""Rose-1 副本 7",如图 5-81(b)所示。如图 5-81(a)所示,使用【移动工具】将图片移动到合适的位置。选择【编辑】|【自由变换】命令,分别把图片缩放到合适的大小。
- 如图 5-81(b)所示,移动图层 Rose-3 和 Rose-4 的排列顺序至最顶端,移动图层 Rose-2 的排列顺序至最底端。

(5) 参考图 5-83 所示样张,并按提示打开素材图像文件,制作如样张所示的广告招贴画,操作结果以 Lemon.psd 为文件名保存在本章结果文件夹内。

操作提示如下。

- 新建文件,【名称】为 Lemon,【预设】为国际标准纸张,【大小】为 A3,【分辨率】为 300 像素/英尺(1 英尺=0.3048 米),【颜色模式】为 RGB 颜色 16 位。
- 分别打开本章素材文件夹中的图像文件 Lemon-1.png、Lemon-2.png 和 Lemon-3.png。如图 5-83 的样张所示,使用【移动工具】在 Lemon-1.png、Lemon-2.png 和 Lemon-3.png 中将图片移动到 Lemon.psd 文件中合适的位置,并分别设置图层名称为 Lemon-1、Lemon-2 和 Lemon-3。选择【编辑】|【自由变换】命令,把图片缩放到合适的大小。
- 在 Lemon.psd 文件中双击取消背景图层锁定,并删除该图层。新建图层,设置图层名称为 Lemon,并将该图层排列顺序置于最底层。单击图层 Lemon,使用【渐

图 5-83　Lemon 文件的样张

变工具】,颜色分别设置为♯cafb02 和♯ffffff,由上至下拖曳。

- 右击图层 Lemon-1,从快捷菜单中选择【复制图层】,分别复制 4 个图层,分别设置图层名称为"Lemon-1 副本 1""Lemon-1 副本 2""Lemon-1 副本 3"和"Lemon-1 副本 4"。使用【移动工具】将图片移动到合适的位置。选择【编辑】|【自由变换】命令,把图片缩放到合适的大小。

- 右击图层 Lemon-2,从快捷菜单中选择【复制图层】,设置该图层的名称为"Lemon-2 副本"。单击图层"Lemon-2 副本",分别复制 4 个图层,分别设置图层名称为"Lemon-2 副本 1""Lemon-2 副本 2""Lemon-2 副本 3""Lemon-2 副本 4"和"Lemon-2 副本 5"。选择【编辑】|【变换】|【变形】命令,如样张所示,调整到合适的形状,使用【移动工具】将图片移动到合适的位置。

- 新建两个图层,使用【横排文字工具】分别输入 100% mineral water from France 和 just fresh as lemons。颜色为♯000000,字体为 Edwardian Script ITC,大小分别为 76.22 点和 100 点。根据样张使用【移动工具】将文字移动到合适的位置。

(6) 打开本章素材文件夹中的文件 back.jpg、a1.jpg、a2.jpg、a3.jpg、a4.jpg、a5.jpg,综合使用各种工具和图层,制作如图 5-84 所示的镜框图像效果,结果用"名画.psd"保存在本章结果文件夹中。

Photoshop CC 2017 图形图像处理教程(第 2 版)

图 5-84　镜框图像效果图

第 6 章 形状与路径

本章学习重点：

- 了解 Photoshop CC 2017 中路径应用的工具与命令。
- 掌握路径的创建、编辑与基本应用。
- 掌握形状的创建、编辑与【路径】面板的使用方法。
- 掌握文字创建与变形的方法。

6.1 形状的创建与编辑

Photoshop CC 2017 拥有强大的图形图像绘制能力，不仅提供了大量的图像绘制工具，而且还提供了大量的矢量图形和路径绘制工具，如矩形工具、椭圆工具、多边形工具和钢笔工具等。应用这些绘制工具可以绘制出多种规则与不规则的图形，也可以绘制出规则与不规则的路径，从而创建出更丰富的图形与图像。

如果想要绘制规则的图形与路径，可以借助 Photoshop CC 2017 形状工具组中的工具完成。形状工具组如图 6-1 所示。要用某个形状工具绘制图形，先在该工具的工具选项栏中按需要设置参数，然后在画布上拖曳鼠标，便可以绘制出相应的图形。形状工具组中的工具有基本相似的工具选项栏，以【矩形工具】为例，它的选项栏如图 6-2 所示。关于形状工具以及它们的工具选项栏，下一节开始会逐一介绍。

图 6-1 形状工具组

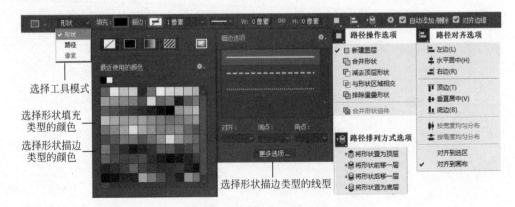

图 6-2 【矩形工具】选项栏

6.1.1　矩形工具和圆角矩形工具

形状工具组中的【矩形工具】■是较常使用的形状工具,它的操作方法类似于【矩形选框工具】,选中该工具后,设置矩形工具栏中的【选择工具模式】为【形状】,并设置矩形的【填充】颜色、矩形【描边】线条的类型和宽度,以及矩形形状的【宽度】和【高度】,然后在当前窗口的画布上拖动鼠标就可以绘制出矩形图形。矩形工具选项栏中各选项的作用如下。

(1)【工具预设选取器】按钮■ ˅:可以创建、管理或者选用已经载入的形状绘制工具。

(2)【选择工具模式】 形状 ˅:该下拉列表中有 3 个命令,分别是【形状】、【路径】和【像素】。在绘制矩形之前,应该选取其中一种绘图工具的模式。

(3)【填充】按钮 填充: ■:单击该按钮,可以设置形状填充颜色。可以从颜色拾色器中选择形状的填充颜色,以及 4 种填充颜色的类型,它们分别为【无颜色】、【纯色】、【渐变】和【图案】。

(4)【描边】 描边: □ 3像素 ----- :单击该按钮,可以设置形状描边的颜色和颜色的类型。单击中间的文本框,可以直接输入【描边】的宽度,或者单击下拉按钮,移动滑块设置【描边】的宽度。单击最右边的下拉按钮,可以选择【描边】的线型。

(5)【大小】 W: 62像素 ⊖ H: 62像素 :在宽度 W 和高度 H 的文本框中可以直接输入形状宽度和高度的数值,选中中间的按钮 ⊖,表示固定宽度与高度的比例。

(6)【对齐边缘】 ☑ 对齐边缘 :选中该选项,表示绘制的形状边缘与画布上的网格线对齐,反之则没有限制。

其他参数的设置参见下一节的叙述。

形状工具组中的【圆角矩形工具】□ 的操作方法与【矩形工具】的操作方法基本类似,这两个工具的工具选项栏也基本相似,不同的是,【圆角矩形工具】的工具选项栏上增加了一项绘制圆角矩形时设置的圆角半径 半径: 50像素 。在绘制圆角矩形前,应先设置好圆角半径的数据,其他参数的设置与【矩形工具】的参数设置基本类似,这里不一一赘述。

6.1.2　椭圆工具

形状工具组中的【椭圆工具】可以绘制椭圆形和圆形。在形状工具组中单击【椭圆工具】按钮 ● ,【椭圆工具】选项栏如图 6-3 所示。

图 6-3　【椭圆工具】选项栏

其中工具选项栏的参数设置方法参考【矩形工具】的选项栏。

使用【矩形工具】、【圆角矩形工具】以及【椭圆工具】时,如果在绘制的同时按住 Shift 键,则可以分别绘制出正方形、正圆角矩形(即圆形)以及正圆形。

6.1.3　多边形工具

形状工具组中的【多边形工具】可以绘制正多边形和星形。在形状工具组中单击【多边形工具】按钮◎,在【多边形工具】的工具选项栏中设置必要的参数,拖曳鼠标就可以绘制多边形或者星形。【多边形工具】选项栏如图6-4所示。

图6-4　【多边形工具】选项栏

各选项的意义如下。

(1)【边】文本框:可用来设置所要绘制的多边形的边数或者星形的角数。

(2)【半径】文本框:该文本框是指多边形或星形的中心点到各个顶点的距离,用来确定多边形或星形的大小。

(3)【平滑拐角】复选框:如果勾选该复选项,则多边形各条边之间平滑过渡,如图6-5所示,如【边】为5。如果勾选【星形】,不勾选【平滑拐角】,则图形为五角星,如图6-5(a)所示;勾选【平滑拐角】,如图6-5(b)所示。

例如,【边】为3时,如果勾选【星形】,不勾选【平滑拐角】,则图形如图6-5(c)所示;如果勾选【平滑拐角】与【星形】,则图形如图6-5(d)所示;如果不勾选【星形】和【平滑拐角】,则图形如图6-5(e)所示。

(a) 星形1　　　(b) 星形2　　　(c) 三角形1　　　(d) 三角形2　　　(e) 三角形3

图6-5　不勾选和勾选【平滑拐角】绘制出的图形

(4)【星形】复选框:制作各边向内凹进的星形。只有勾选了该复选框,以下两个属性才可用。

- 【缩进边依据】参数:该参数可用来控制绘制的星形的凹进程度,该数值越大,星形的凹进程度越明显。

- 【平滑缩进】复选框:如果勾选该复选框,则星形原本凹进的角点将被平滑的弧线点替代。

例如,不勾选【平滑缩进】复选框,画的五角星如图6-6(a)所示。勾选【平滑缩进】复选框,并设置【缩进边依据】为20%,画的五角星如图6-6(b)所示。勾选【平滑缩进】复选框,并设置【缩进边依据】为99%,画的五角星如图6-6(c)所示。为了增加视觉效果,图6-6加了【斜面和浮雕】的图层样式。

(a) 五角星1　　　　　　(b) 五角星2　　　　　　(c) 五角星3

图 6-6　不勾选和勾选【平滑缩进】复选框绘制出的星形

6.1.4　直线工具

形状工具组中的【直线工具】可用来绘制不同粗细的直线或带有箭头的线段。在工具箱中单击【直线工具】按钮 ╱，在【直线工具】的工具选项栏中设置必要的参数，拖曳鼠标就可以绘制直线或者带有箭头的线段。【直线工具】选项栏如图 6-7 所示。

图 6-7　【直线工具】选项栏

各选项的意义如下。

（1）【粗细】参数：该参数可以设定绘制线段或箭头的粗细，数值越大，直线越粗。

（2）【起点】与【终点】复选框：通过勾选复选框设置箭头的方向，如图 6-8 所示。

图 6-8　不同箭头方向设置所得到的箭头图形

（3）【宽度】和【长度】参数：该参数可用于设置箭头的宽度和长度与线宽的倍率。数值越大，箭头的宽度或长度越大。

（4）【凹度】参数：该参数可用于设置箭头的凹凸度，数值为正数时，箭头尾部向内凹；数值为负数时，箭头尾部向外凸，如图 6-9 所示。

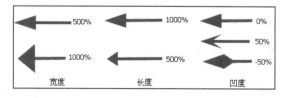

图 6-9　不同比例的宽度、长度、凹度的效果比较

6.1.5 自定形状工具

形状工具组中的【自定形状工具】可用来绘制一些特殊的、不规则的图形和自定义图案。系统预置了很多的形状,其载入、存储等方法与渐变、图案等相同。在工具箱中单击【自定形状工具】按钮 ,并在【自定形状工具】的工具选项栏中设置必要的参数,拖曳鼠标就可以绘制自定义的形状。【自定形状工具】的工具选项栏中的当前形状库如图 6-10 所示。

图 6-10 【自定形状工具】的工具选项栏中的当前形状库

在工具选项栏中单击【形状】右侧的下拉按钮,可以打开【形状】拾色器,其中提供了很多种形状,可以根据需要选择不同的形状进行绘制。单击工具箱中的【自定形状工具】按钮 ,在工具选项栏中单击【几何形状】设置按钮 ,即可打开【几何形状】面板,如图 6-10 所示。

【几何形状】面板中各选项的意义如下。

(1)【不受约束】单选按钮:该单选按钮被选中以后,可以无约束地绘制形状。

(2)【定义的比例】单选按钮:该单选按钮被选中以后,可以约束自定义形状的【宽度】和【高度】,并且还能设置绘制的形状是否从鼠标第一次单击的点为中心开始。在画布上单击后,会弹出【创建自定义形状】对话框,在其中设置相关参数之后就可绘出一定比例的形状,图 6-11(a)所示的是保留【宽度】和【高度】比例,并【从中心】绘制的自定形状。图 6-11(b)所示的是【创建自定形状】对话框。

(a)绘制的自定形状　　(b)【创建自定形状】对话框

图 6-11 【创建自定形状】对话框

(3)【定义的大小】单选按钮:该单选按钮被选中以后,可以智能地绘制默认大小的自定义形状。

(4)【固定大小】单选按钮:该单选按钮被选中以后,可以在其右侧的数字框中输入自定义形状的宽度和高度。

（5）【从中心】复选框：该复选框被勾选后，在绘制形状时将从鼠标单击位置开始绘制形状。

如果在【形状】拾色器中找不到所需的形状，可以单击拾色器右上角的形状管理菜单按钮 ，从弹出的形状管理菜单中选取其他类别的形状，如图 6-12(a)所示的是菜单上半部分，主要是各种形状管理选项。如图 6-12(b)所示的是菜单下半部分，主要是 Photoshop 自带的各类形状。选取某一类形状后，会弹出如图 6-12(c)所示的对话框，询问所选的形状类别是否替换当前的形状，单击【确定】按钮后，形状拾色器中仅显示新类别中的形状。单击【追加】按钮，可将新类别中的形状添加到已显示的形状拾色器中，如图 6-12(d)所示。

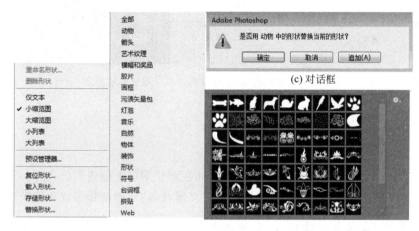

(a) 形状管理菜单1　　(b) 形状管理菜单2　　　　　(d) 形状拾色器

图 6-12　形状管理菜单与形状拾色器

在画布上用任何工具绘制的形状与路径都可以自定义成形状，保存在【自定义形状】库中，以备重复使用。另外，在使用【自定形状工具】绘制图案时，按住 Shift 键绘制的图形会按照图形大小进行等比例缩放绘制。

6.1.6　绘图工具模式

绘制形状、路径或者图像时，一般先选择某一形状工具或者【钢笔工具】，然后必须在相应的工具选项栏中选择相应的绘图【工具模式】进行绘制。

在画布上绘制形状时，应在工具选项栏中选定绘图【工具模式】为【形状】模式，并使用形状工具绘制几何图形。绘制图形后就会自动生成形状图层。矢量形状与分辨率无关，因此在调整形状大小，打印、导出保存形状时，图形会保持清晰的边缘。

在画布上绘制路径时，应在工具选项栏中选定绘图【工具模式】为【路径】模式，在画布中绘制一个工作路径，然后使用它创建选区、矢量蒙版等，或者通过颜色填充和描边创建栅格化图像。

在画布上绘制图像时，应在工具选项栏中选定绘图【工具模式】为【像素】模式，然后必须先栅格化图像,将矢量图形转换为位图图像,可以用图像和图形绘制工具在画布上绘制图案,此时绘制的图案都是像素构成的图像。

为了更好地理解这3个选项,图6-13所示是用【自定义形状工具】绘制的【形状】、【路径】与【像素】模式的效果以及对应的图层。

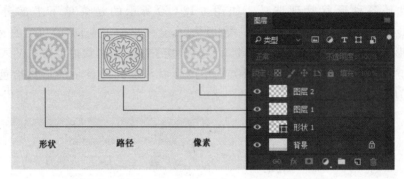

图6-13　创建形状、路径与像素时对应图层的示意图

6.1.7　绘制与编辑形状

绘制与编辑形状的操作可以有以下多种,如在形状图层上创建形状,在同一个图层上创建多个形状,绘制自定义形状,创建新的自定义形状,创建栅格化形状和编辑形状等。

1. 在形状图层上创建一个或者多个形状

要在画布上绘制一个形状,应先在工具箱中选择形状工具或【钢笔工具】,并在工具选项栏中选择绘图【工具模式】为【形状】模式,绘制形状后的图形与图层如图6-13所示。还可以通过单击工具选项栏中的【路径操作】按钮■,选择【合并形状】、【减去顶层形状】、【与形状区域相交】或【排除重叠形状】等选项,创建和修改图层中的当前形状。

例如,选择工具箱中的【椭圆工具】,然后在画布上绘制一个前景色为蓝色的圆,单击工具选项栏中的【路径操作】按钮■,从下拉列表中选择【合并形状】,再用【矩形工具】在圆上叠加绘制一个矩形,可以得到两个形状合并的形状,如图6-14(a)所示。

用【椭圆工具】绘制一个蓝色的圆,并在【路径操作】下拉列表中选择【减去顶层形状】,再用【矩形工具】在圆上叠加绘制一个矩形,可以得到如图6-14(b)所示的形状。

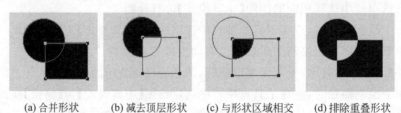

(a) 合并形状　　(b) 减去顶层形状　　(c) 与形状区域相交　　(d) 排除重叠形状

图6-14　路径操作示意图

用【椭圆工具】绘制一个蓝色的圆,并在【路径操作】下拉列表中选择【与形状区域相交】,再用【矩形工具】在圆上叠加绘制一个矩形,可以得到如图 6-14(c)所示的两个形状交集构成的形状。

用【椭圆工具】绘制一个蓝色的圆,并在【路径操作】下拉列表中选择【排除重叠形状】,再用【矩形工具】在圆上叠加绘制一个矩形,可以得到如图 6-14(d)所示的去除两个形状交集后构成的形状。

2. 形状的选择、移动与复制

如果要移动已经绘制好的形状,可以选择工具箱中的【路径选择工具】, 单击需要移动的形状,将其选中后,用鼠标拖曳即可移动。例如,将图 6-14(a)所示的两个排列重叠形状中的矩形形状移动后,就可以得到如图 6-15(a)所示的效果。按住 Shift 键,并单击要选择的多个形状,可以将它们一起选中,用鼠标向上拖曳后可以得到如图 6-15(b)所示的效果。按住 Alt 键,并拖曳形状,可以复制当前形状。选中图 6-15(b)右边的两个形状,按住 Alt 键并向左下方拖曳,可以复制并移动形状,效果如图 6-15(c)所示。

(a) 移动矩形形状　　　　(b) 选中多个形状后移动　　　　(c) 复制并移动形状

图 6-15　形状的选择、移动与复制

3. 形状的对齐与分布

同一个形状图层中多个形状的对齐与分布的操作与第 5 章图层中对象的对齐与分布操作有些类似。在形状工具的工具选项栏中单击【路径对齐】按钮, 可以打开如图 6-16 所示的下拉菜单。可根据需要选择形状【对齐到选区】,或者【对齐到画布】,然后再选择对齐的方式。对齐方式有 3 种横向对齐,分别为【左边】、【水平居中】、【右边】,有 3 种纵向对齐,分别为【顶边】、【垂直居中】、【底边】。如果有 3 个以上的形状,还可以选择【按宽度均匀分布】、【按高度均匀分布】,用这些选项可以很方便地对齐与分布画布上的形状。

图 6-16　形状的分布
与对齐选项

例如,可以在画布上分别绘制 3 个不同大小的矩形形状,如图 6-17(a)所示,对应的【图层】面板如图 6-17(b)所示,用【直接选择工具】选择"矩形 1",在工具选项栏中单击【路径对齐】按钮, 打开下拉菜单,然后选择形状【对齐到画布】,并依次单击【水平居中】与【垂直居中】选项,可使得"矩形 1"居中对齐,如图 6-17(c)所示。

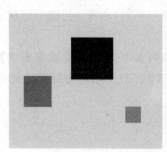

| (a) 绘制3个矩形形状 | (b)【图层】面板 | (c) 形状"矩形1"居中对齐 |

图 6-17　矩形形状对齐示意图

依次重复上述操作，可以将"矩形 2"与"矩形 3"居中对齐，如图 6-18（a）所示。选中"矩形 3"，按住 Alt 键，拖曳"矩形 3"3 次，可以将"矩形 3"复制 3 份，如图 6-18（b）所示。按住 Shift 键，用【直接选择工具】分别单击"矩形 3"图层中的 4 个形状，将它们选中，单击【按高度均匀分布】选项和单击【按宽度均匀分布】选项后的结果如图 6-18（c）所示。

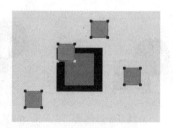

| (a) 3个形状居中对齐 | (b) 复制3个小矩形 | (c) 4个小矩形按【高度】与【宽度】均匀分布 |

图 6-18　矩形形状分布示意图

4. 栅格化形状

Photoshop 中有很多工具和功能都是为编辑位图图像设置的，而用形状工具绘制形状后的图层是形状图层，又称矢量图层，可以参考图 6-13 对照形状图层与位图图层的区别。为了编辑方便，常常需要将形状图层中的图形转换为普通图层中的位图图像，这种转换的过程称为栅格化。栅格即像素，栅格化就是将矢量图形转换为位图图像，形状图层栅格化后就变成了普通的位图图层。

创建栅格化形状时，将会删除路径轮廓，以后就不能像处理矢量对象那样编辑栅格化后的形状了。用形状工具在画布上绘制图形后，在【图层】面板中会创建形状图层，右击该图层，从弹出的快捷菜单中选择【栅格化图层】命令，即可将该图层栅格化。

5. 编辑形状

编辑已经绘制好的形状图层，可以很容易地将填充更改为其他颜色、渐变或图案，也可以修改形状轮廓，并对图层应用样式。

Photoshop CC 2017 图形图像处理教程（第 2 版）

（1）更改形状颜色。用【自定形状工具】绘制红色形状，如图 6-19（a）所示。【图层】面板如图 6-19（b）所示。双击【图层】面板中形状图层的缩览图，打开【拾色器（纯色）】对话框，如图 6-20（a）所示。在对话框中可以设置形状颜色，单击【确定】按钮，就可以更改形状颜色，如图 6-20（b）所示。

(a)绘制自定形状　　　　(b)【图层】面板

图 6-19　自定形状绘制

(a)【拾色器（纯色）】对话框　　　　(b)更改颜色后的形状

图 6-20　改变自定形状的颜色

（2）使用渐变或图案填充形状。在【图层】面板中选中形状图层，并选择相应的形状工具，在工具选项栏中单击【填充】右侧的色块 填充: ■ ，从弹出的面板中单击【渐变】按钮，就可以在下方渐变拾色器中设置渐变颜色、渐变方式、渐变旋转角度与不透明度等参数，并用设置好的渐变颜色填充形状。图 6-21（a）是渐变拾色器与渐变参数设置面板。图 6-21（b）是设置径向的【铜色渐变】色填充的形状。

单击面板中的【图案】按钮，可以从下方的【图案】拾色器中选择图案填充形状，图 6-21（c）是图案拾色器设置面板。图 6-21（d）是设置【水滴】图案色填充的形状。

在【图层】面板中选择形状图层，右击，从弹出的快捷菜单中选择【混合选项】命令，打开【图层样式】对话框，在该对话框中可单击【渐变叠加】和【图案叠加】样式为绘制的形状叠加渐变和图案效果，如图 6-22（a）所示。【图层】面板如图 6-22（b）所示。

(a)【渐变拾色器】　　(b) 径向渐变色填充的形状　(c)【图案拾色器】　(d)【水滴】图案填充的形状

图 6-21　用【渐变】与【图案】填充形状示意图

(a) 渐变和图案叠加的形状效果　　　　(b)【图层】面板

图 6-22　叠加渐变和图案效果的形状

　　（3）修改形状的轮廓。单击【图层】面板中形状图层的缩览图，在工具箱中单击【直接选择工具】按钮，形状上会显示路径及路径上的锚点，单击并拖曳路径上的锚点，就可利用鼠标改变形状轮廓。图 6-23(a)所示的是原始形状，图 6-23(b)所示的是拖曳锚点修改后的形状，图 6-23(c)所示的是单击画布空白处隐藏锚点后的形状。

(a) 原始形状　　　　　　(b) 调整锚点　　　　　　(c) 最终的形状效果

图 6-23　修改形状的轮廓

Photoshop CC 2017 图形图像处理教程（第 2 版）

6.2　路径创建工具

路径是由多个节点构成的一段闭合或开放的矢量线段。它可以被任意放大或缩小，可以为一些轮廓较为复杂的图像描绘边缘，也可以将一些不够精确的选区转换为路径后，再进行编辑和微调处理，从而在图像处理中可以取得事半功倍的效果。图 6-24 所示的就是路径示意图。如果两条路径曲线相接处为尖锐的点，则称该点为角点；如果两条路径曲线相接处为平滑的点，则称该点为平滑点。角点和平滑点都属于路径的锚点，即路径上的一些方形小点。当前被选中的锚点以实心方形点显示，没有被选中的锚点以空心方形点显示。拖曳控制点改变调节柄的长度与方向，就可以改变曲线的形状。

创建路径可以使用【钢笔工具】、【自由钢笔工具】以及【形状工具组】等工具，这些工具所在的两个工具组如图 6-25(a)(b)所示，下面分别——介绍。

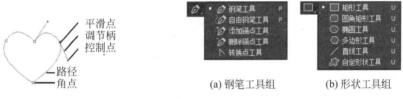

图 6-24　路径示意图　　　　　图 6-25　矢量工具组示意图

6.2.1　钢笔工具

【钢笔工具】可用来绘制直线与曲线，是使用最多的路径绘制工具之一。单击工具箱中的【钢笔工具】，其选项栏如图 6-26 所示。

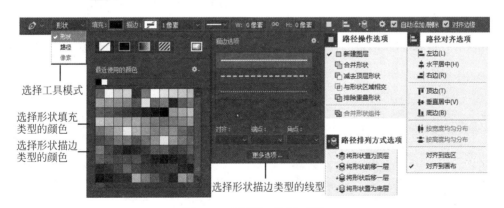

图 6-26　【钢笔工具】选项栏

选项栏中前面章节未介绍的选项意义如下。

(1)【自动添加/删除】复选框：选中该复选框后，将鼠标移到绘制的路径上，当鼠标

指针变成 时,单击鼠标可以在路径上添加锚点;当鼠标指针变成 时,单击鼠标可以在路径上删除锚点。

(2)【橡皮带】复选框:选中该复选框后,绘制路径时,在第一个锚点和要建立的第二个锚点之间会出现一条假想的线段,单击鼠标后,这条线段会变成真正存在的路径,如图 6-27 所示。

图 6-27 【橡皮带】复选框

【钢笔工具】是所有路径工具里最精确的工具,它可以精确地绘制出直线或光滑的曲线,并创建形状图层。绘制路径的操作步骤如下。

(1)单击工具箱中的【钢笔工具】按钮 ,在工具选项栏中选择【工具模式】为【路径】,将鼠标移动到画布上,此时鼠标指针变为 ,单击确定第 1 个锚点,创建路径的起点。

(2)将鼠标移动至适当的位置再单击,即可确定第二个锚点,这时我们会发现一条直线路径已经绘制好了,如图 6-28(a)所示。

(3)如果将鼠标移动到新的位置,按住鼠标左键不放并且拖动鼠标,则可以通过调节曲率绘制出想要的曲线路径,如图 6-28(b)所示。

(4)如果想将路径闭合,只需将鼠标移动到第一个锚点处,当鼠标变为 时单击即可,如图 6-28(c)所示,最后得到的闭合路径如图 6-28(d)所示。

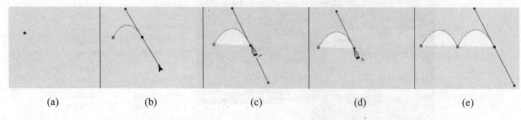

(a)绘制直线路径　(b)绘制弧线路径　(c)鼠标指向起点　(d)绘制封闭路径

图 6-28　绘制路径示意图

(5)如果想画转折的曲线,也就是画一段曲线与上一段曲线之间出现转折点的曲线。可以将【钢笔工具】放在画布上单击,产生一个锚点,并生成形状图层,如图 6-29(a)所示;在画布上合适的位置单击并拖曳绘制一段弧线,如图 6-29(b)所示;将【钢笔工具】指向第 2 个锚点,鼠标指针如图 6-29(c)所示;按住 Alt 键单击,如图 6-29(d)所示,该锚点就成为 2 段弧线的转折点;再在画布上合适的位置单击并拖曳,绘制另一段弧线,如图 6-29(e)所示。

(a)　　　　(b)　　　　(c)　　　　(d)　　　　(e)

图 6-29　绘制带转折点的曲线

用【钢笔工具】绘制直线路径时,可以按住 Shift 键,然后单击可以锁定水平、垂直或者以 45°为增量创建直线路径。如果要结束一段开放式路径的绘制,可以按住 Ctrl 键,将鼠标转换为【直接选择工具】 ,在画布空白处单击,或者单击其他工具,或者按 Esc 键,结

—————— Photoshop CC 2017 图形图像处理教程(第 2 版)

束路径的绘制。

6.2.2　自由钢笔工具

【自由钢笔工具】通常用来绘制自由平滑的曲线,就像用铅笔随意在纸上绘图一样。使用它绘图时将自动添加锚点,无须确定锚点的位置,完成路径绘制后还可以继续对锚点进行调整。【自由钢笔工具】的工具选项栏中各个选项的作用与【钢笔工具】选项栏类似,如果勾选 磁性的 复选框,如图 6-30 所示,则在绘制路径时可以快速沿图像反差较大的像素边缘自动添加锚点,而且绘制的曲线非常平滑。

图 6-30　【自由钢笔选项】
对话框

【自由钢笔工具】的使用方法非常简单,只要在工作窗口按住鼠标左键并拖动鼠标就可得到曲线路径,松开鼠标则停止路径绘制,如图 6-31 所示。

图 6-31　【自由钢笔工具】绘制路径

工具选项栏中的【自由钢笔选项】对话框中各选项的意义如下。

(1)【曲线拟合】文本框:在该文本框中输入的数字可用来控制产生路径的灵敏度,输入的数值越大,生成的锚点越少,路径越简单。输入的数值范围是 0.5~10 像素。

(2)【磁性的】复选框:勾选此复选框后,【自由钢笔工具】会变成【磁性钢笔工具】。【磁性钢笔工具】类似【磁性套索工具】,它们都能自动寻找对象的边缘。

- 【宽度】参数:该参数可用来设置磁性钢笔与边之间的距离,输入的数值范围是1~256 像素。
- 【对比】参数:该参数可用来设置磁性钢笔的灵敏度。数值越大,要求的边缘与周围的反差越大。输入的数值范围是 1%~100%。
- 【频率】参数:该参数可用来设置在创建路径时产生锚点的多少,数值越大,锚点越多。输入的数值范围是 0~100。

(3)【钢笔压力】复选框:勾选此复选框后,会增加钢笔压力,会使钢笔在绘制路径时变细。

6.3　路径编辑工具

绘制好一段路径后，还需要对其进行修改美化，才能达到预想的效果。也就是说，需要对路径进行编辑。要编辑路径，就需要使用【路径】面板和路径编辑工具。下面介绍【路径】面板和路径的选择与编辑工具。

6.3.1　路径选择工具组

路径选择工具组中包括【路径选择工具】和【直接选择工具】，如图 6-32 所示。【路径选择工具】可以对路径进行选择、移动、自由变换、复制等操作，而【直接选择工具】可用来对路径的锚点进行选择、移动、自由变换等操作。

图 6-32　路径选择工具组

这两个工具不同的是，使用【路径选择工具】可以选择整个路径，且会以实心的形式显示所有锚点；而使用【直接选择工具】时，选中的锚点实心显示，没有选中的锚点则空心显示，如想选取全部锚点，应按住 Shift 键后逐个选取。

1. 路径选择工具

使用【路径选择工具】可以快速选择一个或几个路径并对其进行移动、组合、排列、分布和变换等操作（按住 Shift 键，可以同时选中几个路径），其工具选项栏如图 6-33 所示。

图 6-33　【路径选择工具】选项栏

选项栏中各选项的意义如下。

（1）【选择】下拉菜单：该下拉菜单中有两个选项：选中【现用图层】选项后，只能用【路径选择工具】选择当前图层中的路径；选中【所有图层】选项后，可用【路径选择工具】选择不同图层中的路径。

（2）【对齐边缘】复选框：勾选该复选框时，可以移动路径，并将路径的边缘与画布网格的边缘对齐。反之，路径的边缘不会与画布网格对齐。

（3）【约束路径拖动】复选框：勾选该复选框时，可以用【路径选择工具】移动并改变当前两个锚点之间的路径，其他锚点之间的路径段不会发生变化。反之，在用【路径选择工具】移动当前两个锚点之间的路径时，其他锚点之间的路径段也会发生相应的变化。

2. 直接选择工具

【直接选择工具】是最重要的路径调整工具，单击工具箱中的【直接选择工具】，然后在路径上单击需要修改的某个锚点，用鼠标拖曳该锚点，就可以改变锚点的位置或者形态，从而完成对路径形态的编辑修改。

6.3.2　编辑锚点工具

编辑锚点工具主要指在【钢笔工具】组下的【添加锚点工具】、【删除锚点工具】和【转换点工具】，如图 6-34 所示。

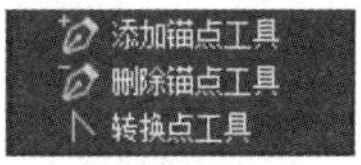

图 6-34　编辑锚点工具

1. 添加锚点工具

在路径上添加锚点，可以精确控制和编辑路径的形态。单击工具箱中的【添加锚点工具】按钮，将光标移到要添加锚点的路径上，在光标变成形状时，单击就可以在单击处添加一个锚点。

在路径上添加锚点不会改变工作路径的形态，但是可以通过拖动锚点或者调控其调节柄改变路径。如图 6-35(a)所示的是原路径；将鼠标移到要添加锚点的路径处，鼠标指针如图 6-35(b)所示，此时单击鼠标便可在路径上添加锚点；在新增的锚点上单击并拖曳鼠标，通过移动锚点或者拖曳调节柄改变路径的形态，如图 6-35(c)所示，调整后的路径如图 6-35(d)所示。

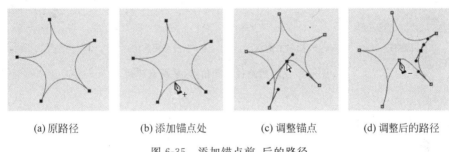

(a)原路径　　　　(b)添加锚点处　　　　(c)调整锚点　　　　(d)调整后的路径

图 6-35　添加锚点前、后的路径

2. 删除锚点工具

【删除锚点工具】的功能与【添加锚点工具】相反，用于删除路径上不需要的锚点，其使用方法与【添加锚点工具】类似。单击【删除锚点工具】按钮，把光标移动到想要删除的锚点上，当光标变成形状时，单击即可将该锚点删除。

删除锚点后，剩下的锚点会组成新的路径，即工作路径的形态会发生相应的改变。如要删除如图 6-36(a)所示的原始路径上的锚点，选择【删除锚点工具】后，将鼠标指针移动到路径右下角，如图 6-36(b)所示，单击鼠标，路径右下角的锚点便被删除，如图 6-36(c)所示；用同样的方法删除路径左下角的锚点，删除后的路径如图 6-36(d)所示。

3. 转换点工具

使用【转换点工具】可以使路径上的角点与平滑点互相转换，从而实现路径上的直线和平滑曲线间的转换。单击工具箱中的【转换点工具】按钮，在路径的平滑点上单击可将平滑点转换为角点；拖曳路径上的角点可将角点转换为平滑点，并可以通过调节手柄控

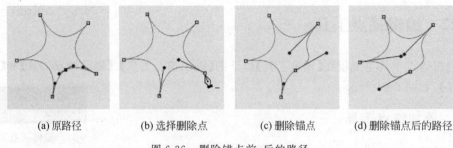

(a) 原路径　　　(b) 选择删除点　　　(c) 删除锚点　　　(d) 删除锚点后的路径

图 6-36　删除锚点前、后的路径

制曲率。如图 6-37(a)所示的是原始路径；将【转换点工具】指向平滑点后如图 6-37(b)所示；单击鼠标后可将平滑点转换为角点，如图 6-37(c)所示；拖曳鼠标可将角点转换为平滑点，拖曳调节柄，可以调整曲线，如图 6-37(d)所示。

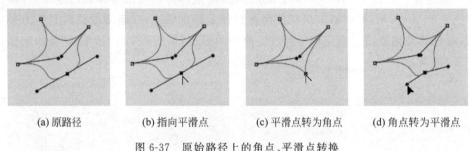

(a) 原路径　　　(b) 指向平滑点　　　(c) 平滑点转为角点　　　(d) 角点转为平滑点

图 6-37　原始路径上的角点、平滑点转换

6.3.3　路径面板

用【路径】面板可以对路径进行管理，还可以更加细致地对路径进行编辑。【路径】面板可用来保存路径或矢量蒙版，还可以对路径进行新建、保存、复制、删除、自由变换、填充、描边以及转换选区等操作。创建了路径后的【路径】面板如图 6-38 所示。

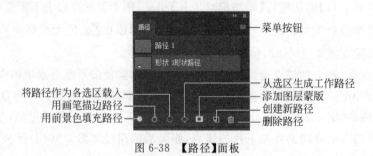

图 6-38　【路径】面板

面板中各选项的意义如下。

(1)【路径】：用于存放当前文件中创建的路径，存储文件时路径会被储存到该文件中。

(2)【工作路径】：一种用来定义轮廓的临时路径，不可以进行复制。

(3)【形状路径】：用形状工具绘制的路径。

Photoshop CC 2017 图形图像处理教程(第 2 版)

（4）【用前景色填充路径】按钮 ：单击该按钮，可以对当前创建的路径区域以前景色填充。对于开放路径，Photoshop 将使用最短的直线将路径闭合，然后在闭合区域内填充颜色。

（5）【用画笔描边路径】按钮 ：单击该按钮，可以对当前创建的路径描边。

（6）【将路径作为选区载入】按钮 ：单击该按钮，可以将当前路径转换为选区。

（7）【从选区生成工作路径】按钮 ：单击该按钮，可以将选区转换为工作路径（图像中有选区时，此按钮才可用）。

（8）【添加图层蒙版】按钮 ：单击该按钮，可以在当前图层上添加图层蒙版。

（9）【创建新路径】按钮 ：单击该按钮，可以在图像中新建路径。

（10）【删除路径】按钮 ：选定要删除的路径，单击该按钮，可以删除当前选择的路径。

（11）菜单按钮：单击该按钮，可以打开【路径】面板的下拉菜单。

1．新建路径

选择【形状工具】或者【钢笔工具】，并设置工具栏中的【选择工具模式】为【路径】，在画布上绘制路径后，在【路径】面板中会自动创建一个【工作路径】，【工作路径】是在工作过程中使用的一种临时路径，一般不会被保存。

在【路径】面板的底部单击【创建新路径】按钮 ，可以创建一个空白的路径，此时用【钢笔工具】或者【形状工具】再绘制的路径，就会保留在此路径层中。

2．存储路径

创建工作路径后，如果不及时保存，可能会丢失，所以有用的工作路径应该及时保存。在【路径】面板中双击【工作路径】层，或在【路径】面板的下拉菜单中选择【存储路径】命令，系统会显示【存储路径】对话框，输入名称后确定，就可以将工作路径保存为路径。拖动【工作路径】到【创建新路径】按钮 上，也可以保存工作路径为路径。

3．移动、复制、删除与隐藏路径

使用【路径选择工具】选择路径后，可拖动工作路径或者路径更改路径的位置。按住Alt 键不放，用【路径选择工具】拖曳路径，就可以得到该路径的一个副本。选中路径后右击，选择快捷菜单中的【删除路径】命令，就可以删除该路径。单击【路径】面板，灰色区域可以隐藏路径。

6.4　路径工具的应用

前面的章节介绍了路径的常用编辑工具，其实要想创建理想的路径，通常还须使用路径的变形、填充路径、描边路径、路径和选区互换等操作实现，通过这些方法可以创建出边缘复杂或者形状奇特的各种路径。

6.4.1 路径的变形

路径变形的各种方法和图像变形类似,下面使用实例介绍说明。现有路径如图 6-39(a)所示,在工具箱中选择【路径选择工具】 ▶,用鼠标单击选中路径,如图 6-39(b)所示。

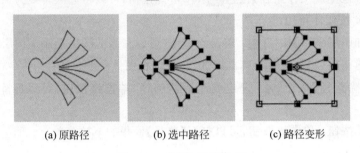

(a) 原路径   (b) 选中路径   (c) 路径变形

图 6-39　选择与变形路径

(1) 若选择【编辑】|【自由变换路径】命令,此时在编辑窗口的路径上会显示调节框,通过拖动鼠标调节这些节点可以改变路径形态,如图 6-39(c)所示。

(2) 若选择【编辑】|【变换路径】命令,会弹出如图 6-40 所示的菜单,其中有【缩放】、【旋转】、【斜切】、【扭曲】、【透视】以及【变形】等命令,可以参照第 3 章中选区变形的内容进行路径的变换。

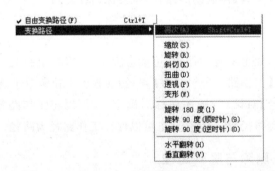

图 6-40　【变换路径】命令

(3) 按 Enter 键可以结束变形操作,按 Esc 键可以取消变形操作。

6.4.2 路径的填充

对于路径,也可以像选区一样利用前景色、背景色和图案对其进行填充,从而得到更多样的图像。填充路径的操作方法与填充选区的操作方法类似,与填充选区不同的是,在填充路径的时候可以设置渲染选项,设置【羽化】和【消除锯齿】功能,通过设置填充的羽化值,有助于图像的边缘与背景的融合。

在【路径】面板中选择如图 6-41(a)所示的【路径】层或者【工作路径】层时,填充的路径是所有路径的组合部分,也可以单独选择【路径】层中的一个子路径填充。

单击【路径】面板右上角的菜单按钮,在如图 6-41(b)所示菜单中选择【填充路径】命令,打开【填充路径】对话框,如图 6-41(c)所示。可以直接选择填充的【内容】;【内容】可以是【前景色】、【背景色】、自选【颜色】和【图案】等,单击【确定】按钮就可以给路径填充。也可以单击【路径】面板底部的【以前景色填充路径】按钮 ◉ ,为路径填充前景色。

  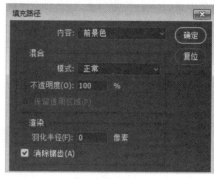

(a)【路径】面板　　　(b)【路径】面板菜单　　　(c)【填充路径】对话框

图 6-41　【填充路径】对话框

【填充路径】对话框中各选项的意义如下。

(1)【内容】下拉列表:在此下拉列表中可以选择填充内容,包括【前景色】、【背景色】、【颜色】、【图案】等。

(2)【模式】下拉列表:在此下拉列表中可以选择填充内容的混合模式。

(3)【渲染】:在此区域中可以设置填充后的【羽化半径】,该数值越大,羽化效果越明显。勾选【消除锯齿】,可以改善与边缘的拟合程度。

例 6.1　打开素材文件夹中的图像文件"花 8. jpg"(图 6-42(a))和"背景 10. jpg",(图 6-43(a))。用填充路径的方法将背景 10 填充到花瓣中,如图 6-42(c)所示。

(a)原图　　　　　(b)绘制路径　　　　　(c)效果图

图 6-42　在编辑窗口创建并选中路径

操作步骤如下。

(1)选择【文件】|【打开】命令,分别打开花朵的图像文件"花 8. jpg"和"背景 10. jpg"。

(2)切换到图像"背景 10. jpg"的工作窗口,选择【编辑】|【定义图案】命令,在【图案名称】对话框中输入"bg1",单击【确认】按钮,完成图案的定义。

（3）切换到图像"花8.jpg"的编辑窗口,使用【自由钢笔工具】再围绕花瓣的形状创建好路径,选中该路径,如图6-42(b)所示。

（4）在【路径】面板中单击右上角的菜单按钮,从弹出的菜单中选择【填充路径】命令。

（5）在弹出的【填充路径】对话框中进行填充参数设置,【填充路径】面板如图6-43(b)所示。在【自定图案】下拉列表中选择新定义好的图案bg1,设置【模式】为"叠加",【不透明度】为100%,【羽化半径】为10像素,其他选项默认。

(a) 背景素材图　　　　　　　　(b)【填充路径】对话框

图6-43　【填充路径】面板

（6）设置好【填充路径】对话框中的参数后,单击【确定】按钮,此时填充路径区域如图6-42(c)所示。

实际上,对于填充路径,最常用的快捷方法是先选中路径,然后在工具箱中设置前景色,再单击【路径】面板上的【用前景色填充路径】按钮，这样就可以直接对路径进行填充了。

6.4.3　路径的描边

路径描边和选区描边的操作相近,可以沿任何路径绘制路径的边框。路径描边的效果要比选区描边更丰富,能使用大部分的绘画工具作为路径描边的笔触,制作出各式各样的路径描边效果。使用【路径】面板中的【用画笔描边路径】按钮可以对路径描边,也可以在【路径】面板的菜单中选择【描边路径】命令,然后在打开的【描边路径】对话框中设置参数,对路径进行描边。

按住Alt键,单击【路径】面板底部的【用画笔描边路径】按钮，可以打开【描边路径】对话框,设置描边参数。也可以按住Alt键,在【路径】面板中将需要描边的路径拖曳到面板底部的【用画笔描边路径】按钮上,打开【描边路径】对话框,设置描边参数。

6.4.4　路径和选区的互换

在图像处理的过程中,要创建出图像的局部选区较为容易,再将选区转换成路径,可以对路径进行更细致的调整,这样容易收到较好的效果。在 Photoshop CC 2017 中,图像的选区和路径是可以互换的。

有些比较复杂的路径可以先制作选区,再由选区转换成路径。例如,在当前工作窗口可以轻松利用【魔棒工具】制作选区,如图 6-44(a)所示,然后在【路径】面板中单击下方的【从选区生成工作路径】按钮,即可生成与该选区形状一样的工作路径,在图 6-44(b)所示的【路径】面板中可以看到路径的信息,如图 6-44(c)所示。

| (a) 创建选区 | (b) 转换成路径 | (c)【路径】面板 |

图 6-44　选区转换为路径

在图像处理时,对图像创建路径并转换为选区也很方便。单击【路径】面板中的【将路径作为选区载入】按钮,就可以将创建的路径转换为可编辑的选区。也可以在【路径】面板中单击右上角的菜单按钮,从弹出的菜单中选择【建立选区】命令进行进一步设置。

例 6.2　用【快速选择工具】对如图 6-45(a)所示的花朵建立选区,然后将选区转换为路径,并用【散布枫叶】的【画笔工具】对路径描边,描边效果如图 6-45(c)所示,最后的效果如图 6-45(d)所示。

| (a) 原图 | (b) 创建选区 | (c) 描边路径 | (d) 最终效果图 |

图 6-45　路径描边

操作步骤如下。

(1) 在工作窗口中打开素材图像文件"花 7.jpg",如图 6-45(a)所示,使用【快速选择工具】建立如图 6-45(b)所示的选区。

(2) 单击【路径】面板下方的【从选区生成工作路径】按钮,将选区转为路径,如图 6-45(b)所示。【路径】面板如图 6-46(b)所示。

(3) 在工具箱中设置前景色为"白色",由于在 Photoshop CC 2017 中可以选择多种路径描边的工具,所以本例中使用画笔对路径进行描边。在工具箱中单击【画笔工具】按钮,并设置【画笔预设】与【画笔】面板的参数,如图 6-46(a)与图 6-46(c)所示。

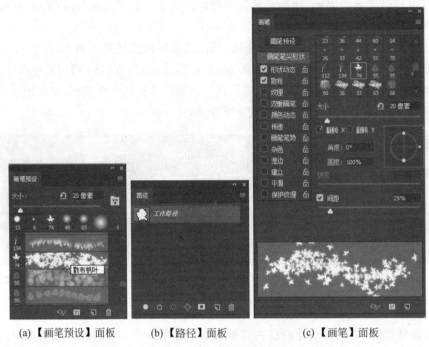

(a)【画笔预设】面板　　　　(b)【路径】面板　　　　　(c)【画笔】面板

图 6-46　【画笔】与【画笔预设】等参数设置

（4）最后在【路径】面板上单击【用画笔描边路径】按钮  就可以描边路径。路径描边结果如图 6-45(c)所示。

6.4.5　保存与输出路径

制作好的路径，可以将其及时保存起来，以便日后用。在【路径】面板中单击右上角的菜单按钮，然后选择【存储路径】命令，在弹出的如图 6-47 所示的【存储路径】对话框中定义路径的名称，单击【确定】按钮即可。

在 Photoshop CC 2017 中创建的路径可以保存输出为 ＊.ai 格式，然后在 Illustrator、3ds Max 等软件中继续应用，操作方法是选择【文件】|【导出】|【路径到 Illustrator】命令，在【选择存储路径的文件名】窗口中设置保存的路径和文件名，最后单击【保存】按钮。

图 6-47　【存储路径】对话框

6.4.6　剪贴路径

打印图像或将图像置入其他应用程序中时，分离前景对象，使其他区域变为透明色很有实用价值。Photoshop CC 2017 中【剪贴路径】的操作可以很方便地将图像保存为背景透明色。

例 6.3 用【剪贴路径】的操作方法，将如图 6-48(a)所示的图像保存为如图 6-48(d)所示的背景透明的图像。

(a)原图   (b)工作路径示意图   (c)【路径】面板   (d)效果图

图 6-48 【剪贴路径】

操作步骤如下。

(1) 在工作窗口中打开素材图像文件"花 7.jpg"，使用【快速选择工具】建立选区，并转换为路径，操作方法参考例 6.2。

(2) 在【路径】面板中显示如图 6-48(b)所示的【工作路径】，拖曳【工作路径】到【创建新路径】按钮▪上，可得到如图 6-48(c)所示的【路径 1】。

(3) 选择【路径】面板菜单中的【剪贴路径】命令，打开【剪贴路径】对话框，如图 6-49所示。单击【确定】按钮确认。

图 6-49 【剪贴路径】对话框

(4) 选择【文件】|【存储为】命令，输入文件的保存位置和文件名，将文件的格式设置为 Photoshop EPS，单击【保存】按钮，并设置【EPS 选项】后保存。

(5) 在其他图像处理软件(如 Fireworks、Illustrator)中打开该图像，会发现该图像无背景，如图 6-48(d)所示。

6.5 文字的编辑处理

Photoshop CC 2017 虽然是一个图形图像处理软件，但是所具有的文字编辑功能已经可以与一个小型文字处理软件相媲美。在 Photoshop CC 2017 中不仅能够创建水平或垂直的文字，而且还可以使用查找与替换、拼写检查、对齐、缩进这些专业字处理软件才具有的功能。另外，利用 Photoshop CC 2017 的基本工具以及将文字转换为路径或像素图像等方法，可以制作非常精美、变化多端的文字特效。

6.5.1 文字的输入

在工具箱中单击【文本工具组】按钮 ![T]，会弹出如图 6-50 所示的菜单，其中包括【横排文字工具】![T]、【直排文字工具】![IT]、【横排文字蒙版工具】![T蒙]和【直排文字蒙版工具】![IT蒙]。

利用【横排文字工具】和【直排文字工具】可以快捷地在图像中输入文本，此时系统将自动为所输入的文本单独创建一个图层。

图 6-50　文字工具组

利用【横排文字蒙版工具】和【直排文字蒙版工具】可以制作文字形状的选区，系统不会自动创建图层。也就是说，使用横排和直排文字蒙版工具创建的实际上是一个选区，而非文字，只是选区的形状像文字罢了。

1. 输入文字

在 Photoshop CC 2017 中，【横排文字工具】是最基本、使用最多的一种文字输入工具，使用该工具可以输入水平方向的文字和段落。在工具箱中单击按钮 ![T]，在画布中想要输入文字的地方单击，这时光标会变成闪烁状，等待输入文字，此时【横排文字工具】的工具选项栏如图 6-51 所示。

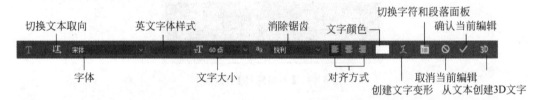

图 6-51　【横排文字工具】选项栏

文字工具选项栏中各选项的意义如下。

（1）【切换文本取向】按钮 ![IT]：单击此按钮，可以进行文字水平和垂直输入方向的转换。

（2）【字体】：设置文本字体，在下拉列表中有"宋体""楷体""黑体"等多种选项。

（3）【英文字体样式】：选择不同英文字体时，会在下拉列表中显示该文字字体对应的字体样式。

（4）【文字大小】参数：该参数可以设置输入文字的大小，可以在下拉列表中选择大小，也可以直接在文本框中输入数字。

（5）【消除锯齿】下拉列表：可以通过填充边缘像素产生边缘平滑的文字，在下拉列表中选择消除锯齿的方法。下拉列表中包括【无】、【锐利】、【犀利】、【浑厚】以及【平滑】这几种方式。

（6）【对齐方式】按钮 ![对齐]：可以用来设置输入文本的对齐方式，从左至右分别是【左对齐】按钮、【居中对齐】按钮和【右对齐】按钮。

（7）【文字颜色】：用来设置输入文本的颜色。在此处单击,然后在弹出的【拾色器】对话框中选择颜色。

（8）【创建文字变形】按钮 ：输入文字后,单击该按钮,在如图6-61所示的【变形文字】对话框中选择文字的变形方式。

（9）【切换字符和段落面板】按钮 ：单击该按钮,可以显示或隐藏【字符】和【段落】面板组。

（10）【取消当前编辑】按钮 ：单击该按钮,可以将正处于编辑状态的文字恢复原样。

（11）【确认当前编辑】按钮 ：单击该按钮,可以将正处于编辑状态的文字应用设置的编辑效果。

（12）【从文本创建3D文字】按钮 ：选中输入的文字后,单击该按钮,可以创建与编辑3D文字。

单击工具箱中的【直排文字工具】按钮 ,或者单击工具选项栏上的【切换文本取向】按钮 ,就可以将文字输入方式改为垂直方向输入,在需要输入文字的地方单击,当光标变为"—"状态时,就可以输入直排文字了。

使用Photoshop在图像中输入文字时有两种形式,分别是"点文字"和"段落文字"。

输入"点文字"时,先在工具箱中单击【横排文字工具】按钮或【直排文字工具】按钮,然后在画布上单击,为文字输入设置插入点,"I"形光标中的小线条标记的是文字基线的位置,输入时每行文字都是独立的,行的长度随输入文字的多少而增加或缩短,但不会自动换行,输入的文字将出现在新的文字图层中。单击选项栏中的【确认当前编辑】按钮 ,便可以完成输入。

输入"段落文字"时,可以先单击【横排文字工具】按钮或【直排文字工具】按钮,然后在画布要输入段落文字的位置处沿对角线方向拖曳鼠标,为段落文字定义一个外框,输入文字会被限制在这个框中,文字基于定界外框的大小自动换行。可以根据需要调整外框的大小,利用这个定界外框缩放、旋转和斜切段落文字。

2. 输入蒙版文字

利用文字工具输入的文字是创建文字的实体,而文字蒙版工具可以在图像中创建文字的选区。在工具箱中单击【横排文字蒙版工具】 ,或者【直排文字蒙版工具】 ,然后在图像的文字输入开始处单击,此时图像上会出现一层呈淡红色的薄膜,就好像在图像上添加了一层淡红色蒙版,输入的文字显示为虚线的效果,输入完成确认后,淡红色蒙版被删除,图像上留下蚂蚁线围绕文字的选区。利用蒙版文字可以在图像上做出很多文字的艺术效果。

例6.4 在图像"海边景色1.jpg"上建立横排蒙版文字"海滨晚霞",字体为"华文行楷",大小为48点,把"海滨晚霞"的文字选区复制到图像"海滨晚霞.jpg"上,并调整文字的大小和位置,如图6-52所示。

操作步骤如下。

图 6-52　复制文字选区示意图

（1）选择【文件】|【打开】命令，打开素材中的图像文件"海边景色 1.jpg"和"海滨晚霞.jpg"。

（2）切换到图像文件"海边景色 1.jpg"的工作窗口，单击工具箱中的【横排文字蒙版工具】，按题意设置文字的格式，并在图像合适的位置上单击，图像呈淡红色透明的效果。

（3）在图像上输入"海滨晚霞"，如图 6-53(a)所示，然后单击文字工具选项栏中的按钮✓确认，文字选区如图 6-53(b)所示。

(a) 创建蒙版文字　　　　　　　　　　(b) 创建文字选区

图 6-53　输入蒙版文字

（4）选择【编辑】|【拷贝】命令，将文字选区复制到剪贴板。切换到图像"海滨晚霞.jpg"所在的工作窗口，选择【编辑】|【粘贴】命令，将文字选区粘贴到图像"海滨晚霞.jpg"中。

（5）选择【编辑】|【自由变换】命令，调整文字选区的大小，并移到合适的位置上，如图 6-52 所示。

6.5.2　文字的编辑

在 Photoshop CC 2017 中创建文字时，可以使用前面提到的【字符】面板和【段落】面板进行文字格式化的设置，还可以使用【变形文本】制作变形文字，也可以借助文字图层的特效制作特效文字。另外，还可以实现【从文本创建 3D 文字】效果。

1. 设置文字的属性

前面已经介绍了使用文字工具选项栏设置文字的属性,在 Photoshop CC 2017 中,还可以借助【字符】面板设置文字属性。在文字工具选项栏中单击按钮▤,或者选择【窗口】|【字符】命令,弹出【字符】面板,如图 6-54 所示。

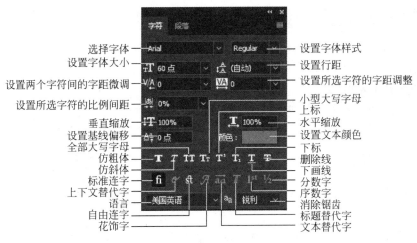

图 6-54 【字符】面板

在其中可以对文字进行更详尽的设置,其中有些设置与文字工具选项栏中的设置一样,这里不重复介绍,这里只着重介绍不常用的属性设置。

(1)【设置两个字符间的字距微调】下拉列表:在该下拉列表中包含【度量标准】、【视觉】和−100 到 200 的选择。输入文字后,选择不同的选项会得到不同的字距效果。

(2)【设置所选字符的字距调整】下拉列表:该下拉列表可以增加或减少所选字符之间的间距,取值范围是−100、−75、−50、−25、0、25、50、75、100、200。如图 6-55(a)所示的是字符原样,如图 6-55(b)所示的是字符间距取值为−100,如图 6-55(c)所示的是字符间距取值为 200。

(3)【设置所选字符的比例间距】下拉列表:在该下拉列表中可以设置的百分比值是指定字符周围的空间。数值越大,字符间压缩越紧密,取值范围是 0%~100%。

(4)【水平缩放】与【垂直缩放】参数:通过这两个参数可设置文字水平或垂直方向上的缩放比例。设置垂直与水平缩放可以改变字形,即设置拉长或者压扁文字效果,如图 6-55(d)(e)所示。

(5)【设置基线偏移】:设置文本上下的偏移程度。输入文字后,可以选中一个或多个文字字符,使其相对于文字基线提升或下降,如图 6-55(f)(g)(h)所示。

(6)【设置行距】:用来设置当前行基线与下一行基线之间的距离。

(7)【设置字体样式】下拉列表:该下拉列表中的选项只对部分字体起作用,3 个选项分别是【Light】、【Regular】、【Bold】。

(8)【语言】:可以选择某个国家的语言文字,确定图像上输入的字符及连字符的拼写规则。

（9）【仿粗体】、【仿斜体】、【全部大写字母】、【小型大写字母】、【上标】、【下标】、【下画线】、【删除线】、【标准连字】、【上下文替代字】、【自由连字】、【花饰字】、【文体替代字】、【标题替代字】、【序数字】、【分数字】按钮：单击不同按钮，可以对所选字符设置不同的文字样式。图 6-55 所示部分文字示例使用了 Adobe Garamond Pro 字体，文字修饰效果如图 6-55(i)(j)(k)(l)(m)(n)(o)(p)(q)(r)(s)(t)(u)(v) 所示。

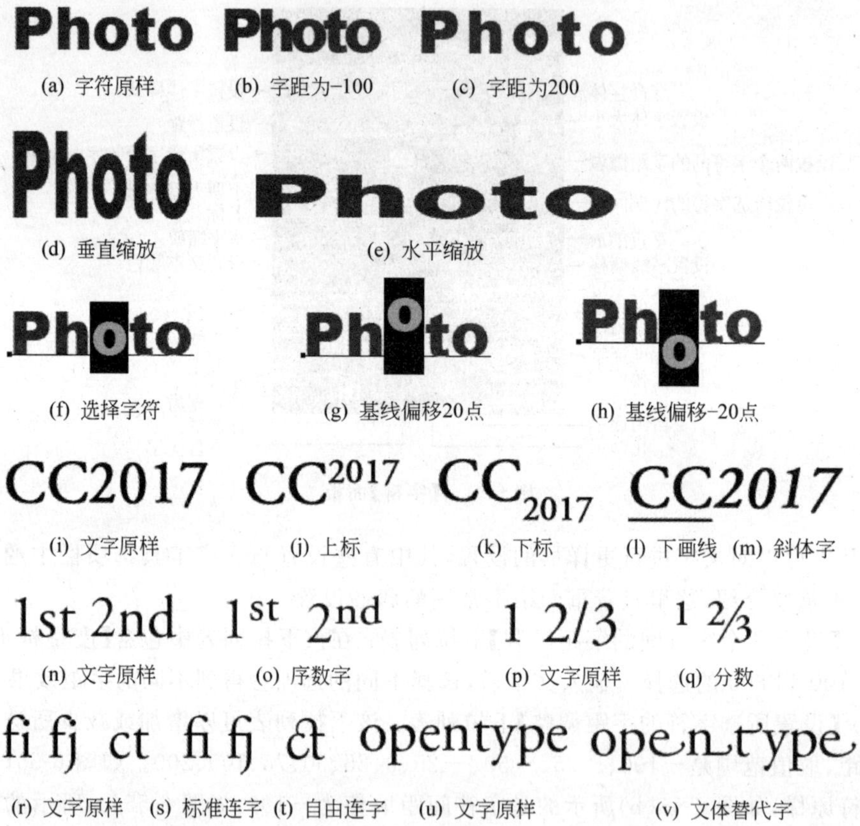

Photo Photo Photo

  (a) 字符原样   (b) 字距为-100   (c) 字距为200

Photo **Photo**

  (d) 垂直缩放   (e) 水平缩放

Photo **Photo** **Photo**

  (f) 选择字符   (g) 基线偏移20点   (h) 基线偏移-20点

CC2017   CC²⁰¹⁷   CC₂₀₁₇   *CC2017*

  (i) 文字原样   (j) 上标   (k) 下标   (l) 下画线 (m) 斜体字

1st 2nd   1ˢᵗ 2ⁿᵈ   1 2/3   1 ⅔

  (n) 文字原样   (o) 序数字   (p) 文字原样   (q) 分数

fi fj ct fi fj ct opentype open_type

  (r) 文字原样 (s) 标准连字 (t) 自由连字   (u) 文字原样   (v) 文体替代字

图 6-55　文字编辑

2. 设置段落的属性

在 Photoshop CC 2017 中用文字工具不但可以创建"点文字"，还可以创建"段落文字"。创建"段落文字"时，在图 6-54 所示的【字符】面板右侧单击【段落】标签，就可展开如图 6-56 所示的【段落】面板。

【段落】面板也是文字编辑排版时有用的工具，在其中可以设置段落的对齐方式和缩进方式等，其各属性的意义如下。

（1）对齐方式按钮：可以设置文本的对齐方式，从左至右分别是【左对齐】、【居中对齐】、【右对齐】、【最后一行左对齐】、【最后一行居中对齐】、【最后一行右对齐】以及【使文本全部两端对齐】。

（2）段落文本缩进参数：可用于设置文本向内缩进的距离，分别是【左缩进】和【右缩

    Photoshop CC 2017 图形图像处理教程（第 2 版）

进】,【首行缩进】可以用于设置段落中首行文字缩进的距离。对于横排文字,首行缩进与左缩进有关;对于直排文字,首行缩进与顶端缩进有关,单位是点。

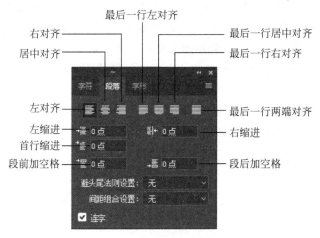

图 6-56 【段落】面板

(3) 段前、后加空格参数:可用于设置光标所在段落与相邻段落的间距,分别是【段前添加空格】、【段后添加空格】,空隙的单位是点。

(4)【避头尾法则设置】下拉列表:可以用于设置换行宽松或者紧密。

(5)【间距组合设置】下拉列表:可以用于设置段落内部字符的间距。

(6)【连字】复选框:选中该复选框,可以将段落中的最后一个外文单词拆开,形成连词符号,使剩余的部分自动换到下一行。

创建和编辑段落文字的操作举例如下。

(1) 单击【横排文字工具】![T],在图像上选择合适的位置按下鼠标左键并向右下角拖曳,松开鼠标会出现文本定界框,如图 6-57(a)所示。或者按住 Alt 键拖动鼠标,此时会出现如图 6-58 所示的【段落文字大小】对话框,设置文本定界框【高度】与【宽度】后,单击【确定】按钮,可以设置精确的文本定界框。

(a) 文本定界框   (b) 输入文字   (c) 调整文本定界框

图 6-57 段落文字输入示意图

图 6-58 【段落文字大小】对话框

（2）输入文字，如图 6-57(b)所示。如果输入的文字超出文本定界框的范围，就会在文本定界框右下角的控制块中出现"＋"图标，如图 6-57(c)所示。

（3）直接拖动文本定界框的控制块可以缩放文本定界框，此时改变的只是文本定界框，其中的文字并没改变大小。按住 Ctrl 键不放，然后拖动文本定界框的控制块可以缩放文本定界框，此时其中的文字也会跟随文本定界框一起变换，如图 6-59(a)所示。

（4）当鼠标指针移到文本定界框的 4 个角的控制块附近时，会出现旋转的符号，拖曳鼠标可以将其进行旋转，如图 6-59(b)所示。

（5）按住 Ctrl 键不放，将鼠标指针移到文本定界框的 4 条边的控制块时，会变成斜切的符号，拖曳鼠标可以将其斜切，如图 6-59(c)所示。

(a) 缩放文本定界框

(b) 旋转文本定界框

(c) 斜切文本定界框

图 6-59　段落的旋转与斜切示意图

3. 在路径上添加文字

在路径上添加文字指的是在创建路径的外侧创建文字，使文字显示动感的艺术效果。创建的方法如下。

（1）新建图像文件后，用【钢笔工具】在图像中创建路径，如图 6-60(a)所示。

（2）单击【横排文字工具】，设置好文字的格式后将鼠标移动到路径上，单击鼠标就可以在光标的位置处输入文字，如图 6-60(b)所示。输入文字"Photoshop CC 2017"后，如图 6-60(c)所示。

（3）单击【路径选择工具】，将鼠标移动到文字上，按下鼠标左键并拖曳鼠标，可以改变文字在路径上的位置。

（4）按住鼠标左键拖曳鼠标，可以改变文字的方向和依附路径的顺序，如图 6-60(d)所示。

（5）在【路径】面板的空白处单击，可以隐藏路径。

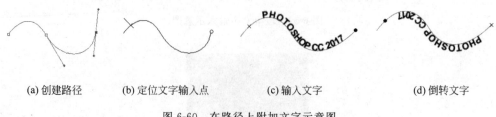

(a) 创建路径　　　　(b) 定位文字输入点　　　　(c) 输入文字　　　　(d) 倒转文字

图 6-60　在路径上附加文字示意图

Photoshop CC 2017 图形图像处理教程（第 2 版）

6.5.3 变形文字

变形文字有很多种制作方式,除了可以在文字工具选项栏中单击【变形文字】按钮，
在如图 6-61 所示的【变形文字】对话框中进行设置外,也可以将文字转换为路径以后进行
编辑;还可以通过添加图层样式、滤镜效果等手段实现变形文字。

1. 利用预设的样式制作变形文字

在 Photoshop CC 2017 中,用预设的变形文字样式对输入的文字进行艺术化的变形,
可以使图像中的文字更加精美。在图像中输入文字后,单击文字工具选项栏中的【变形文字】按钮，或者选择【图层】|【文字】|【文字变形】命令,打开如图 6-61 所示的【变形文字】对话框。

对话框中各选项的意义如下。

(1)【样式】下拉列表:该下拉列表可以用来设置文字变形的效果。在下拉列表中可以选择相应的样式。

(2)【水平】与【垂直】单选按钮:该单选按钮用来设置变形的方向。

(3)【弯曲】参数:该参数可以用于设置变形样式的弯曲程度。

(4)【水平扭曲】与【垂直扭曲】参数:该参数可以用于设置水平或垂直方向上的扭曲程度。

图 6-61 【变形文字】对话框

例 6.5 新建图像文件,输入文字 Photoshop
CC 2017,分别对文字应用【星云(纹理)】样式和【雕刻天空(文字)】样式,并对文字应用
【扇形】和【下弧】变形样式,最后在文字上作用【投影】的图层样式,最终效果如图 6-62
所示。

(a) 扇形变形文字　　　　　　　　　　　　(b) 下弧变形文字

图 6-62 变形文字的效果图

操作步骤如下。

(1) 在新建的图像文件中输入文字 Photoshop CC 2017,设置字体为 Arial Black,大小为 36 点,选择【窗口】|【样式】命令,打开【样式】面板,单击【星云(纹理)】样式。

(2) 单击文字工具选项栏中的【变形文字】按钮,打开【变形文字】对话框,在【样式】下拉列表中选择【扇形】选项。

（3）选择【图层】|【图层样式】|【投影】命令，打开【图层样式】对话框，选择默认的投影参数后确认，得到的文字效果如图 6-62(a)所示。

（4）仿照步骤(1)～(3)完成如图 6-62(b)所示的文字效果。

2. 通过【变换】菜单制作变形文字

在图像上输入文字后，可以选择【编辑】|【自由变换】命令或者选择【编辑】|【变换】命令实现文字的变形。打开素材图像 bg4.jpg，如图 6-63(a)所示，选中文字"Photoshop CC 2017"，设置如上一节介绍的文字【样式】、【图层样式】和【变形文字】，然后选择【编辑】|【自由变换】命令，此时在文字的周围会显示变形调节框，通过鼠标的拖曳等操作实现文字的变形，如图 6-63(b)所示，其操作类似于图像的变形操作，这里不一一介绍。

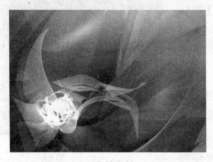

(a) 背景素材　　　　　　　　　　　　　(b) 输入下弧文字

图 6-63　文字变形

菜单【编辑】|【变换】命令下分别有【旋转】、【缩放】、【斜切】、【水平翻转】、【垂直翻转】等子命令，操作也类似于图像的变形操作。

3. 将文字转换为路径进行编辑

在 Photoshop CC 2017 中通过将文字转换成工作路径和形状的方法，可以实现编辑文本的外形轮廓，从而产生一些特殊的视觉效果。也就是说，将文字转换成工作路径或者形状后，就可以使用矢量工具编辑文字，如需要将所选的文本转换成路径时，可以在【图层】面板的文字层上右击，从弹出的菜单中选择【创建工作路径】命令，文本就被转换为路径。例如，将图 6-63(b)中文字的【图层】面板打开，右击变形文字的图层，弹出的菜单如图 6-64(a)所示，选择【创建工作路径】选项后，文字便转换成路径，如图 6-64(b)所示。转换为路径的文本的外观仍和之前一样，但是转换后只能作为路径编辑，此时所有的矢量工具都可以对它进行编辑。但是，文本一旦转换成路径，其就失去了原有的文本属性，无法再将其作为文本编辑。

从工具箱中选择【直接选择工具】，单击文字后，该字上会出现许多矢量调整点，用鼠标拖动这些矢量点，文本会产生变形。结束对文本的变形后，可以在文本以外的任意点单击，从而取消选择文本上的矢量点。

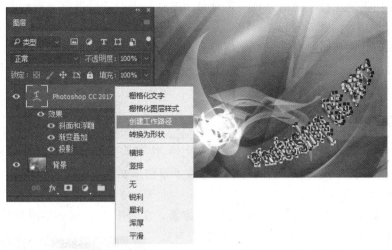

(a)【图层】面板   (b)将文字创建为工作路径

图 6-64   创建工作路径

6.6   本 章 小 结

本章主要介绍了 Photoshop CC 2017 的 3 个重要的知识点,即路径、形状与文字。

路径与形状是图像处理中的重要知识点,它们都可以用钢笔工具或者形状工具创建,但是路径是以绘制图形的轮廓线显示的,不可以打印;形状是绘制的矢量图形,二者还是有本质区别的。

文字是图像创作中不可或缺的一部分,在 Photoshop CC 2017 中,文字编辑和格式化的方法变化无穷,使用不同的样式、不同的变形、不同的编辑手段可以获得不同的文字效果。另外,创建了文字就创建了文字图层,各种图层样式都能作用于文字。

本章的操作重点较多,很多基本操作对初学者来说是必须熟练掌握的。在学习过程中,可以对重要的基本操作进行反复练习,认真归纳总结,举一反三,熟练运用和掌握这些基本操作。

6.7   本 章 练 习

1. 思考题

(1) 为什么进行图层栅格化? 栅格化后的图层是形状图层,还是普通图层?

(2)【路径选择工具】和【直接选择工具】的作用有何不同?

(3) 如何同时选中几段路径? 何为路径上的角点与平滑点? 如何将路径上的角点与平滑点互相转换?

（4）使用钢笔工具绘制的路径一定是封闭的路径吗？使用钢笔工具绘制的路径可以用什么工具调整？

（5）如何将路径转换成选区？如何存储、剪贴路径？如何对路径描边？

（6）要设置段落文字的行距与字距，应该在什么面板中完成？如何在一段路径上附加文字？如何将文字转换成路径？

2. 操作题

（1）打开本章素材文件夹中的 Jazz.jpg 文件，按下列要求对如图 6-65 所示的样张进行编辑，操作结果以 Jazz.psd 为文件名保存在本章结果文件夹中。

操作提示如下。

- 使用【椭圆选框工具】设置羽化为 32 像素。在如图 6-65 所示的样张中建立选区。在【图像】菜单中的【调整】中的【亮度/对比度】中设置亮度为 15，对比度为 89。

图 6-65　海报

- 右击，从快捷菜单中选择【选择反选】。在【图像】菜单中的【调整】中选择【黑白】。

- 分别使用【横排文字工具】输入 JAZZ 和 DANCER，设置字体为 Franklin Gothic Heavy，大小为 100 点。使用【移动工具】移动到合适位置。

- 使用【竖排文字工具】输入 MUSIC，设置字体为 Franklin Gothic Heavy，大小为 100 点。使用【移动工具】移动到合适位置。

- 右击 JAZZ 图层，选择快捷菜单中的【混合选项】命令，在图层样式中选择【渐变叠加】。在【渐变编辑器】中分别设置两端颜色为♯2d0202 和♯d09802。

- 分别右击 DANCER 和 MUSIC 图层，选择快捷菜单中的【混合选项】命令，在【图层样式】对话框中选择【渐变叠加】。在【渐变编辑器】对话框中分别设置两端颜色为♯d09802 和♯2d0202。

（2）打开本章素材文件夹中的 Blossom.jpg 文件，按下列要求对如图 6-66（a）所示的样张进行编辑，操作结果以 Blossom.psd 为文件名保存在本章结果文件夹中。

操作提示如下。

- 新建一个 21cm×29.7cm 的 RGB 文档，背景色为白色。

- 在 Blossom.jpg 文件中使用【钢笔工具】，如图 6-66（b）所示，描出图片路径，并建立选区。使用【移动工具】将选区中的图片移动到新建文档中合适的位置，并复制该图层，选择【编辑】中的【变换】中的【水平翻转】，调整到合适的大小和位置。

- 新建一个图层，分别使用【矩形选框工具】建立两个矩形选区。在【渐变编辑器】中分别在两端设置颜色为♯d7031c 和♯581f01，使用【渐变工具】填充渐变色。

(a) 效果图   (b) 用钢笔描出路径

图 6-66 广告及选区

- 分别使用【横排文字工具】输入 Fresh 和 Blossom，设置字体为 Franklin Gothic
Heavy，大小为 72 点，颜色为 ♯ffffff。分别复制这两个图层，选择【编辑】中的【变
换】中的【垂直翻转】。右击图层，从快捷菜单中选择【混合选项】中的【渐变叠加】，
在【渐变编辑器】中分别在两端设置颜色为 ♯d7031c 和 ♯ 581f01。
- 按照题目要求保存文件。

（3）打开本章素材文件夹中的"城市.jpg"文件，按下列要求对图像进行编辑，制作结
果如图 6-67 所示。操作结果以"绿洲.psd"为文件名保存在本章结果文件夹中。

图 6-67 文字描边

操作提示如下。

- 擦除图片上原有的文字。打开本章素材文件夹中的"春天.jpg"和"花朵.jpg"文
件，制作图案。

- 按样张填充路径。添加自选图形音符,颜色为红色。
- 使用【横排文字蒙版工具】输入文字"东方绿洲",文字格式为华文行楷、60点,文字变形为膨胀。居外3像素描边,颜色为最高建筑上的颜色。复制一个副本,内部3像素描边,颜色为绿色,按样张排放。

(4)按下列要求对图像进行编辑,制作结果如图6-68所示。操作结果以"祈盼.psd"为文件名保存在本章结果文件夹中。

图6-68　蒙版文字

操作提示如下。

- 打开本章素材文件夹中的"相框.jpg"和"图片4.jpg"文件,将图片4复制到相框文件,适当缩小,按样张排放。
- 复制背景层,使用【横排文字蒙版工具】输入文字"祈盼",文字格式为隶书、60点,并对图层添加斜面和浮雕的图层样式,结构方式为枕状浮雕;深度为250%,制作如样张所示的立体文字。
- 交换图层,将蒙版文字层放在最上面。

(5)利用如图6-69(a)所示的素材文件"海浪.jpg"制作如图6-69(b)所示的浮雕文字效果,操作结果以"浮雕文字-海浪.psd"为文件名保存在本章结果文件夹中。

(a)选取图案　　　　　　　　　　　　(b)效果图

图6-69　浮雕文字"海浪"

操作提示如下。

- 打开图像文件"海浪.jpg",用【矩形选框工具】在图像上建立选区,选择【编辑】|【定义图案】命令,定义名为"海浪"的图案。
- 创建一个 600 像素×320 像素的文档,设置【前景色】为♯c5ddeb,【背景色】为♯262be8,选择【渐变工具】,选择【前景色到背景色渐变】的【径向渐变】对背景进行填充,如图 6-70(b)所示。
- 居中输入文字"海浪",设置文字【字体】为"华文琥珀",【大小】为 150 像素,【字符间距】为 50 像素。

(a)【斜面和浮雕】参数设置

(b) 渐变背景

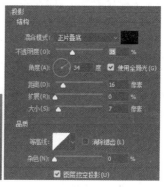
(c)【投影】参数设置

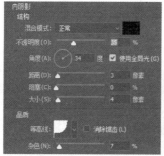
(d)【内阴影】参数设置

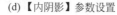
(e)【图案叠加】参数设置

图 6-70　文字【图层样式】设置

- 选择【图层】|【图层样式】|【斜面浮雕】命令,打开【图层样式】对话框,按照图 6-70(a)(c)(d)(e)所示的参数对文字设置样式,按题目要求保存结果。

(6) 按下列要求对图像进行编辑,操作结果以"屋顶.psd"为文件名保存在本章结果文件夹中。

操作提示如下。
- 打开本章素材文件夹中的"屋顶.jpg"文件,如图 6-71(a)所示。

(a)原图　　　　　　　　　　　　　　　(b)效果图

图 6-71　路径

- 使用【钢笔工具】在合适的位置描出路径,将上方左、右两个多边形的路径保存为"路径1",将底部梯形的路径保存为"路径2"(注意,也可以直接用【多边形套索】工具建立选区)。
- 右击"路径1",从快捷菜单中选择【建立选区】。使用【渐变工具】在【渐变编辑器】中分别设置两端颜色为♯d99f03 和♯655a4e,透明度为50%。
- 右击"路径2",从快捷菜单中选择【建立选区】。使用【渐变工具】在【渐变编辑器】中分别设置两端颜色为♯fcca04 和♯ffffff,透明度为37%。
- 在图像的底部建立梯形选区,并用渐变色填充。
- 完成编辑后的效果如图 6-71(b)所示,将编辑后的图像按题目要求保存。

(7) 打开素材文件夹中的素材文件"美味咖啡.psd",如图 6-72(a)所示。按照如图 6-72(b)所示的样张设置变形文字,设置后的效果图像用"美味咖啡.psd"为名保存在本章结果文件夹中。

(a)素材图像　　　　　　　　　　　　(b)效果图

图 6-72　变形文字

操作提示如下。
用变形文字"旗帜"对文字变形,用自由变换调整文字,并添加【外发光】图层样式。

　　　　　　　　　　　　　　　Photoshop CC 2017 图形图像处理教程(第2版)

第 **7** 章　图像色调与色彩的调整

本章学习重点：

- 掌握修正图像色彩失衡、曝光不足或过度等缺陷的方法。
- 掌握调整图像的色相、饱和度、对比度和亮度的方法。
- 掌握 Photoshop CC 2017 的曲线、色阶等命令。

7.1　图像的色彩基础

大千世界色彩缤纷，不论是在生活中，还是在工作中，都可以看到各种各样的色彩。恰到好处的色彩不但能让人赏心悦目、心情舒畅，而且还能表现出事物的特色和风格，烘托出事物浓烈的场景和氛围，给人留有深刻的印象，故色彩让生活丰富而且美丽。那么，五彩缤纷的色彩是怎么形成的，它们又有什么特点呢？

7.1.1　色彩的形成

在现实世界中，物体本身是没有颜色的，不同波长的光源对物体照射后，一部分光线被物体吸收，一部分光线被反射或透射出来，于是就产生了色彩，所以没有光就没有色彩，色彩是光在物体上的反映。那么，何谓光？光其实是一种以电磁波形式存在的辐射能。光有振幅和波长两个因素，而色彩的变化直接受这两个因素左右，不同波长的光作用于物体后，人们的视觉就会感受到各种不相同的色彩感觉。所以，物体表面色彩的形成取决于3个方面：光源的照射、物体本身反射的色光、环境与空间对物体色彩的影响。

7.1.2　色彩的要素

客观世界的色彩千变万化，各不相同，而视觉真正能感知的一切色彩都具有色相、明度、纯度这3种特性，又称为色彩的三要素。

1. 色相

色相就是色彩的外貌，它反映了色彩的种类，决定了颜色的基本特性。人类的视觉能感受到红、橙、黄、绿、青、蓝、紫这些不同色相的色彩,并且给这些可以区别的颜色定义名称,就形成了色相的概念。同一类颜色也能分为几种色相,如黄颜色可以分为中黄、土黄、柠檬黄等。正是色彩这种各具特色的相貌特征,才能让人类感受到一个五彩缤纷的世界。各种不同色相如图 7-1 所示。

图 7-1　色相的示意图

2. 明度

明度是色彩的明暗程度。调整明度就是调整色彩的明暗程度。白色明度最高,黑色明度最低,中间存在一个从亮到暗的灰色系列。在有彩色的图像中,任何一种纯度色彩都有自己的明度特征,如黄色为明度最高的颜色,处于光谱的中心位置,而紫色是明度最低的颜色,处于光谱的边缘位置。一个彩色物体表面光的反射率越大,对视觉刺激的程度越大,看上去越亮,这一颜色的明度就越高。明度在三要素中具有较强的独立性,它可以不带任何色相的特征而单独呈现出来。图 7-2 所示的就是不同明度的图像。

图 7-2　明度的示意图

　Photoshop CC 2017 图形图像处理教程(第 2 版)

3. 纯度

纯度即色彩的纯净程度,也称为饱和度。色彩浓度越高,色彩的纯度就越高。真正意义上纯度最高的颜色为原色,混合其他颜色次数越多的颜色,其纯度也就越低;反之,混合其他颜色次数越少,纯度就越高。

例如,一件蓝色的衬衣,它的色相就是蓝色,当它洗了多次以后,就会有些褪色,那么就可以说这件衬衣颜色的饱和度降低了。如果蓝颜色混入了白色,虽然仍旧具有蓝色相的特征,但它的纯度降低,明度提高,成为浅蓝色;当它混入黑色时,纯度降低,明度变暗,成为深蓝色;当混入与蓝色明度相似的中性灰时,它的明度没有改变,但是纯度却降低,成为蓝灰色,如图 7-3 所示。

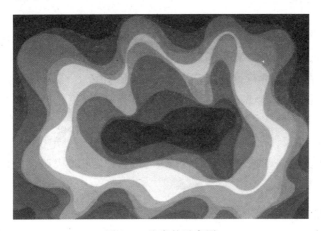

图 7-3　纯度的示意图

4. 色调

当色彩之间发生作用时,除了色彩的三要素外,各种色彩之间还能形成色调,如红色、黄色、橙色等为暖色调,可以象征太阳、火焰等;蓝色、黑色等为冷色调,象征月夜、大海等;灰色、白色等为中间色调。色调是指一幅图像作品中具有某种内在联系的色彩组成的一个完整统一的整体,形成画面色彩的一个总的趋向。冷暖色调示意图如图 7-4 所示。所以,色相、明度、纯度、色调是色彩的要素。

图 7-4　冷暖色调示意图

7.2 图像的色调调整

图像色调的调整主要是对图像明暗关系以及整体色调进行调整。无论是平面作品，还是数码相片，经常需要调整图像的明暗关系，或是将图像原来的色调更改成另一种色调。Photoshop 提供了很多色调调整的命令，包括【亮度/对比度】、【色阶】、【曲线】、【曝光度】和【阴影/高光】命令等。合理利用这些命令，可以制作出画面效果极佳的图像。

7.2.1 自动调整

大千世界色彩缤纷，人们在记录生活中的精彩瞬间后，常常会发现拍摄的图像因为种种原因留下的遗憾。为了使图像的色彩更加绚丽，为了让镜头记录的画面更加充满活力，需要对色彩有瑕疵的图像进行修饰。Photoshop CC 2017 图像修饰功能强大，能调整图像的明暗关系和整体色调，能调整曝光度和色彩组合，能校正镜头的畸变和晕影，可以对图像做锐化和降噪等。

Photoshop CC 2017 已经预设了一些对图像的颜色、色阶等快速调整的命令，使用这些命令可以加快图像编辑的速度。打开图像后执行相应的快速调整命令，就可以快速完成调整图像的色彩效果。

1. 自动色调

【自动色调】命令可以调整图像的明暗度。可以将图像的每个通道中最亮和最暗的像素调整为纯白或纯黑，然后按比例重新分布中间的像素。由于【自动色调】命令单独调整每个颜色通道，所以可能会移去颜色或引入色偏。选择【图像】|【自动色调】命令，或按下Shift+Ctrl+L 组合键，就可以自动调整图像的色调。

2. 自动对比度

【自动对比度】命令可以调整图像中颜色的对比度，即调整图像中亮部和暗部的对比度，使得高光区显得更亮，阴影区显得更暗，从而增加图像的对比度。选择【图像】|【自动对比度】命令，或按下 Alt+Shift+Ctrl+L 组合键，就可以自动调整图像的对比度了。

3. 自动颜色

【自动颜色】命令可以调整图像中颜色的平衡关系。可以在图像中自动查找高光和暗调的平均色调值调节图像的色相饱和度，且可以自动设置图像中的灰色像素达到调节图像色彩平衡的功能，从而使得图像颜色更鲜艳。选择【图像】|【自动颜色】命令，或按下Shift+Ctrl+B 组合键，就可以自动调整图像的颜色。

利用 Photoshop 的自动调整功能，可以快速调整图像的色调与对比度，但是这种调节方法不一定精准，有时色调的平衡度调整得不是很好。

图像的色调主要是控制图像明暗度的调整。画面中的图像如果比较暗,则可以通过下面学习的色阶、自动色阶、曲线、亮度或对比度等进行调整,使图像变得更加符合设计的需求。

7.2.2　亮度和对比度

【亮度/对比度】命令是用来调节图像的明亮程度和对比度的命令,不可以对单一的通道进行调节。对偏亮或偏暗的图像使用该命令,容易使图像丢失细节。如果要精细地调节图像的亮度或者对比度,则要用色阶或曲线命令进行调节。

选择【图像】|【调整】|【亮度/对比度】命令,可打开【亮度/对比度】对话框,如图 7-5 所示。

【亮度】调节时拖动滑块或在文本框中输入 −100～＋100 之间的数值,便可调节图像的明暗程度。向右移动滑块增加亮度,向左反之,如图 7-5 所示。

图 7-5　【亮度/对比度】对话框

【对比度】调节时拖动滑块或在文本框中输入 −100～＋100 的数值,便可调节图像的对比度。向右移动滑块增强对比效果,向左反之,如图 7-5 所示。亮度与对比度调节前、后的图像如图 7-6(a)(b)(c)所示。

(a) 原图　　　　　　(b) 亮度为80的图像　　　　(c) 对比度为80的图像

图 7-6　亮度与对比度调节前、后的图像

7.2.3　色阶

使用【色阶】命令可以精确调整图像的阴影、中间调和高光的强度级别,校正图像的色调的范围和色彩平衡关系。一般可修整图像的曝光不足或曝光过量的问题。选择【图像】|【调整】|【色阶】命令,或按下 Ctrl＋L 组合键,即可打开【色阶】对话框,如图 7-7 所示。在【色阶】对话框内可以对各项参数进行调节。

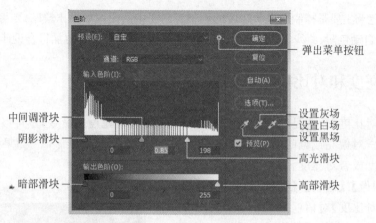

图 7-7 【色阶】对话框

【色阶】对话框中各选项的意义如下。

(1)【预设】下拉列表框：可以选择调节图像中的所有颜色或单独调节特定颜色的阴影、中间调、高光、对比度,单击右侧的弹出菜单按钮可以打开下拉列表。下拉列表中的选项如图 7-8 所示。

图 7-8 【色阶】对话框中的【预设】选项

利用预设选项对图像进行处理,效果如图 7-9(a)(b)(c)(d)所示。

(a)原图   (b)中间调较暗   (c)较亮   (d)加亮阴影

图 7-9 利用【预设】选项调整色调

(2)【通道】下拉列表框：可以选择所要调整的颜色通道。通过选择不同的通道进行参数设置,可以得到不同色调的图像效果,默认为【RGB】颜色通道,其他还有【红】、【绿】、【蓝】3 个独立的颜色通道。调整复合通道时,各种颜色的通道像素会按比例自动调整,避

Photoshop CC 2017 图形图像处理教程(第 2 版)

免改变图像色彩平衡。利用【通道】调整颜色如图 7-10(a)(b)(c)(d)所示。

(a)原图　　　　　(b)红色通道　　　　　(c)绿色通道　　　　　(d)蓝色通道

图 7-10　利用【通道】调整颜色

(3)【输入色阶】选项：该选项下有 3 个选项滑块，在色阶对应的文本框中输入数值或拖曳滑块调整图像的色调范围，可以提高或降低图像的明暗程度。左侧方框用于设置图像暗部色调，其范围是 0～253，通过数值可将图像的效果变暗。中间方框用于设置图像中间色调，其范围是 0.10～9.99，可以将图像变亮。右侧方框用于设置图像亮部色调，其范围是 2～255，通过数值，可将图像的效果变为亮白。用鼠标拖曳左、中、右 3 个滑块时，文本框中的数值也会相应发生变化，调节图像明暗程度的效果与直接在文本框中输入参数一样，如图 7-11(a)所示。

- 【阴影滑块】：用于设置暗部的色调值，向右拖动可增加输入色阶中左侧方框的值，图像变暗。
- 【中间调滑块】：用于扩大或缩小中间的色调范围，向左、右拖动可增加或减少输入色阶中间方框的值。
- 【高光滑块】：用于设置亮部的色调值，向左拖动可减少输入色阶中右侧方框的值，图像变亮。

用色阶技术调整曝光不正确的图像前、后对比如图 7-11(b)(c)所示。

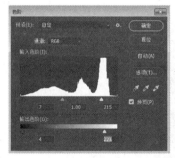  

(a)【色阶】对话框　　　　　(b)原图（曝光不正确）　　　　　(c)调整后的图像

图 7-11　利用【输入色阶】调整图像

(4)【输出色阶】选项：该选项下有两个选项滑块，分别为【暗部滑块】和【亮部滑块】，拖曳这两个滑块，可以使图像中较暗的部分变亮，使图像中较亮的部分变暗。

有些图像只缺少暗色调，可以直接调节右侧的【亮部】滑块，使图像整体变暗。有些图像只缺少亮色调，可以直接调节左侧的【暗部】滑块，使图像整体变亮。调整的效果如

图 7-12(a)(b)(c)所示。

(a)原图　　　　　　(b)调整暗部滑块的效果　　(c)调整亮部滑块的效果

图 7-12　利用【输出色阶】调整图像

(5)【弹出菜单按钮】：单击该按钮，可以打开下拉菜单，其中有 3 个选项。
- 【存储预设】选项：单击该选项，可以将当前设置的参数存储下来，存储文件的扩展名是 ＊.ALV，在【预设】下拉列表中可以看到被存储的选项。
- 【载入预设】选项：单击该选项，可用于载入外部的色阶文件作为当前图像文件的调整参数。
- 【删除当前预设】选项：单击该选项，可以删除当前选择的预设。

(6)【自动】按钮：单击该按钮，可以将图像【暗部】和【亮部】自动调整到最暗和最亮。

(7)【选项】按钮：单击该按钮，可以打开【自动颜色校正选项】对话框，在对话框中可以设置【阴影】和【高光】所占的比例，如图 7-13 所示。

图 7-13　【自动颜色校正选项】对话框

Photoshop 的【色阶】和【曲线】中都有设置黑场、灰场和白场的工具，其原理是当使用它们中的一个吸管单击图像中的某一点时，与这点颜色相近或相等的颜色值将被替换为

Photoshop CC 2017 图形图像处理教程(第 2 版)

当前吸管的色值。

在 RGB 模式下,默认的【黑场】值为(0,0,0),默认的【灰场】值为(128,128,128),默认的【白场】值为(255,255,255)。双击这 3 个图标按钮,可以打开颜色【拾色器】对话框,此时可以指定新的黑、灰、白场数值。因为如果将白场设为偏红,那么以后使用白场设定之后,图像也将偏红。如果更改了黑、白、灰场设定值,确认操作后,系统会提示是否保存为默认值,如果不保存,再次打开 Photoshop 时,软件便还原为默认值。

(8)【设置黑场】按钮 🖋 :用来设置图像中阴影的范围。在【色阶】对话框中单击【设置黑场】按钮,在图像中选取点处单击,此时图像中比选取点更暗的像素颜色将会变得更深(黑色选取点除外)。

(9)【设置灰场】按钮 🖋 :用来设置图像中中间调的范围。在【色阶】对话框中单击【设置灰场】按钮,在图像中选取点处单击,可以对图像中间色调的范围进行平均亮度的调节。一般地,照片在拍摄中发生偏色情况,可用灰色吸管根据生活常识调整图像的偏色问题。

(10)【设置白场】按钮 🖋 :可以用来设置图像中高光的范围。在【色阶】对话框中单击【设置白场】按钮,在图像中选取点处单击,此时图像中比选取点更亮的像素颜色将会变得更浅(白色选取点除外)。

使用【设置白场】按钮在图 7-14(a)所示的原图像颜色最亮处单击,调整后的图像如图 7-14(b)所示。

(a) 原图   (b) 使用白场调整后的图像

图 7-14 使用【白场】调整图像

7.2.4 曲线

【曲线】命令与【色阶】命令类似,可以调节图像的整体明暗色调的范围,应用比较广泛。它不但可以对图像的整体明暗色调进行调整,也可以对个别颜色通道的色调精确调整,使图像的修饰更加细致、精确。

1. 曲线调节

选择【图像】|【调整】|【曲线】命令,或按下 Ctrl+M 组合键,可打开【曲线】对话框,如图 7-15 所示。

【曲线】对话框中,X 轴代表图像的输入色阶,从左到右分别为图像的最暗区和最亮

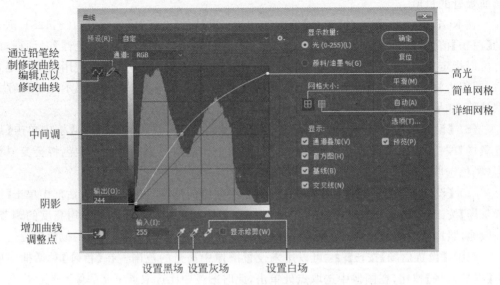

通过铅笔绘制修改曲线
编辑点以修改曲线

中间调

阴影

增加曲线调整点

设置黑场　设置灰场　　　设置白场

高光
简单网格
详细网格

图 7-15　【曲线】对话框

区。Y 轴代表图像的输出色阶,从上到下分别为图像的最亮区和最暗区。设置曲线形状时,将曲线向上或向下移动,可以使图像变亮或变暗。在曲线上单击,曲线向左上角弯曲,图像变亮;当曲线形状向右下角弯曲,图像变暗。通过调整曲线和控制点调整图像的效果。【曲线】对话框中各选项的意义如下。

(1)【编辑点以修改曲线】按钮 ：单击此按钮,可以在曲线上添加控制点调整曲线。控制点的数值会显示在【输入】和【输出】文本框中。多次单击可生成多个控制点,按住 Shift 键后单击控制点,可选择多个控制点;或按住 Ctrl 键后单击控制点,可以删除多余的控制点。

(2)【通过铅笔绘制修改曲线】按钮 ：单击此按钮,可以在直方图内绘制曲线。

(3)【高光】:拖曳【高光】控制点,可以改变图像的高光。

(4)【中间调】:拖曳【中间调】控制点,可以改变图像中间调,当曲线向左上角弯曲,图像变亮;当曲线形状向右下角弯曲,图像变暗。【曲线】调节图像的变化如图 7-16 所示。

(5)【阴影】:拖曳【阴影】控制点,可以改变图像的阴影。

(6)【显示修剪】复选框:勾选该复选框,可以在预览图像中显示修剪的位置。

(7)【显示数量】选项:其中有【光】和【颜料/油墨】两个单选项,分别表示加色与减色颜色模式状态。

(8)【显示】选项:包括显示【通道叠加】、显示色阶【直方图】、显示对角线的【基线】和显示【交叉线】4 个选项,可以根据编辑的需要选择相应的选项。

(9)【简单网格】按钮 ：单击该按钮,可以在直方图中显示网格线的边长为预览窗口的 25% 的网格。

(10)【详细网格】按钮 ：单击该按钮,可以在直方图中显示网格线的边长为预览窗口的 10% 的网格。

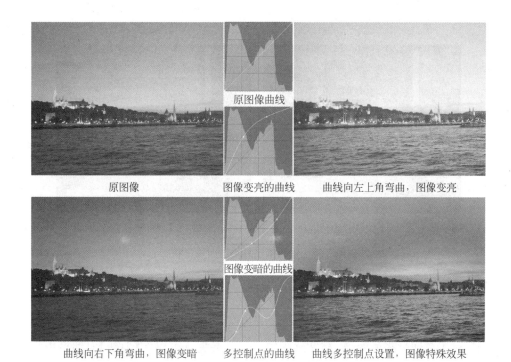

原图像   原图像曲线   图像变亮的曲线   曲线向左上角弯曲，图像变亮

曲线向右下角弯曲，图像变暗   图像变暗的曲线   多控制点的曲线   曲线多控制点设置，图像特殊效果

图 7-16 【曲线】调节图像的变化

（11）【增加曲线调整点】按钮：单击此按钮后，使用鼠标指针在图像上单击，会自动按照图像单击处像素的明暗在曲线上创建调整控制点，按下鼠标在图像上拖曳即可调整曲线。【增加曲线控制点】调整曲线示意图如图 7-17 所示。

图 7-17 【增加曲线控制点】调整曲线

2. 铅笔调节

使用铅笔绘制曲线的形状，曲线的变化更多种多样。单击【曲线】对话框中的【通过铅笔绘制修改曲线】按钮，用鼠标在直方图中绘制所需形状的曲线，如图 7-18（a）所示，然后单击【平滑】按钮，让曲线变得更加平滑流畅，再进行细节调整，使其更加满意，如图 7-18（b）

所示。

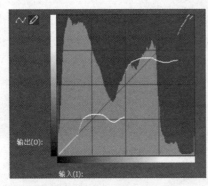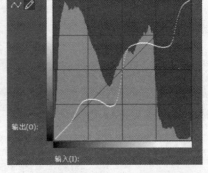

(a) 单击【平滑】按钮前铅笔绘制的曲线　　　　(b) 单击【平滑】按钮后铅笔绘制的曲线

图 7-18　用铅笔工具绘制曲线形状

例 7.1　用色阶调节的方法对高色调图像、低色调图像和平均色调图像的颜色进行调整。

操作步骤如下。

(1) 对于色调过亮的图像,会导致图像的细节丢失。可以在【曲线】对话框中将高亮区向下稍作调整,减少高亮区,同时将中间色调区和阴影区域也调整一下,通过这样的调节,使图像更加富有层次感,如图 7-19(a)(b)所示。

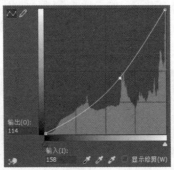

(a) 原图　　　　　　　　　　　　　　　　　　　　　(b) 调节后图像

图 7-19　调整过亮色调的图像

(2) 对于色调过暗的图像,往往容易导致图像的细节丢失。可以在【曲线】对话框中将阴影区向上稍作调整,减少阴影区,同时将中间色调区和阴影区域也调整一下,按这样的比例调节各色阶后,使图像更加富有层次感。如图 7-20(a)(b)所示。

(3) 平均色调图像的色调过于集中在中间色调的范围内,缺少明暗对比。可以通过锁定曲线的中间色调区域,将阴影区的曲线稍向下调,将高亮区的曲线稍向上调,使图像的明暗对比明显一些,如图 7-21(a)(b)所示。

　　　　Photoshop CC 2017 图形图像处理教程(第 2 版)

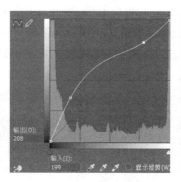

(a) 原图   (b) 调节后图像

图 7-20　调整偏暗色调的图像

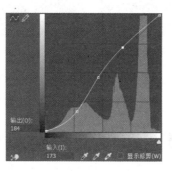

(a) 原图   (b) 调节后的图像

图 7-21　调整平均色调的图像

7.2.5　曝光度

　　数码照片在拍摄时因为光线的原因常常会引起曝光不正确。曝光度越高越亮,曝光度越低越暗。【曝光度】命令可以调整图像的色调,一般用于调整相机拍摄的曝光不足或曝光过度的照片。调整曝光度的具体操作步骤如下。

　　选择【图像】|【调整】|【曝光度】命令,打开【曝光度】对话框,如图 7-22 所示。

图 7-22　【曝光度】对话框

拖曳【曝光度】下方的滑块或输入相应数值,可以调整图像的高光。正值增加图像曝光度,负值降低图像曝光度。【位移】参数可用于调整图像的阴影,此参数对图像的高光区域影响较小,向右拖动滑块,使图像的阴影变亮。【灰度系数校正】参数用于调整图像的中间调,对图像的阴影和高光区域影响小,向左拖动滑块,使图像的中间调变亮。在【预设】下拉列表中可以选择调整的参数。图像调整曝光度前、后的效果示意图如图 7-23(a)(b)所示。

(a) 原图　　　　　　　　　　　　　　(b) 调整曝光度后的效果

图 7-23　图像调整曝光度前、后的效果

7.3　图像的色彩调整

Photoshop CC 2017 具有很强的色彩处理功能,但是这些处理功能都建立在一些最基本的色彩理论基础上。通过学习色彩的基本知识进一步精通色彩的各种调节方式,可以让图像变得更加生动多彩。

7.3.1　自然饱和度

饱和度是色彩中的一个重要概念。调整饱和度可以理解为同步提升图像上所有色彩的纯度。适当提升饱和度,可以使图像更鲜艳、生动,但是如果饱和度过度提升,会导致图像色彩严重失真。

自然饱和度与饱和度相似,但其只对画面中饱和度不高的部分颜色起作用,对画面中已经很饱和的颜色部分基本没有影响。特别地,自然饱和度对肤色进行了特殊处理,会尽量减少对肤色的影响,以避免失真。此外,相比其他色彩,自然饱和度对蓝色的提升效果稍明显,在调整天空时可以使色彩更加鲜艳。

选择【图像】|【调整】|【自然饱和度】命令,打开【自然饱和度】对话框,如图 7-24 所示,在对话框内可以对【自然饱和度】和【饱和度】两项参数进行调整。

图 7-24　【自然饱和度】对话框

　Photoshop CC 2017 图形图像处理教程(第 2 版)

7.3.2 色相/饱和度

在【色相/饱和度】对话框中可以完成图像像素的色相、饱和度、明度的调整和改变,可以定义图像全新的色相和饱和度,并可以实现创作单色调图像效果。选择【图像】|【调整】|【色相/饱和度】命令,或按下 Ctrl+U 组合键,可打开【色相/饱和度】对话框,如图 7-25 所示。

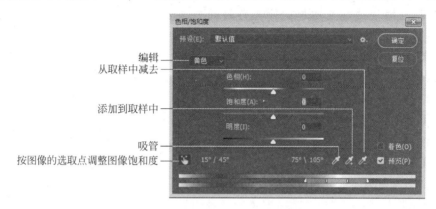

图 7-25 【色相/饱和度】对话框

其中各选项的意义如下。

(1)【预设】下拉列表:系统预先保存的调整的样式,有【氰版照相】、【强饱和度】、【增加饱和度】、【旧样式】、【深褐】、【红色提升】、【黄色提升】等【色相/饱和度】的预设样式,调整的图像效果如图 7-26 所示。

图 7-26 使用【色相/饱和度】命令调整的图像效果

（2）【编辑】下拉列表：从列表中选择所需要调整颜色的范围。其中,【全图】表示对图像中的所有像素都起作用。选择其他颜色,则只对所选颜色的【色相】、【亮度】和【饱和度】进行调节。

（3）【色相】参数：该参数可以调整颜色,拖动滑块或在文本框中输入数值调节图像的色相。调节范围是－180～＋180。

（4）【饱和度】参数：该参数可以调整颜色的纯度,颜色越纯,饱和度越大;反之,饱和度越小。拖动滑块或在文本框中输入数值调节图像的饱和度。调节范围是－100～＋100。向左移动滑块降低图像饱和度,向右移动滑块增加图像饱和度。

（5）【明度】参数：该参数可以调整色调的明暗度,拖动滑块或在方框中输入数值调节图像的明度。调节范围是－100～＋100。向左移动滑块减少图像明度,向右移动滑块增加图像明度。

（6）【吸管工具】按钮 ：在图像编辑中选择具体的颜色时,吸管就处于可选状态。选择【吸管工具】,可以利用下面的【颜色条】选取颜色,增加或减少所编辑的颜色范围。

（7）【添加到取样】按钮 ：即带"＋"号的吸管工具,或用【吸管】工具时按住 Shift 键,可以在图像中为已选取的色调增加范围。

（8）【从取样中减去】按钮 ：即带"－"号的吸管工具,或用【吸管】工具时按住 Alt 键,则可在图像中为已选取的色调减少调整的范围。

（9）【着色】复选框：勾选该复选框后,可以将一幅彩色的图像处理成单一色调的图像。

（10）【按图像的选取点调整图像饱和度】按钮 ：单击此按钮,使用鼠标在图像的相应位置拖曳时,会自动调整被选取区域颜色的饱和度。

（11）【颜色条】：上方的颜色条可以显示图像调整前的颜色样本,下方的颜色条可以显示调整后的颜色。

在【色相/饱和度】对话框中单击【预设】下拉列表右边的按钮 ,使用【载入预设】和【存储预设】选项可载入或保存对话框中的设置,其文件的扩展名为"＊.AHU"。

7.3.3 色彩的平衡

在图像的色彩中,一种颜色成分的减少必然导致它的互补色成分的增加,不可能出现一种颜色和它的互补色同时增加或减少的情况。另外,每种颜色可以由它的相邻颜色混合得到。例如,绿色的互补色洋红色是由绿色和红色重叠混合而成,红色的互补色青色是由蓝色和绿色重叠混合而成。【色彩平衡】命令可以改变图像的总体颜色混合,纠正图像的色偏,并且在暗调区、中间调区和高光区通过控制各个单色的成分平衡图像的色彩,根据自己的喜好调出具有特殊色彩效果的图像。

选择【图像】|【调整】|【色彩平衡】命令,或按下 Ctrl＋B 组合键,可打开【色彩平衡】对话框,如图 7-27 所示。

对话框中各选项的意义如下。

（1）【色彩平衡】区域：该区域中有 3 个滑块可以调节色彩,拖曳滑块到所需颜色一侧

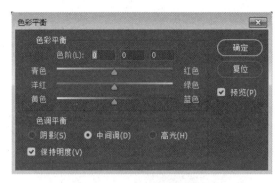

图 7-27 【色彩平衡】对话框

可增加这种颜色,或是在【色阶】文本框中输入－100～＋100 的数值调整色彩。如要减少图像中的青色,则拖曳第一个滑块向红色方向移动,因青色和红色为互补色,因此减少青色就是增加红色,如图 7-28(a)(b)所示。

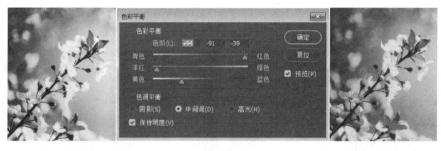

(a) 原图   (b) 调整后的图像

图 7-28　使用【色彩平衡】命令调整图像前、后效果图

　　(2)【色调平衡】区域:该选项有【阴影】、【中间调】和【高光】3 个单选按钮,可以选择要重点更改的色调范围。选择【保持亮度】选项,在调节图像色彩平衡时,可以保持图像的亮度值不变。

7.3.4　黑白

　　Photoshop 中的【黑白】命令可以让彩色的图像转换为高品质的灰度图像,同时可以分别对各种颜色转换进行调整,对个别色彩产生不同的侧重,可以精确地控制图像的明暗层次,制作出非常出色的图像效果。选择【图像】|【调整】|【黑白】命令,【黑白】对话框如图 7-29 所示。

　　其中各选项的意义如下。

　　(1)【预设】下拉列表:该下拉列表中是系统预先设置好的图像【黑白】处理的各种效果,下拉列表中的选项包括【默认】、【自定】、【蓝色滤镜】、【绿色滤镜】、【红外线】等。可以根据自己的喜好选择【预设】的黑白效果的样式处理图像,效果如图 7-30(a)(b)(c)(d)所示。

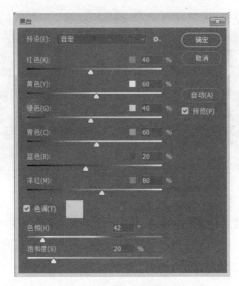

图 7-29　【黑白】对话框

(a) 原图

(b) 绿色滤镜

(c) 红外线

(d) 自定：色相为250、
饱和度为50%

图 7-30　使用【黑白】命令修饰图像前、后效果图

　　(2)【颜色】区域：该区域中有【红色】、【黄色】、【绿色】、【青色】、【蓝色】和【洋红】等颜色，可以调整这些颜色修饰图像的黑白效果。

　　(3)【自动】按钮：单击该按钮后，可以自动将图像调整为明暗适度的黑白图像。

　　(4)【色调】复选框：勾选该选项，可以为图像添加颜色。单击右边的颜色按钮，可以打开【拾色器(色调颜色)】选择合适的颜色，并可调整下面的【色相】与【饱和度】，直到图像的颜色满意为止。

7.3.5　照片滤镜

　　【照片滤镜】命令类似模仿传统相机滤镜，在镜头前加一个有色镜片，将图像调整为冷、暖色调，从而获得特殊效果。同时，可以选择色彩设置，对图像应用的色相进行调节。选择【图像】|【调整】|【照片滤镜】命令，可打开【照片滤镜】对话框，如图 7-31 所示。

————　Photoshop CC 2017 图形图像处理教程(第 2 版)

图 7-31　【照片滤镜】对话框

对话框中各选项的意义如下。

（1）【滤镜】选项：选择该单选按钮后，可根据需要选择各种预设滤色镜片，用来调节图像中的色彩。

（2）【颜色】选项：选择该单选按钮后，再单击其右侧的颜色块，可在【拾色器（照片滤镜颜色）】中选择指定滤色片的颜色。

（3）【浓度】参数：可用滑块或数值调节应用到图像上的色彩的浓度数量。数值越大，色彩越接近饱和。

（4）【保留明度】复选框：勾选该复选框后，可以保证添加颜色滤镜后，图像的亮度不变。

应用各种滤镜得到的图像的各种效果如图 7-32(a)(b)(c)所示。

　(a) 原图　　　　　　　　(b) 深黄滤镜　　　　　　　(c) 深祖母绿滤镜

图 7-32　使用【照片滤镜】命令得到的各种滤镜效果

7.3.6　通道混合器

图像的颜色通道记录了图像中某种颜色分布的情况,对于一幅偏色的图像,通常是因为某种颜色过多或缺失造成的,此时可以执行【通道混合器】命令对问题通道进行调整,从而改变图像的偏色问题。【通道混合器】命令是利用保存颜色信息的通道混合通道的颜色,使之起到对目标颜色通道进行调整和修复的作用。图像只有在 RGB 模式和 CMYK模式下才可以使用【通道混合器】命令。图像的模式不同,【输出通道】下拉列表中的选项也会不同,并且【源通道】选项区域中的选项也会发生改变。该命令也可通过这种方式调节灰度图像或创建单一色调图像。

选择【图像】|【调整】|【通道混合器】命令,可打开【通道混合器】对话框,如图 7-33 所示。

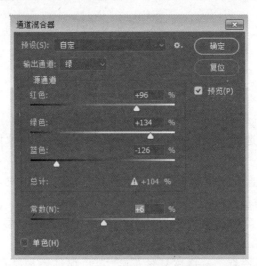

图 7-33　【通道混合器】对话框

对话框中各选项的意义如下。

(1)【预设】下拉列表:该下拉列表中提供了多种通道预设选项,可以选择不同的通道预设调整图像。用【通道混合器】调整图像,参数设置如图 7-33 所示,调整前、后效果如图 7-34(a)(b)所示。

(2)【预设选项】按钮 ![icon]:单击该按钮,可以存储或载入预设。

(3)【输出通道】下拉列表:可以从中选择要调整的颜色通道,不同的颜色模式有不同的通道选项。如 RGB 模式下,选项是【红】、【绿】和【蓝】通道,每个通道的调节区域为－200～＋200。

(4)【常数】参数:拖曳滑块可以调整通道的不透明度。负值为增加该通道的互补色,正值为减少该通道的互补色。

(5)【单色】复选框:选择此复选框,可将彩色图像变成灰度图像。

对偏红色的图像进行调整,将【输出通道】改为"绿"。【源通道】各项参数的设置如图 7-33 所示,图像调整前、后效果如图 7-34 所示。

　　　　　　　Photoshop CC 2017 图形图像处理教程(第 2 版)

(a) 原图　　　　　　　(b) 用【通道混合器】调整后的效果

图 7-34　使用【通道混合器】命令调节图像的效果

7.3.7　颜色查找

【颜色查找】命令可用于对图像的色彩进行校正,可以从网络上下载调色预设文件【3DLUT 文件】(即 3D Look-Up-Table 三维颜色查找表文件,可以精确校正图像色彩)、【摘要】、【设备链接】等,将其载入 Photoshop,利用系统预设或者载入的 3DLUT 调色文件打造一些特殊的图像效果。【颜色查找】对话框如图 7-35 所示,单击【3DLUT 文件】右侧的下拉列表,选择【LateSunset.3DL】选项,调整颜色的前、后效果如图 7-36(a)(b)所示。

图 7-35　【颜色查找】对话框

(a) 原图　　　　　　　(b) 用【LateSunset.3DL】调整图像

图 7-36　使用【颜色查找】命令调整图像前、后效果图

7.3.8 反相

【反相】命令可以将图像中的颜色和亮度全部反转,它最大的特点是可以把所有颜色都转换成它的相反颜色显示,如将黄色转变为蓝色、红色转变为青色。反相图像时,通道中每个像素的亮度值转换为 256 级颜色值刻度上相反的值,可以用来制作一些反转效果的图像。反相还可以单独对层、通道、选取范围或整个图像进行调整。

选择【图像】|【调整】|【反相】命令,或按下 Ctrl+I 组合键,执行【反相】命令后效果如图 7-37(a)(b)所示。

(a) 原图像   (b) 反相后的图像

图 7-37　使用【反相】命令调整图像前、后效果图

7.3.9 色调分离

【色调分离】命令可以指定图像的色阶级数,并根据图像的像素反映为最接近的颜色,色阶数值越大,图像的颜色信息越多,图像颜色变化越细腻,但效果不明显。反之,色阶值越小,图像的颜色信息越少,图像颜色变化越剧烈。在图像中创建特殊效果时,此命令可以减少灰度图像中的灰色色阶数,使效果变得很明显。

选择【图像】|【调整】|【色调分离】命令,可打开【色调分离】对话框,色阶数分别设为 5 和 15 时的图像效果如图 7-38(a)(b)(c)所示。

 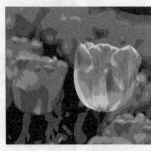 

(a) 原图　　　　　　　(b) 色阶为5的图像效果　　　　　　　(c) 色阶为15的图像效果

图 7-38　使用【色调分离】命令调整图像前、后效果图

Photoshop CC 2017 图形图像处理教程(第 2 版)

7.3.10　阈值

【阈值】命令是将灰度图像或彩色图像转变为高对比度的黑白图像。当指定某个具体的色阶作为阈值时,所有比阈值暗的像素都转换为黑色,而所有比阈值亮的像素都转换为白色,其变化范围为1～255。选择【图像】|【调整】|【阈值】命令,可打开【阈值】对话框,如图7-39所示。

图7-39　【阈值】对话框

对话框中各选项的意义如下。

【阈值色阶】文本框:可用来设置黑色和白色分界数值,数值越大,黑色越多;数值越小,白色越多。使用滑块或在文本框中输入数值进行调节。使用【阈值】命令调整图像前、后效果图如图7-40(a)(b)所示。

(a) 原图像　　　　　　　　　　　(b) 阈值为140的图像效果

图7-40　使用【阈值】命令调整图像前、后效果图

7.3.11　渐变映射

【渐变映射】命令可以使用渐变颜色对图像进行叠加,可将图像中的灰度范围映射为渐变方式填充图像,从而改变图像的色彩,产生各种不同的渐变特殊效果。

选择【图像】|【调整】|【渐变映射】命令,可打开【渐变映射】对话框,如图7-41所示。

对话框中各选项的意义如下。

(1)【灰度映射所用的渐变】颜色条:单击灰度映射右侧的下拉按钮,从渐变列表中

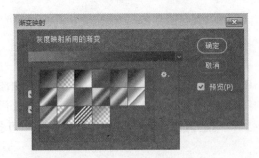

图 7-41 【渐变映射】对话框

选择需要的渐变类型作为映射的渐变色。图像的暗调、中间调和亮调会分别映射到渐变
填充的起始、中点和结束颜色。单击【灰度映射所用渐变】颜色条,可显示如图 7-42 所示
的【渐变编辑器】。例如,使用【紫、橙渐变】样式对图像进行调整,调整前、后的图像如
图 7-43(a)(b)所示。

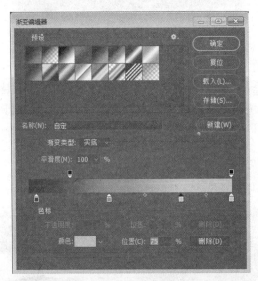

图 7-42 【渐变编辑器】对话框

(a) 原图   (b) 调整后的紫、橙渐变效果   (c) 紫、橙渐变反相后的效果

图 7-43 【渐变映射】的反向效果

(2)【仿色】复选框:选中该复选框,可以在渐变后的图像上添加一些杂色,这样可以
让图像更加细致。

（3）【反向】复选框：选中该复选框，可以将渐变填充的方向切换为反向渐变，呈现负片的效果，如图7-43(c)所示。

【渐变编辑器】中的【色标】增删，以及颜色的选取在前面章节中已经介绍，这里不再介绍。

7.3.12　可选颜色

【可选颜色】命令用来校正色彩不平衡问题和调整颜色，主要针对的是 RGB、CMYK、黑、白和灰等主要颜色的调节。可以有选择性地修改图像某一主色调成分，在其中增加或减少印刷颜色的含量，而不影响该印刷色在其他主色调中的表现，最终达到对图像的颜色进行校正，如通过可选颜色中减少图像红色像素中的青色部分，同时保留其他颜色中的青色部分不变。

选择【图像】|【调整】|【可选颜色】命令，可打开【可选颜色】对话框，如图7-44所示。

【可选颜色】对话框中各选项的意义如下。

（1）【预设】下拉列表：该下拉列表中有【默认值】和【自定义】两个选项，也可以单击右边的按钮，选择【载入预设】或者【存储预设】。

（2）【颜色】下拉列表：从该下拉列表中可以选择所要调节的主色，然后分别拖动对话框中的【青色】、【洋红】、【黄色】和【黑色】4个颜色滑块进行调节，滑块的变化范围是 $-100\%\sim+100\%$。

（3）【方法】：用来决定色彩值的调节方式。按照原来 CMYK 值的百分比计算。

图7-44　【可选颜色】对话框

- 【相对】单选按钮：选择该单选项，可按颜色总量的百分比调整当前的青色、洋红、黄色和黑色的量。例如，要是图像中的洋红含量为 50%，选择【相对】选项后会增加 10%，将有 5% 添加到洋红中，结果图像中洋红的含量为 $50\%\times10\%+50\%=55\%$。

- 【绝对】单选按钮：选择该单选项，可按当前的青色、洋红、黄色和黑色的量采用绝对调整。例如，要是图像中洋红的含量为 50%，增加 10%，则图像中洋红的含量为 $50\%+10\%=60\%$。

使用【可选颜色】命令减少图像的洋红颜色，图像处理前、后效果图如图7-45(a)(b)所示。

7.3.13　阴影和高光

使用【阴影/高光】命令可以修复图像中过亮或过暗的区域，可以矫正由强逆光导致的局部过暗的图像，也可以校正由于太接近相机闪光灯而过亮的相片，而且它不是简单地使

(a) 原图   (b) 调整洋红色后的效果

图 7-45   使用【可选颜色】命令调整图像前、后效果图

图像变亮或变暗,而是根据图像中的阴影或高光的色调增亮或变暗,从而使图像尽量显示更多的细节。选择【图像】|【调整】|【阴影/高光】命令,可以打开【阴影/高光】对话框。选择【显示更多选项】复选框后,可以打开扩展的对话框,如图 7-46 所示。

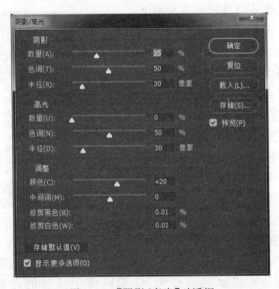

图 7-46   【阴影/高光】对话框

对话框中各参数的意义如下。

(1)【阴影】区域:该区域可以设置阴影色调,控制阴影变亮的程度,调整阴影色调的修改范围,即控制每个像素周围相邻像素半径的大小。3 个参数分别是【数量】、【色调】和【半径】。

(2)【高光】区域:该区域可以设置高光变暗的程度,控制高光色调的修改范围,控制每个像素周围相邻像素半径的大小。3 个参数分别是【数量】、【色调】和【半径】。

(3)【调整】区域:该区域可以进行颜色校正,在图像已更改的区域中微调颜色,并调整中间调的对比度。还可以修剪黑色(或者修剪白色),值越大,生成的图像的对比度越大。

调整【阴影/高光】对话框中的参数如图 7-46 所示。曝光过度的图像调整前、后的效果如图 7-47(a)(b)所示。

(a)原图　　　　　　　　　(b)调整【阴影/高光】后的效果

图 7-47　调整【阴影/高光】前、后的效果

7.3.14　HDR 色调

HDR 的全称是 High Dynamic Range,意思是高动态范围。在自然界,光线的强弱是千变万化的,一些很亮或很暗的光不可能在同一张照片上完全表现出来。如果同时用相机对景色明亮部分和阴暗部分拍照,就会得到图像画面曝光有遗憾的照片,图像的亮部细节与暗部细节可能会有缺憾。这时可用 HDR 命令对图像进行处理,让明亮和阴暗的细节都表现出来。HDR 效果是使用超出普通范围的颜色值将图像修饰出一种靓丽的色调,制作出高清晰、高对比度的效果,弥补图像太亮或太暗的地方,然后再用调色工具润色,就可以制作出炫目的图像效果。HDR 效果主要有 3 个特点:亮的地方可以非常亮;暗的地方可以非常暗;亮、暗部的细节都很明显。

选择【图像】|【调整】|【HDR 色调】命令,打开【HDR 色调】对话框,如图 7-48 所示。
对话框中各项参数的意义如下。

(1)【预设】下拉列表:该下拉列表中有【默认】、【自定】、【城市暮光】、【超现实】等 18 种 Photoshop 预设的效果,编辑图像时可以根据自己的喜好选择预设的图像修饰效果。

(2)【方法】下拉列表:该下拉列表中有【曝光度和灰度系数】、【高光压缩】、【色调均匀化直方图】和【局部适应】4 种图像编辑方式。

(3)【边缘光】区域:该区域中有【半径】参数,可控制发光效果大小。【强度】参数可以控制发光效果的对比度。【平滑边缘】复选框被选中后,可以在提升细节时保留边缘平滑。单击【边缘光】区域左侧的折叠按钮,可以折叠或展开【边缘光】区域。

(4)【色调和细节】区域:该区域中有【灰度系数】参数,用于调整高光和阴影之间的差异。【曝光度】参数可用于调整图像的整体色调。【细节】参数可用于修饰图像的细节。单击【色调和细节】区域左侧的折叠按钮,可以折叠或展开该区域。

(5)【高级】区域:该区域中有【阴影】参数,用于调整阴影区域的明亮度。【高光】参数可用于调整高光区域的明亮度。【自然饱和度】和【饱和度】可以调整图像的饱和度。单击【高级】区域左侧的折叠按钮,可以折叠或展开该区域。

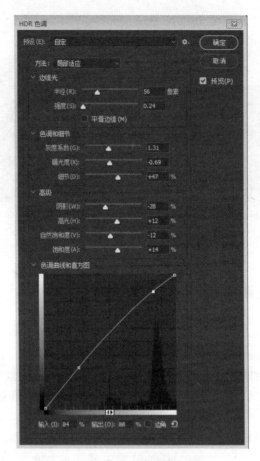

图 7-48 【HDR 色调】对话框

(6)【色调曲线和直方图】区域：该区域可以调整图像的整体色调。调节曲线可以使图像明暗程度得到改变，使整体色彩更加醒目鲜艳。单击【色调曲线和直方图】区域左侧的折叠按钮，可以折叠或展开该区域。

例 7.2 打开素材文件夹中的图像文件"海湾 3.jpg"，使用【颜色查找】、【阴影/高光】和【HDR 色调】等命令修饰图像，图像调整修饰前如图 7-49(a)所示，图像调整修饰后如图 7-49(d)所示，将调整修饰的图像保存为"修饰后的海湾 3.jpg"。

操作步骤如下。

(1) 选择【文件】|【打开】命令，打开素材文件"海湾 3.jpg"，按 Ctrl+J 组合键复制出一个图层的副本。

(2) 选择【图像】|【调整】|【颜色查找】命令，打开【颜色查找】对话框，选中【3DLUT】选项，在下拉列表中选择【LateSunset.3DL】选项，确定后的图像效果如图 7-49(b)所示。

(3) 选择【图像】|【调整】|【阴影/高光】命令，设置【阴影】区域中的【数量】为 40%，【色调】为 60%，【半径】为 30 像素；设置【高光】区域中的【数量】为 5%，【色调】为 50%，【半径】为 40 像素；设置【调整】区域中的【颜色】为+30，【中间调】为+10，此时画面中亮部区域和暗部区域的细节都明显了很多，如图 7-49(c)所示。

Photoshop CC 2017 图形图像处理教程(第 2 版)

(a) 原图   (b) 选择【颜色查找】命令，调整图像的效果

(c) 对【阴影/高光】调整以后的效果   (d) 选择【HDR色调】命令，调整图像的效果

图 7-49　图像修饰处理前、后效果图

（4）选择【图像】|【调整】|【HDR 色调】命令，打开【HDR 色调】对话框，各项参数调整如图 7-48 所示，调整修饰后的图像如图 7-49(d)所示。

（5）按题目要求保存图像文件。

7.3.15　去色

【去色】命令可以将当前图像中的所有色彩去除，转换为相同颜色模式下的灰度图像，其作用与将图像中的颜色饱和度降低为 -100 相同，并且使图像亮度、对比度与颜色模式不变。【去色】命令最大的优点是被调整的对象可以是选取的选区或图层，如果是多个图层，可以只选择所需要的图层进行调整，如图 7-50(a)(b)(c)所示。按下组合键 Shift+Ctrl+U，可以快速执行【去色】命令。

(a) 原图   (b) 建立选区   (c) 图像选区去色后的效果

图 7-50　使用【去色】命令调整选取的部分图像

7.3.16 匹配颜色

【匹配颜色】命令是 Photoshop CC 2017 中的一个比较智能的颜色调节功能。可以匹配两个图像或者两个图层或选区的亮度、色相和饱和度，使它们保持一致，但该命令只可在 RGB 模式下使用。选择【图像】|【调整】|【匹配颜色】命令，可打开【匹配颜色】对话框，如图 7-51 所示。

图 7-51 【匹配颜色】对话框

对话框中各选项的意义如下。

(1)【目标图像】区域：在该区域的【目标】处显示当前打开的图像文件名，其中【应用调整时忽略选区】复选框在目标图像中创建选区时才可以勾选。选择复选框后，图像中创建的选区将被忽略，即整个图像将被调整，而不是调整选区中的图像部分。

(2)【图像选项】区域：可以调整被匹配图像的选项。

• 【明亮度】参数：移动滑块，可以调整当前图像的亮度。当数值为 100 时，目标图像与源图像有一样的亮度。当数值变小时，图像变暗；反之图像变亮。

• 【颜色强度】参数：移动滑块，可以调整图像中色彩的饱和度。

• 【渐隐】参数：移动滑块，可以控制应用图像的调整强度。

• 【中和】复选框：选择此复选框，可以自动消除目标图像中的色彩偏差，使被匹配图像更加柔和。

(3)【图像统计】区域：在该区域中，可以设置匹配与被匹配的选项。

• 【使用源选区计算颜色】复选框：在源图像中创建选区才可以勾选。勾选该复选框，使用该选区中的颜色计算调整度，否则将用整个源图像进行匹配。

- 【使用目标选区计算调整】复选框：在目标图像中创建选区才可以勾选。勾选该复选框后，只有选区内的目标图像参与计算颜色匹配。
- 【源】：可以在下拉列表中选择用来与目标图像颜色匹配的源图像。
- 【图层】：可以在下拉列表中选择源图像中匹配颜色的图层。
- 【载入/存储统计数据】：用来载入和存储已设置的文件。

例7.3 将素材图像文件"悉尼歌剧院.jpg"转变为晚霞的景象效果，如图7-52(c)所示。

(a) 源图像悉尼歌剧院　　　　(b) 彩霞颜色匹配图像　　　　(c) 匹配颜色后的图像

图7-52　【匹配颜色】效果组图

操作步骤如下。

(1) 选择【文件】|【打开】命令，分别打开素材文件"悉尼歌剧院.jpg"和"匹配颜色图片.jpg"，如图7-52(a)(b)所示。

(2) 切换到"悉尼歌剧院.jpg"的工作窗口，选择【图像】|【调整】|【匹配颜色】命令，打开【匹配颜色】对话框，在【源】下拉列表中选择源图像为"匹配颜色图片.jpg"，如图7-51所示。

(3) 设置完毕后单击【确定】按钮，效果如图7-52(c)所示。

7.3.17　替换颜色

【替换颜色】命令可以在图像中选择要替换颜色的图像范围，用其他颜色替换掉所选择的颜色，同时还可设置所替换颜色区域内图像的色相、饱和度和亮度，相当于用【颜色】和【色相/饱和度】命令调整颜色。选择【图像】|【调整】|【替换颜色】命令，可打开【替换颜色】对话框，如图7-53所示。

对话框中各选项的意义如下。

(1)【本地化颜色簇】复选框：勾选此复选框时，设置替换范围会被集中在选取点的周围。

(2)【颜色容差】参数：用来设置被替换的颜色的选取范围。数值越大，颜色选取范围越宽；反之，颜色选取范围越窄。

(3)【选取吸管】工具：用吸管工具可以单击图像中要选择的颜色区域，并且可以在对话框的预览图像上单击，选取相关的像素，带＋的吸管为增加选区，带－的吸管为减少选区。

(4)【选区/图像】单选按钮：用来切换图像的预览方式。选择【选区】选项时，图像为黑白效果，表示选取的区域，如图7-53所示。选择【图像】选项时，图像为彩色效果，可用来比较调整颜色与原图像。

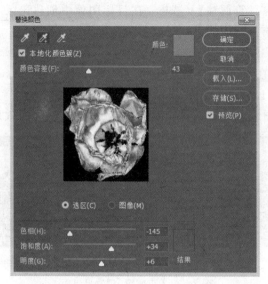

图 7-53 【替换颜色】对话框

(5)【色相】、【饱和度】和【明度】参数：用来对选取的区域进行颜色调整，通过调整【色相】、【饱和度】和【明度】更改目标图像中选区的颜色，也可以单击【结果】按钮，在【选择目标颜色】的拾色器中选择替换的颜色，单击【确认】按钮，可完成颜色替换。例如，可以先用【快速选择工具】在如图 7-54(a)所示的红花上建立选区，然后打开【替换颜色】对话框，按照图 7-53 所示设置参数，确认后可以得到如图 7-54(b)所示的图像。

(a)原图像   (b) 替换颜色后的图像

图 7-54 【替换颜色】命令执行前、后的图像效果

7.3.18 色调均化

【色调均化】命令是可以在图像过暗或过亮时重新分布图像中像素的亮度值，使它们更加平均地呈现所有范围的亮度级别。执行此命令后，Photoshop 会将复合图像中最亮的部分表示为白色，最暗的部分表示为黑色，将亮度值进行均化，

图 7-55 【色调均化】对话框

———— Photoshop CC 2017 图形图像处理教程(第 2 版)

让其他颜色平均分布到所有色阶上。

如果图像上有选区，选择【图像】|【调整】|【色调均化】命令后，会弹出如图 7-55 所示的对话框，可以按照实际需求选择图中的单选项。

如果图像上没有选区，选择【图像】|【调整】|【色调均化】命令，直接执行【色调均化】命令后的效果如图 7-56(a)(b)所示。

(a)原图（曝光过度）   (b)色调均化后的效果

图 7-56　使用【色调均化】命令调整图像

7.4　本　章　小　结

本章主要介绍了 Photoshop CC 2017 中关于图像颜色的基本概念和基础知识，着重介绍了图像的各种颜色的模式、图像的色调与色彩的调整方法。

色调与色彩是一种视觉信息，在图像处理中占有重要的位置。色调与色彩调整是否正确，直接影响图像处理的结果。本章着重介绍了色阶、曲线、亮度与对比度命令以及调整图像色调的各种方法，还介绍了色相和饱和度、色彩的平衡、匹配颜色、替换颜色等色彩的调整方法。

本章的色调与色彩操作重点较多，很多操作必须反复操练、不断揣摩、认真思考、归纳总结、举一反三，这样才能创作出色彩、色调合理的、美观的图像。

7.5　本　章　练　习

1. 思考题

(1) 多次使用色阶是否会使图片丢失大量颜色细节？

(2) 什么是 RGB 色彩？它与 CMYK 有什么区别？

(3) 色相保护度和亮度对比度的差别是什么？

(4) 如何将一张彩色图片变成黑白图？有几种方法？

（5）使用【色阶】调整图像时，如果要增加或者降低对比度，应该怎样调整？

（6）【曲线】上的 3 个预设控制点分别对应色阶的哪个滑块？

（7）在【直方图】中，色彩的"山峰"整体向右偏移，说明相片的曝光是怎样的情况？如果色彩的"山峰"紧贴直方图的右端，又是怎样的情况？

（8）【黑白】命令和【去色】命令的区别是什么？色彩和色调的区别是什么？自然饱和度与饱和度的区别是什么？

（9）何为白场、灰场与黑场？何为颜色模式和颜色通道？颜色通道数是固定不变的吗？

2. 操作题

（1）打开本章素材文件夹中的素材文件"风景 15.jpg"，如图 7-57（a）所示，原图像曝光不足，亮度、对比度较低，利用【HDR 色调】调整其各项参数，参数设置如图 7-57 所示，调整后的图像如图 7-57（b）所示，调整色彩、色调以后的文件以"风景 15（修改）.jpg"为名保存在本章结果文件夹中。

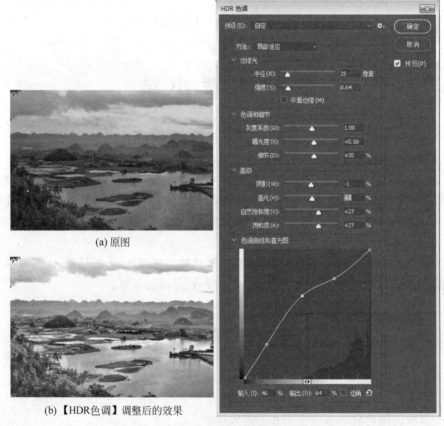

(a) 原图

(b) 【HDR色调】调整后的效果

图 7-57　【HDR 色调】调整图像示意图

（2）打开本章素材文件夹中的素材文件"风景 14.jpg"，如图 7-58（a）所示，使用【颜色查找】、【阴影/高光】和【HDR色调】等命令修饰图像,图像调整修饰后如图7-58(b)所示,将调整修饰的图像保存为"风景14(修饰后).jpg"。

(a)原图　　　　　　　　　　　　　　　(b)调整修饰后的效果

图7-58　使用【颜色查找】和【HDR色调】命令修饰效果示意图

操作提示:参考例7.2。

(3)打开本章素材文件夹中的素材文件"海湾2.jpg",如图7-59(a)所示,使用【亮度/对比度】、【阴影/高光】和【HDR色调】等命令修饰图像,图像调整修饰后如图7-59(b)所示,将调整修饰的图像以"月夜的海湾(修饰后).jpg"为名保存到本章结果文件夹中。

(a)原图　　　　　　　　　　　　　　　(b)调整后的效果

图7-59　使用【亮度/对比度】和【HDR色调】等命令修饰效果示意图

(4)打开本章素材文件夹中的素材文件"曝光过度.jpg",如图7-60(a)所示,使用【色调均化】、【亮度/对比度】、【阴影/高光】和【饱和度】等命令修饰图像,图像调整修饰后如图7-60(b)所示,将调整修饰的图像以"曝光过度(修饰后).jpg"为名保存到本章结果文件夹中。

操作提示:参考7.3.18节。

(5)打开本章素材文件夹中的素材文件"曝光过度.jpg"和"海边景色2.jpg",如图7-61(a)(b)所示,两个素材文件图像一个曝光过度,一个曝光基本正确。使用【匹配颜色】命令修饰曝光过度的图像,图像调整修饰后如图7-61(c)所示,将调整修饰的图像以

(a) 原图　　　　　　　　(b) 效果图

图 7-60　修饰曝光过度的图像

"曝光过度(修饰后 1).jpg"为名保存到本章结果文件夹中。

(a) 原图　　　　　(b) 素材　　　　(c) 调整后的效果图

图 7-61　用【匹配颜色】命令修饰曝光过度的图像

操作提示：参考例 7.3。

（6）按下列要求对图像进行编辑,操作结果如图 7-62(a)所示,以"玉镯.psd"为文件名保存在本章结果文件夹中。

操作提示：

- 新建文件,设置文件的宽度为 12cm,高度为 12cm,分辨率为 120 像素/英寸,颜色模式为 RGB,背景内容为白色。
- 双击背景层,使其转换为普通层。将【前景色】设置为♯d1d1d1,【背景色】设置为♯4b4b4b,选择【滤镜】|【渲染】|【云彩】命令,为图层添加云彩滤镜效果。选择

──────── Photoshop CC 2017 图形图像处理教程(第 2 版)

【滤镜】|【液化】命令,添加液化滤镜效果,对云彩效果图进行单方向涂抹。

- 使用【椭圆选框工具】创建正圆选区,选择反向,删除选区外的图像内容。再次选择反向,变换选区,拖曳控制点向中心移动,玉镯宽度够了按 Enter 键确认。删除选区内的图像。用椭圆选区构建玉镯的平面环状效果。
- 为图层添加斜面和浮雕图层样式,设置选项深度为 144%,大小为 30,高度为 70,不透明度为 100%,如图 7-62(b)所示。
- 调整图像的色相和饱和度,设置选项色相为 120,饱和度为 47,明度为 -7。玉镯制作完毕。
- 打开本章素材文件夹中的"背景图 1.jpg"文件,按样张复制、拼接和裁剪。将玉镯复制到背景图,适当缩小,再复制一个,如图 7-62(a)所示的效果放置。

(a)效果图　　　　　　　　　　　(b)【图层】面板

图 7-62　"玉镯"图像制作示意图

(7) 修饰素材文件夹中的图像文件"海滨晚霞.jpg"的色彩、色调效果,图像处理前、后的效果如图 7-63(a)(b)所示,并将修饰后的图像文件以"海滨晚霞(修饰后).jpg"为名保存在本章结果文件夹中。

(a)原图　　　　　　　　　　　(b)效果图

图 7-63　图像改变晚霞效果前、后对照图

操作提示如下。

- 选择【文件】|【打开】命令,打开素材图像文件"海滨晚霞.jpg",如图 7-63(a)所示。

- 选择【图像】|【调整】|【色阶】命令,在对话框的【通道】下拉列表中选择【红】,并设置各项参数,如图 7-64(a)(b)所示,完成后单击【确定】按钮。

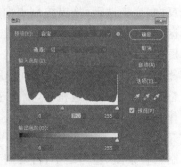

(a) 原图   (b)【色阶】对话框

图 7-64　设置【色阶】

- 新建【图层 1】,按组合键 Alt+Delete 填充黑色,单击【图层】面板底部的【添加图层蒙版】按钮,按 D 键恢复颜色的默认设置。在工具箱中选择【渐变工具】，在【工具选项栏】中设置【从前景到背景】的【径向渐变】,在图像中间拖曳鼠标填充渐变色。【图层】面板如图 7-65(b)所示。
- 选择【图层 1】,设置【不透明度】为 70%。选择【图层 1】的图层蒙版,单击【画笔工具】,并在工具选项栏上设置各项参数,然后在图像上的云层处涂抹,效果如图 7-65(a)所示,图层蒙版如图 7-65(b)所示。

(a) 调整的图像   (b)【图层】面板

图 7-65　添加蒙版

- 选择【图层 1】,单击【图层】面板底部的【创建新的填充或调整图层】按钮，在下拉菜单中选择【色彩平衡】命令,从弹出的对话框中选择【阴影】选项,并设置如图 7-66(b)所示的各项参数。双击【图层】调板中的【色彩平衡 1】缩略图,在弹出的对话框中选择【高光】选项,并设置如图 7-66(c)所示的各项参数,操作效果如图 7-66(a)所示。

Photoshop CC 2017 图形图像处理教程(第 2 版)

(a) 调整的图像

(b) 中间调参数

(c) 高光参数

图 7-66　设置【色彩平衡】示意图

- 选择【色彩平衡 1】，单击【图层】面板底部的【创建新的填充或调整图层】按钮，在下拉菜单中选择【曲线】命令，从弹出的对话框中设置如图 7-67(a)所示的参数。
- 在【图层】面板中选择【曲线 1】，单击【图层】面板底部的【创建新的填充或调整图层】按钮，从下拉菜单中选择【可选颜色】命令，在弹出的对话框中单击【颜色】下拉列表中的【黄色】，并设置如图 7-67(b)所示的参数。
- 选择【色彩平衡 1】的图层蒙版，单击【画笔工具】，并在工具选项栏上设置各项参数，然后在图像上的云层处涂抹。【图层】面板如图 7-67(c)所示。

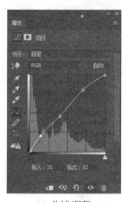
(a) 曲线调整

(b) 可选颜色参数

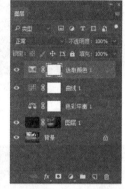
(c)【图层】面板

图 7-67　设置【曲线】与【可选颜色】示意图

- 新建【图层 2】，按组合键 Alt＋Delete 填充黑色，选择【滤镜】|【渲染】|【镜头光晕】命令，在【镜头光晕】对话窗口中将光晕焦点调整到右侧，如图 7-68(a)所示，对准图像中的太阳落山处，如图 7-68(b)所示，其【图层】面板如图 7-68(c)所示。
- 选择【图层 2】，设置图层混合模式为【线性减淡（添加）】，【不透明度】为 65％，对照效果如图 7-69(a)所示。单击【图层】面板底部的【创建新的填充或调整图层】按钮，在下拉菜单中选择【色相/饱和度】命令，此时的【图层】面板如图 7-69(b)所示，各项参数设置如图 7-70(a)所示。选择【色相/饱和度 1】的图层蒙版，单击【画

(a)【镜头光晕】对话框

(b) 光晕效果图

(c)【图层】面板

图 7-68 【镜头光晕】对话框与【图层】面板

(a) 调整的图像

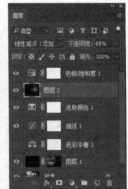
(b)【图层】面板

图 7-69 设置【线性减淡(添加)】模式前、后效果图

(a)【色相/饱和度】参数

(b)【图层】面版

(c) 效果图

图 7-70 【色相/饱和度】面板和【图层】面板

———— Photoshop CC 2017 图形图像处理教程(第 2 版)

笔工具】,并在工具选项栏上设置如图 7-65 上图所示的各项参数,然后在图像上的云层处涂抹。

- 选择【图层 2】,单击【图层】面板底部的【添加图层蒙版】按钮■,单击【画笔工具】,在图像上涂抹调整效果。【图层】面板如图 7-70(b)所示,最终效果如图 7-70(c)所示。

第 8 章 通道与蒙版

本章学习重点：
- 了解通道与蒙版的基本概念。
- 掌握通道的基本操作与应用。
- 掌握各类型的蒙版操作及其应用。

利用 Photoshop CC 2017 中提供的通道和蒙版可以制作出更加灵活多变的图像效果。通道是用来存储图像、颜色和选区信息的。利用通道的功能，在完成图像的色彩调整、特效制作与抠图方面有着显著的优势；而蒙版则是一种图像遮盖技术，可以保护图像特定选区中的内容，可用于调整、填充图层，完成不同图像的合成。

8.1　通道概述

在 Photoshop CC 2017 中，通道与图像是相连的，也可以理解为通道是存储不同类型色彩信息的灰色图像。实际上，每一个通道都是一个单一色彩的平面，这些色彩平面叠加在一起形成了丰富的图像色彩，通过不同的通道，可以观察图像中颜色的分布情况。不同的图像模式，不同的颜色模式的图像包含的通道数量也不相同。

Photoshop CC 2017 中提供的【通道】面板可以快捷地创建和管理通道，如图 8-1 所示。所有的图像都是由一定的通道组成的。一个图像最多可以有 24 个通道。

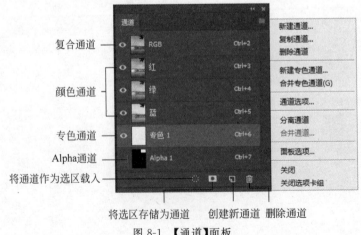

图 8-1　【通道】面板

通道的类型主要有 3 种,分别是颜色通道、Alpha 通道以及专色通道。

(1)【颜色通道】:主要用来记录图像内容与颜色信息,在创建一个新图像时自动创建颜色通道。图像的颜色模式决定了所创建的颜色通道的数目,图像的颜色模式不同,其颜色通道的数量也不同。例如,RGB 图像的每一种颜色(红色、绿色和蓝色)都有一个通道,并且还有一个红、绿、蓝色组合的复合通道,编辑复合通道时,将会影响所有的颜色通道。

(2)【Alpha 通道】:它是一个 8 位的灰色通道,它用 256 级灰度记录图像的透明信息,可以将选区存储为灰度图像,也可以用来保存选区和载入选区。

(3)【专色通道】:常用于存储专色。专色是特殊的预混油墨,一般用于专业印刷品的附加印版。

8.2　通道的基本操作

通道的操作通常包括通道的创建、复制与删除,通道的分离与合并,将通道作为选区载入、将选区存储为通道等,下面详细介绍这些操作。

8.2.1　通道的创建、复制与删除

1. 创建通道

创建新通道,可以单击如图 8-1 所示的【通道】面板右上角的菜单按钮,从弹出的菜单中选择【新建通道】命令,系统会显示如图 8-2 所示的【新建通道】对话框,在其中可以输入通道的名称以及色彩的显示方式等,设定好参数后单击【确定】按钮即可新建通道。在【通道】面板上按住 Alt 键不放,再单击【创建新通道】按钮，也可以新建一个通道。

图 8-2　【新建通道】对话框

【新建通道】对话框中各选项的意义如下。

(1)【被蒙版区域】单选按钮:如果选中此单选项,则将设定被通道颜色所覆盖的区域为遮蔽区域,没有颜色遮盖的区域为选区。

(2)【所选区域】单选按钮:如果选中此单选项,则与【被蒙版区域】的作用相反。

2. 复制通道

当用户利用通道保存了一个选区以后,如果希望对此选区再做修改,可以将此通道复制一个副本修改,以免修改错误后不能复原。复制通道的方法与复制图层类似,首先选择被复制的通道,接着在【通道】面板上单击右上角的菜单按钮,然后从弹出的菜单中选择

【复制通道】命令,最后在弹出的如图 8-3 所示的【复制通道】对话框中设置通道名称、要复制通道存放的位置(通常为默认),以及是否将通道内容反向等信息,然后单击【确定】按钮。

图 8-3 【复制通道】对话框

在【通道】面板中选中要复制的通道后,按住鼠标左键将其拖到【新建通道】按钮 上,也可以复制一个通道。

3．删除通道

为了节省图片文件占用的空间,或者提高文档图片的处理速度,需要将其中一些无用的通道删除,其方法是单击【通道】面板右上角的菜单按钮,从弹出的菜单中选择【删除通道】命令。在【通道】面板中选中要删除的通道后,单击【删除当前通道】按钮 ,也可以删除一个通道。

8.2.2 通道的分离与合并

所谓通道的分离,就是将一个图片文件中的各个通道分离出来分别调整。合并通道就是将通道分别单独处理后,再合并起来。

1．通道分离

分离通道可以将彩色图像拆分开,并各自以单独的窗口显示,而且都为灰度图像。各个通道的名称以原图像文件名称加上通道名称标注,如有一个 RGB 模式的图像文件名称为"花 1.jpg",将其分离通道后,各通道的名称分别是"花 1_R.jpg""花 2_G.jpg"和"花 3_B.jpg"。

分离通道的方法很简单,选中需要分离的图像文件后,在其【通道】面板上单击右上角的菜单按钮,从弹出的菜单中选择【分离通道】命令即可。

2．通道合并

合并通道即分离通道的反操作,如现在需要将刚才分离的"花 1_R.jpg""花 2_G.jpg"和"花 3_B.jpg"通道合并,操作方法是:在【通道】面板上单击右上角的菜单按钮,从弹出的菜单中选择【合并通道】命令,然后在弹出的如图 8-4 所示的【合并通道】对话框中单击【确定】按钮,最后在如图 8-5 所示的【合并 RGB 通道】对话框中单击【确定】按钮。

Photoshop CC 2017 图形图像处理教程(第 2 版)

图 8-4 【合并通道】对话框

图 8-5 【合并 RGB 通道】对话框

8.2.3 将通道作为选区载入

将通道作为选区载入就是把建立的通道中制作的内容作为选区载入图层中。被载入的通道只能是自己创建的通道。操作方法是：在创建的通道完成后选中该通道，然后通过【通道】面板底部的【将通道作为选区载入】按钮  完成。

例 8.1 用通道作为选区载入技术，为图像 pic.jpg 制作降雪效果。

操作步骤如下。

(1) 打开素材文件夹中的图像文件 pic2.jpg，如图 8-6(a)所示。

(a) 原始图像   (b)【通道】面板   (c)【色阶】面板

图 8-6 原图与【通道】、【色阶】面板

(2) 切换到【通道】面板，选择一个较淡的通道，不妨选择【绿】通道，将其拖曳到【创建新通道】按钮上，得到一个【绿 副本】通道，如图 8-6(b)所示。

(3) 选择【图像】|【调整】|【色阶】命令，打开【色阶】对话框，参数设置如图 8-6(c)所示。设置完成后单击【确定】按钮，效果如图 8-7(a)所示。

(a) 调整色阶后的效果   (b) 载入选区后的效果   (c) 填充选区后的最终效果

图 8-7 用【通道】技术制作"雪景"

（4）按住 Ctrl 键不放，再单击【绿 副本】通道，或者在【通道】面板上单击【将通道作为选区载入】按钮 ，则通道中浅色的部分已经作为选区显示出来了，如图 8-7(b)所示。

（5）切换到【图层】面板，新建【图层 1】，将选区填充为白色。按组合键 Ctrl+D，撤销选区，效果如图 8-7(c)所示。

（6）将文件保存为 pic.jpg 与 pic.psd。

8.2.4　将选区存储为通道

编辑图像时，创建的选区常常会多次使用，此时可以将选区存储起来，以便以后多次使用。存储的选区通常会被放置在 Alpha 通道中，将选区载入时，载入的就是存在于 Alpha 通道中的选区。

例如，打开图像"花.jpg"，使用【快速选择工具】在其中创建选区，如图 8-8(a)所示。在【通道】面板上单击【将选区存储为通道】按钮，这时【通道】面板显示如图 8-8(b)所示，系统建立了一个 Alpha1 通道，并将选区存储在其中。

(a) 创建选区　　　　　(b)【通道】面板

图 8-8　将创建选区存储为通道以后的【通道】面板

也可以选择【选择】|【存储选区】命令，打开如图 8-9 所示的【存储选区】对话框，将当前选区存储到 Alpha 通道中。

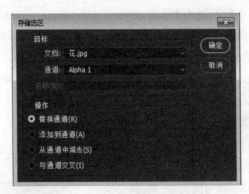

图 8-9　【存储选区】对话框

【存储选区】对话框中各选项的意义如下。

（1）【文档】：用来选择当前选区所在的文档。

（2）【通道】：用来选择存储选区的通道。

（3）【名称】：用来设置当前选区存储的名称，设置的结果会将 Alpha 通道名称替换。

如果【通道】面板中存在 Alpha 通道时，可在【存储选区】对话框的【通道】下拉列表中选中该通道，此时 4 个单选项的意义如下。

（1）【替换通道】单选按钮：选择该单选项，可以替换原来的通道。

（2）【添加到通道】单选按钮：选择该单选项，可以在原有通道中加入新通道。如果是选区相交，则组合成新的通道。

（3）【从通道中减去】单选按钮：选择该单选项，可以在原有通道中加入新通道。如果是选区相交，则合成选区时会去除相交的区域。

（4）【与通道交叉】单选按钮：选择该单选项，可以在原有通道中加入新通道。如果是选区相交，则合成选区时会留下相交的区域。

8.2.5 专色通道及其应用

专色通道就是一种用来保存专门颜色信息的通道。

通常，印刷品的颜色模式是 CMYK 模式，而专色是一系列特殊的预混油墨，不是靠 CMYK 4 色混合出来的颜色。专色在印刷时要求使用专用的印版，专色意味着准确的颜色，以便创建出更加新颖的图像效果。

专色可以局部使用，也可作为一种色调应用于整个图像中。利用专色通道可以为图像添加专色。专色通道具有 Alpha 通道的一切特点，包括保存选区信息、透明度信息等。每个专色通道只是一个以灰度图像形式存储的相应专色信息，与其在屏幕上的彩色显示无关。

单击【通道】面板右上角的菜单，从中选择【新建专色通道】命令，打开【新建专色通道】对话框，如图 8-10 所示。

图 8-10 【新建专色通道】对话框

设置【油墨特性】中的【颜色】和【密度】后，单击【确定】按钮，可在【通道】面板中建立一个专色通道，如图 8-11(b)所示。如果【通道】面板中存在 Alpha 通道，只要双击 Alpha 通道的缩略图，就可以打开【通道选项】对话框，选中【专色】单选项，如图 8-11(a)所示。单击【确定】按钮，就可将其转换成专色通道。

专色通道创建后，可以使用各种编辑工具或滤镜对其进行相应的编辑。

例 8.2 在图像文件"雨林.jpg"中创建专色通道，并将"燕子.jpg"中的燕子复制到专色通道中。

(a)【通道选项】对话框　　　　　　(b)【通道选项】

图 8-11　将 Alpha 通道改为专色通道

操作步骤如下。

(1) 打开图像文件"雨林.jpg"和"燕子.jpg",选中"雨林.jpg"文件为当前编辑文件,如图 8-12(a)所示。在其【通道】面板上单击右上角的菜单按钮,从弹出的菜单中选择【新建专色通道】命令,则会弹出如图 8-10 所示的【新建专色通道】对话框。

(2) 在【新建专色通道】对话框中单击【颜色】框,从弹出的【拾色器】对话框中将颜色设置为"♯bad2b8"(也可以自己设置其他颜色),单击【确定】按钮。

(3) 在【新建专色通道】对话框中单击【确定】按钮,此时文件"雨林.jpg"的【通道】面板如图 8-12(b)所示。

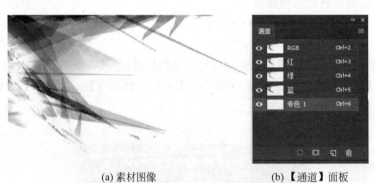

(a) 素材图像　　　　　　(b)【通道】面板

图 8-12　添加专色通道后的【通道】面板

(4) 将图像"燕子.jpg"设为当前编辑文件,用【魔棒工具】选中燕子,如图 8-13(a)所示,在键盘上按 Ctrl＋C 组合键将燕子复制到剪贴板中。

(5) 再切换到"雨林.jpg"工作窗口,按 Ctrl＋V 组合键两次将剪贴板中的燕子粘贴过来,如图 8-13(b)所示,在确认燕子是在被选中的前提下,再选择菜单【编辑】|【变换】|【自由变换】命令将燕子水平翻转,最后再将燕子移动到合适的位置,如图 8-14(a)所示。

(6) 可以从如图 8-14(b)所示的专色通道中发现燕子已被复制到专色通道中。

利用专色通道还可以为黑白图像上色,或者给图像添加水印,参考例题 8.2 的操作会非常方便。

——————　Photoshop CC 2017 图形图像处理教程(第 2 版)

(a) 创建燕子的选区　　　　　(b) 粘贴剪贴板中的燕子

图 8-13　选择燕子并复制到专用通道

(a) 效果图　　　　　　　　(b) 专色通道

图 8-14　处理后的效果及【通道】面板

8.2.6　应用图像与计算

在通道的操作中,利用【图像】|【应用图像】命令和【图像】|【计算】命令,可以完成图像内部与图像之间的通道,并组合成新的图像。通过结合通道与蒙版技术,使得图像混合更加细致,还可以对图像在每个通道中的像素颜色值进行一些算术运算,从而使图像产生一些奇妙特殊的效果。

1. 应用图像命令

【应用图像】命令可以将源图像的图层或通道与目标图像的图层或通道混合,创建出特殊的混合效果,并将结果保存在目标图像的当前图层和通道中。使用【应用图像】命令对图像进行处理时,两个图像尺寸的大小以及分辨率等必须完全一致。选择【图像】|【应用图像】命令,打开【应用图像】对话框,如图 8-15 所示。

该对话框中各选项的意义如下。

(1)【源】:可用来选择与目标图像相混合的源图像文件。

(2)【图层】:如果源文件是多图层文件,则可以选择源图像中相应的图层作为混合对象。

(3)【通道】:从下拉菜单中选择作为蒙版的通道。

(4)【反相】复选框:勾选该复选框,可以在混合图像时使用通道内容的负片。

(5)【目标】:可以显示当前的工作图像。

(6)【混合】下拉列表:从该下拉列表中可以设置图像的混合模式。

图 8-15 【应用图像】对话框

(7)【不透明度】参数：该参数可以设置图像混合效果的强度。

(8)【保留透明区域】复选框：勾选该复选框，可以将效果只应用于目标图层的不透明区域，而保留原来的透明区域。如果该图像只存在背景图层中，那么该选项将不可用。

(9)【蒙版】复选框：勾选该复选框，可以应用图像的蒙版进行混合，可以显示蒙版的如下设置。

- 【图像】：从下拉菜单中选择包含蒙版的图像。
- 【图层】：从下拉菜单中选择包含蒙版的图层。
- 【通道】：从下拉菜单中选择作为蒙版的通道。
- 【反相】：勾选该复选框，可以在计算时使用蒙版的通道内容的负片。

例 8.3 用【应用图像】命令将如图 8-16(a)(b)所示的素材图像"背景.jpg"和"校园.jpg"合成在一起，合成后的效果如图 8-16(c)所示。

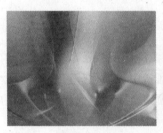  

(a) 背景图像   (b) 校园图像   (c) 合成后的图像效果

图 8-16 使用【应用图像】命令后的效果

操作步骤如下。

(1)打开素材图像"背景.jpg"和"校园.jpg"，(注意：这两个素材图像必须相同大小)切换到"背景.jpg"所在的工作窗口。

(2)选择【图像】|【应用图像】命令，在打开的【应用图像】对话框中选择源图像为"校园.jpg"，其他选项设置如图 8-15 所示，单击【确定】按钮即可完成。

（3）适当调整【色调】、【对比度】和【颜色】，最后效果如图 8-16(c)所示。

（4）将处理后的图像保存为"校园修饰.jpg"。

2．计算命令

【计算】命令是可以混合两个来自一个或多个源图像的单个通道，从而得到新图像或新通道，或当前图像的选区。选择【图像】|【计算】命令，打开【计算】对话框，如图 8-17 所示。

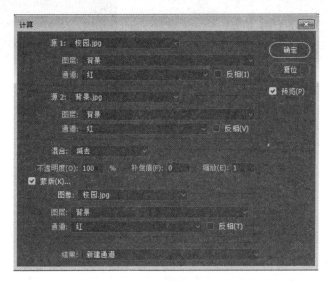

图 8-17　【计算】对话框

对话框中各选项的意义如下。

（1）【通道】下拉列表：可用来指定源文件参与计算的通道，在【计算】对话框的【通道】下拉菜单中不存在复合通道。

（2）【结果】下拉列表：可用来指定计算后出现的结果，包括新建文档、新建通道和选区。

- 【新建文档】：选择该选项后，可以自动生成一个多通道文档。
- 【新建通道】：选择该选项后，可以在当前文件中新建 Alpha 通道。
- 【选区】：选择该选项后，可以在当前文件中生成选区。

例 8.4　用【计算】命令将如图 8-16(a)(b)所示的素材图像"背景.jpg"和"校园.jpg"生成新通道，效果如图 8-18(a)所示。

操作步骤如下。

（1）打开素材图像"背景.jpg"和"校园.jpg"，切换到"校园.jpg"所在的工作窗口。

（2）选择【图像】|【计算】命令，在打开的【计算】对话框中选择【源 1】图像为"校园.jpg"，【通道】为【红】，选择【源 2】图像为"背景.jpg"，【通道】为【红】，设置【混合】为【减去】，其他选项设置如图 8-17 所示。

（3）单击【确定】按钮即可完成。【通道】面板如图 8-18(b)所示。

注意，不能对复合通道应用【计算】命令。

(a) 生成新通道的效果图　　　　　　(b)【通道】面板

图 8-18　【计算】命令生成新通道

8.3　蒙版概述

　　蒙版可以理解为蒙在图像上的一层保护"版",当需要给图像的某些区域运用颜色变化、滤镜或者其他效果时,蒙版可用来保护图像中不想被编辑的部分。蒙版就是在源图层上加了一个看不见的图层,其作用是显示与遮盖源图层。它可以使源图层的部分内容被遮盖住,或者使部分内容变得透明或者半透明,从而获得理想的图像效果。蒙版也可以看成一种选区,但它与常规的选区不一样。图像上加了普通选区,就可以对所选的区域进行处理。蒙版却相反,它能对所选的区域进行保护,让其免于操作,而对选区外部的图像进行操作。蒙版是一个灰度图像,可以用画笔工具、橡皮工具和部分滤镜对其处理,使其成为一个对其下面图层内容遮挡的工具。

　　在 Photoshop CC 2017 中,蒙版分为快速蒙版、图层蒙版、剪贴蒙版、矢量蒙版等几种类型。

8.4　蒙版的基本操作

8.4.1　快速蒙版及其应用

　　在图像处理时,有的图像比较复杂,在图像上创建选区不是很容易,这时可以利用快速蒙版对图像的局部增加选区,或者减少选区,从而使得创建选区变得较为容易。

　　通过创建快速蒙版,可以在图像上创建一个半透明的图像,这种半透明的图像就是蒙版,可以用画笔的工具对蒙版进行编辑,用白颜色画笔涂抹蒙版,则是对原图像增加选区;用黑颜色画笔涂抹蒙版,则是对原图像减少选区,使用画笔工具扩展或收缩选区就大大方便了选区的编辑操作。在快速蒙版上进行的任何操作都只作用于蒙版本身,不会影响原图像。

在快速蒙版模式中编辑图像时,【通道】面板中会出现一个临时快速蒙版通道。但是,所有的蒙版编辑都是在图像窗口中完成的。

1. 创建快速蒙版

当需要在图像上建立选区时,在工具箱下方直接单击【以快速蒙版模式编辑】按钮，就可以进入快速蒙版编辑状态。默认状态下,选区内的图像称为可编辑区域,选区外的图像称为受保护区域,如图 8-19(a)(b)(c)所示。

(a) 原图　　　　(b) 添加快速蒙版后的图像　　　　(c)【通道】面板

图 8-19　添加快速蒙版

2. 更改蒙版颜色

蒙版的颜色指的是在图像中保护某区域的透明颜色,默认状态下为红色,透明度为50%,双击【以快速蒙版模式编辑】按钮，就会显示如图 8-20 所示的【快速蒙版选项】对话框。

对话框中各选项的意义如下。

(1)【色彩指示】区域:用来设置在快速蒙版状态时遮罩显示位置。

图 8-20　【快速蒙版选项】对话框

- 【被蒙版区域】单选按钮:选择该单选项后,快速蒙版中有颜色的区域代表被蒙版的范围,没有颜色的区域代表选区的范围。

- 【所选区域】单选按钮:选择该单选项后,快速蒙版中有颜色的区域代表选区范围,没有颜色的区域代表被蒙版的范围。

(2)【颜色】:用来设置当前快速蒙版的颜色和透明度,默认状态下【不透明度】为50%的红色,单击颜色图标可以修改蒙版的颜色。

3. 编辑快速蒙版

进入快速蒙版模式的编辑状态时,使用相应的工具可以对快速蒙版重新编辑。默认状态下,使用深色在可编辑区域填充时,就可将其转换为保护区域的蒙版;使用浅色在蒙版区域填充时,就可将其转换为可编辑状态。按组合键 Ctrl+T 可以调出变换框,此时可编辑区域的变换效果与对选区内的图像变换效果一致,如图 8-21(a)(b)所示。

(a) 创建快速蒙版　　　　　(b) 快速蒙版自由变换

图 8-21　快速蒙版自由变换

4. 退出快速蒙版

在快速蒙版状态下编辑完成后,单击【以标准模式编辑】按钮█,就可以退出快速蒙版,此时被编辑区域会以选区显示。

例 8.5　打开图片"花.jpg",用快速蒙版的方法改变图像的选区。

操作步骤如下。

(1) 打开图像"花.jpg",用魔棒工具选中最上面的一朵花,如图 8-22(a)所示,再单击工具箱中的【以快速蒙版模式编辑】按钮█,会看到在图像上覆盖有一层红色区域,此时最上面一朵花已经建立选区,在快速蒙版状态下的颜色明显有别于其他两朵花,如图 8-22(b)所示。此时【通道】面板如图 8-22(c)所示。

(a) 原图上建立选区　　　(b) 创建快速蒙版　　　(c) 【通道】面板

图 8-22　创建快速蒙版

(2) 从工具箱中选择【画笔工具】,这时工具箱中的颜色自动变成黑、白两种色调。用白色作为前景色,在蒙版的红色区域中涂绘时,会增加选区。反之,用黑色作为前景色,在蒙版的红色区域中涂绘时,会减少选区。用白色画笔绘制图像下面的两朵花,用黑色画笔绘制花朵中心的花蕾部分,如图 8-23(a)(b)所示。绘制好后,单击工具箱中的【以快速蒙版模式编辑】按钮█,会发现选择区域改变了,如图 8-23(c)所示。

通过对快速蒙版的修改可以修改选区,并保护原先选区外的区域,原来被选中的区域不受该蒙版的保护。

(a) 用画笔修改蒙版

(b)【通道】面板

(c) 退出蒙版后的选区

图 8-23   在【快速蒙版】模式下用画笔修改蒙版可以改变选区

8.4.2   图层蒙版及其应用

在处理图像的过程中,图层蒙版是经常被使用到的工具,因为它可以遮盖掉图像中不需要的部分,而不必真正破坏图像的像素。图层蒙版作用在当前图像上,就好像与当前图像融合在一起了。对图层蒙版进行处理时,会直接影响当前图像的透明度,被它作用的图像可以处理成透明、半透明和不透明 3 种情况。用各种绘图工具在蒙版上涂色,蒙版涂白色的地方,只看得见当前的图像,当前图像的透明度没有变化;蒙版涂黑色的地方,则使当前图像变为透明;蒙版涂灰色的地方,则使当前图像变为半透明,透明的程度由涂色的深浅决定。

在图像编辑中,往往需要根据不同的应用目的在图像中创建不同的图层蒙版,创建的图层蒙版可以分为整体蒙版和选区蒙版。

1. 创建整体图层蒙版

整体图层蒙版指的是创建对一个当前图层有覆盖效果的蒙版,具体的创建方法如下。

(1) 打开如图 8-24(a)所示的原图像,图像中有 2 个图层,选中【图层 1】,并选择【图层】|【图层蒙版】|【显示全部】命令,此时在【图层】上便会出现一个白色蒙版缩略图。在【图层】面板中单击【添加图层蒙版】按钮 ◙,也可以快速创建一个白色蒙版缩略图,如图 8-24(b)所示,此时蒙版所作用的图像为不透明效果,【背景层】完全被遮住。

(a) 原图像

(b) 添加透明蒙版

(c) 添加不透明蒙版

图 8-24   添加蒙版

（2）选择【图层】|【图层蒙版】|【隐藏全部】命令，此时在【图层】面板的该图层上会出现一个黑色蒙版缩略图。在【图层】面板中按住 Alt 键，单击【添加图层蒙版】按钮◙，可以快速创建一个黑色蒙版缩略图，如图 8-24（c）所示，此时蒙版作用的图像完全透明，【背景层】完全被显示出来。

2. 选区蒙版

选区蒙版指的是在图像的当前图层中已创建了选区，在 Photoshop 中添加关于该选区的蒙版，具体的创建方法如下。

（1）如果编辑的图像中存在选区，选择【图层】|【图层蒙版】|【显示选区】命令，或在【图层】面板中单击【添加图层蒙版】按钮◙，此时选区内的图像会被显示，选区外的图像会被隐藏，如图 8-25（a）（b）（c）所示。

(a) 创建选区的原图像   (b) 添加显示选区蒙版   (c) 添加蒙版后的图像效果

图 8-25　为选区添加透明蒙版

（2）如果编辑的图像中存在选区，选择【图层】|【图层蒙版】|【隐藏选区】命令，或在【图层】面板中按住 Alt 键，并单击【添加图层蒙版】按钮◙，此时选区内的图像被隐藏，选区外的图像被显示，如图 8-26（a）（b）（c）所示。

(a) 创建选区的原图像   (b) 添加显示选区蒙版   (c) 添加蒙版后的图像效果

图 8-26　为选区添加不透明蒙版

3. 显示与隐藏图层蒙版

创建蒙版后，选择【图层】|【图层蒙版】|【停用】命令，或在蒙版缩略图上右击，从弹出的菜单中选择【停用图层蒙版】命令，此时蒙版缩略图上会出现一个红叉，表示此蒙版被停

用,如图 8-27(a)所示。选择【图层】|【图层蒙版】|【启用】命令,或在蒙版缩略图上右击,从弹出的菜单中选择【启用图层蒙版】命令,即可重新启用蒙版效果,如图 8-26(b)所示。

4. 删除与应用图层蒙版

创建蒙版后,选择【图层】|【图层蒙版】|【删除】命令,即可将当前应用的蒙版效果从图层中删除,图像恢复原来效果,如图 8-27(b)所示。选择【图层】|【图层蒙版】|【应用】命令,可以将当前应用的蒙版效果直接与图像合并,如图 8-27(c)所示。

(a) 停用图层蒙版 　　　　　(b) 删除图层蒙版 　　　　　(c) 应用图层蒙版

图 8-27　停用、删除与应用蒙版

5. 图层蒙版链接与取消链接

创建蒙版后,在默认状态下,蒙版与当前图层中的图像处于链接状态,在图层缩略图与蒙版缩略图之间会出现一个链接图标█。此时移动图像时,蒙版会跟随移动,选择【图层】|【图层蒙版】|【取消链接】命令,会取消图像与蒙版之间的链接,此时图标█会隐藏,移动图像时蒙版不跟随移动。

创建图层蒙版后,单击图像缩略图与蒙版缩略图之间的图标█,即可解除蒙版的链接,在图标█隐藏的位置单击,又可重新建立链接。

例 8.6　用添加图层蒙版的方法合成素材图像"海底世界.jpg"和"鱼.jpg",如图 8-28(a)(b)所示。

(a) 素材图像1 　　　　　　(b) 素材图像2

图 8-28　用蒙版合成前的图像

操作步骤如下。

（1）打开图像文件"海底世界.jpg"和"鱼.jpg"，选中"海底世界.jpg"为当前编辑文件，按组合键 Ctrl＋A 选中所有像素，再按组合键 Ctrl＋C 将其复制到剪贴板中。

（2）切换到"鱼.jpg"的编辑窗口，按组合键 Ctrl＋V 将"海底世界.jpg"粘贴到其中，此时"海底世界.jpg"所在的图层在上，在确认"海底世界.jpg"为当前图层的情况下，单击【图层】面板上的【添加图层蒙版】按钮 ◉。

（3）从工具箱中选择【渐变工具】 ▭，将前景色设为白色、背景色设为黑色，【不透明度】设为 80%，然后在图像上通过鼠标从左上方向右下方拖曳出一条直线设置渐变区域，如图 8-29（a）所示，则【图层】面板和图像效果如图 8-29（b）（c）所示。

（a）在蒙版上设置渐变区域　　　　（b）【图层】面板　　　　（c）用蒙版合成图像的效果

图 8-29　在蒙版上设置渐变区域

（4）选中【图层】面板上的蒙版缩略图，选择【前景色】为黑色，并降低不透明度，用【画笔工具】修饰蒙版。修饰蒙版前、后的图像效果如图 8-30（a）（b）所示。

（a）修饰蒙版前的效果图　　　　　　（b）修饰蒙版后的效果图

图 8-30　修饰蒙版前、后的图像效果

例 8.7　用【贴入】命令创建图层蒙版，在图像"海滨晚霞.jpg"上添加蒙版文字，并添加【斜面和浮雕】与【描边】的图层样式，图像效果如图 8-31（a）所示。

操作步骤如下。

（1）打开图像文件"海滨晚霞.jpg"和"云 3.gif"，选中"海滨晚霞.jpg"为当前编辑文件，

选择【横排文字蒙版工具】，在工具选项栏中设置【字体】为"华文琥珀"，【大小】为 60点，在图像右下角输入文字"海滨晚霞"，如图 8-32（a）所示。

（2）单击工具选项栏中的确认按钮 ✓，适当调整文字选区的位置，如图 8-32（b）所示。

（3）切换到"云 3.gif"的工作窗口，按组合键 Ctrl＋A 选中所有像素，再按组合键

(a) 效果图   (b)【图层】面板

图 8-31　用【贴入】命令创建蒙版

(a) 添加蒙版文字   (b) 建立文字选区   (c) 复制背景素材图像

图 8-32　创建蒙版文字

Ctrl＋C 将其复制到剪贴板中,如图 8-32(c)所示。

（4）切换到"海滨晚霞.jpg"的工作窗口,选择【编辑】|【选择性粘贴】|【贴入】命令,可将剪贴板中云的图像粘贴到选区内,并创建蒙版,如图 8-31(b)所示。

（5）选择【图层】|【图层样式】|【斜面和浮雕】命令和【图层】|【图层样式】|【描边】命令,并设置合适的参数,最终图像效果如图 8-31(a)所示。

8.4.3　矢量蒙版及其应用

矢量蒙版的作用与图层蒙版类似,只是创建或编辑矢量蒙版时,要使用【钢笔工具】或【形状工具】,选区、画笔、渐变工具不能编辑矢量蒙版。矢量蒙版可在图层上创建边缘比较清晰的形状。使用矢量蒙版创建图层之后,还可以给该图层应用一个或多个图层样式,如果需要,还可以编辑这些图层样式。

矢量蒙版可以直接创建空白蒙版和黑色蒙版,选择【图层】|【矢量蒙版】|【显示全部】命令或选择【图层】|【矢量蒙版】|【隐藏全部】命令,即可在图层中创建白色或黑色矢量蒙版,【图层】面板中的【矢量蒙版】显示效果与【图层蒙版】显示效果相同,这里不多介绍,当在图像中创建路径后,选择【图层】|【矢量蒙版】|【当前路径】命令,即可在路径中建立矢量蒙版,如图 8-34 所示。

创建矢量蒙版后,可以用【钢笔工具】等矢量编辑工具对其进行进一步编辑。

例 8.8　用矢量蒙版的方法处理图像,图像效果如图 8-33 所示。

图 8-33　创建矢量蒙版

操作步骤如下。

(1) 新建一个名为"美丽的校园",【宽度】为 24cm,【高度】为 16cm 的文档。

(2) 打开素材文件"玉泊湖边.jpg",按组合键 Ctrl+A 选中全部像素,按组合键 Ctrl+C 复制全部像素。切换到新建的"美丽的校园"窗口,按组合键 Ctrl+V 粘贴图像。

(3) 选择【图层】|【添加矢量蒙版】|【显示全部】命令,则【图层】面板如图 8-34(a) 所示。

(4) 在工具箱中选择自定形状工具 ,在其中选择树叶形状,如图 8-34(b)所示。在图像上用鼠标拖曳出一个自由形状,添加形状后的【图层】面板如图 8-34(c)所示。

 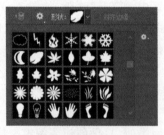 

(a) 添加矢量蒙版的【图层】面板　　(b) 在【形状拾色器】中选形状　　(c) 添加形状后的【图层】面板

图 8-34　添加矢量蒙版后的【图层】面板及自由形状

(5) 用【钢笔工具】、【添加锚点工具】和【删除锚点工具】调整树叶形状。树叶形状调整前、后效果图如图 8-35(a)(b)所示。按组合键 Ctrl+T 打开【自由变换】旋转,并调整树叶的大小,最终树叶的形状与大小如图 8-33 所示。

(6) 打开素材文件"桃花.jpg",用【裁剪工具】将图像裁剪一部分,并去除背景颜色,复制处理好的图像至"美丽的校园"的窗口,如图 8-33 所示。

(7) 选择【直排文字工具】,设置【字体】为"幼圆",【大小】为 36 点,【颜色】为红色,输

(a) 调整形状前的效果图　　　　(b) 调整形状后的效果图

图 8-35　树叶形状调整前、后效果图

入文字"美丽的校园"。设置【字体】为 Haettenschweiler,【大小】为 24 点,【颜色】为
♯6a5558,然后输入英文域名,如图 8-33 所示。

8.4.4　剪贴蒙版及其应用

剪贴蒙版是一种用于混合文字、形状及图像的常用技术。剪贴蒙版由两个以上的图
层构成,处于下方的图层称为基层,用于控制上方的图层的显示区域,而其上方的图层则
被称为内容图层。在每一个剪贴蒙版中,基层只有一个,而内容图层可以有若干个。剪贴
蒙版形式多样,使用方便灵活。选择【图层】|【创建剪贴蒙版】命令,便可将当前图层创建
为其下方的剪贴图层。

例 8.9　利用创建剪贴蒙版的方法制作名为"校园标志.psd"的图像文件,将图像剪
贴到画笔画的图形"EC"中,如图 8-36 所示。

图 8-36　"校园标志.psd"的图像

操作步骤如下。

（1）新建一个文档，宽度和高度分别为 8cm 和 10cm。

（2）创建"图层 1"，单击【画笔工具】，在工具选项栏中选择笔触为"Spatter 59px"，绘制文字"EC"，如图 8-37（a）所示。

（3）打开素材文件夹中名为"花纹 1.psd"的图像文件，用【移动工具】将其拖曳到图像文件"校园标志.psd"中，调整大小后，如图 8-37（b）所示，【图层】面板如图 8-37（c）所示。

(a) 用画笔工具书写文字"EC"   (b) 粘贴"花纹"图案   (c)【图层】面板

图 8-37 导入素材图像后的示意图

（4）选择"图层 2"，选择【图层】|【创建剪贴蒙版】命令，将"图层 2"剪贴到"图层 1"上，如图 8-38（a）（b）所示。

(a) 创建剪贴蒙版示意图   (b)【图层】中的剪贴蒙版

图 8-38 将"图层 2"剪贴到"图层 1"上

（5）分别打开素材图像文件 bj2.jpg、h1.jpg、h2.jpg，如图 8-39（a）（b）（c）所示，用移动工具将 bj2.jpg 拖曳到图像文件"校园标志.psd"中，适当调整大小。

（6）用【魔棒工具】分别选择图像文件 h1.jpg、h2.jpg 中的建筑图像像素，并将其复制到图像文件"校园标志.psd"中。

（7）如同步骤（4），分别选中"图层 3""图层 4""图层 5"，选择【图层】|【创建剪贴蒙版】命令，将"图层 3""图层 4""图层 5"剪贴到"图层 1"上，调整这些层在【图层】面板中的顺序，调整层中对象的位置效果如图 8-40（a）所示。【图层】面板如图 8-40（b）所示。

（8）设置字体为 Haettenschweiler，粗体，颜色为黑色，分别输入如图 8-36 所示的文字 ECUPL. EDU. CN,调整文字的大小与位置,保存图像文件"校园标志. psd"。

(a) 素材图像1

(b) 素材图像2

(c) 素材图像3

图 8-39　3 个素材文件

(a) 创建多个剪贴蒙版后的效果图

(b) 对应的【图层】蒙版

图 8-40　创建多个剪贴蒙版

8.5　本 章 小 结

通道、蒙版与图层在 Photoshop CC 2017 中起着举足轻重的作用,这三者结合起来应用可以创建出灵活多变、具有视觉冲击感的图像效果。

本章主要介绍了通道的建立与应用,通道的新建、复制、删除等操作与图层的相关操作类似;蒙版与选区有些相似,但是也有区别,选区表示了操作趋向,是确定了即将对所选区域进行操作;蒙版正好相反,是对所选区域进行保护,让其免于操作。利用蒙版可以方便地创建和编辑选区,同时可以将制作的选区保存在通道面板中,以便日后再次利用,还可以进行图像的合成等。本章介绍了快速蒙版、图层蒙版、矢量蒙版与剪贴蒙版的建立与编辑。

8.6 本章练习

1. 思考题

(1) 什么是通道？RGB 图像至少有几个通道？一个 CMYK 格式的图像至少有几个通道？

(2) 在通道中可以使用哪些工具编辑？

(3) 通道中白色和黑色的部分分别代表什么？灰色的区域代表什么？

(4) 图层蒙版、矢量蒙版、剪贴蒙版和快速蒙版的区别是什么？在什么情况下可以使用这些不同的蒙版？

(5) 文字图层、透明图层、背景图层哪些是不能添加图层蒙版的？为什么？

(6) 如何直接载入 Alpha 通道中的选区？载入时在按什么键的同时并单击 Alpha 通道？

2. 操作题

(1) 打开本章素材文件夹中的文件"剪纸花.jpg"和"背景 1.jpg"，将"背景 1.jpg"复制到"剪纸花.jpg"中形成"图层 1"，调整大小，使其完全覆盖"剪纸花.jpg"，选中红色"剪纸花.jpg"，利用该选区在"图层 1"上创建蒙版，利用蒙版效果制作出样张效果，并添加斜面浮雕的效果，如图 8-41 所示，以"剪纸.psd"为文件名保存在本章结果文件夹中。

图 8-41 剪纸图像的样张

操作提示如下。

- 打开如图 8-42(a)所示的文件"剪纸花.jpg"和如图 8-42(b)所示的文件"背景 1.jpg"，切换到"背景 1.jpg"，按组合键 Ctrl＋A 全选，按组合键 Ctrl＋C 复制，切换到"剪纸花.jpg"，按组合键 Ctrl＋V 粘贴，按组合键 Ctrl＋T 调整"背景

(a) 素材文件"剪纸花.jpg"

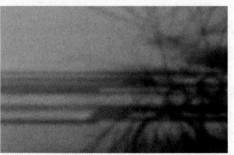

(b) 素材文件"背景1.jpg"

图 8-42 两个素材文件

1.jpg"的大小,使其完全覆盖"剪纸花.jpg"。
- 用【魔棒工具】单击图像,建立"剪纸花.jpg"的选区,也可以先交换【图层】面板的两个图层,建立选区后再交换这两个图层,如图 8-43(a)所示。对图层 1 添加蒙版,并添加斜面浮雕图层样式,最终的【图层】面板如图 8-43(b)所示。

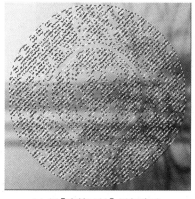

(a) 用【魔棒工具】添加选区　　　　　(b) 最终的【图层】面板

图 8-43　选区与图层

(2) 打开本章素材文件夹中的"水晶球.jpg"和"小熊.jpg"文件,如图 8-44(a)(b)所示,利用图层蒙版技术对图像进行合成,合成后的效果如图 8-44(c)所示,操作结果以"小熊水晶球.psd"为文件名保存在本章结果文件夹中。

(a) 水晶球图像　　　　　(b) 水熊图像　　　　　(c) 最终合成后的效果图

图 8-44　图层蒙版合成图像

操作提示如下。
- 打开素材中的两张图片,并将图像"小熊.jpg"拖入"水晶球.jpg"图像中。
- 在【图层】面板中双击"水晶球.jpg"图像的背景层,将其改为普通层,如图 8-45(a)所示,将图像"小熊.jpg"图层放在"水晶球.jpg"图层下面,居中放置。
- 在"水晶球.jpg"图层上添加图层蒙版,单击【图层】面板下方的【添加矢量蒙版】按钮,如图 8-45(b)所示。
- 在工具箱中设置【前景色】为黑色,选择【画笔工具】,在【工具选项栏】中选择一个大小为 35 像素的柔化边缘笔尖,然后在水晶球图片中央慢慢涂抹,使其变为透明。

(a)添加蒙版前的【图层】面板　　(b)添加蒙版后的【图层】面板

图 8-45　【图层】面板

- 当觉得效果满意后,按组合键 Ctrl+T 调整图片的大小为水晶球的大小,然后移到合适的位置,如图 8-44(c)所示。

(3) 打开本章素材文件夹中的图像文件"花朵 2.jpg",如图 8-46(a)所示,利用矢量蒙版技术对图像进行编辑,去掉背景,如图 8-46(b)所示,将处理成透明背景的图像以"花朵 2.psd"为文件名保存在本章结果文件夹中。

(a)原始图像"花朵2.jpg"　　　　(b)矢量蒙版处理后的结果图像

图 8-46　用矢量蒙版处理图像

操作提示如下。

- 打开图片,按组合键 Ctrl+J 复制图层。用【快速选择工具】在花朵上拖曳建立选区,如图 8-47(a)所示。
- 单击【路径】面板底部的【从选区生成工作路径】按钮,将选区转换成工作路径,如图 8-47(b)所示。单击【路径】面板右上角的菜单按钮,选择【存储路径】命令,如图 8-47(c)所示。
- 选择【图层】|【矢量蒙版】|【当前路径】命令,建立矢量蒙版。【路径】面板和【图层】面板如图 8-48(a)(b)所示。隐藏背景后可看到隐去背景后的花朵,如图 8-46(b)所示。

(4) 打开本章素材文件夹中的图像"数字.jpg"和"键盘.jpg",将图像"键盘.jpg"复制

(a) 选区转为路径

(b) 选区转换为工作路径

(c) 存储路径

图 8-47　建立选区与路径

(a)【路径】面板

(b)【图层】面板

图 8-48　【路径】面板和【图层】面板

到图像"数字.jpg"中,利用白色到黑色的线性渐变的图层蒙版技术合成图像。将"背景6.jpg"复制到图像"数字.jpg"中,用剪贴蒙版技术处理竖排文字"云端数字",操作结果如图 8-49(a)所示,以"云端数字.psd"为文件名将处理后的图像保存在本章结果文件夹中。

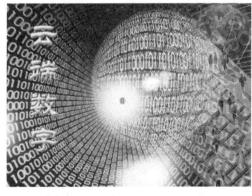

(a) 图像"云端数字.psd"

(b)【图层】面板

图 8-49　图像"云端数字.psd"的样张

操作提示如下。

- 打开文件"数字.jpg"和"键盘.jpg",将"数字.jpg"的背景层改为普通层,名称设为"图层 0"。用【移动工具】将"键盘.jpg"拖入"数字.jpg"中,放到图像右侧,将该图层名设为"图层 1"。交换两个图层的叠放次序。
- 在【图层】面板中确定当前图层为"图层 0",选择【图层】|【图层蒙版】|【显示全部】命令,添加蒙版。选择【渐变工具】,并在【工具选项栏】中选择【从前景色到背景色】的【线性渐变】,沿着图像"数字.jpg"中部水平拖曳,完成图层蒙版合成图像的操作。
- 输入竖排文字"云端数字",华文隶书、60 点、黄色、2 像素红色居外描边,处理后的【图层】面板如图 8-49(b)所示。
- 选中文字图层,打开【图层样式】对话窗口,设置【外发光】和【斜面浮雕】效果。

(5) 打开本章素材文件夹中的图像 pic1.jpg 和 pic2.jpg,将 pic2.jpg 复制到 pic1.jpg 中,适当调整 pic1.jpg 的位置,对 pic2.jpg 添加图层蒙版,利用白色到黑色的径向渐变的图层蒙版技术合成图像。图像处理结果如图 8-50(a)所示,图像处理完成后的【图层】面板如图 8-50(b)所示,以"景色.psd"为文件名将处理后的图像保存在本章结果文件夹中。

(a) 图像合成效果图　　　　　　　(b)【图层】面板

图 8-50　图像"景色.psd"的样张

操作提示如下。

图像合成可以分为 3 步。以本题为例,从样张观察可以看出,合成后 pic2.jpg 在 pic1.jpg 上面。

- 将 pic2.jpg 的背景层改为普通层。
- 复制 pic1.jpg 粘贴到 pic2.jpg 中,调整 pic1.jpg 的位置(将 pic1.jpg 向左上移动,使山峰对准两树的空隙),交换两个图层的叠放次序。
- 对上面的 pic2.jpg 添加蒙版,使用画笔工具涂抹蒙版,使得 pic2.jpg 部分图像变得半透明,使下面的 pic1.jpg 显露出来。

(6) 打开本章素材文件夹中的素材文件"男孩.psd",这是一个分层素材文件,编辑窗口如图 8-51(a)所示。【图层】面板如图 8-51(b)所示。应用矢量蒙版技术制作如图 8-52(c)所示的图像效果,并将处理后的图像用原文件名保存在本章结果文件夹中。

———————————————— Photoshop CC 2017 图形图像处理教程(第 2 版)

(a) 素材图像文件"男孩.jpg"

(b)【图层】面板

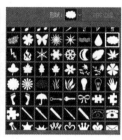

(c) 形状拾色器

图 8-51   素材"男孩"与【形状】面板

(a) 在头部绘制名为"云彩1"的形状　(b) 对形状白色居外描边　　　　(c) 最后的效果图

图 8-52   矢量蒙版处理后的图像效果

操作提示如下。

- 打开素材文件"男孩.psd",选择工具箱中的【自定义形状工具】 ,在工具选项栏中选择【路径】选项,并打开工具选项栏中的【形状拾色器】,选择形状【云彩1】,如图 8-51(c)所示。在"男孩"头部区域绘制形状,如图 8-52(a)所示。

- 选择【图层】|【矢量蒙版】|【当前路径】命令,基于当前路径创建矢量蒙版,如图 8-52(b)中的【图层】面板所示,双击【图层1】,打开【图层样式】对话框,选择【描边】选项,设置白色居外描边,效果如图 8-52(b)所示。

- 在【图层】面板中单击【组 1】的眼睛图标显示该图层,最终效果如图 8-52(c)所示, 按照题目要求保存文件。

(7) 打开素材文件夹中的"海湾.psd"和"放大镜.psd",应用剪贴蒙版技术制作一个神奇的图像效果,当图像中的放大镜移动时,放大镜内外将显示不同的图像效果。图像制作完成后,以"放大镜.psd"为文件名保存文件。

图 8-53　剪贴蒙版处理后的图像效果

操作提示如下。

- 打开如图 8-54(a)所示的素材文件"放大镜.psd"和如图 8-54(b)所示的素材文件"海湾.psd"。"海湾.psd"的【图层】面板如图 8-54(c)所示。

(a) 素材图像文件"放大镜"　　　(b) 素材图像文件"海湾"　　　(c)【图层】面板

图 8-54　素材文件"放大镜.psd"和"海湾.psd"

- 切换到"放大镜.psd"的编辑窗口,用【魔棒工具】建立放大镜镜片处的选区,新建一个图层,并对放大镜片填充白色,如图 8-55(a)所示,其【图层】面板如图 8-55(b)所示。选中这两个图层将其拖入"海湾.psd"的编辑窗口,如图 8-55(c)所示。

- 将【图层 3】拖到【图层 1】下方,如图 8-56(a)所示。按住 Ctrl 键并单击【图层 2】和【图层 3】将它们选中,单击【图层】面板底部的【链接图层】按钮⛓,将两个图层链接在一起,如图 8-56(b)所示。

- 按住 Alt 键,鼠标指向【图层 3】和【图层 1】的分割线,当鼠标指针呈现▭状时,单击鼠标创建剪贴蒙版。选择【图层 2】,用【移动工具】移动放大镜,就可以发现放大镜内外不同的图像效果。

(8) 打开素材图像文件"脸庞.jpg"和"桥.jpg",利用专色通道技术合成两个图像,制作

(a) 填充 "放大镜"

(b)【图层】面板

(c) 将 "放大镜" 粘贴到 "海湾" 图像中

图 8-55 "放大镜"效果制作

(a)【图层】面板

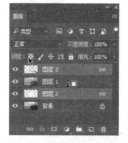
(b)建立链接的【图层】面板

(c)最后的效果图

图 8-56 链接两个图层

如图 8-57 所示效果的图像,并将合成后的图像以"脸庞.psd"为名保存在本章结果文件夹中。

图 8-57 合成图像的效果图

操作提示如下。

- 打开素材中的图像文件"脸庞.jpg"和"桥.jpg",在"脸庞.jpg"窗口中选择【图像】|【图像旋转】|【水平翻转画布】命令水平翻转图像。
- 选择【图像】|【画布大小】命令,从弹出的【画布大小】对话框中设置如图 8-58(a)所示的参数,单击【确定】按钮确认,将图像左边的空白区域增大,如图 8-58(b)所示。
- 在"脸庞.jpg"的【通道】面板上单击右上角的菜单按钮▤,从弹出的菜单中选择【新建专色通道】命令,【通道】面板上就增加了一个【专色 1】的通道,如图 8-59(a)

所示。再在如图 8-59(b)所示的【新建专色通道】对话框中设置颜色为♯619ff4，单击【确定】按钮，"脸庞.jpg"上就新建了一个专色通道。

(a) 【画布大小】对话框

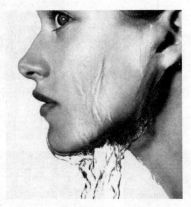
(b) 增加图像左侧的空白区域

图 8-58　【画布大小】对话框与调整画布后的图像

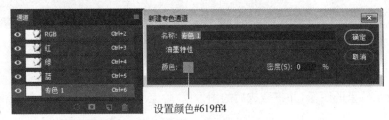

(a) 新建专色通道 　　　　　　　　(b) 【新建专色通道】对话框

图 8-59　新建专色通道

- 打开如图 8-60(a)所示的素材图像文件"桥.jpg"，在【图层】面板中双击【背景层】，从弹出的【新建图层】对话框中单击【确定】按钮，可将【背景层】转换成可编辑的【图层 0】。

单击【图层】面板底部的【添加图层蒙版】按钮，从工具箱中选择【渐变工具】按钮，设置【前景色】为白色，【背景色】为黑色，【不透明度】为 80%，然后从图像左边向右边拖曳鼠标，得到的效果如图 8-60(b)所示。

(a) 素材图像文件"桥.jpg"　　　(b) 用图层蒙版处理后的效果图　　　(c) 【拼合图像】后的效果图

图 8-60　用蒙版处理图像前、后的效果

—————　Photoshop CC 2017 图形图像处理教程(第 2 版)

单击【图层】面板右上角的菜单按钮████，从弹出的菜单中选择【拼合图像】命令，将蒙版与图像拼合，效果如图 8-60(c)所示。至此，对"桥.jpg"的处理基本完成。

按组合键 Ctrl＋A 选中"桥.jpg"的所有像素，再按组合键 Ctrl＋C 将其复制到剪贴板中。切换到图像"脸庞.jpg"，并确认当前通道为刚才创建的【专色通道 1】，按组合键 Ctrl＋V 将剪贴板中的图像粘贴到其中，效果如图 8-61(a)所示。

选择【编辑】|【自由变换】命令，或按组合键 Ctrl＋T 将图像调整并移动到合适的位置，最终效果如图 8-61(b)所示。按题目要求保存文件。

(a) 将"桥.jpg"中处理好的素材粘贴到专色通道中　　　(b) 调整后的最后效果

图 8-61　将"桥.jpg"的图像粘贴到"脸庞.jpg"的专色通道中

(9) 打开素材中的图像文件"吊坠.jpg"和"男孩 1.jpg"，利用选区、通道和蒙版技术将两个图像合在一起，制作合成效果的图像，并将合成后的图像以"吊坠.psd"为名保存在本章结果文件夹中。

操作提示如下。

- 打开素材图像文件"吊坠.jpg"和"男孩 1.jpg"，切换到"吊坠.jpg"的编辑窗口，如图 8-62(a)所示。打开【通道】面板，将绿通道拖曳到【创建新通道】按钮███上，复制一个绿通道的副本，如图 8-62(b)所示。

- 按组合键 Ctrl＋L 打开【色阶】对话框增加对比度，如图 8-62(c)(d)所示。

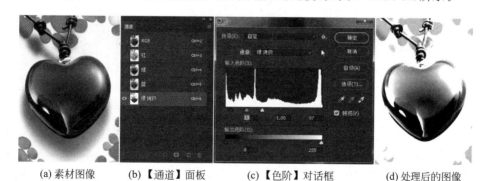

(a) 素材图像　　　(b)【通道】面板　　　(c)【色阶】对话框　　　(d) 处理后的图像

图 8-62　【通道】面板与【色阶】面板

- 选择【画笔工具】，选择【预设】为"柔边园"，其他参数设置如图 8-63(a)所示。将【前景色】设置为"白色"，将心形吊坠以外的图像涂为白色，如图 8-63(b)所示。按组合键 Ctrl＋2 返回 RGB 主通道。
- 切换到"男孩 1.jpg"的编辑窗口,如图 8-63(c)所示,按组合键 Ctrl＋A 全选,按组合键 Ctrl＋C 复制图像,再切换到"吊坠.jpg"的编辑窗口,按组合键 Ctrl＋V 粘贴图像,如图 8-63(d)所示。

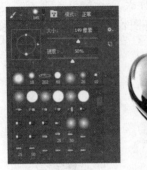   

(a) 设置【画笔工具】　(b) 处理"吊坠"图像　(c) 素材图像"男孩"　(d) 将图像"男孩"
　　　　　　　　　　　　　　　　　　　　　　　　　　　　　　　　　　贴入"吊坠"

图 8-63　素材文件与【画笔】设置

- 按住 Ctrl 键单击绿通道副本,载入该通道中的选区,如图 8-64(a)所示。按住 Alt 键单击【图层】面板底部的【添加矢量蒙版】按钮 ,基于选区创建一个反相的蒙版,如图 8-64(b)所示。最终的图像合成效果如图 8-64(c)所示。

(a) 载入选区　　　　　(b)【图层】面板　　　(c) 最后合成的效果图

图 8-64　创建矢量蒙版

(10) 打开素材图像文件"人像.jpg",如图 8-65(a)所示,利用选区、通道和蒙版技术对人像面部肌肤进行修饰,修饰后的图像效果如图 8-65(b)所示,以"人像修饰.psd"为名将图像保存在本章结果文件夹中。

操作提示如下。

- 打开素材图像文件"人像.jpg",打开【通道】面板,将绿通道拖曳到【创建新通道】按钮 上,复制一个绿通道的副本,如图 8-66(a)(b)所示。选择【滤镜】|【其他】|【高反差保留】命令,参数设置及效果如图 8-66(c)(d)所示。

———————— Photoshop CC 2017 图形图像处理教程(第 2 版)

(a) 肌肤修饰前的图像　　　　　(b) 肌肤修饰后的图像

图 8-65　人像肌肤修饰前后的效果

  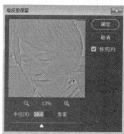 

(a)【通道】面板　　(b) 绿色通道的副本　　(c)【高反差保留】对话框　(d) 设置高反差后的效果图

图 8-66　通道与滤镜作用后的效果

- 选择【图像】|【计算】命令，打开【计算】对话框，参数设置如图 8-67(a) 所示，计算后会生成一个名为 Alpha1 的通道。再执行一次【计算】命令，可生成名为 Alpha2 的通道，如图 8-67(b) 所示。图像效果如图 8-67(c) 所示。

 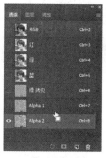 

(a)【计算】对话框　　　　　　(b)【通道】面板　　　　(c) 应用【计算】命令
后的效果图

图 8-67　执行两次【计算】命令后的示意图

- 单击【通道】面板底部的【将通道作为选区载入】按钮 ，载入通道中的选区，如图 8-68(a) 所示。按组合键 Ctrl＋2 返回 RGB 彩色编辑状态，如图 8-68(b) 所示。

选择【选择】|【反选】命令，如图 8-68(c)所示。

(a) 载入通道中的选区　　(b) 返回【RGB】编辑状态　　(c) 执行【反选】命令

图 8-68　载入通道中选区的示意图

- 单击【调整】面板中的【创建新的曲线调整图层】按钮，创建【曲线】调整图层，在如图 8-69(a)所示的曲线上单击两次，产生两个控制点，向上调整曲线，使人像的肌肤变得光滑细腻。
- 选择【图层】面板中曲线的蒙版，如图 8-69(b)所示，选择柔角【画笔工具】在眼睛、头发、嘴唇等地方涂抹黑色，使图像的这些部分保持清晰。
- 单击【调整】面板中的【创建新的可选颜色调整图层】按钮，在【属性】面板上设置颜色参数，如图 8-69(c)所示，使得人像脸部的颜色更加自然，如图 8-69(d)所示。

(a) 创建【曲线】　(b) 处理【曲线】蒙版　(c) 设置颜色参数　(d) 人像肌肤修饰最后的效果图
　　调整图层

图 8-69　调整人像脸部皮肤的颜色

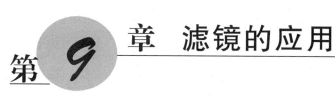

第 9 章 滤镜的应用

本章学习重点：

- 了解滤镜的使用规则。
- 掌握各种常用滤镜的使用方法。
- 掌握滤镜库与智能滤镜的使用方法。

9.1 滤 镜 概 述

Photoshop CC 2107 中有预置的 100 多种滤镜。滤镜提供了 Photoshop 处理图像的一种特殊手段。利用滤镜不仅可以修饰图像的效果，掩盖其缺陷，并提供便捷有效的图像处理方式，还可以快速制作一些特殊的效果，如动感模糊效果、光照效果、镜头校正效果、壁画效果等。滤镜可以帮助使用者在图像编辑过程中快速实现丰富多彩的艺术效果。

Photoshop 滤镜分为内置滤镜和外挂滤镜两种。内置滤镜是 Adobe 公司在开发 Photoshop 时预置的，可以在软件中直接使用的图像处理手段。外挂滤镜是第三方公司提供的滤镜，需要时可以下载安装使用，并有针对性地对图像进行处理。

9.1.1 滤镜菜单

Photoshop 中的内置滤镜都被放置在【滤镜】菜单里，通过选择【滤镜】的菜单命令，就可以打开相应滤镜的对话框，设置调节参数，然后对图像进行编辑处理。对于没有对话框的滤镜，选择该滤镜命令后，将可以直接使用滤镜对图像进行编辑处理。单击【滤镜】菜单，会弹出如图 9-1 所示的下拉菜单。

Photoshop CC 2017 的滤镜菜单由以下 5 部分组成。

（1）上次执行的滤镜命令，也可以按组合键 Alt＋Ctrl＋F 重复执行上次滤镜命令。

（2）将智能滤镜应用于智能对象图层的命令。

（3）6 种特殊的 Photoshop CC 2017 滤镜命令。

（4）11 种 Photoshop CC 2017 滤镜组，每个滤镜组都包含若干滤镜的子选项。

（5）浏览联机滤镜。

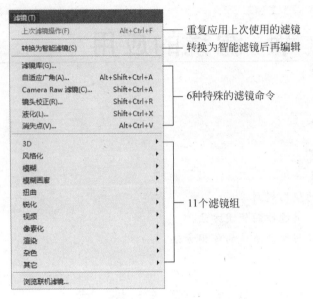

图 9-1 【滤镜】菜单

9.1.2 滤镜的用途与使用规则

使用滤镜对图像进行编辑,可以创建特效背景与多种特殊效果,可以将滤镜应用于图层以及单个通道,还可以将多种效果与蒙版组合,以提高图像品质和一致性等。在图像处理时,滤镜的用途大致有以下几种。

(1)创建边缘效果。可以使用多种方法处理只应用于部分图像的边缘效果。若要保留清晰的边缘,只应用滤镜即可;要得到柔和的边缘,应先将边缘羽化,然后再应用滤镜;如果要调整滤镜的效果,可使用【渐隐】命令,调整不透明度或者混合模式,从而改变滤镜的效果。

(2)将滤镜应用于图层。可以将滤镜应用于单个图层或多个图层,以加强效果。要使用滤镜影响图层,则图层必须是可见的,而且必须包含像素。

(3)将滤镜应用于单个通道。可以将滤镜应用于单个通道,对每个颜色通道应用不同的滤镜效果,或应用具有不同设置的同一滤镜。

(4)创建特效背景。将效果应用于纯色或灰色形状,可生成各种背景或纹理,然后可以对这些纹理进行模糊处理。尽管有些滤镜应用于纯色时效果并不明显,但多数滤镜都可以产生明显的效果。

(5)将多种效果与蒙版组合。使用蒙版创建选区,可以更好地控制从一种效果到另一种效果的转换。

(6)提高图像的品质和一致性。利用滤镜可以处理一组相同品质的图像,可以掩饰图像的缺陷,改善和提高图像的品质与效果。

使用 Photoshop 的滤镜命令时,需要注意以下操作规则。

Photoshop CC 2017 图形图像处理教程(第 2 版)

（1）滤镜的处理是以像素为单位的，所以其处理效果与图像的分辨率有关。相同的滤镜参数处理不同分辨率的图像，其效果也不相同。

（2）Photoshop CC 2017会针对选取区域进行滤镜效果处理，如果没有定义选区，滤镜将对整个图像做处理。如果当前选中的是某一图层或某一通道，则只对当前图层或通道起作用。如果当前图像很大，并且存在内存不足的问题，则可将滤镜效果应用于单个通道。

（3）如果只对局部图像进行滤镜效果处理，可以为选区设定羽化值，使处理后的区域能自然地与原图像融合，减少突兀的感觉。

（4）当执行过一次滤镜命令后，【滤镜】菜单的第一行将自动记录最近一次滤镜操作，直接单击该命令或使用组合键 Alt＋Ctrl＋F，可快速重复执行相同的滤镜命令。

（5）使用【编辑】菜单中的【后退一步】、【前进一步】命令，可对比执行滤镜前后的效果。

（6）在【位图】和【索引颜色】的色彩模式下不能使用滤镜。此外，不同的色彩模式，滤镜的使用范围也不同。在【CMYK 颜色】和【Lab 颜色】模式下，部分滤镜不可用，如【画笔描边】、【纹理】、【艺术效果】等。

9.2　几种特殊滤镜

Photoshop CC 2017 中提供了几种常用的数码照片修饰校正的特殊滤镜，分别是【自适应广角】滤镜、【Camera Raw】滤镜、【镜头校正】滤镜等，如果要对图像做进一步推拉、旋转、扭曲变形、喷绘、应用透视等操作，可以使用【液化】滤镜与【消失点】滤镜。如果想预览图像在滤镜作用下的效果，可以打开滤镜库，尝试不同滤镜作用的各种特殊效果。

9.2.1　自适应广角滤镜

对于摄影爱好者来说，拍摄风光或者建筑必然使用广角镜头进行拍摄。使用广角镜头拍摄照片时，会有镜头畸变的情况，让照片边角位置出现弯曲变形，即使昂贵的镜头也是如此。利用 Photoshop CC 2017 中的【自适应广角】滤镜命令，可以在处理广角镜头拍摄的照片时，对镜头产生的变形进行处理，从而得到一张没有变形的照片。

选择【滤镜】|【自适应广角】命令，可以打开如图 9-2 所示的【自适应广角】滤镜对话框，对话框左侧是工具箱，用【约束工具】与【多边形约束工具】可以在图像上确定【自适应广角】滤镜调整的图像的范围，如图 9-2 的中间窗口所示，用法类似于【套索工具】；【移动工具】、【抓手工具】与【缩放工具】的功能与用法不一一赘述。

对话框右侧的【校正】下拉菜单中有 4 个选项，即【鱼眼】、【透视】、【自动】和【完整球面】，选择某个选项后，用【约束工具】选定图像要调整的范围，并根据预览窗口的调整效果设置参数的数值，单击【确定】按钮便可以完成图像的编辑。

例如，要调整图像的透视效果，可打开素材文件夹中的图像文件"建筑 1.jpg"，如

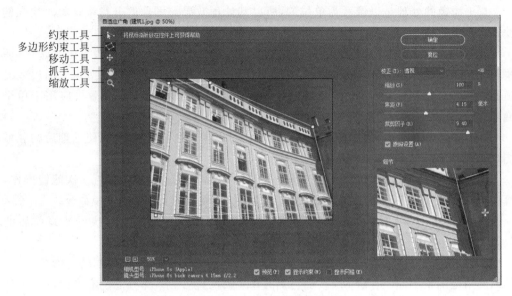

约束工具 ——
多边形约束工具 ——
移动工具 ——
抓手工具 ——
缩放工具 ——

图 9-2　【自适应广角】滤镜对话框示意图

图 9-3(a)所示,选择【滤镜】|【自适应广角】命令,打开如图 9-2 所示的【自适应广角】滤镜对话框,选中【多边形约束工具】，在图像上设置约束区域,如图 9-2 中间窗口所示,并设置如图 9-2 的参数后单击【确定】按钮。作用【自适应广角】滤镜后的效果如图 9-3(b)所示,用【裁剪工具】和【仿制图章工具】对图像裁剪与修饰后,可以获得改变透视效果的图像。

(a) 原图　　　　　　　　　　(b) 应用【自适应广角】滤镜后的效果图

图 9-3　【自适应广角】滤镜作用于图像前、后对照

　　【自适应广角】校正广角镜头畸变图像的效果很好,它的另一个更有用的作用是可以找回由于拍摄时相机倾斜或仰俯丢失的平面。例如,将图 9-4(a)倾斜的拦水坝调整为图 9-4(b)所示的较为水平的拦水坝,可用【自适应广角】校正。

　　选择【滤镜】|【自适应广角】命令,打开【自适应广角】滤镜对话框,单击【约束工具】，沿着水坝绘制一条约束线,约束线两端有两个小的矩形控制点,将鼠标指针指向矩形控制点,并拖动矩形控制点可以调整约束线的长度。约束线上还有两个小的圆形控制点,

────────── Photoshop CC 2017 图形图像处理教程(第 2 版)

(a)【自适应广角】滤镜调整前的图像　　　　(b)【自适应广角】滤镜调整后的图像

图 9-4　【自适应广角】滤镜调整图像水平面前、后对照

将鼠标指针指向某个圆形控制点，并拖动圆形控制点，可以调整约束线的倾斜角度，如图 9-5 所示。

图 9-5　【自适应广角】滤镜调整图像

当图像上绘制有两条以上的约束线时，单击某条约束线，则该条约束线为当前可编辑的约束线，按 Del 键可以删除当前约束线。图 9-5 所示的就是调整河面水坝【自适应广角】滤镜对话框，通过调整两条约束线，利用【裁剪工具】和【仿制图章工具】对图像裁剪与修饰后，可以获得改变水坝倾斜角度的图像，如果觉得调整效果不满意，可再用一次【自适应广角】滤镜。

9.2.2　Camera Raw 滤镜

Camera Raw 滤镜是数码摄影后期修图必不可少的好工具，这款滤镜使得有瑕疵的照片变得漂亮，使得上佳的作品能够锦上添花。Camera Raw 滤镜集调整色彩、色调、曝光度、校正镜头缺陷、修图、锐化等图像处理技术于一身,不仅可以对 RAW 格式的图像文件进行处理,而且还能用于 JPEG 图像的编辑,使数码摄影图像的后期处理高效、便捷。

选择【滤镜】|【Camera Raw】命令,可以打开如图 9-6 所示的【Camera Raw】滤镜对话框。该对话框主要由顶部的工具栏、中间的图像处理区域与右侧的图像参数调整区域几部分组成,这几部分的功能介绍如下。

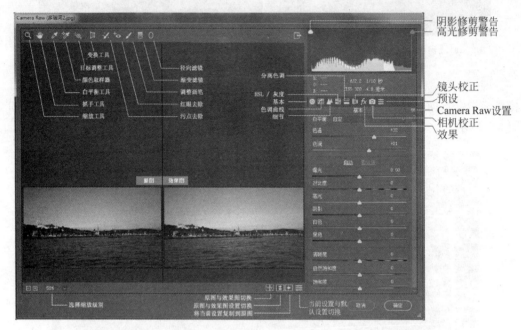

图 9-6 【Camera Raw】滤镜对话框

1. 工具栏

工具栏中有 11 个图像编辑工具(当打开的文件为 RAW 格式时,工具栏中有 16 个图像编辑工具),其图像编辑的功能如下。

(1)【缩放工具】：用该工具单击图像,便可放大或缩小图像。

(2)【抓手工具】：当图像在预览区域中大比例显示,不能看到完整图像时,可以使用该工具拖曳图像,以便查看被隐藏的图像。

(3)【白平衡工具】：该工具可以指定对象的颜色,可确定拍摄场景的光线颜色,然后自动调整图像的光照。

(4)【颜色取样器工具】：用该工具单击图像中的某区域,可获取该区域对象的颜色。

(5)【目标调整工具】：通过调整图像的【色相】、【饱和度】、【明亮度】和【灰度混合】确定图像整体色调的调整。

(6)【变换工具】：用于校正使用不正确的镜头或相机晃动导致的照片透视倾斜。

(7)【污点去除】：可对图像瑕疵进行修复或仿制。

（8）【红眼去除】：专用于去除拍摄时产生的红眼效果。

（9）【调整画笔】：可以调整图像的亮度、饱和度、对比度、曝光和锐化等效果。

（10）【渐变滤镜】：可以在画面中创建两条平行虚线，鼠标指向虚线上的红点时，可以调整下限之间的距离与方向，在虚线限定的范围内可以渐变地对图像的亮度、饱和度、对比度、曝光和锐化等效果进行调整。

（11）【径向滤镜】：可以在画面中创建径向渐变框。拖曳鼠标可以绘制出椭圆形的边框线，边框线上有 4 个矩形活动块，鼠标指向活动块可以调整椭圆的大小与方向，并可调整指定范围内图像的亮度、饱和度。

2. 图像处理区

（1）【图像处理区】：用于显示图像处理前、后的效果。

（2）【选择缩放级别】：可以单击"＋"或者"－"号调整图像显示的比例，也可以单击右侧的下拉菜单按钮，在下拉菜单中选择图像显示的比例。

（3）【原图与效果图切换】：该按钮被单击后，按钮为，表示"横向"显示原图与效果图；按钮为，表示"纵向"显示原图与效果图；按钮为，表示只显示编辑后的效果图。

（4）【原图与效果图设置切换】：该按钮被单击后，可以设置存储为原图状态，并保存图像为原图状态。

（5）【将当前设置复制到原图】：该按钮被单击后，可以将当前设置复制到原图。

（6）【当前设置与默认设置切换】：该按钮被单击后，可以在图像当前设置的调整参数与原始参数之间进行切换。

3. 图像参数调整区域

（1）【直方图】：从直方图中可看出图像的 RGB 比例。直方图中还显示了鼠标当前位置的 RGB 值。单击直方图左上角的【阴影修剪警告】按钮和右上角的【高光修剪警告】按钮，可以为图像中的阴影与高光添加修剪标识。

（2）Camera Raw 设置：单击选项卡右上角的扩展按钮，可更改 Camera Raw 的设置。

（3）图像调整选项组：图像调整选项组中有以下 9 个选项，可以对图像的参数进行调整。

- 【基本】：调整白平衡、颜色饱和度以及色调。
- 【色调曲线】：使用【参数】曲线和【点】曲线对色调进行微调。
- 【细节】：对图像进行锐化处理或减少杂色。
- 【HSL/灰度】：使用【色相】、【饱和度】和【明亮度】对颜色进行微调。
- 【分离色调】：为单色图像添加颜色，或者为彩色图像创建特殊效果。
- 【镜头校正】：补偿相机镜头造成的扭曲度、色差和晕影。
- 【效果】：为画面添加颗粒和裁剪后的晕影效果。
- 【相机校准】：在 Camera Raw 中打开相机原始图像后常常会有色差，【相机校准】可用于校正色差,以补偿相机图像传感器的不足。

* 【预设】▦:将多组图像调整设置存储为预设,以便以后进行应用。

Camera Raw 的具体功能键在第 10 章中详细介绍。

例 9.1　打开素材文件夹中的图像文件"郁金香 1.jpg",利用 Camera Raw 滤镜对图像进行修饰,修饰调整后的图像以文件名"郁金香 1(调整).jpg"与"郁金香 1(调整).psd"保存在结果文件夹中。

操作步骤如下。

(1) 选择【文件】|【打开】命令,打开素材文件夹中如图 9-7(a)所示的图像文件"郁金香 1.jpg"。

(2) 选择【滤镜】|【Camera Raw】命令,打开【Camera Raw】对话框。

(a)【Camera Raw】滤镜修饰前的图像　　(b)【Camera Raw】滤镜修饰后的图像

图 9-7　【Camera Raw】滤镜应用前、后效果对照图

(3) 选择【基本】选项卡,调整【曝光】值,让色调变得明快;调整【清晰度】值,让图像中的细节更加清晰;调整【自然饱和度】值,让色彩更加艳丽,具体调整参数如图 9-8 所示。

图 9-8　【Camera Raw】滤镜调整示意图之一

（4）选择工具栏中的【径向滤镜】，对准郁金香花朵拖曳鼠标，可以将鼠标指针指向椭圆边框线上的活动块，鼠标指针呈现状，拖曳鼠标可以调整椭圆大小；将鼠标指针靠近活动块，鼠标指针呈现♪状，拖曳鼠标可以调整椭圆倾斜角度；鼠标指针放在椭圆中心红点处，鼠标指针呈现✛状，拖曳鼠标就可以调整椭圆的位置。选中对话框下部的单选按钮【外部】，表示修改椭圆区域外部的色彩色调，将【色温】设置为－20，【饱和度】设置为15；【清晰度】设置为－30；选择【颜色】为浅绿色，如图9-9所示。

图9-9　【Camera Raw】滤镜调整示意图之二

（5）如对郁金香之外的背景颜色不满意，还可以继续调整背景颜色。图像色彩调整完成后的效果如图9-7(b)所示，按照题目要求保存修改后的文件。

9.2.3　镜头校正滤镜

利用【镜头校正】滤镜可以测量各种相机与镜头，对图像因摄影角度产生的桶状、枕状、倾斜等变形进行自动校正或者手动校正。【镜头校正】滤镜对话框中有两个选项卡，【自动校正】选项卡可以对图像做一些设置后，自动校正图像的偏差；【自定】选项卡可以用人工手动方式校正图像的偏差。【镜头校正】滤镜对话框如图9-10所示。工具栏中几个常用工具的功能如下。

（1）【移去扭曲工具】圖：单击该按钮后，鼠标指针呈现一个"＋"字，在图像上向中心拖动或者拖离中心校正图像的失真。

（2）【拉直工具】圖：单击该按钮后，鼠标指针呈现一个"＋"字，在图像上拖曳绘制一条直线，拖曳到横轴或者纵轴，矫正图像的透视效果。

（3）【移动网格工具】圖：单击该按钮后，鼠标指针呈现一个"＋"字，预览窗口中呈现的网格线，拖曳鼠标可以对齐网格线。

图 9-10 【镜头校正】滤镜对话框

例如,用【镜头校正】滤镜调整如图 9-11(a)所示图像的透视比例,可以单击【自定】选项卡,按照图 9-10 所示的对话框设置【垂直透视】的参数为−20,便可以获得如图 9-11(b)所示的镜头校正后的图像效果。对照滤镜应用前、后的图像透视比例明显改观。

(a)【镜头校正】滤镜调整前的图像

(b)【镜头校正】滤镜调整后的图像

图 9-11 【镜头校正】滤镜调整图像的前、后效果图

9.2.4 液化滤镜

【液化】滤镜可以对图像进行推、拉、旋转、反射、折叠与膨化等操作,还可以对图像扭曲变形,模拟出旋转的波浪等艺术效果。选择【滤镜】|【液化】命令,打开【液化】滤镜对话框,如图 9-12 所示。

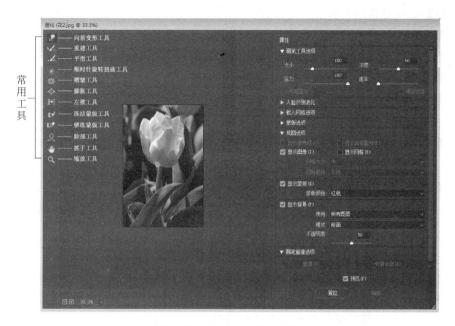

图 9-12 【液化】滤镜对话框

工具栏中常用工具的功能如下。

（1）【向前变形工具】：应用该工具在预览窗口的图像中涂抹，可以将图像向前推动。

（2）【重建工具】：选择该工具在图像中单击后，可以将变形后的区域还原。

（3）【平滑工具】：选择该工具在图像中单击后，可以平滑地移动像素。

（4）【顺时针旋转扭曲工具】：应用该工具在图像中拖曳，可以创建类似于波浪的效果。

（5）【褶皱工具】：选择该工具在图像中单击后，可以将周围的图像都聚集到所单击的位置处。

（6）【膨胀工具】：选择该工具在图像中单击后，可以将图像以画笔的中心点向外扩散。

（7）【左推工具】：选择该工具后，向左或向右拖曳鼠标，可以将图像中的像素向上或向下推动。

（8）【冻结蒙版工具】：选择该工具后，在不需要改变图像的区域上涂抹，可以冻结该区域，涂抹后的区域呈红色。

（9）【解冻蒙版工具】：选择该工具可以解除蒙版冻结的区域，使用该工具在需要解冻的区域上拖曳，可以将红色擦除，被蒙版冻结的区域便被解冻了。

（10）【脸部工具】：当画面中包含人物图像时，可以使用此工具修饰人物的眼睛、脸、嘴等区域。

【属性】区域的各功能介绍如下。

（1）【画笔工具选项】：用于设置画笔大小、画笔压力、画笔密度等参数。打开【画笔工具选项】后,可对其相关参数进行设置。

- 【大小】：该项数据可以用来设置扭曲图像的画笔直径。
- 【浓度】：该项数据可以用来设置画笔边缘的硬度,中心最强,边缘较轻。
- 【压力】：该项数据可以用来设置画笔拖曳时扭曲的速度。
- 【速率】：该项数据可以用来设置当画笔应用时的扭曲速度。值越大,应用扭曲的速度越快。
- 【光笔压力】：使用光笔绘图板时才能选,选择后,工具画笔的压力的值为光笔压力与画笔压力的乘积。
- 【固定边缘】：选择该选项后,可以锁定图像的边缘。

(2)【人脸识别液化】：可以自动识别人物的眼睛、鼻子、嘴唇和其他面部特征,通过设置相应的选项修饰人像照片。

(3)【载入网格选项】：可以载入和存储图像中的网格对象。

(4)【蒙版选项】：可以设置图像中的蒙版区域,单击【无】按钮,可以将已经创建的蒙版区域删除;单击【全部蒙住】按钮,可将图像的全部区域创建为蒙版;单击【全部反相】按钮,可以反相蒙版。蒙版操作还有以下几种选择。

- 【替换选区】：显示原图像中的选区、蒙版或透明度。
- 【添加到选区】：显示原图像中的蒙版,可以使用冻结蒙版工具添加到选区。将通道中的选定像素添加到当前的冻结区域中。
- 【从选区中减去】：从当前的冻结区域中减去通道中的像素。
- 【与选区交叉】：只使用当前处于冻结状态的选定像素。
- 【反相选区】：使用选定像素使当前的冻结区域反相。

(5)【视图选项】：用于设置图像中所要显示的内容,主要包括蒙版、背景、图像、网格等,同时也可以设置蒙版的颜色。

(6)【画笔重建选项】：单击【重建】按钮,可以将之前对图像所做的操作还原。如果单击【恢复全部】按钮,可以将图像恢复到从未编辑过的原始状态。

例 9.2 打开素材文件夹中的图像文件"人像. jpg",利用液化滤镜修饰出人像苗条身材,修饰调整后的图像以文件名"人像(调整). jpg"与"人像(调整). psd"保存在结果文件夹中。

操作步骤如下。

(1) 打开素材文件夹中的图像文件"人像. jpg"。选择【滤镜】|【液化】命令,打开【液化】对话框,选择【向前变形工具】,设置【大小】和【压力】参数,如图 9-13 所示。

(2) 调整对话框左下角的显示比例为 25%,将鼠标放在左侧旗袍边缘处,缓慢向里拖动鼠标,使旗袍轮廓向内收缩,调整到合适处松开鼠标。然后将鼠标下移,重复前面一步操作,直至左侧旗袍轮廓调整完毕。

(3) 选择【平滑工具】,将鼠标指向旗袍边缘调整起始处,慢慢沿着刚才调整的轨迹向下拖动,平滑旗袍边缘的线条。

图 9-13 人像修饰的【液化】滤镜对话框

(4) 选择【向前变形工具】与【平滑工具】,重复步骤(1)~(3)调整旗袍右侧的曲线,调整修饰完成后单击【确定】按钮。用【液化】滤镜修饰人像的前、后对照如图 9-14 所示。

(a)【液化】滤镜修饰人像前的图像　　(b)【液化】滤镜修饰人像后的图像

图 9-14　用【液化】滤镜修饰人像的前、后对照图

(5) 按照题目要求保存文件。

9.2.5　消失点滤镜

应用【消失点】滤镜可以预先设置好透视立体角度,然后该滤镜能按照透视比例和角度完成自动计算,能自动对编辑对象进行该立体角度的变换,可以在创建的平面内进行复制、喷绘、粘贴图像的操作,所做的操作会自动应用透视原理,可以极大地节约设计与修饰图像透视效果的时间。

选择【滤镜】|【消失点】命令，打开【消失点】滤镜对话框，如图 9-15 所示。

图 9-15 【消失点】滤镜对话框

【消失点】对话框内工具栏中的常用工具介绍如下。

（1）【编辑平面工具】：用该工具可以选择、编辑、移动透视网格，并调整透视网格的大小。

（2）【创建平面工具】：用该工具可以定义透视网格的 4 个角节点，同时调整透视网格的大小和形状。

（3）【选框工具】：用该工具可以在预览图像中建立矩形选区。按住 Alt 键拖曳选区，可以创建选区副本；按住 Ctrl 键拖曳选区，可以使用源图像填充选区。

（4）【图章工具】：按住 Alt 键，然后使用该工具可以在预览图像中单击建立取样点，再用该工具进行绘制，便可以复制取样点处的图像。

（5）【画笔工具】：用该工具可以将需要的颜色绘制到图像中。

（6）【变换工具】：用该工具可以对复制的图像浮动选区进行缩放、旋转和移动。

（7）【吸管工具】：用该工具可以在预览图像中选择一种用于绘画的颜色。

（8）【测量工具】：用该工具可以在编辑图像时获得所需的数据，以便精确地编辑图像。

例 9.3 打开素材文件夹中的图像文件"广告牌.jpg"和"多瑙河 4.jpg"，利用【消失点】滤镜，按照广告牌的透视比例将"多瑙河 4.jpg"的图像贴到广告牌中，制作好的图像以"广告.jpg"保存到结果文件夹中。

操作步骤如下。

（1）打开素材文件夹中的图像文件"广告牌.jpg"和"多瑙河 4.jpg"。

（2）选中图像文件"广告牌.jpg"，选择【滤镜】|【消失点】命令，打开【消失点】滤镜对话框，如图 9-15 所示。

（3）将【网格大小】调整为 30，单击【创建平面工具】按钮 ，对准广告牌 4 个角连续单击，此时可在广告牌上创建具有透视效果的网格，并选择【编辑平面工具】对网格上的 8 个节点进行调整，使网格与广告牌的大小一样，如图 9-15 所示。

（4）单击【确定】按钮，暂时退出【消失点】滤镜对话框。切换到图像"多瑙河 4.jpg"窗口，按组合键 Ctrl＋A 全选图像，按组合键 Ctrl＋C 复制图像。

（5）切换到图像"广告牌.jpg"，打开【消失点】滤镜对话框，按组合键 Ctrl＋V，将图像"多瑙河 4.jpg"粘贴到当前窗口中，选择【变换工具】 ，对图像"多瑙河 4.jpg"调整大小与角度，使它逐渐适应广告牌的大小，如图 9-16(a)所示。

（6）将图像拖入蓝色网格中，继续用【变换工具】调整多瑙河图像，使其与广告牌贴合，效果如图 9-16(b)所示。

(a) 调整广告牌中的图像

(b) 调整广告牌后的效果图

图 9-16 广告牌制作

（7）单击【确定】按钮，完成广告牌的制作。按题目要求将文件保存在结果文件中。

9.2.6 滤镜库

使用【滤镜库】可以对很多滤镜进行一站式访问，在一幅图像上尝试多种不同的滤镜效果时，不用在不同的滤镜之间跳来跳去，而是在同一个对话框中设置不同的滤镜效果，还更改已应用的每个滤镜的设置，以便实现所需的效果。滤镜库中有【风格化】、【画笔描边】、【扭曲】、【素描】、【纹理】和【艺术效果】6 个滤镜组，选择【滤镜】|【滤镜库】命令，可以打开如图 9-17 所示的对话框，可以根据不同喜好选择与调整滤镜参数，并可以在预览窗口中观察滤镜的效果，当作用在图像上的多种滤镜效果满意时，单击【确定】按钮完成图像处理。

图 9-17 【滤镜库】对话框

9.3 常用滤镜组

Photoshop 中的内置滤镜有 100 多种,按照不同的艺术效果和表现手法可以分成十几大类,每一类滤镜就是一个滤镜组,对图像进行编辑时,可以根据不同滤镜组的特点选择滤镜为图像添加特殊的艺术效果。

9.3.1 艺术效果滤镜组

【艺术效果】滤镜组常用于美术或商业广告的制作,它可以模仿水彩画、干笔画、木刻等艺术效果。选择【滤镜】|【滤镜库】命令,在打开的对话框中选择【艺术效果】滤镜组中的某个滤镜,可以在对话框左侧的图像预览窗口中查看图像应用滤镜后的效果,在右侧的选项组中设置相关的调整参数,如图 9-18 所示。

1. 【壁画】滤镜

【壁画】滤镜执行后图像呈现短、圆、粗的笔墨涂抹的效果,展现一种以粗糙风格处理的图像。该滤镜有 3 个调整参数,分别为【画笔大小】、【画笔细节】和【纹理】,可以根据预览窗口的图像效果调节参数,效果如图 9-19(b)所示。

2. 【彩色铅笔】滤镜

【彩色铅笔】滤镜可在纯色的背景上进行绘画,能保留图像的重要边缘,外观呈现粗糙

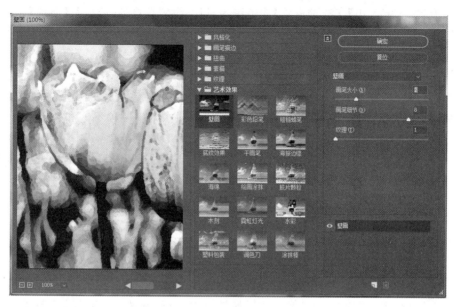

图 9-18 【艺术效果】滤镜组对话框

阴影线。纯色背景能通过比较平滑的效果显示。该滤镜有 3 个调整参数,分别为【铅笔宽度】参数,可用于控制图像边缘的宽度;【描边压力】参数,可用于设置图像的明暗度,数值越大,边缘轮廓越清晰;【纸张亮度】参数,可用于设置背景的明度,数值越大,图像的背景越明亮,效果如图 9-19(c)所示。

3.【粗糙蜡笔】滤镜

【粗糙蜡笔】滤镜能够在带纹理的背景上应用蜡笔描边。在亮色区域,纹理效果不很明显;在暗色区域,蜡笔效果较为明显。该滤镜包含【描边长度】、【描边细节】、【缩放】和【凸现】等多个调节参数,还有【蜡笔】、【纹理】和【光照】选项组,可以对纹理的凸现、缩放比例以及光照方向等进行选择和调节,效果如图 9-19(d)所示。

| (a) 原图 | (b)【壁画】滤镜处理后的效果图 | (c)【彩色铅笔】滤镜处理后的效果图 | (d)【粗糙蜡笔】滤镜处理后的效果图 |

图 9-19 【艺术效果】滤镜组效果图之一

4.【底纹效果】滤镜

【底纹效果】滤镜能产生带有纹理的背景效果。它的调整参数与【粗糙蜡笔】滤镜相似,包括设置【画笔大小】、【纹理覆盖】的范围等,以及设置纹理的【缩放】、【凸现】和【光照】的选项组,效果如图 9-20(a)所示。

5.【干画笔】滤镜

【干画笔】滤镜可将画笔调整到介于油彩画笔与水彩画笔之间的效果绘制图像的边缘,它可以通过减少图像的颜色简化图像的细节,使图像产生一种不饱和、不湿润的油画效果。该滤镜有【画笔大小】、【画笔细节】和【纹理】3 个参数调节项,其中【纹理】参数用于设置图像的锐化和凸出的程度,数值越大,纹理越明显。另外,还有【画笔】的选项,提供了各种样式的画笔效果,效果如图 9-20(b)所示。

6.【海报边缘】滤镜

【海报边缘】滤镜可以勾画出图像的边缘,并减少图像中的颜色数量,添加黑色阴影,使图像产生一种海报的边缘效果。滤镜中的【海报化】选项有多种效果供选择,该滤镜还有 3 个调整参数,【边缘厚度】参数用于设置图像边缘的厚度,数值越大,黑色边缘越明显;【边缘强度】参数用于设置整个图像深色区域的多少,数值越大,深色区域越多;【海报化】参数用于设置图像颜色之间的比例,效果如图 9-20(c)所示。

7.【海绵】滤镜

【海绵】滤镜可以模拟海绵吸水后的绘图效果,绘制颜色对比强烈,颜色浸入纸张的图像效果看上去好像用海绵为笔绘制的一样。该滤镜有 3 个调整参数:【画笔大小】参数可设置海绵笔触的粗细,值越大,笔触越大;【清晰度】参数可设置绘图颜色的清晰程度,值越大,颜色越清晰;【平滑度】参数设置绘制颜色的光滑程度,值越大,越光滑,画面的浸湿感越强,效果如图 9-20(d)所示。

   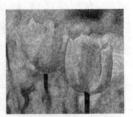

(a)【底纹效果】滤镜　　(b)【干画笔】滤镜　　(c)【海报边缘】滤镜　　(d)【海绵】滤镜处
处理后的效果图　　　处理后的效果图　　　处理后的效果图　　　理后的效果图

图 9-20　【艺术效果】滤镜组效果图之二

8.【绘画涂抹】滤镜

【绘画涂抹】滤镜可以用多种不同类型的画笔创建绘画涂抹效果。它可以模拟画笔在图像上随意涂抹,从而产生使图像模糊的艺术效果,并可以修改【画笔大小】和【锐化程度】等参数调整绘画效果。该滤镜的【画笔类型】选项组中有【简单】、【未处理光照】、【未除理深色】、【宽锐化】、【宽模糊】和【火花】等选项,效果如图 9-21(a)所示。

9.【胶片颗粒】滤镜

【胶片颗粒】滤镜可以为图像添加颗粒效果,制作类似老旧电影放映时产生的颗粒效果。它能为平滑的图像区域添加阴影和中间色调,将一种更平滑、饱和度更高的图案添加到亮部区域。该滤镜有 3 个调整参数:【颗粒】参数可以设置添加颗粒的清晰程度,值越大,颗粒越明显,颗粒的区域越大;【高光区域】参数可以设置高光区域的范围,值越大,高光区域越大;【强度】参数可以设置图像的明暗程度,值越大,图像越亮,颗粒效果越不明显,效果如图 9-21(b) 所示。

10.【木刻】滤镜

【木刻】滤镜利用版画和雕刻原理,将图像处理成像由彩纸剪贴拼接组成的剪贴画,又像线条简洁的版画。该滤镜有 3 个调整参数:【色阶数】参数用于控制图像简化边缘的颜色范围,值越大,图像显示的颜色越多;【边缘简化度】参数用于设置图像边缘的平滑程度,值越大,边缘越简化;【边缘逼真度】参数用于设置简化后的图像与原图像之间的差异,值越大,生成的图像与原图像越相似,效果如图 9-21(c) 所示。

11.【霓虹灯光】滤镜

【霓虹灯光】滤镜在柔化图像外观的同时,将彩色氛气灯照射效果添加到图像上,使图像产生霓虹灯光的效果。该滤镜有 3 个调整参数:【发光大小】参数用于控制发光照射的区域,值越大,照射区域的范围越广;【发光亮度】参数用于设置霓虹灯的亮度大小,值越大,亮度越大;【发光颜色】参数用于设置霓虹灯光的颜色,单击【发光颜色】后面的色块,可打开【拾色器(发光颜色)】对话框,从中选择发光的颜色,效果如图 9-21(d) 所示。

  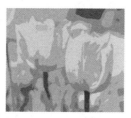 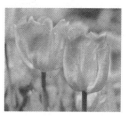

(a)【绘画涂抹】滤镜　　(b)【胶片颗粒】滤镜　　(c)【木刻】滤镜处　　(d)【霓虹灯光】滤镜
　　处理后的效果图　　　　处理后的效果图　　　　理后的效果图　　　　处理后的效果图

图 9-21　【艺术效果】滤镜组效果图之三

12.【水彩】滤镜

【水彩】滤镜能够用水彩的风格调整图像效果,就像用蘸了颜料的水彩画笔绘制图像细节,当图像边缘有显著的色调变化时,滤镜会使图像的颜色变得饱满。该滤镜有 3 个调整参数:【画笔细节】参数用于控制应用画笔绘制图像时的细致程度,值越大,图像细节表现得越多;【阴影强度】参数可用于控制图像暗区的明度,值越大,暗区越暗;【纹理】参数用于控制颜色交界处的纹理的强度,值越大,纹理越明显,效果如图 9-22(a)所示。

13.【塑料包装】滤镜

【塑料包装】滤镜为图像表面涂上一层光亮的效果,使图像产生质感很强的塑料包装的艺术效果。该滤镜有 3 个调整参数:【高光强度】参数用于设置图像中高光区域的亮度,值越大,高光区域的亮度越大;【细节】参数用于设置图像中高光区域的复杂程度,值越大,高光区域的细节越多;【平滑度】参数用于设置图像的光滑程度,值越大,越光滑,效果如图 9-22(b)所示。

14.【调色刀】滤镜

【调色刀】滤镜可以减少图像中的细节,将原本清晰的图像处理成为一种画布的效果,并在画布上生成较淡的绘制效果。该滤镜有 3 个调整参数:【描边大小】参数可用于设置图像简化的程度;【描边细节】参数可用于设置图像效果的平滑度,数值越大,图像效果越平滑。【软化度】参数可改变图像的柔和度,效果如图 9-22(c)所示。

15.【涂抹棒】滤镜

【涂抹棒】滤镜可以用较短的对角线涂抹图像的暗区,以柔化图像。此时亮部区域会变得更亮,以致失去图像细节,整个图像显示出涂抹扩散的效果。该滤镜有 3 个调整参数:【描边长度】参数用于设置涂抹线条的长度,数值越大,线条越长;【高光区域】参数可调整图像高光程度,值越大,反差越明显;【强度】参数用于设置纹理的强度,值越大,图像的纹理越清晰,效果如图 9-22(d)所示。

(a)【水彩】滤镜处理后的效果图　　(b)【塑料包装】滤镜处理后的效果图　　(c)【调色刀】滤镜处理后的效果图　　(d)【涂抹棒】滤镜处理后的效果图

图 9-22　【艺术效果】滤镜组效果图之四

9.3.2　画笔描边滤镜组

【画笔描边】滤镜有【成角的线条】、【墨水轮廓】、【喷溅】、【喷色描边】、【强化的边缘】、【深色线条】、【烟灰墨】和【阴影线】8 种滤镜。其作用是利用不同的油墨和笔刷对图像进行描边,从而使图像产生画笔绘制的艺术效果。

选择【滤镜】|【滤镜库】命令,在打开的对话框中选择【画笔描边】滤镜组,展开【画笔描边】滤镜组后的对话框如图 9-23 所示。

图 9-23 【画笔描边】滤镜组对话框

1. 【成角的线条】滤镜

【成角的线条】滤镜使用对角描边重新绘制图像,用相反方向的线条绘制亮部区域和暗部区域。该滤镜有 3 个调整参数:【方向平衡】参数可以设置生成线条的倾斜角度;【描边长度】参数可以设置生成线条的长度,值越大,线条的长度越长;【锐化程度】参数可以设置生成线条的清晰程度,值越大,笔画越明显。滤镜修饰后的效果如图 9-24(b)所示。

2. 【墨水轮廓】滤镜

【墨水轮廓】滤镜可以使图像产生细笔油墨画的风格,用纤细的线条在原细节上重绘图像。该滤镜有 3 个调整参数:【描边长度】参数可以设置图像中边缘斜线的长度;【深色强度】参数可以设置图像中暗区部分的强度,数值越小,线条越浅显;数值越大,线条颜色越深;【光照强度】参数可以设置图像中明亮部分的光照强度,数值越小,浅色区域亮度越低;数值越大,浅色区域亮度越高。滤镜修饰后的效果如图 9-24(c)所示。

(a) 原图   (b)【成角的线条】滤镜处理后的效果图   (c)【墨水轮廓】滤镜处理后的效果图

图 9-24 【画笔描边】滤镜组效果图之一

3.【喷溅】滤镜

【喷溅】滤镜可以模拟喷溅枪喷射后形成的笔墨喷溅的效果,以简化图像的整体效果。该滤镜有两个调整参数:【喷色半径】参数可以设置喷溅的尺寸范围,值越大,图像产生的喷溅效果越明显;【平滑度】参数可以设置喷溅的平滑程度,值较小时,将产生一些小彩点的效果;值较大时,能产生水中倒影效果。滤镜修饰后的效果如图 9-25(a)所示。

4.【喷色描边】滤镜

【喷色描边】滤镜可以模拟某个方向喷溅的颜色重新绘制图像。滤镜有 3 个调整参数:【描边长度】参数可以设置图像中描边的长度;【喷色半径】参数可以设置图像颜色喷溅的程度;【描边方向】参数可以设置图像描边的方向,有【右对角线】、【水平】、【左对角线】和【垂直】4 个选项可供选择。滤镜修饰后的效果如图 9-25(b)所示。

5.【强化的边缘】滤镜

【强化的边缘】滤镜可以强化图像不同颜色的边缘。滤镜有 3 个调整参数:【边缘宽度】参数可以设置强化边缘的宽度大小,值越大,边缘的宽度越大,强化效果类似于白色粉笔;【边缘亮度】参数可以设置强化边缘的亮度,值越大,边缘的亮度越大。值较小时,强化效果类似于黑色油墨;【平滑度】参数可以设置强化边缘的平滑程度,值越大,边缘的数量越少,边缘越平滑。滤镜修饰后的效果如图 9-25(c)所示。

(a)【喷溅】滤镜处　　　　(b)【喷色描边】滤镜　　　　(c)【强化的边缘】滤镜
理后的效果图　　　　　　处理后的效果图　　　　　　处理后的效果图

图 9-25　【画笔描边】滤镜组效果图之二

6.【深色线条】滤镜

【深色线条】滤镜使用短的、绷紧的深色线条绘制暗部区域,使用长的白色线条绘制亮部区域。该滤镜有 3 个调整参数:【平衡】参数可以设置线条的方向。当值为 0 时,线条从左上方向右下方倾斜绘制;当值为 10 时,线条方向从右上方向左下方倾斜绘制;当值为 5 时,两个方向的线条数量相等;【黑色强度】参数可以设置图像中黑色线条的颜色显示强度,值越大,绘制暗区的线条颜色越黑;【白色强度】参数可以设置图像中白色线条的颜色显示强度,值越大,绘制浅色区的线条颜色越白。滤镜修饰后的效果如图 9-26(a)所示。

7.【烟灰墨】滤镜

【烟灰墨】滤镜可以模拟使用蘸满油墨的画笔在宣纸上绘制图像的艺术效果,同时用非常黑的油墨创建柔和的模糊边缘。滤镜有 3 个调整参数:【描边宽度】参数可以设置笔画的宽度,值越小,线条越细,图像越清晰;【描边压力】参数可以设置画笔在绘画时的压力,值越大,图像中产生的黑色越多;【对比度】参数可以设置图像中亮区与暗区之间的对比度,值越大,图像的对比度越强烈。滤镜作用后的效果如图 9-26(b)所示。

8.【阴影线】滤镜

【阴影线】滤镜可以保留原始图像的细节和特征,同时使用模拟铅笔阴影线添加纹理,产生交叉网状的效果,并使彩色区域的边缘变得粗糙。滤镜有 3 个调整参数:【描边长度】参数可以设置图像中描边线条的长度,值越大,描边线条越长;【锐化程度】参数可以设置描边线条的清晰程度,值越大,描边线条越清晰;【强度】参数可以设置生成阴影线的数量,值越大,阴影线的数量越多。滤镜作用后的效果如图 9-26(c)所示。

(a)【深色线条】滤镜　　　　　　(b)【烟灰墨】滤镜　　　　　　(b)【阴影线】滤镜
处理后的效果图　　　　　　　处理后的效果图　　　　　　　处理后的效果图

图 9-26　【画笔描边】滤镜组效果图之三

9.3.3　素描滤镜组

素描滤镜共有 14 种,该滤镜使用前景色和背景色替代图像的颜色,可以使图像的部分区域产生凸起的效果,还可以模拟素描、手工速写等艺术效果。【素描】滤镜组中只有【水彩画纸】滤镜是对原图像直接进行编辑,其他滤镜都是通过设置参数将前景色和背景色应用到图像效果中。选择【滤镜】|【滤镜库】命令,在打开的对话框中选择【素描】滤镜组,【素描】滤镜组的对话框如图 9-27 所示。

1.【半调图案】滤镜

【半调图案】滤镜能使图像在保持连续色调范围的同时,模拟一种半调网屏的效果,使用前景色和背景色将图像处理为圆形、网点或直线形状的半调图案效果。它有两个调整参数和一个下拉选项:【大小】参数可以设置图像效果的密度,值越大,图案密度越小,网纹越大;【对比度】参数可以设置添加到图像中的前景色与背景色的对比,值越大,层次

图 9-27 【素描】滤镜组的对话框

感越强,对比越明显;【图案类型】的下拉列表中有【圆形】、【网点】和【直线】3 个图案的类型选项。滤镜作用后的效果如图 9-28(b)所示。

2.【便条纸】滤镜

【便条纸】滤镜能产生类似于浮雕的凹陷压印效果。它有 3 个调整参数:【图像平衡】参数可以设置图像中前景色和背景色的比例,值越大,前景色占的比例越大;【粒度】参数可以设置图像中颗粒的明显程度,值越大,图像中的颗粒点越突出;【凸现】参数可以设置图像的凹凸程度,值越大,凹凸越明显。应用该滤镜后的效果如图 9-27 中的预览窗口所示。

3.【粉笔和炭笔】滤镜

【粉笔和炭笔】滤镜能产生一种用粉笔和炭笔涂抹的草图效果,使用前景色为炭笔颜色,背景色为粉笔颜色绘制图像。它有 3 个调整参数:【炭笔区】参数可以设置炭笔绘制的区域范围,值越大,炭笔画的特征越明显,前景色越多;【粉笔区】参数可以设置粉笔绘制的区域范围,值越大,粉笔画的特征越明显,背景色越多;【描边压力】参数可以设置粉笔和炭笔边界的明显程度,值越大,边界越明显。应用该滤镜后的效果如图 9-28(c)所示。

4.【铬黄渐变】滤镜

【铬黄渐变】滤镜可以产生磨光的铬黄表面的效果。它有两个调整参数:【细节】参数可以设置图像细节保留程度,值越大,图像细节越清晰;【平滑度】参数可以设置图像的光滑程度,值越大,图像的过度越平滑。应用【铬黄渐变】滤镜后的效果如图 9-29(a)所示。

(a) 原图

(b)【半调图案】滤镜
处理后的效果图

(c)【粉笔和炭笔】滤
镜处理后的效果图

图 9-28 【素描】滤镜组效果图之一

5.【绘图笔】滤镜

【绘图笔】滤镜可以使图像产生一种素描勾绘的画面效果,并使用前景色为笔触颜色,背景色为纸张颜色替换原图颜色。它有两个调整参数与一个下拉选项:【描边长度】参数可以设置笔触的长度,值越大,笔触越长;【明/暗平衡】参数可以设置图像明暗程度,值越大,画面越暗;【描边方向】的下拉列表中有【右对角线】、【水平】、【左对角线】和【垂直】4 个线条的类型选项。该滤镜的效果如图 9-29(b)所示。

6.【基底凸现】滤镜

【基底凸现】滤镜能使图像呈现一种浮雕雕刻与表面光照变化的效果,用前景色填充较暗的区域,用背景色填充较亮的区域。它有两个调整参数与一个下拉选项:【细节】参数能设置图像细节的保留程度,值越大,图像的细节越多;【平滑度】参数可以设置图像的光滑程度,值越大,图像越光滑;【光照】可以设置光源的照射方向,共有 8 个选项【下】、【左下】、【左】、【左上】、【上】、【右上】、【右】和【右下】。该滤镜的效果如图 9-29(c)所示。

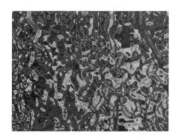
(a)【铬黄渐变】滤镜
处理后的效果图

(b)【绘图笔】滤镜
处理后的效果图

(c)【基底凸现】滤镜
处理后的效果图

图 9-29 【素描】滤镜组效果图之二

7.【石膏效果】滤镜

【石膏效果】滤镜能用前景色和背景色为图像着色,让图像亮区凹陷,暗区凸出,从而形成三维的石膏图像效果。它有两个调整参数与一个下拉选项:【图像平衡】参数可以设置前景色和背景色之间的平衡程度,值越大,图像越凸出;【平滑度】参数可以设置图像凸出部分与平面部分的光滑程度,值越大,越光滑;【光照方向】可以设置光照的方向,共有 8 个选项【下】、【左下】、【左】、【左上】、【上】、【右上】、【右】和【右下】。该滤镜的效果如图 9-30(a)所示。

8.【水彩画纸】滤镜

【水彩画纸】滤镜能模拟在潮湿的纸张上作画,绘制出画笔颜色的边缘出现浸润的效果。它有 3 个调整参数:【纤维长度】参数可以设置图像颜色的扩散程度,值越大,扩散的程度越大;值越小,画面越清晰;【亮度】参数可以设置图像的亮度,值越大,图像越亮;【对比度】参数可以设置图像暗区和亮区的对比程度,值越大,图像的对比度越大,图像越清晰。应用【水彩画纸】滤镜后的效果如图 9-30(b)所示。

9.【撕边】滤镜

【撕边】滤镜可以用粗糙的颜色边缘模拟撕破的碎纸片重建图像,再用前景色和背景色为图像着色。它有 3 个调整参数:【图像平衡】参数可以设置前景色和背景色之间的平衡,值越大,前景色的部分越多;【平滑度】参数可以设置前景色和背景色之间的平滑过渡程度,值越大,过度效果越平滑;【对比度】参数能设置前景色与背景色之间的对比程度,值越大,图像越亮。应用该滤镜后的效果如图 9-30(c)所示。

(a)【石膏效果】滤镜　　　　　(b)【水彩画纸】滤镜　　　　　(c)【撕边】滤镜处
处理后的效果图　　　　　　　处理后的效果图　　　　　　　理后的效果图

图 9-30　【素描】滤镜组效果图之三

10.【炭笔】滤镜

【炭笔】滤镜可以使图像产生一种用炭笔勾勒出的草图效果。图像的主要边缘以粗线条绘制,而中间色调用对角线进行素描,炭笔是前景色,背景色是纸张颜色。它有 3 个调整参数:【炭笔相细】参数可以设置炭笔线条的粗细,值越大,笔触的宽度越大;【细节】参数可以设置图像的细节清晰程度,值越大,图像的细节表现得越清晰;【明/暗平衡】参数可以设置前景色与背景色的明暗对比程度,值越大,对比程度越明显。应用该滤镜后的效果如图 9-31(a)所示。

11.【炭精笔】滤镜

【炭精笔】滤镜在图像的暗区使用前景色,在亮区使用背景色,模拟炭精笔纹理绘制图像。它有 4 个调整参数和两个可选项：【前景色阶】参数可以设置前景色使用的数量,值越大,数量越多；【背景色阶】参数可以设置背景色使用的数量；【纹理】选项中有【砖形】、【粗麻布】、【画布】和【砂岩】4 种纹理；【缩放】参数可以设置纹理的大小缩放；【凸现】参数可以设置纹理的凹凸程度,值越大,图像的凹凸感越强；【光照】可以设置光线照射的方向,共有【下】、【左下】、【左】、【左上】、【上】、【右上】、【右】和【右下】8 个方向可供选择；选择【反相】复选框,可以反转图像的凹凸区域。应用该滤镜后的效果如图 9-31(b)所示。

12.【图章】滤镜

【图章】滤镜能产生一种模拟印章画的效果。印章部分为前景色,其余部分为背景色。它有两个调整参数：【明/暗平衡】参数可以设置前景色和背景色的比例平衡程度；【平滑度】参数可以设置前景色和背景色之间的边界平滑程度,值越大,边界越平滑。应用该滤镜后的效果如图 9-31(c)所示。

(a)【炭笔】滤镜处理后的效果图   (b)【炭精笔】滤镜处理后的效果图   (b)【图章】滤镜处理后的效果图

图 9-31 【素描】滤镜组效果图之四

13.【网状】滤镜

【网状】滤镜能产生一种如同透过网格向纸张上添加涂料的效果,使图像的阴暗部分呈现结块状,图像的高亮部分呈现一定的颗粒状。它有 3 个调整参数：【浓度】参数可以设置网格中网眼的密度,值越大,网眼的密度越大；【前景色阶】参数可以设置前景色所占的比例,值越大,前景色所占的比例越大；【背景色阶】参数可以设置背景色所占的比例,值越大,背景色所占的比例越大。应用该滤镜后的效果如图 9-32(a)所示。

(a)【网状】滤镜处理后的效果图   (b)【影印】滤镜处理后的效果图

图 9-32 【素描】滤镜组效果图之五

14.【影印】滤镜

　　【影印】滤镜模拟一种影印图像的效果,使用前景色显示图像高亮区域,使用背景色显示图像的阴暗区域。它有两个调整参数:【细节】参数可以设置图像中细节的保留程度,值越大,图像保留的细节越多;【暗度】参数可以设置图像的暗部颜色深度,值越大,暗区的颜色越深。应用该滤镜后的效果如图 9-32(b)所示。

9.3.4　纹理滤镜组

　　【纹理】滤镜组中一共有 6 种滤镜效果,其主要功能是可以为图像添加各种质感的纹理效果。选择【滤镜】|【滤镜库】命令,在打开的对话框中选择【纹理】滤镜组,【纹理】滤镜组的对话框如图 9-33 所示。

图 9-33　【纹理】滤镜组的对话框

1.【龟裂缝】滤镜

　　【龟裂缝】滤镜能以随机的方式在图像中生成龟裂纹理,并能产生浮雕效果。它有 3 个调整参数:【裂缝间距】参数可以设置生成的裂缝之间的间距,值越大,裂缝的间距越大;【裂缝深度】参数可以设置生成裂缝的深度,值越大,裂缝的深度越深;【裂缝亮度】参数可以设置裂缝间的亮度,值越大,裂缝间的亮度越大。应用【龟裂缝】滤镜后的效果如图 9-34(a)所示。

2.【颗粒】滤镜

　　【颗粒】滤镜可以为图像添加颗粒效果。它有 3 个调整参数:【颗粒】参数可以设置添加颗粒的清晰程度,值越大,颗粒越明显;【高光区域】参数可以设置高光区域的范围,值越大,高光区域越大;【强度】参数可以设置图像的明暗程度,值越大,图像越亮,颗粒效果越不明显。应用该滤镜后的效果如图9-34(b)所示。

3.【马赛克拼贴】滤镜

【马赛克拼贴】滤镜可以将图像随机分割为小的碎片,并在碎片之间增加深色缝隙,产生马赛克拼贴的效果。它有3个调整参数:【拼贴大小】参数可以设置图像中生成马赛克的大小,值越大,块状马赛克越大;【缝隙宽度】参数可以设置图像中马赛克之间裂缝的宽度,值越大,裂缝越宽;【加亮缝隙】参数可以设置马赛克之间裂缝的亮度,值越大,裂缝越亮。应用该滤镜后的效果如图9-34(c)所示。

(a)【龟裂缝】滤镜处理后的效果图　　(b)【颗粒】滤镜处理后的效果图　　(c)【马赛克拼贴】滤镜处理后的效果图

图9-34　【纹理】滤镜组效果图之一

4.【拼缀图】滤镜

【拼缀图】滤镜可以将图像分成规则的一个个小方块,每个小方块内的颜色由该区域的主色填充,并在方块之间增加深色缝隙,产生一种贴瓷砖的效果。它有两个调整参数:【方形大小】参数可以设置图像中方块的大小,值越大,方块越大;【凸现】参数可以设置图像中方块的凸现程度,值越大,方块的凸现越明显。应用该滤镜后的效果如图9-35(a)所示。

5.【染色玻璃】滤镜

【染色玻璃】滤镜可以将图像重绘为不规则分离的彩色玻璃格子,并用前景色填充相邻单元格之间的缝隙,效果如同彩色玻璃。它有3个调整参数:【单元格大小】参数可以设置生成染色玻璃格子的大小,值越大,生成的格子越大;【边框粗细】参数可以设置格子之间的边框宽度,值越大,边框的宽度越大,边框越粗;【光照强度】参数可以设置生成染色玻璃的亮度,值越大,图像越亮。应用该滤镜后的效果如图9-35(b)所示。

6.【纹理化】滤镜

【纹理化】滤镜可以使用预设的纹理或自定义载入的纹理样式,也可以调整参数生成各种纹理,将选中的纹理添加到图像中。它有两个调整参数和3个可选项:【纹理】下拉选项中有【砖形】、【粗麻布】、【画布】、【砂岩】4个选项;【缩放】参数可以设置生成纹理的大小,值越大,生成的纹理越大;【凸现】参数可以设置生成纹理的凹凸程度,值越大,纹理的凸出越明显;【光照】选项中可以设置光源的方向,共有【下】、【左下】、【左】、【左上】、【上】、【右上】、【右】和【右下】8个方向。勾选【反相】复选框,可以反转纹理的凹凸部分。应用该滤镜后的效果如图 9-35(c)所示。

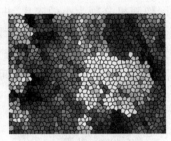

(a)【拼缀图】滤镜处理后的效果图　　(b)【染色玻璃】滤镜　　(c)【纹理化】滤镜处理后的效果图
　　　　　　　　　　　　　　　　　处理后的效果图

图 9-35　【纹理】滤镜组效果图之二

9.3.5　风格化滤镜组

【风格化】滤镜组共有 10 种滤镜效果,其中【照亮边缘】滤镜在滤镜库中,其他 9 个滤镜在【滤镜】|【风格化】级联菜单下面。【风格化】滤镜可以置换图像的像素,增强像素的对比度,产生印象派及其他风格的艺术效果。选择【滤镜】|【风格化】命令,打开【风格化】级联菜单,就可以使用【风格化】滤镜组中的滤镜,这些滤镜的功能如下。

1.【查找边缘】滤镜

【查找边缘】滤镜主要用来搜索颜色像素对比度变化强烈的边界,将高对比度区域变成黑色,低对比度区域变成白色,中等对比度区域变成灰色,产生一种铅笔勾画轮廓的效果。应用该滤镜后的效果如图 9-36(b)所示。

2.【等高线】滤镜

【等高线】滤镜能在图像中进行亮度区域的转换,并为每个颜色通道勾画出淡淡的轮廓,得到与等高线图中的线条类似的效果。应用该滤镜后的效果如图 9-36(c)所示。

3.【风】滤镜

【风】滤镜可以在图像中增加一些细小的水平线,模拟一种风吹的效果。【风】滤镜有【风】、【大风】和【飓风】3 种类型可以选择,另外还能选择风的方向。应用该滤镜后的效果如图 9-36(d)所示。

4.【浮雕效果】滤镜

【浮雕效果】滤镜能将选区的填充色转换为灰色,并用原填充色描绘边缘,从而使选区

————————— Photoshop CC 2017 图形图像处理教程(第 2 版)

(a) 原图   (b)【查找边缘】滤
镜的效果图   (c)【等高线】滤
镜的效果图   (c)【风】滤镜的效果图

图 9-36 【风格化】滤镜组效果图之一

产生凸起或压低的浮雕效果。应用该滤镜后的效果如图 9-37（a）所示。

5.【扩散】滤镜

【扩散】滤镜可以搅乱图像中的像素，模拟一种透过磨砂玻璃看图像的模糊效果。应用该滤镜后的效果如图 9-37（b）所示。

6.【拼贴】滤镜

【拼贴】滤镜能模拟一种由瓷砖方块拼贴出来的图像效果。其间的缝隙可选用不同颜色或图像填充。应用该滤镜后的效果如图 9-37（c）所示。

7.【曝光过度】滤镜

【曝光过度】滤镜可以产生正片和负片混合的图像效果，类似于摄影时由于光线过强引起过度曝光的效果。应用该滤镜后的效果如图 9-37（d）所示。

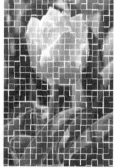

(a)【浮雕效果】滤
镜的效果图   (b)【扩散】滤镜
的效果图   (c)【拼贴】滤镜
的效果图   (d)【曝光过度】滤
镜的效果图

图 9-37 【风格化】滤镜组效果图之二

8.【凸出】滤镜

　　【凸出】滤镜可以将图像分成一系列大小相同且有机重叠放置立方体或椎体,给图像增加一种特殊的三维纹理效果。应用该滤镜后的效果如图 9-38(a)所示。

9.【油画】滤镜

　　【油画】滤镜能快速使图像作品呈现为油画效果,还可以控制画笔的样式以及光线的方向和亮度,以产生逼真的油画效果。【油画】滤镜有【画笔】和【光照】两大类调节参数,调节好这些参数能使图像更像油画作品。应用该滤镜后的效果如图 9-38(b)所示。

10.【照亮边缘】滤镜

　　【照亮边缘】滤镜是滤镜库中的滤镜。选择【滤镜】|【风格化】|【照亮边缘】命令,可以打开【照亮边缘】滤镜的对话框,调整该滤镜的参数后,能够使图像呈现出一种类似霓虹灯的轮廓发光的效果。该滤镜有两个调整参数:【边缘宽度/边缘亮度】参数可用来设置发光边缘的宽度和亮度;【平滑度】参数可用来设置发光边缘的平滑程度。应用该滤镜后的效果如图 9-38(c)所示。

(a)【凸出】滤镜的效果图　　(b)【油画】滤镜的效果图　　(c)【照亮边缘】滤镜的效果图

图 9-38　【风格化】滤镜组效果图之三

9.3.6　扭曲滤镜组

　　【扭曲】滤镜组中的滤镜可用于对图像进行几何扭曲和 3D 变形处理。【扭曲】滤镜是一种破坏性滤镜,以几何方式扭曲图像,创建波纹、波浪、球面化等效果。该滤镜组中的【玻璃】、【海洋波纹】和【扩散亮光】是滤镜库中的滤镜,其他 9 个滤镜在【滤镜】|【扭曲】级联菜单下面,这些滤镜的功能如下。

1.【玻璃】滤镜

　　【玻璃】滤镜可以给图像添加一系列细小纹理,产生透过玻璃观察图片的效果。该滤

──── Photoshop CC 2017 图形图像处理教程(第 2 版)

镜有 3 个调整参数和两个选项：【扭曲度】参数可以设置图像的扭曲程度，值越大，图像的扭曲越明显；【平滑度】参数可以设置图像的平滑程度，值越大，图像越平滑；【纹理】选项可以设置图像的扭曲纹理的类型，有【块状】、【画布】、【磨砂】和【小镜头】4 种类型；【缩放】参数可以用来设置纹理的缩放程度；【反相】选项可以反转纹理的凹、凸方向。应用【玻璃】滤镜后的效果如图 9-39(b)所示。

2.【海洋波纹】滤镜

【海洋波纹】滤镜能将随机分隔的波纹添加到图像表面，在图像的表面产生海洋波纹效果。该滤镜有两个调整参数：【波纹大小】参数可以设置生成波纹的大小，值越大，生成的波纹越大；【波纹幅度】参数可以设置生成波纹的幅度大小，值越大，波纹的幅度越大。应用【海洋波纹】滤镜后的效果如图 9-39(c)所示。

(a) 原图　　　　　　　　(b)【玻璃】滤镜的效果图　　　　(c)【海洋波纹】滤镜的效果图

图 9-39　【扭曲】滤镜组效果图之一

3.【扩散亮光】滤镜

【扩散亮光】滤镜可以在图像中添加透明的白杂色，使图像较亮区域产生一种从中心向外的光照漫射的效果。该滤镜有 3 个调整参数：【粒度】参数可以设置光亮中的颗粒密度，值越大，颗粒效果越明显；【发光量】参数可以设置光亮的强度，值越大，光芒越强烈；【清除数量】参数可以设置图像中受亮光影响的范围，值越大，受影响的范围越小，图像越清晰。应用【扩散亮光】滤镜后的效果如图 9-40(b)所示。

4.【波浪】滤镜

【波浪】滤镜能通过设置【波浪生成器】的数目、【波长】和【波幅】等参数产生不同的波动效果。该滤镜有 4 个调整参数和两个选项：【生成器数】参数可以设置波纹生成的数量，值越大，波纹的数量越多；【波长】参数可以设置相邻两个波峰之间的距离；【波幅】参数可以设置波浪的高度；【比例】参数可以设置波纹在【水平】和【垂直】方向上的缩放比例。【类型】选项可以选择生成波纹的类型，有【正弦】、【三角形】和【方形】3 种类型；【随机化】选项可以在不改变参数的情况下，改变波浪的效果。应用【波浪】滤镜后的效果如图 9-40(c)所示。

| (a) 原图 | (b)【扩散亮光】滤镜的效果图 | (c)【波浪】滤镜的效果图 |

图 9-40　【扭曲】滤镜组效果图之二

5.【波纹】滤镜

【波纹】滤镜可以在图像或选区上创建风吹水面而起的波纹效果。【波纹】滤镜与【波浪】滤镜的工作方式相同,但提供的调整参数只有两个:【数量】参数可以设置生成水纹的数量;【大小】参数可以设置生成波纹的大小,有【大】、【中】和【小】3个选项,选择不同的选项,将生成不同大小的波纹效果。应用【波纹】滤镜后的效果如图 9-41(b)所示。

6.【极坐标】滤镜

【极坐标】滤镜可以根据选中的选项,使图像在平面坐标系和极坐标系之间进行转换,以生成扭曲图像的效果。应用【极坐标】滤镜后的效果如图 9-41(c)所示。

| (a) 原图 | (b)【波纹】滤镜的效果图 | (c)【极坐标】滤镜的效果图 |

图 9-41　【扭曲】滤镜组效果图之三

7.【挤压】滤镜

【挤压】滤镜可以将整个图像或选区产生一种向内或向外挤压的效果。调整该滤镜的【数量】参数,可以设置图像受挤压的程度。当值为正值时,图像向内挤压变形,且数值越大,挤压程度越大,如图 9-42(a)所示;当值为负值时,图像向外挤压变形,且数值越小,挤压程度越大,如图 9-42(b)所示。

8.【旋转扭曲】滤镜

【旋转扭曲】滤镜以图像中心为旋转中心,对图像进行旋转扭曲,能产生旋转的风轮扭曲的效果。【角度】是该滤镜唯一的一个调整参数,用它可以设置旋转的强度。当值为正时,图像顺时针旋转;当值为负时,图像逆时针旋转。应用【旋转扭曲】滤镜后的效果如

图 9-42(c)所示。

| (a) 向内【挤压】滤镜的效果图 | (b) 向外【挤压】滤镜的效果图 | (c)【旋转扭曲】滤镜的效果图 |

图 9-42　【扭曲】滤镜组效果图之四

9.【切变】滤镜

　　【切变】滤镜的调整比较灵活,可以按照设定的曲线扭曲图像。通过拖曳【切变】对话框中的线条扭曲一幅图像,【切变】滤镜对话框初始状态,如图 9-43(a)所示,在【切变】滤镜对话框的直线上单击,增加 3 个控制点,如图 9-43(b)所示,依次用鼠标拖曳控制点,如图 9-43(c)(d)所示。应用【切变】滤镜后的效果如图 9-43(e)所示。

 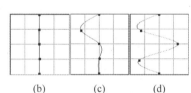 

| (a)【切变】对话框 | (b) | (c) | (d) | (e)【切变】滤镜的效果图 |

图 9-43　【扭曲】滤镜组效果图之五

10.【球面化】滤镜

　　【球面化】滤镜可以使图像产生凹陷或凸出的球面或柱面效果,就像图像被包裹在球面或柱面上产生的 3D 立体效果一样,产生一种挤压效果。该滤镜有【数量】调整参数,可以设置产生球面化或柱面化的变形程度。当值为正时,图像向外凸出,且值越大,凸出的程度越大;当值为负时,图像向内凹陷,且值越小,凹陷的程度越大。还有一个选项【模式】,可以设置图像变形的模式,有【正常】、【水平优先】和【垂直优先】3 个可选项。当选择【正常】选项时,图像将产生球面化效果;当选择【水平优先】选项时,图像只在水平方向上变形;当选择【垂直优先】选项时,图像只在垂直方向上变形。应用【球面化】滤镜后的效果如图 9-44(a)所示。

11. 【水波】滤镜

【水波】滤镜可以使图像产生类似于向水池中投入石子后水面的变化形态。该滤镜有两个调整参数和一个下拉选项,其中【数量】参数可以设置生成波纹的强度,当值为负时,图像中心是波峰;当值为正时,图像中心是波谷;【起伏】参数可以设置生成水波纹的数量,值越大,波纹数量越多,波纹越密。从【样式】下拉列表中可以选择置换像素的方式,有【水池波纹】、【围绕中心】和【从中心向外】3个选项。【水池波纹】表示图像向左上或右下置换变形图像,如图 9-44(b)所示。【围绕中心】表示图像沿中心旋转变形,如图 9-44(c)所示。【从中心向外】表示图像从中心向外变形。

(a)【球面化】滤镜的效果图　　(b)【水池波纹】的【水　　(c)【围绕中心】的【水
　　　　　　　　　　　　　　　波】滤镜的效果图　　　　波】滤镜的效果图

图 9-44　【扭曲】滤镜组效果图之六

12. 【置换】滤镜

【置换】滤镜可以指定一个图像,并使用该图像的颜色、形状和纹理等要素确定当前图像中的扭曲方式,最终使两幅图像融合在一起,并产生位移扭曲效果。这个指定的图像可称为置换图,它的格式必须是 PSD 格式。使用【置换】滤镜时,有两个调整参数和两个选项:【水平比例】参数可以设置图像在水平方向上的变形比例;【垂直比例】参数可以设置图像在垂直方向上的变形比例;【置换图】选项可以在置换图与当前图像大小不同时,选择图像的匹配方式。选择【伸展以适合】选项,将对置换图进行缩放以适应当前图像的大小。选择【拼贴】选项,置换图将不改变大小,而是通过重复拼贴的方式适应当前图像的大小;选择【未定义区域】选项可以设置像素扭曲后边缘空缺的处理方法。选择【折回】选项,表示将超出边缘位置的图像在另一侧折回。选择【重复边缘像素】选项,表示将超出边缘位置的图像分布在图像的边界上。

例 9.4　利用【置换】滤镜制作教堂建筑图像贴图特效。素材图像与最终效果如图 9-45 所示,处理后的图像保存为"教堂特效.jpg"和"教堂特效.psd"。

操作步骤如下。

(1) 打开素材文件夹中的素材文件"教堂3.jpg"和"砖墙.jpg",选中"砖墙.jpg"。

(2) 选择【图像】|【复制】命令,在弹出的【复制图像】对话框中输入一个新文件名"砖墙1",单击【确定】按钮。在"砖墙1"图像的【图层】面板中复制【背景】图层,得到【背景副本】图层。选择【滤镜】|【模糊】|【高斯模糊】命令,设置【高斯模糊】参数值为 1.5,如图 9-46(a)所示,单击【确定】按钮,得到如图 9-46(b)所示的图像,将其存储为"砖墙1.psd"。

(a) 素材图像"教堂3.jpg"

(b) 素材图像"砖墙.jpg"

(c)【置换】滤镜应
用后的效果图

图 9-45 【置换】滤镜效果图

(a)【高斯模糊】对话框

(b) 应用【高斯模糊】
滤镜后的砖墙

(c)【置换】对话框

图 9-46 【置换】滤镜应用实例之一

（3）选择"教堂3.jpg"为当前文件,在"教堂3.jpg"图像的【图层】面板中复制【背景】
图层,得到【背景副本】图层。选择【滤镜】|【扭曲】|【置换】命令,在弹出的【置换】对话框中
设置参数,如图 9-46(c)所示,单击【确定】按钮,会弹出【选取一个置换图】对话框,如
图 9-46(a)所示。选择"砖墙1.psd",单击【打开】按钮,得到的图像效果如图 9-47(b)所
示。按组合键 Ctrl+A 全选图像,按组合键 Ctrl+C 复制图像。

（4）将编辑窗口切换到原始图像"砖墙.jpg",在"砖墙.jpg"图像的【图层】面板中复制
【背景】图层,得到【背景副本】图层,如图 9-48(a)所示。选择【调整】|【去色】命令,效果如
图 9-48(b)所示。按组合键 Ctrl+V 将【置换】滤镜作用后的"教堂3.jpg"图像粘贴到当前
窗口,按组合键 Ctrl+T 将图像调整到与"砖墙.jpg"一样大小,如图 9-48(c)所示,并将该
图层改名为"图层1"。图层面板如图 9-48(d)所示。

（5）将"图层1"的图层混合模式设置为【亮光】,将【不透明度】设置为70%,得到的效
果图如图 9-45(c)所示。

（6）按题目要求保存文件。

(a)【选取一个置换图】对话框　　　　　　　(b) 实施了置换的图像

图 9-47　【置换】滤镜应用实例之二

(a)【图层】面板　　(b) 去色后的砖墙　　(c) 实施自由变换　　(d) 对应的【图层】面板

图 9-48　【置换】滤镜应用实例之三

9.3.7　模糊滤镜组

　　模糊滤镜以像素点为单位,稀释并扩展该点的色彩范围,模糊的阈值越高,稀释度越高,色彩扩展范围越大,也就是越接近透明色,从而使选区或整个图像得到柔化,柔化时还可以去除图像中的杂色,修饰图像或者为图像添加动感效果。模糊滤镜对修饰图像非常有用。选择【滤镜】|【模糊】命令,打开【模糊】级联菜单,【模糊】滤镜组包括【表面模糊】、【高斯模糊】、【径向模糊】等 11 个滤镜效果,这些滤镜的功能如下。

1.【表面模糊】滤镜

　　【表面模糊】滤镜在保留图像边缘的情况下对图像表面进行模糊处理,并消除杂色或颗粒效果。该滤镜有两个调整参数:【半径】参数可以用来指定模糊取样区域的大小;【阈值】参数可以用来控制相邻像素色调值与中心像素值在指定范围内时才能成为模糊的一部分,当色调差值小于阈值的像素时,会被排除在模糊之外。应用【表面模糊】滤镜后的效

　　　　　　　　　Photoshop CC 2017 图形图像处理教程(第 2 版)

果如图 9-49(b)所示。

2.【动感模糊】滤镜

【动感模糊】滤镜可以沿指定方向按指定强度进行模糊,经常用在体现运动状态,或夸张运动速度的设计中。该滤镜有两个调整参数:【角度】参数可以用来设置模糊的方向,可输入角度值或拖动指针调整角度;【距离】参数可以用来设置像素移动的距离。应用【动感模糊】滤镜后的效果如图 9-49(c)所示。

3.【方框模糊】滤镜

【方框模糊】滤镜用计算相邻像素的平均值模糊图像。它有一个【半径】参数,可以用于调整计算平均值的像素的区域大小。应用【方框模糊】滤镜后的效果如图 9-49(d)所示。

(a) 原图　　　　(b) 表面模糊　　　　(c) 动感模糊　　　　(d) 方框模糊

图 9-49　【模糊】滤镜组效果图之一

4.【高斯模糊】滤镜

【高斯模糊】滤镜利用高斯曲线对图像像素值进行计算处理,有选择地模糊图像。该滤镜的调整参数为【半径】,它可以以像素为单位设置模糊的范围,数值越高,模糊效果越强烈。应用【半径】为 10 像素的【高斯模糊】滤镜后的效果如图 9-50(a)所示。

5.【模糊】滤镜

【模糊】滤镜能降低图像的对比度,平衡边缘过于清晰或对比度过强的像素,并对其进行光滑处理,从而达到柔化图像边缘的效果。在图像中有显著颜色变化的地方消除杂色,产生轻微的模糊效果,如图 9-50(b)所示。

6.【进一步模糊】滤镜

【进一步模糊】滤镜能使图像变得更加模糊,执行一次该命令的模糊程度比【模糊】滤镜强 3~4 倍。应用【进一步模糊】滤镜后的效果如图 9-50(c)所示。

7.【径向模糊】滤镜

【径向模糊】滤镜能通过模拟缩放或旋转相机镜头产生图像的模糊。该滤镜的调整参数为【数量】,它可用来设置模糊的强度,该值越高,模糊效果越强烈;另外,还有两个单选项,在【模糊方法】单选项中,选择【旋转】时,图像会沿同心圆的环线产生旋转模糊效果;选择【缩放】时,则会产生放射状模糊效果;在【品质】单选项中,有【草图】、【好】和【最好】3个图像品质的选择。应用【数量】为10,【模糊方法】为【旋转】的【径向模糊】滤镜后的效果,如图9-50(d)所示。

(a)【高斯模糊】滤　　(b)【模糊】滤镜　　(c)【进一步模糊】　　(d)【径向模糊】滤
镜的效果图　　　　的效果图　　　　滤镜的效果图　　　镜的效果图

图9-50　【模糊】滤镜组效果图之二

8.【镜头模糊】滤镜

【镜头模糊】滤镜可以使不在镜头焦点内的图像变得模糊,从而制作出有景深效果的模糊图像。该滤镜的调整参数与选项如图9-51所示。

9.【平均】滤镜

【平均】滤镜可以将图层或选区中的颜色平均分布,从而产生一种新颜色,然后用该颜色填充图像或选区。在如图9-52(a)所示的图像上建立选区,并在选区内的图像上应用【平均】滤镜后的效果,如图9-52(b)所示。

10.【特殊模糊】滤镜

【特殊模糊】滤镜能确定图像的边缘,对图像进行精细的模糊处理,能对边界线以内的区域做模糊处理,使处理后的图像仍有清晰的边界。利用不同的选项,还可以将彩色图像变成边界为白色的黑白图像。该滤镜有两个调整参数和两个选项:【半径】参数可以设置搜索不同像素的范围,取值越大,模糊效果越明显;【阈值】参数可以设置像素被模糊前与周围像素的差值,只有当相邻像素间的亮度差超过这个值的限制时,才能对其进行模糊处理;【品质】下拉列表中有【低】、【中】和【高】3个选项,可以设置图像模糊效果的质量;【模式】下拉列表中有【正常】、【仅限边缘】和【叠加边缘】3种选项。选择【正常】选项,模糊后

Photoshop CC 2017 图形图像处理教程(第2版)

图 9-51　【镜头模糊】滤镜效果图

的图像效果与其他模糊滤镜基本相同;选择【仅限边缘】选项,以黑色作为图像背景,以白色绘出图像边缘亮度变化强烈的区域;选择【叠加边缘】选项,相当于【正常】模式和【仅限边缘】模式叠加的效果。选择【仅限边缘】选项后,应用【特殊模糊】滤镜后的效果如图 9-52(c)所示。

11.【形状模糊】滤镜

　　【形状模糊】滤镜可以用选择的形状对图像进行模糊处理。打开【形状模糊】对话框,选择"旗帜"形状后的效果如图 9-52(d)所示。

(a) 创建选区　　　　(b)【平均】滤镜　　　(c)【特殊模糊】滤　　　(d)【形状模糊】滤
　　　　　　　　　　　 的效果图　　　　　　 镜的效果图　　　　　　镜的效果图

图 9-52　【模糊】滤镜组效果图之三

9.3.8 模糊画廊滤镜组

【模糊画廊】滤镜组中包括【场景模糊】、【光圈模糊】、【移轴模糊】、【路径模糊】和【旋转模糊】5种滤镜。使用【模糊画廊】滤镜组可以通过直观的图像控件快速创建截然不同的模糊效果。该滤镜组中的模糊滤镜被集合在同一个界面,以便可以很容易进行切换和选择不同的模糊命令。每个模糊滤镜都提供了直观的图像控件应用和控制模糊效果。

选择【滤镜】|【模糊画廊】命令,可以打开级联菜单,在级联菜单中选择任一滤镜后,都可以打开【模糊工具】和【效果】面板,如图9-53(a)所示,在其中设置滤镜参数就能完成滤镜应用,这些滤镜的功能如下。

1.【场景模糊】滤镜

【场景模糊】滤镜可以对图像的景深进行调整,能在选择相应的主体后,对主体前后的物体进行相应的模糊处理。该滤镜可以对一幅图像的全局或多个局部进行模糊处理。在图像上单击添加控制点(又称图钉),单击控制点,该控制点就是激活的当前控制点。鼠标靠近激活的控制点,拖曳鼠标就可以调整模糊强度,如图9-53(b)所示。也可以在【场景模糊】面板中设置每个控制点的【模糊】强度,如图9-53(a)所示,按Del键可以删除当前控制点。用【场景模糊】滤镜可以制作有层次的、有景深效果的模糊图像,如图9-54所示。

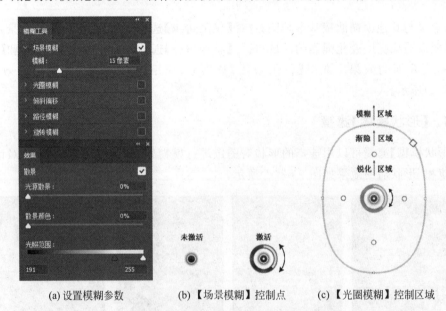

(a) 设置模糊参数　　　(b)【场景模糊】控制点　　(c)【光圈模糊】控制区域

图9-53　【模糊工具】和【效果】面板

例如,在如图9-54(a)所示的"郁金香1.jpg"的图像上应用【场景模糊】滤镜,在中间的花朵上加4个控制点,【模糊】像素为0,花朵四周再加8个控制点,如图9-54(b)所示,最终效果如图9-54(c)所示。

——————————— Photoshop CC 2017 图形图像处理教程(第2版)

(a) 原图

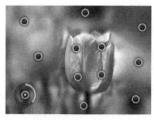
(b) 插入【场景模糊】
滤镜的控制点

(c)【场景模糊】滤
镜的效果图

图 9-54　【场景模糊】滤镜效果图

2.【光圈模糊】滤镜

【光圈模糊】滤镜可以通过调整范围框控制模糊作用的范围,再利用【光圈模糊】面板设置模糊的强度数值,控制形成景深的程度。单击图像可以添加控制点,用鼠标拖曳范围外框线上的菱形手柄,可以调整范围外框线的圆角弧度。用鼠标拖曳范围外框线上4个小的圆形手柄,可以调整范围外框线的大小和倾斜角度,如图9-53(c)所示。范围外框线内还有4个圆形调整手柄,用鼠标拖曳其中某个圆形调整手柄,就可以调整锐化区域的范围。控制点到4个圆形调整手柄处为图像清晰的区域,4个圆形调整手柄到调整范围外框线处为图像模糊渐隐区域,调整范围外框线外是图像模糊区域,示意图如图9-53(c)所示。

例如,在如图9-55(a)所示的"郁金香1.jpg"的图像上应用【光圈模糊】滤镜,在如图9-55(b)所示的图像位置处添加控制点,并调整范围外框线的大小与倾斜角度,设置【模糊】像素为20,如图9-55(b)所示,最终效果如图9-55(c)所示。

(a) 原图

(b) 插入与调整【光圈模
糊】滤镜的控制点

(c) 应用【光圈模 糊】
滤镜后的效果图

图 9-55　【光圈模糊】滤镜效果图

3.【移轴模糊】滤镜

【移轴模糊】滤镜可以通过调整2条平行线控制模糊作用的范围,再利用【倾斜偏移】面板设置【模糊】强度与【扭曲度】的数值控制模糊的效果。单击图像可以添加控制点,用鼠标指向调整范围的平行线,鼠标指针变成双向箭头,拖曳鼠标可以移动该平行线,从而改变锐化区域的范围。鼠标指向平行线上的圆形手柄,拖曳鼠标可以改变平行线倾斜角度。控制点到平行线的区域可以保持图像清晰,平行线到平行虚线的区域为渐隐区域,平行虚线以外的区域为模糊区域,如图 9-56(a)所示。

例如,在如图 9-55(a)所示的"郁金香 1.jpg"的图像上应用【移轴模糊】滤镜,在如图 9-56(b)所示的图像位置处添加控制点,并调整范围平行线与平行虚线,设置【模糊】像素为 20,如图 9-56(b)所示,最终效果如图 9-56(c)所示。

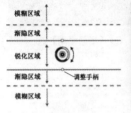  

(a)【移轴模糊】滤　　　　(b) 插入【移轴模糊】　　　　(c) 应用【移轴模糊】
镜的模糊区域　　　　　　　滤镜的模糊区域　　　　　　滤镜的效果图

图 9-56　【移轴模糊】滤镜效果图

4.【路径模糊】滤镜

【路径模糊】滤镜可以在图像上创建沿着路径的运动模糊效果,并能控制路径的形状和模糊量。在图像上单击可以产生一个控制点,双击可以产生另一个控制点,并终止路径,此时会生成一条有方向箭头的路径,如图 9-57(a)所示,路径方向就是模糊方向。在路径上单击,可以产生新的控制点,用鼠标拖曳控制点便可以调整控制点的位置以及路径的曲率,如图 9-57(b)所示。路径的首、尾控制点可以在【路径模糊】面板上设置调整参数,如图 9-57(c)所示。选中【路径模糊】面板上的【编辑模糊形状】选项,此时路径上会显示调整模糊变化的手柄,如图 9-57(d)所示,拖曳该手柄,可以调整模糊变化样式,如图 9-57(e)所示。

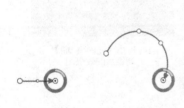 

(a)【路径模糊】滤　(b) 调整控制点的曲率　(c) 设置【路径模糊】　(d) 编辑【路径模糊】　(e) 调整【路径模糊】
镜的控制点　　　　　　　　　　　　　　的参数　　　　　　　的形状　　　　　　　的样式

图 9-57　【路径模糊】滤镜效果图

5.【旋转模糊】滤镜

【旋转模糊】滤镜可以创建圆形或椭圆形漩涡的模糊特效,漩涡中心为选择区域的中

　　　　　　　　　　　　Photoshop CC 2017 图形图像处理教程(第 2 版)

心,并可以通过改变控制参数得到更加逼真的模糊效果。该滤镜的调整参数为【模糊角度】,可以根据图像修饰需要改变模糊角度参数。在图像上单击可以产生一个控制点,同时会产生一个圆形外框线,外框线上有4个小的调整手柄,拖曳调整手柄,可以调整外框线的形状与大小。外框线内还有4个稍大的圆形手柄,拖曳这些调整手柄,可以调整模糊区域,如图9-58(a)所示。在如图9-58(b)所示的车轮上应用【旋转模糊】滤镜,调整【旋转模糊】滤镜大小和位置后的效果如图9-58(c)所示。

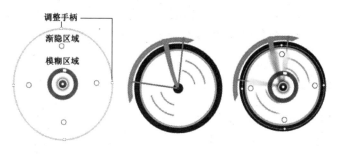

(a)【旋转模糊】滤镜   (b)应用【旋转模糊】   (c)应用【旋转模糊】
　　的模糊区域　　　　　滤镜前的效果图　　　　滤镜后的效果图

图9-58　【旋转模糊】滤镜效果图

例9.5　打开素材文件"骑车女.jpg",在自行车轮子上添加【旋转模糊】滤镜,使得轮子呈现动感效果。在骑车女的头发和车后的旗帜上添加【路径模糊】滤镜,使图像具有快速骑行的动感效果,将处理后的图像保存为"骑车女(修正).jpg"和"骑车女(修正).psd"。

操作步骤如下。

(1) 按照题目要求打开如图9-59(a)所示的素材文件"骑车女.jpg"。

(2) 选择【滤镜】|【模糊画廊】|【旋转模糊】命令,拖曳【旋转模糊】控制点到自行车前轮中心点,调整【旋转模糊】的调整手柄,将外框线大小调整到与车轮一样大小,如图9-58(c)所示,并将【模糊角度】设置为25°。

(3) 重复步骤(2),给自行车后轮添加与设置【旋转模糊】滤镜。

(4) 选择【滤镜】|【模糊画廊】|【路径模糊】命令,如图9-59(b)所示,给"骑车女"的头发添加弧形【路径模糊】滤镜,设置【基本模糊】的【速度】为12%,【锥度】为5%,【终点速度】为20像素。

(a)【路径模糊】和【旋转模糊】   (b)【路径模糊】和【旋转模糊】
　　滤镜应用前的效果图　　　　　　滤镜应用后的效果图

图9-59　【路径模糊】和【旋转模糊】滤镜的应用

（5）参考步骤（4），给"骑车女"图像与自行车上的小旗添加【路径模糊】滤镜，如图 9-59（b）所示，并设置适合的参数。

（6）按照题意要求保存文件。

9.3.9 锐化滤镜组

【锐化】滤镜通过增加相邻像素的对比度聚焦模糊的图像，使图像更清晰。选择【滤镜】|【锐化】命令，打开【锐化】级联菜单，【锐化】滤镜组共有 6 种锐化滤镜，这些滤镜的功能如下。

1.【USM 锐化】滤镜

【USM 锐化】滤镜通过调整图像边缘的锐化程度，产生一种更清晰的图像效果。该滤镜有以下 3 个调整参数：【数量】参数可以设置图像的对比强度，数值越大，图像的锐化效果越明显；【半径】参数可以设置影响锐化边缘两侧的像素数，值越大，锐化的范围越大；【阈值】参数可以设置锐化的像素与周围区域亮度的差值，值越大，锐化的像素越少。应用【USM 锐化】滤镜后的效果如图 9-60（b）所示。

(a) 原图   (b) 应用【USM锐化】 (c) 应用【防抖】
　　　　　　　　滤镜后的效果图　　　滤镜后的效果图

图 9-60 【锐化】滤镜组效果图之一

2.【防抖】滤镜

【防抖】滤镜能够将因抖动导致模糊的照片修改成清晰的照片。该滤镜的调整参数与选项如下。

- 【模糊描摹边界】参数是整个锐化处理的基础，它先勾出图像大体轮廓，再调整其他参数辅助修正，数值越大，锐化效果越明显。
- 【源杂色】选项可以根据原图像的质量作一个选择，可有【自动】、【低】、【中】、【高】4个选项，一般选择【自动】选项。
- 【平滑】参数可以对临摹边界所导致的杂色做一个修正，有点像全图去噪。值越大，去杂色效果越好，但是细节损失也越大，需要在清晰度与杂点的程度上加以均衡。

Photoshop CC 2017 图形图像处理教程（第 2 版）

- 【伪像抑制】参数可以专门处理锐化过度的问题，能在清晰度与画面之间加以平衡。
- 【高级】折叠面板可以对每一张照片进行小范围取样，以便滤镜处理图像时更加高效。这个范围可以是整张照片，也可以定义多个范围，在面板中可以通过打勾指定需要处理的范围。

应用【防抖】滤镜后的效果如图9-60(c)所示。

3.【锐化】滤镜

【锐化】滤镜可以通过增加像素间的对比度使图像变得清晰，从而使图像得到锐化处理，效果如图9-61(a)所示。

4.【进一步锐化】滤镜

【进一步锐化】滤镜的作用与【锐化】滤镜的作用类似，但可以产生更强烈的锐化效果，使图像更清晰，相当于执行2~3次【锐化】滤镜的操作，效果如图9-61(b)所示。

5.【锐化边缘】滤镜

【锐化边缘】滤镜可以对图像中颜色发生显著变化的区域的边缘进行锐化，使不同颜色之间的分界更明显，从而使图像更清晰。应用【锐化边缘】滤镜后的效果如图9-61(c)所示。

(a) 应用【锐化】滤   (b) 应用【进一步锐化】   (c) 应用【锐化边缘】
镜后的效果图　　　　滤镜后的效果图　　　　滤镜后的效果图

图9-61　【锐化】滤镜组效果图之二

6.【智能锐化】滤镜

【智能锐化】滤镜与【USM锐化】滤镜类似，它提供了独特的锐化控制选项，可以设置锐化算法，控制阴影和高光区域的锐化量，通过调整锐化参数对图像进行锐化。【智能锐化】对话框如图9-62(a)所示，其中各项参数与选项说明如下。

单击【智能锐化】滤镜对话框右上角的按钮 ⚙，选择【使用旧版】和【更加准确】选项，可以使锐化的效果更精确，但需要较长时间处理图像。

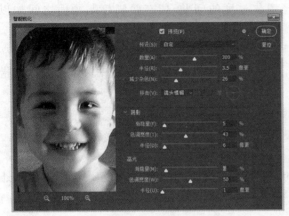

(a)【智能锐化】滤镜对话框

(b) 应用【减少杂色】
的图像效果

(c) 移去【镜头模糊】
的图像效果

图 9-62　【锐化】滤镜组效果图之三

- 【预设】下拉列表的功能是可以将当前设置的锐化参数保存为一个预设的参数,以后需要使用它锐化图像时,可以从下拉列表中选择它;也可单击【默认值】恢复为系统默认参数值;还可以选择【载入预设】和【删除自定义】的锐化设置。
- 【数量】参数可以用来设置锐化数量,较高的值可增强边缘像素之间的对比度,使图像看起来更加锐利。
- 【半径】参数用来确定受锐化影响的边缘像素的数量,该值越高,受影响的边缘越宽,锐化的效果越明显。
- 【减少杂色】参数实际是将图像进行模糊处理,所以如果设置参数过大,图像都会出现模糊,并不是说去除杂色就是一点杂色也没有了,只是控制在允许的范围内。【减少杂色】的图像效果如图 9-62(b)所示。
- 【移去】下拉列表中有移去【高斯模糊】、【镜头模糊】和【动感模糊】3 个选项,选择某个选项后,对图像有减少模糊的效果。移去【镜头模糊】的图像效果如图 9-62(c)所示。
- 【阴影】和【高光】折叠面板中的参数可以分别调和阴影和高光区域的锐化强度。
- 【渐隐量】参数可以用来设置阴影或高光中的锐化量;【色调宽度】参数可以用来设置阴影或高光中色调的修改范围;【半径】参数可以用来控制每个像素周围的区域的大小,它决定了像素是在阴影中,还是在高光中。

9.3.10　视频滤镜组

　　【视频】滤镜组中有两种滤镜,属于 Photoshop 的外部接口程序,主要用来处理从摄像机输入或是要输出到录像带上的图像,它可以将普通图像转换为视频图像,或者将视频图像转换为普通图像。

1.【NTSC 颜色】滤镜

【NTSC 颜色】滤镜的作用是解决使用 NTSC 方式向电视机输入图像时,色域变窄的问题,该滤镜可将色域限制为电视可接收的颜色,将某些饱和度过高的颜色转化成近似的颜色,从而降低饱和度,以匹配 NTSC 视频标准色域。如图 9-63(a)所示的图像,在海浪卷曲处饱和度较高,用【NTSC 颜色】滤镜处理后降低饱和度的效果如图 9-63(b)所示。

(a)【NTSC颜色】滤镜处理前的效果图　　(b)【NTSC颜色】滤镜处理后的效果图

图 9-63　【NTSC 颜色】滤镜

2.【逐行】滤镜

【逐行】滤镜可以用来矫正视频图像中锯齿或跳跃的画面,使图像更平滑。

9.3.11　像素化滤镜组

【像素化】滤镜的作用是将图像颜色值相近的相邻像素组成块,以其他形状的元素重新再现出来。它并不是真正地改变了图像像素点的形状,只是在图像中表现出某种基础形状的特征,形成一些类似像素化的形状变化。选择【滤镜】|【像素化】命令,打开【像素化】级联菜单,【像素化】滤镜组共 7 个滤镜,其功能与效果如下。

1.【彩块化】滤镜

【彩块化】滤镜可以将图像中纯色或相近颜色的像素结成相近颜色的像素块,使颜色变化更平展。应用【彩块化】滤镜的效果如图 9-64(b)所示。

2.【彩色半调】滤镜

【彩色半调】滤镜模拟在图像的每个通道上使用放大的半调网屏的效果。对于每个通道,滤镜将图像划分为矩形区域,并用与矩形区域亮度成比例的圆形替换每个矩形,圆形的大小与矩形的亮度成比例,高光部分生成的网点较小,阴影部分生成的网点较大。应用【彩色半调】滤镜的效果如图 9-64(c)所示。

3.【点状化】滤镜

【点状化】滤镜将图像中的颜色分解为随机分布的网点,如同点状化绘画一样,并使用背景色作为网点之间的画布区域。【单元格大小】参数可以设置点状化的大小,值越大,点状块越大。应用【点状化】滤镜后的效果如图9-64(d)所示。

(a)原图　　(b)【彩块化】滤镜的效果图　　(c)【彩色半调】滤镜的效果图　　(d)【点状化】滤镜的效果图

图9-64　【像素化】滤镜组效果图之一

4.【晶格化】滤镜

【晶格化】滤镜可以使图像中相近的像素集中到多边形色块中,产生类似结晶颗粒的效果。【单元格大小】参数可以设置晶格化的大小,值越大,晶格块越大。应用【晶格化】滤镜后的效果如图9-65(a)所示。

5.【马赛克】滤镜

【马赛克】滤镜可以根据设置的参数使像素结为方形块,模拟马赛克效果。【单元格大小】参数可以设置马赛克的大小,值越大,马赛克的块状越大。应用【马赛克】滤镜后的效果如图9-65(b)所示。

6.【碎片】滤镜

【碎片】滤镜可以创建选区中像素的4个副本,并使其相互偏移,使图像产生一种不聚焦的模糊效果。应用【碎片】滤镜后的效果如图9-65(c)所示。

7.【铜版雕刻】滤镜

【铜版雕刻】滤镜可以在图像中随机产生不规则的直线、曲线和点,产生一种金属版印刷的效果。灰度图像应用此滤镜将产生黑白图像,彩色图像应用此滤镜将对各色彩通道进行处理后再合成。【类型】下拉列表中可以设置【铜版雕刻】的类型,其中有【精细点】、【中等点】、【粒状点】、【粗网点】、【短直线】、【中长直线】、【长直线】、【短描边】、【中长描边】和【长描边】10个选项。从中选择不同的类型将有不同的效果。应用【铜版雕刻】滤镜后

Photoshop CC 2017 图形图像处理教程(第2版)

的效果如图 9-65(d)所示。

(a)【晶格化】滤　　(b)【马赛克】滤　　(c)【碎片】滤镜　　(d)【铜版雕刻】滤
镜的效果图　　　镜的效果图　　　的效果图　　　镜的效果图

图 9-65　【像素化】滤镜组效果图之二

9.3.12　渲染滤镜组

【渲染】滤镜组能够在图像中产生光线照明效果,也可以产生不同的光源效果,在图像中可以创建云彩图案、折射图案和模拟的光反射等效果。选择【滤镜】|【渲染】命令,打开【渲染】级联菜单,【渲染】滤镜组中各个滤镜的功能与具体效果如下。

1.【分层云彩】滤镜

【分层云彩】滤镜能将前景色和背景色转换成云彩图像,并与原图像的像素值进行差值运算后产生的一种奇特的云彩效果。当【前景色】为红色,【背景色】为白色,应用【分层云彩】滤镜后的效果如图 9-66(a)(b)(c)所示。

(a) 原图　　　(b) 用【分层云彩】　　(c) 用【分层云彩】
滤镜一次的效果　　　滤镜二次的效果

图 9-66　【分层云彩】滤镜效果图

2.【光照效果】滤镜

【光照效果】滤镜是一个强大的灯光效果制作滤镜,可以在图像上产生无数种光照效

果,还可以使用灰度文件的纹理(称为凹凸图)产生类似 3D 效果。它的光照效果包括 17
种光照样式和 3 种光源类型,通过光源、光色选择、聚焦、定义物体反射特性等要素的设定
达到三维绘画效果。【光照效果】滤镜工具栏和【属性】面板如图 9-67 所示。选择【滤镜】|
【渲染】|【光照效果】命令,出现在屏幕上方的是工具选项栏,屏幕右侧有【属性】面板和【光
源】面板,其功能叙述如下。

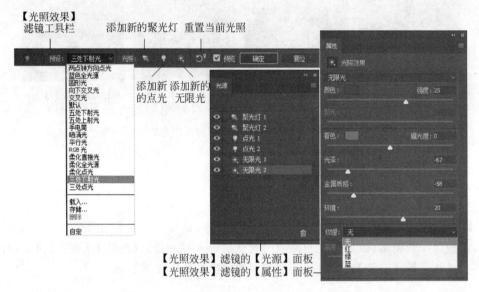

图 9-67 【光照效果】滤镜工具栏和【属性】面板

- 【预设】下拉列表在工具栏中,系统预设了【两点钟方向点光】、【蓝色全光源】、【圆
  形光】、【向下交叉光】等 17 种光照样式,还可以选择载入和存储自定义光源,如
  图 9-67 左上图所示。
- 工具栏的【光照】区域中有【添加新的聚光灯】、【添加新的点光】、【添加新的无限
  光】和【重置当前光照】4 个按钮,单击前 3 个按钮就可以在图像上添加新的光源,
  最多可以添加 16 个光源,可以分别调整每个光源的颜色和角度。每添加一个新
  光源后,就会在【光源】面板中显示该光源,单击该光源前面的"眼睛"图标,可以
  在图像上隐藏或显示光源。选择某一个光源,单击【光源】面板右下角的删除按钮
  ,便可删除所选光源。
- 【光源】下拉列表在【属性】面板中,3 种光源分别是【点光】、【聚光灯】和【无限光】。
  选择一种光源后,就可以在图像上调整它的位置和照射范围。
  - 选择【聚光灯】选项,图像上可以投射一束椭圆形的光柱,拖曳手柄可以增大光
    照强度、旋转光照角度或移动光照等,如图 9-68(a)所示。
  - 选择【点光】选项,可以使光在图像的正上方向各个方向照射,就像一张纸上
    方有光源照射下来一样。拖曳中央圆圈可以移动光源,拖曳定义效果边缘的
    手柄,可以增加或减少光照大小,就像是移近或移远光照一样,如图 9-68(c)
    所示。

◆ 选择【无限光】选项,图像上显示从远处照射的光,这样光照角度不会发生变化。拖曳中央圆圈可以移动光源,拖曳线段末端的手柄可以旋转光照角度和高度,如图 9-68(d)所示。

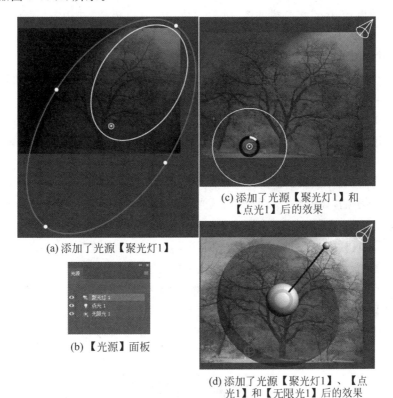

(a) 添加了光源【聚光灯1】

(b)【光源】面板

(c) 添加了光源【聚光灯1】和
【点光1】后的效果

(d) 添加了光源【聚光灯1】、【点
光1】和【无限光1】后的效果

图 9-68　添加各种光源

• 光源【属性】面板有下列参数需要设置。

　◆【颜色】参数:用于调整光照的颜色,在【强度】文本框中输入的数值越大,光线越强。单击该参数右侧的颜色块,在打开的【拾色器(光照颜色)】中可以选择灯光的颜色。

　◆【聚光】参数:可以用来调整光照聚焦照射的角度,只能用于【聚光灯】光源。

　◆【着色】参数:可以通过【曝光度】调整光照强度。当参数的值为正值时,增加光照;为负值时,减少光照。单击该参数右侧的颜色块,在打开的【拾色器(环境色)】中可以选择灯光的颜色。

　◆【光泽】参数:可以用来调整光照在图像中材质表面的反射程度。

　◆【金属质感】参数:可以用来调整光照在图像中材质的金属感。

　◆【环境】参数:可以用来控制光线和图像中的环境光混合的效果,当环境条滑块越向左时,表示照射光线的效果较强;当滑块越向右时,表示环境光线的效果较强。

　◆【纹理】下拉列表:可用于选择改变光的颜色通道。

◆【高度】参数：可以调节纹理的凸起程度,拖动【高度】滑块可以将纹理从【平滑】改变为【凸起】。

例 9.6 利用【色调均化】、【颜色查找】和【光照效果】滤镜等技术,将如图 9-69(a)所示"曝光过度的风景.jpg"修改成如图 9-69(c)所示的月夜树林,并用"月夜树林.jpg"保存文件。

操作步骤如下。

(1) 打开素材文件夹中的图像文件"曝光过度的风景.jpg",选择【图像】|【调整】|【色调均化】命令,执行【色调均化】命令后的效果如第 7 章的图 7-56 所示。

(2) 选择【图像】|【调整】|【颜色查找】命令,打开【颜色查找】对话框,单击【3DLUT 文件】右侧的下拉按钮,选择【Moonlight.3DL】选项,单击【确定】按钮后图像效果如图 9-69(b)所示。

(3) 选择【滤镜】|【渲染】|【光照效果】命令,单击工具栏上的【添加新的聚光灯】按钮 ,移动与调整手柄,如图 9-68(a)所示。【光源】面板如图 9-68(b)所示。在光源【属性】中设置【强度】为 30,在【聚光】文本框中输入数值 60。

(4) 单击工具栏上的【添加新的点光】按钮 ,移动与调整手柄,如图 9-68(c)所示。在光源【属性】中设置【强度】为 30,在【曝光度】文本框中输入数值 20。

(5) 单击工具栏上的【添加新的无限光】按钮 ,移动与调整手柄,如图 9-68(d)所示。在光源【属性】中设置【强度】为 30,在【曝光度】文本框中输入数值 20。

(6) 单击【确认】按钮,完成【光照效果】滤镜对图像的修饰,并将图像保存为"月夜树林.jpg"。

(a) 原图　　　　　　(b) Moonlight.3DL处　　　　　(c)【光照效果】处理后的月夜
　　　　　　　　　　　理后的夜色图像

图 9-69　【光照效果】处理图像前、后效果

3.【镜头光晕】滤镜

【镜头光晕】滤镜可用来模拟逆光拍照时光线直射相机镜头拍摄出带有光晕的图像效果,常用来表现玻璃、金属等反射的反射光,或用来增强日光和灯光效果。选择【滤镜】|【渲染】|【镜头光晕】命令,打开【镜头光晕】对话框,如图 9-70(a)所示。在对话框中的缩略图上,拖曳"光晕中心"的"+"标记,可以调整光晕的位置,并指定光晕的中心。调整【亮度】参数,可控制光晕的强度;选择【镜头类型】单选项,可选择产生光晕的镜头类型。应用【镜头光晕】滤镜后的效果如图 9-70(b)所示。

(a)【镜头光晕】对话框   (b) 应用【镜头光晕】滤镜后的效果图

图 9-70 【镜头光晕】对话框和效果图

4.【纤维】滤镜

　　【纤维】滤镜可以将前景色和背景色之间的随机像素值混合处理,生成具有纤维效果的图像。选择【滤镜】|【渲染】|【纤维】命令,可以打开【纤维】滤镜对话框,如图 9-71(a)所示。对话框中的参数【差异】可以设置纤维细节变化的差异程度,值越大,纤维的差异性越大,图像越粗糙。参数【强度】可以设置纤维的对比度,值越大,生成的纤维对比度越大,纤维纹理越清晰。单击【随机化】按钮,可以在相同参数的设置下随机产生不同的纤维效果。【前景色】设置为♯ff0000,【背景色】设置为♯ffff00,【差异】设置为10,【强度】设置为10,效果如图 9-71(b)所示。

(a)【纤维】滤镜对话框   (b) 应用【纤维】滤镜的效果图

图 9-71 【纤维】滤镜对话框和效果图

5.【云彩】滤镜

　　【云彩】滤镜可以混合前景色和背景色之间的像素值,将像素转换成柔和的云彩。【云彩】滤镜与当前图像的颜色没有关系,要制作出云彩,只要设置好前景色和背景色即可。【前景色】设置为♯ffffff,【背景色】设置为♯ffff00,应用【云彩】滤镜后的效果如图 9-72 所示。

图 9-72 【云彩】滤镜的效果图

9.3.13 杂色滤镜组

【杂色】滤镜组可用于添加或移去图像的杂色，或者创建特殊的纹理效果，用来除去图像中的杂点，如划痕、斑点等。选择【滤镜】|【杂色】命令，打开【杂色】级联菜单，【杂色】滤镜组中 5 个滤镜的功能与具体效果如下。

1.【减少杂色】滤镜

【减少杂色】滤镜可用于减少图像中不需要或者多余部分的杂色，对去除曝光不足或者用较慢的快门速度在黑暗中拍照导致出现杂色非常有效。【减少杂色】对话框如图 9-73 所示。

图 9-73 【减少杂色】对话框

- 【基本】选项被选择后，可用来设置滤镜的基本参数，包括【强度】、【保留细节】、【减少杂色】和【锐化细节】参数，可根据图像预览的效果调整这些参数。

- 从【设置】下拉列表中可以选择【默认值】，或者定义好预设参数。单击【存储当前设备的拷贝】按钮🖳，可以将当前设置好的调整参数保存为一个预设参数，以后需要使用该参数调整图像时，可在【设置】下拉列表中选择它对图像先进行调整；单击【删除当前设置】按钮🗑，可删除创建的自定义预设参数。

- 【强度】参数可用来控制应用于所有图像通道的亮度杂色减少量。

- 【保留细节】参数可用来设置图像边缘和图像细节的保留程度；当该值百分比调大时，可保留大多数图像细节，但会将亮度杂色减到最少。

- 【减少杂色】参数可用来消除随机的颜色像素，该值越高，减少的杂色越多。

- 【锐化细节】参数可用来对图像进行锐化。

- 勾选【移去 JPEG 不自然感】复选框后，可以去除使用低 JPEG 品质存储图像而导致的斑驳和光晕。

- 【高级】选项被选择后，【整体】选项卡与【基本】选项调整方式中的选项完全相同，参数设置可以参考上面的介绍。选择【每通道】选项卡后，可以对各个颜色通道进行处理，如果亮度杂色在一个或两个颜色通道中比较明显，便可以从【通道】下拉列表中选取颜色通道，设置【强度】和【保留细节】参数减少该通道中的杂色。

例 9.7　利用【减少杂色】滤镜修饰图像"人像 1.jpg"的面部斑点，修饰前、后的效果如图 9-74 所示，将使用【减少杂色】滤镜后修饰完成的图像文件保存为"人像 1(修饰).jpg"。

(a) 原图　　　　　　　　(b) 应用【减少杂色】滤镜后的效果

图 9-74　使用【减少杂色】滤镜前、后的效果

操作步骤如下。

(1) 打开素材文件夹中的图像文件"人像 1.jpg"，按组合键 Ctrl+J 复制一个图层。

(2) 在复制的图层上用【多边形套索工具】在人像脸部勾画选区，如图 9-75(a)所示。

(3) 选择【滤镜】|【杂色】|【减少杂色】命令，打开【减少杂色】对话框，选择【基本】选项，设置参数如图 9-73 所示。

(4) 因为人像脸部的斑点基本上集中在蓝、绿的通道上，在【减少杂色】对话框中选择【高级】选项，并切换到【每通道】选项卡。对【每通道】设置参数，设置【通道】为红，【强度】为 10，【保留细节】为 70%；设置【通道】为绿，【强度】为 10，【保留细节】为 5%，如图 9-75(b)所示；设置【通道】为蓝，【强度】为 10，【保留细节】为 5%，如图 9-75(c)所示。调整时保留

细节值越小,磨皮越模糊。如果调整觉得过了,可选择【编辑】|【渐隐减少杂色】命令纠正。

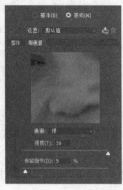
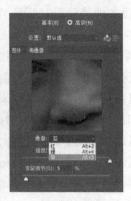

(a) 在人像脸部勾画选区 　　(b) 设置【绿】通道的参数 　　(c) 设置【蓝】
通道的参数

图 9-75　【减少杂色】滤镜的【通道】调整

（5）按组合键 Ctrl＋Shift＋E 合并可见图层。

（6）选择【图像】|【调整】|【亮度/对比度】命令,调整图像的亮度与对比度。选择【图像】|【调整】|【色彩平衡】命令,进一步调整图像的色彩。选择【污点修复画笔工具】进一步修饰脸部斑点。修饰后的图像如图 9-74(b)所示。

（7）按题目要求保存文件。

2. 【蒙尘与划痕】滤镜

【蒙尘与划痕】滤镜可以去除像素邻近区域差别较大的像素,以减少杂色,从而修复图像的细小缺陷,对于去除扫描图像中的杂点和折痕比较有效。该滤镜有两个参数：【半径】参数可以设置去除缺陷的范围,值越大,图像越模糊；【阈值】参数可以设置被去掉的像素与其他像素的差别程度,值越大,去除杂点的能力越弱。使用【蒙尘与划痕】滤镜修饰后的效果如图 9-76 所示。

(a) 原图 　　　(b)【蒙尘与划痕】滤镜修饰后的效果图

图 9-76　使用【蒙尘与划痕】滤镜修饰后的效果

3. 【去斑】滤镜

　　【去斑】滤镜可以通过模糊图像的方法消除图像中的斑点,并保留图像的细节。使用【去斑】滤镜前的图像如图 9-77(a)所示,用【多边形套索工具】在人像脸部勾画选区,如图 9-77(b)所示,选择【滤镜】|【杂色】|【去斑】命令调整图像,连续反复按组合键 Alt＋Ctrl＋F,多次使用【去斑】滤镜,调整修饰后的效果如图 9-77(c)所示。

(a)原图　　　　　　(b)勾画脸部选区　　　　　(c)多次用【去斑】滤镜修饰后的效果图

图 9-77　使用【去斑】滤镜修饰后的效果

4. 【添加杂色】滤镜

　　【添加杂色】滤镜将随机像素添加于图像,产生纹理斑的颗粒效果。该滤镜有【数量】参数,可用来设置杂色的数量。【分布】选项可用来设置杂色的分布形式。选择【平均分布】选项可以在图像中随机加入杂点,效果比较柔和;选择【高斯分布】选项可以沿一条正态分布曲线的方式添加杂点,杂点较强烈;选择【单色】选项,杂点只影响原有像素的亮度,像素的颜色不会改变。应用【添加杂色】滤镜前的图像如图 9-78(a)所示。应用【添加杂色】滤镜后的效果如图 9-78(b)所示。【添加杂色】滤镜对话框如图 9-78(c)所示。

(a)原图

(b)应用【添加杂色】滤镜后的效果图　　　　(c)【添加杂色】对话框

图 9-78　【添加杂色】滤镜应用前、后的效果

5.【中间值】滤镜

【中间值】滤镜通过混合选区中像素的亮度减少图像的杂色。该滤镜可以在像素选区的半径范围内搜索，查找亮度相近的像素，扔掉与相邻像素差异太大的像素，并用搜索到的像素的中间亮度值替换中心像素，从而使图像变得模糊，在消除或减少图像的抖动效果时非常有用。应用【中间值】滤镜前的效果如图 9-79(a)所示，用【多边形套索工具】在人像脸部勾画选区，如图 9-79(a)所示，选择【滤镜】|【杂色】|【中间值】命令，【中间值】对话框如图 9-79(b)所示，设置【半径】为 8 像素，单击【确定】按钮后，应用【中间值】滤镜的效果如图 9-79(c)所示。

(a) 勾画人像脸部选区　　(b)【中间值】对话框　　(c) 应用【中间值】滤镜的效果图

图 9-79　应用【中间值】滤镜前、后的效果

9.3.14　其他滤镜组

【其他】滤镜组中包含【HSB/HSL】、【高反差保留】、【位移】、【自定】、【最大值】和【最小值】6 个子滤镜，使用该组滤镜可以创建很多特殊的效果。选择【滤镜】|【其他】命令，打开级联菜单，6 个子滤镜的功能如下。

1.【HSB/HSL】滤镜

HSB 色彩模式是基于人眼的一种颜色模式，其中 H 表示色相，S 表示饱和度，B 表示亮度。HSL 色彩模式是工业界的一种颜色标准，H 表示色相，S 表示饱和度，L 表示明度。应用【HSB/HSL】滤镜能对图像的色彩饱和度和浓度进行调整，它调整的操控性很强，可以生成饱和度的映射通道，并可将其转换成图层蒙版后对图像局部的饱和度进行调整。选择【滤镜】|【其他】|【HSB/HSL】命令，打开【HSB/HSL 参数】对话框，如图 9-80 所示。【输入模

图 9-80　【HSB/HSL 参数】对话框

式】一般选【RGB】选项，【行序】可以被看成输出模式，可以选【HSB】选项，或者【HSL】选项，因为它们都有表示饱和度的 S 通道。关于应用【HSB/HSL】滤镜调整图像饱和度的具体过程，可以参见应用实例。

　　　　　　　　　　Photoshop CC 2017 图形图像处理教程（第 2 版）

2.【高反差保留】滤镜

【高反差保留】滤镜可以在图像中有强烈颜色转变发生的地方,按指定的半径保留边缘细节,而不显示图像中颜色变化不强烈的部分。选择【滤镜】|【其他】|【高反差保留】命令,打开【高反差保留】对话框,如图 9-81(a)所示。【半径】参数可以设置保留边缘细节的范围。

例 9.8 打开图像略有模糊的素材文件"男孩 3.jpg",如图 9-81(b)所示,利用【高反差保留】滤镜调整该图像,使得修饰完成的图像变得较为清晰,调整后的图像效果 9-81(c)所示,并将调整后的图像文件保存为"男孩 3(修饰).jpg"。

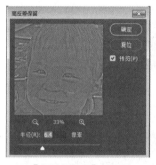  

(a)【高反差保留】对话框   (b)原图   (c)【高反差保留】滤
                                                        镜后的效果图

图 9-81   应用【高反差保留】滤镜前、后的效果

操作步骤如下。

(1)打开素材文件夹中的图像文件"男孩 3.jpg",按组合键 Ctrl+J 复制一个名为"图层 1"的新图层。

(2)选择"图层 1"为当前图层,选择【滤镜】|【其他】|【高反差保留】命令,打开【高反差保留】对话框,如图 9-81(a)所示,设置【半径】为 6.4 像素,单击【确定】按钮。

(3)在【图层】面板中设置【图层混合模式】为【强光】。

(4)选择【滤镜】|【杂色】|【减少杂色】命令,在【减少杂色】对话框中选择【基本】选项,设置【强度】为 8,【保留细节】为 20%,【减少杂色】为 80%,【锐化细节】为 30%,并单击【确定】按钮。

(5)选择【滤镜】|【锐化】|【USM 锐化】命令,在【USM 锐化】对话框中设置【数量】为50%,【半径】为 1.3 像素,【阈值】为 16 色阶,并单击【确定】按钮。

(6)适当调整【亮度】与【对比度】,按题目要求保存图像文件。

3.【位移】滤镜

【位移】滤镜可以将图像像素按照设定的数值在水平和垂直方向移动一定的距离,对于由偏移生成的空缺区域,还可以用不同的方式填充。选择【滤镜】|【其他】|【位移】命令,可以打开【位移】对话框,如图 9-82 所示。在其中可以设置【水平】和【垂直】参数,参数分别为图像水平方向和垂直方向位移距离。当参数为正值时,图像向右或向上偏

移；当参数为负值时，图像向左偏移或向下偏移。【未定义区域】参数可以设置图像偏移后的空白区域。选择【设置为背景】选项，偏移的空白区域将用背景色填充，如图 9-83(a)所示；选择【重复边缘像素】选项，偏移的空白区域将用超出图像的部分填充，如图 9-83(b)所示；选择【折回】选项，偏移的空白区域将用图像的折回部分填充，如图 9-83(c)所示。

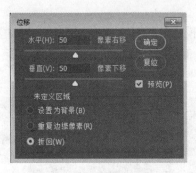

图 9-82　【位移】滤镜对话框

(a) 偏移的区域用　　　(b) 偏移的区域用超出　　　(c) 偏移的区域用图像
　　背景色填充　　　　　图像的部分填充　　　　　的折回部分填充

图 9-83　应用【位移】滤镜前、后的效果

4.【最大值】滤镜

【最大值】滤镜可以在指定的半径内用周围像素的最高亮度替换当前像素的亮度值，它具有放大图像中较亮的区域，减少较暗的区域的功能。参数【半径】可以设置周围像素的取样距离，该值越大，取样的范围越大。【保留】下拉列表中有【方形】与【圆度】两个选项，它们可以确定替换范围的形状。【最大值】滤镜对话框如图 9-84(b)所示，应用【最大值】滤镜前的图像如图 9-84(a)所示，应用【最大值】滤镜后的效果如图 9-84(c)所示。

5.【最小值】滤镜

【最小值】滤镜与【最大值】滤镜恰好相反，可以在指定的半径内用周围像素的最低亮度替换当前像素的亮度值，具有放大图像中较暗的区域，减少较亮的区域的功能。参数

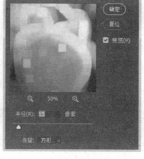

(a) 原图   (b)【最大值】对话框   (c) 应用【最大值】
                                              滤镜后的效果图

图 9-84　应用【最大值】滤镜前、后的效果

【半径】可以设置周围像素的取样距离,该值越大,取样的范围越大。【保留】下拉列表中有
【方形】与【圆度】两个选项,它们可以确定替换范围的形状。【最小值】滤镜对话框如
图 9-85(b)所示,应用【最小值】滤镜前的图像如图 9-85(a)所示,应用【最小值】滤镜后的
效果如图 9-85(c)所示。

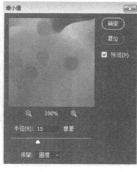
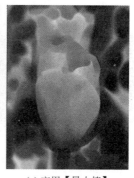

(a) 原图   (b)【最小值】对话框   (c) 应用【最小值】
                                              滤镜后的效果图

图 9-85　应用【最小值】滤镜前、后的效果

6.【自定】滤镜(选学)

　　【自定】滤镜提供了一种可以自定义滤镜效果的功能。【自定】滤镜是根据预定义的数
学运算更改图像中每个像素的亮度值,用以创建自定的滤镜,从而产生锐化、模糊、浮雕等
效果,并可将它们保存后应用于其他图像。选择【滤镜】|【其他】|【自定】命令,打开【自定】
对话框,如图 9-86 所示。在 5×5 的文本框阵列中输入数值,可以控制所选像素的亮度
值,在文本框中输入的数值表示像素亮度的倍数,其取值范围为−999～999。【缩放】参数
可以设置亮度缩小的倍数,其取值范围是 1～9999。【位移】参数可以设置用于补偿的偏
移量,其取值范围是−9999～9999。
　　图像上某一像素的亮度值应该近似等于:每个颜色值乘以阵列文本框中的数值后累

图 9-86　【自定】滤镜对话框

加,然后除以【缩放】参数,再加上【位移】参数。

例如,在如图 9-87(a)所示的【信息】面板中,【RGB】中的每种颜色都有两个数据,源数据/计算后的新数据,【R】=(195×(5-1-1-1-1))/2+20=117.5;【G】=(150×(5-1-1-1-1))/2+20=95;【B】=(183×(5-1-1-1-1))/2+20=111.5。在如图 9-87(b)所示的【信息】面板中,【R】=(217×(5+2-1-1-1))/3-20≈269,值大于255,就取 255 为当前值;【G】=(194×(5+2-1-1-1))/3-20≈238;【B】=(222×(5+2-1-1-1))/3-20=276,值大于 255,就取 255 为当前值。

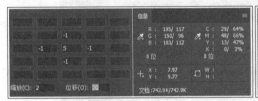

(a)【信息】面板与阵列文本框示意图一　　　　(b)【信息】面板与阵列文本框示意图二

图 9-87　【自定】滤镜对话框和【信息】面板

改变 5×5 数字阵列中的数值,可以自定义锐化滤镜,如图 9-88(a)(b)(c)所示。改变5×5 数字阵列中的数值,还可以自定义浮雕滤镜,如图 9-89(a)(b)(c)所示。

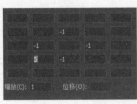

(a)原图　　　　　(b)自定义【锐化】滤镜　　　(c)自定义【锐化】滤镜效果

图 9-88　自定义锐化滤镜

　　Photoshop CC 2017 图形图像处理教程(第 2 版)

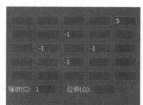

(a) 原图　　　　　(b) 自定义【浮雕】滤镜　　(c) 自定义【浮雕】滤镜效果

图 9-89　自定义浮雕滤镜

9.4　转换为智能滤镜

在图像上执行普通的滤镜后,原图层就被更改为滤镜的效果了,要是觉得滤镜效果不理想,想恢复原图像,只能从【历史记录】面板里退回到执行前的状态。智能滤镜就像给图层加了样式一样,在【图层】面板中就可以删除这个滤镜,或者重新修改这个滤镜,还可以停止滤镜效果,显示原图像等。使用智能滤镜可以随时方便地对添加的滤镜进行调整、移除或停止等操作。

【转换为智能滤镜】是图像处理中一个很实用的功能,该命令除了可以直接为图像添加、修改滤镜效果外,还可以将图像转换为智能对象,然后为智能对象添加滤镜效果。

下面用一个简单的例子介绍【转换为智能滤镜】的过程。

例 9.9　将素材文件夹中的图像文件"花 5.jpg"的图层转换为智能滤镜,并将图像背景处理成模糊效果,然后再将背景更换为【拼缀图】滤镜,从而使前景花朵更加醒目突出。

操作步骤如下。

(1) 打开素材文件"花 5.jpg",如图 9-90(a)所示,此时的【图层】面板如图 9-90(b)所示。

(2) 选择【滤镜】|【转换为智能滤镜】命令,将【背景】图层转换为智能对象图层,在缩略图上显示智能对象图层的图标,如图 9-90(c)所示。

(a) 原图　　　　　(b)【图层】面板　　　　(c) 转为智能对象的
　　　　　　　　　　　　　　　　　　　　　　　　　　　　【图层】面板

图 9-90　应用【转换为智能滤镜】前、后的【图层】面板

（3）选择【滤镜】|【模糊】|【高斯模糊】命令，在打开的【高斯模糊】对话框中设置半径值为 40 像素，单击【确定】按钮，此时整个图像都被作用【高斯模糊】了，如图 9-91(a)所示。这时刚添加的【智能滤镜】将出现在【图层】面板中【图层 0】的下方，如图 9-91(b)所示。单击【图层】面板中【智能滤镜】左侧的缩略图，就是选中了【智能滤镜蒙版】，如图 9-91(b)所示。选择工具箱中的【画笔工具】，用前景色为黑色的【画笔工具】涂抹花朵处，效果如图 9-91(c)所示。

(a) 作用【高斯模糊】滤镜后的效果　　(b)【智能滤镜蒙版】示意图　　(c) 用【画笔工具】修改蒙版

图 9-91　【智能滤镜蒙版】应用效果

（4）右击【智能滤镜】，从快捷菜单中选择【停用所有智能滤镜】选项，或者单击【智能滤镜】左边的眼睛按钮，停止智能滤镜，此时图像上的模糊消失。选择工具箱中的【快速选择工具】，在图像花朵上建立选区，选择【选择】|【反选】命令，选择图像中花朵之外的区域。选择【滤镜】|【滤镜库】|【纹理】|【拼缀图】命令，此时效果如图 9-92(a)所示。【图层】面板如图 9-92(b)所示。单击【图层】面板中【高斯模糊】左侧的眼睛按钮，停止智能滤镜【高斯模糊】。

（5）选择【选择】|【取消选择】命令，效果如图 9-92(c)所示。

(a) 应用【纹理】|【拼缀图】滤镜的效果　　(b)【图层】面板　　(c) 最后的效果图

图 9-92　【智能滤镜】应用效果

9.5　本章小结

本章主要介绍了 Photoshop CC 2017 中各种内置滤镜的使用方法，并运用实例制作使用户加深了对滤镜的理解。通过本章的学习，应该能熟练掌握各种滤镜的使用方法，并能结合自己的创意把滤镜运用得恰到好处。

9.6 本章练习

1. 思考题

（1）滤镜的作用是什么？内置滤镜与外挂滤镜有什么区别？怎样安装外挂滤镜？

（2）Photoshop CC 2017 中有几种特殊滤镜，它们分别实现什么功能？

（3）如果需要为图片添加模糊和缩放效果，应该使用何种滤镜？

（4）可否为同一张图片添加多个滤镜，或者滤镜效果可否叠加？是否可以直接为文字添加滤镜？

（5）【自定】滤镜提供了一种可以自定义滤镜效果的功能，在 5×5 数字阵列中有何规律可设置自定义锐化滤镜、浮雕滤镜和模糊滤镜？

2. 操作题

（1）打开素材文件夹中的素材文件"教堂 1.jpg"，利用【自适应广角】滤镜修饰如图 9-93(a)所示的素材，调整图像的透视角度，调整后的效果如图 9-93(b)所示。

　　　　(a) 原图　　　　　　　(b) 用【自适应广角】滤镜调整后的图像

图 9-93　利用【自适应广角】滤镜调整图像透视效果前、后示意图

操作提示：参考 9.2.1 节。

（2）打开素材文件夹中的素材文件"教堂 2.jpg"，利用【自适应广角】滤镜修饰如图 9-94(a)所示的素材，调整图像的透视角度，调整后的效果如图 9-94(b)所示。

　　　　(a) 原图　　　　　　　(b) 用【自适应广角】滤镜调整后的图像

图 9-94　利用【自适应广角】滤镜调整图像透视效果前、后示意图

（3）打开素材文件夹中的素材文件"car.jpg""DK.jpg"和"DK1.jpg"，利用【消失点】滤镜编辑调整车厢上的广告画，将如图 9-95（a）所示的素材调整为如图 9-95（b）所示的效果。

(a) 原图　　　　　　　　　　(b) 用【消失点】滤镜调整后的图像

图 9-95　利用【消失点】滤镜调整车厢广告效果前、后示意图

操作提示如下。

- 打开素材文件"car.jpg""DK.jpg"和"DK1.jpg"，选择"car.jpg"为当前编辑的图像。
- 选择【滤镜】|【消失点】命令，打开【消失点】对话框，单击【创建平面工具】按钮⊞，对准车厢广告牌的 4 个角连续单击，此时可在广告牌上创建具有透视效果的网格，如图 9-96（a）所示。
- 切换到图像"DK.jpg"窗口，按组合键 Ctrl＋A 全选图像，按组合键 Ctrl＋C 复制图像。
- 切换到图像"car.jpg"，打开【消失点】对话框，按组合键 Ctrl＋V 将图像"DK.jpg"粘贴到当前窗口中，选择【变换工具】，调整大小与角度，使它逐渐适应车厢广告牌的大小，如图 9-96（b）所示。
- 重复上述操作步骤，在车厢另一侧用【创建平面工具】创建具有透视效果的网格，如图 9-96（b）所示，对图像"DK1.jpg"进行复制、粘贴、调整后，得到如图 9-95（b）所示的效果图。

(a)【创建平面工具】创建　　　　(b) 调整车厢广告与【消
具有透视效果的网格　　　　　　失点】滤镜的网格

图 9-96　利用【消失点】滤镜调整车厢广告示意图

（4）制作如图 9-97 所示的绚丽背景的图像，图像文件用"绚丽.psd"为文件名保存在

本章结果文件夹中。

图 9-97　绚丽背景的图像样张

操作提示如下。

- 新建文件,设置文件的【宽度】和【高度】为 10cm,【分辨率】为 350 像素/英寸,并将
  文件保存为"绚丽.psd"。双击【背景层】,将其转换为【图层 0】,并填充黑色背景。
- 选择【滤镜】|【渲染】|【镜头光晕】命令,在【镜头光晕】对话框中设置参数,效果如
  图 9-98(a)所示,确认后的效果如图 9-98(b)所示。按组合键 Ctrl＋Alt＋F 重复
  执行【镜头光晕】命令,在【镜头光晕】对话框中调整光亮点,如图 9-98(c)所示。

(a) 第一次作用镜头光晕滤镜

(b) 第一次作用镜头光晕滤镜后效果

(c) 第二次作用镜头光晕滤镜

图 9-98　执行【镜头光晕】滤镜

- 重复按组合键 Ctrl＋Alt＋F,重复执行【镜头光晕】命令,在【镜头光晕】对话框中
  调整光亮点,最后效果如图 9-99(a)所示。【镜头光晕】对话框如图 9-99(b)所示。
- 选择【图像】|【调整】|【色相/饱和度】命令,在【色相/饱和度】对话框中设置【饱和
  度】的值为－100,其他参数默认,确认后的效果如图 9-100(a)所示。选择【滤镜】|

【像素化】|【铜板雕刻】命令,在【铜板雕刻】对话框中设置【类型】为【中长描边】,效果如图 9-100(b)所示,确认后的效果如图 9-100(c)所示。

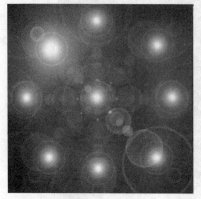

(a) 镜头光晕效果图   (b)【镜头光晕】对话框

图 9-99   重复执行【镜头光晕】滤镜

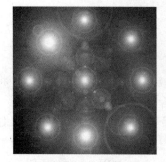 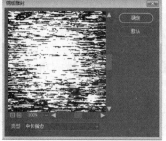 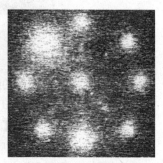

(a) 设置饱和度后的效果   (b) 设置铜板雕刻滤镜   (c) 设置铜板雕刻滤镜

图 9-100   重复执行【铜板雕刻】滤镜

- 选择【滤镜】|【模糊】|【径向模糊】命令,在【径向模糊】对话框中设置效果如图 9-101(a)所示的参数,确认后的效果如图 9-101(b)所示。按组合键 Ctrl＋Alt＋F 重复执行【径向模糊】命令,最后效果如图 9-101(c)所示。

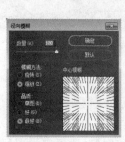  

(a) 设置径向模糊滤镜   (b) 第一次作用径向模糊滤镜   (c) 第二次作用径向模糊滤镜

图 9-101   执行【径向模糊】滤镜

Photoshop CC 2017 图形图像处理教程(第 2 版)

- 选择【图像】|【调整】|【色相/饱和度】命令,在【色相/饱和度】对话框中选择【着色】浮选框,并设置如图 9-102(a)所示的参数,确认后的效果如图 9-102(b)所示。

(a) 设置色相与饱和度　　　　　(b) 设置色相与饱和度后的效果

图 9-102　设置【色相/饱和度】

- 在【图层】画板中复制【图层 0】,得到【图层 0 副本】,设置其【混合模式】为【变亮】。选中【图层 0 副本】,选择【滤镜】|【扭曲】|【旋转扭曲】命令,在【旋转扭曲】对话框中设置效果如图 9-103(a)所示的参数,确认后的效果如图 9-103(b)所示。
- 在【图层】画板中复制【图层 0 副本】,得到【图层 0 副本 2】,按组合键 Ctrl+Alt+F 重复执行【旋转扭曲】命令,在【旋转扭曲】对话框中设置【角度】为-100,确认后的效果如图 9-103(c)所示。

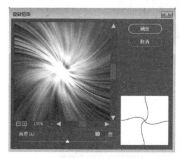

(a) 设置旋转滤镜　　　(b) 第一次作用旋转滤镜后的效果 (c) 第二次作用旋转滤镜后的效果

图 9-103　执行【旋转扭曲】滤镜

- 选中【图层 0 副本 2】,选择【滤镜】|【扭曲】|【波浪】命令,在【波浪】对话框中设置如图 9-104(a)所示的参数,确认后的效果如图 9-104(b)所示。按组合键 Ctrl+J 复制【图层 0 副本 2】,得到【图层 0 副本 3】。按组合键 Ctrl+T 进行自由变换,右击,从快捷菜单中选择【旋转 90？(逆时针)】命令,确认后的效果如图 9-104(c)所示。
- 用文字工具输入如图 9-97 所示的文字后,保存结果文件。

(5) 参考图 9-105 所示的样张,并按操作提示打开素材图像文件,制作如图 9-105 所示的图片,操作结果以 Girl.psd 为文件名保存在本章结果文件夹内。

操作提示如下。

- 打开本章素材文件夹中的 Girl.jpg 图像文件。使用【钢笔工具】描出部分左、右头

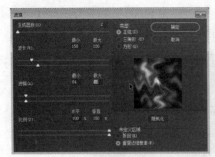

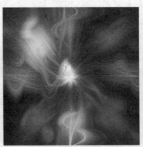

(a) 设置波浪滤镜　　　　(b) 波浪滤镜作用后的效果　(c) 图像逆时针旋转90度后的效果

图 9-104　执行【波浪】滤镜

图 9-105　文件 Girl 的样张

发的路径,保存工作路径为【路径 1】和【路径 2】,右击该路径,从快捷菜单中选择
【建立选区】,如图 9-106(a)所示。

(a) 创建选区　　　　　　　　(b)【水波】对话框

图 9-106　【水波】滤镜的参数设置

- 选择【滤镜】|【扭曲】|【水波】命令,【水波】对话框的参数设置如图 9-106(b)所示。
- 使用【钢笔工具】描出嘴唇的路径,保存工作路径为【路径 3】。右击该路径,从快捷

────────── Photoshop CC 2017 图形图像处理教程(第 2 版)

菜单中选择【建立选区】,如图 9-107(a)所示。选择【图像】|【调整】|【色相/饱和度】命令,参数设置如图 9-107(b)所示。

(a) 创建选区 　　　　　　　　　(b)【色相/饱和度】对话框

图 9-107 　设置嘴唇的【色相/饱和度】参数

- 使用【椭圆选框工具】,分别在两个瞳孔的位置建立选区。选择【图像】|【调整】|
【色相/饱和度】命令,参数设置如图 9-108 所示。

(a) 在瞳孔上创建选区 　　　　　　　(b)【色相/饱和度】对话框

图 9-108 　设置瞳孔的【色相/饱和度】参数

(6) 参考如图 9-109 所示样张,并按提示打开素材图像文件,制作如图 9-109 所示的图片,操作结果以 Light.psd 为文件名保存在本章结果文件夹内。

图 9-109 　文件 Light 的样张

操作提示如下。

- 打开本章素材文件夹中的 Light.jpg 图像文件。
- 选择【滤镜】|【渲染】|【光照效果】命令，参数设置如图 9-110(a)所示。选择【滤镜】|【渲染】|【镜头光晕】命令，参数设置如图 9-110(b)所示。

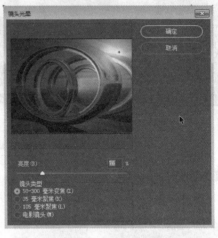

(a)【属性】面板   (b)【镜头光晕】对话框

图 9-110   设置滤镜

使用【椭圆选框工具】和【矩形选框工具】建立如图 9-111(a)所示的选区，设置选区的【羽化】为 20 像素。选择【图像】|【调整】|【亮度/对比度】命令，设置【亮度】为−70，效果如图 9-111(b)所示。

(a)创建选区   (b)应用【亮度/对比度】后的效果图

图 9-111   设置【亮度/对比度】参数

(7) 打开素材文件夹中的图像文件"Falls.jpg"，如图 9-112(a)所示，按操作提示制作如图 9-112(b)所示的图像效果，操作结果以 Falls.psd 为文件名保存在本章结果文件夹内。

操作提示如下。

- 打开本章素材文件夹中的 Falls.jpg 图像文件。选择【滤镜】|【液化】命令，打开【液化】对话框，选择【向前变形工具】，设置【大小】和【压力】参数，拖曳鼠标调整

Photoshop CC 2017 图形图像处理教程(第 2 版)

(a) 原图   (b) 应用【液化】滤镜后的效果图

图 9-112   图像 Falls.psd 的样张

瀑布形状,如图 9-113 所示。

图 9-113   【液化】滤镜设置

- 选择【滤镜】|【模糊】|【径向模糊】命令,参数设置如图 9-114(a)所示。
- 选择【滤镜】|【扭曲】|【波浪】命令,参数设置如图 9-114(b)所示,最终效果如图 9-112(b)所示。

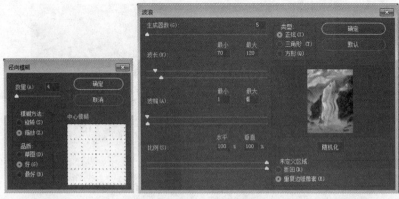

(a)【径向模糊】对话框   (b)【波浪】对话框

图 9-114　【径向模糊】和【波浪】滤镜设置

Photoshop CC 2017 图形图像处理教程(第 2 版)

第 **10** 章 Camera Raw 技术及其应用

本章学习重点：

- 了解、熟悉和使用 Camera Raw 技术。
- 掌握 Camera Raw 编辑工具的使用方法，以及图像色彩、色调的调整方法。
- 学会利用 Camera Raw 技术打开、修改、编辑和保存 RAW 格式以及各种常用图像格式的文件。

10.1 Camera Raw 概述

Adobe Camera Raw 简称 ACR，是 Adobe 公司为 Photoshop CC 2017 设计的插件，现在已经成为其内置的滤镜。该插件的功能是解码、编辑和存储 RAW 格式文件。它不仅可用于 RAW 格式的文件处理，而且还用于 JPEG 等格式的图像文件编辑处理（注意这两种格式处理时窗口界面略有不同）。它拥有非常强大的整体调整、局部处理、预设和批处理、储存选项等功能。

使用 Camera Raw 的优点是不会损坏原始图像数据；更少噪点，更具有自然感；可以控制更多的图像调节参数，如调整白平衡、曝光、颜色渲染等，使图像有更大的后期处理空间。

它的缺点是预览速度较慢，因为 Camera Raw 进行了大量的自动运算，所以打开速度较慢，因此编辑处理的时间更长。随着版本的升级和计算机硬件的不断发展，速度问题已经不成为其太大的缺点了。选择【滤镜】|【Camera Raw】命令，可以打开【Camera Raw】滤镜窗口。下面熟悉一下 Camera Raw 窗口以及一些操作按钮和命令。

10.1.1 Camera Raw 窗口介绍

Camera Raw 窗口由标题栏、工具栏、直方图、图像处理区等组成，如图 10-1 所示（注意图 9-6 与图 10-1 工具按钮的区别）。

(1)【标题栏】：Camera Raw 窗口的顶部是标题栏。标题栏中显示了软件版本和所打开图像的格式等信息。

(2)【工具栏】：该工具栏提供了 16 个对图像进行编辑操作的按钮，其中大部分工具

标题栏　　　工具栏　　　　　图像处理区　全屏切换模式　直方图 Camera Raw设置

存储图像　缩放级别　　　　　　　　　　　　　　打开图像　图像调整选项组

图 10-1　Camera Raw 窗口

按钮的功能在第 9 章中已经介绍过，这里不再赘述。按钮中有一个用于打开【Camera Raw 首选项】对话框的按钮。

- 【打开首选项对话框】按钮▤：单击该按钮可打开【Camera Raw 首选项】对话框，在该对话框中可以设置【载入】、【存储】、【图像】和【Camera Raw 默认值】等功能，如图 10-2 所示。

- 【逆时针旋转图像 90 度】按钮↺：单击该按钮，可将图像逆时针旋转 90°。

- 【顺时针旋转图像 90 度】按钮↻：单击该按钮，可将图像顺时针旋转 90°。

(3)【图像处理区】：该区域可用于显示被编辑修改的图像。

(4)【切换全屏模式】按钮↦：单击该按钮，Camera Raw 窗口会全屏显示，不显示标题栏，其他栏目都显示。

图 10-2　【Camera Raw】设置菜单

(5)【直方图】：从直方图中可以看出图像的 RGB 比例。直方图中还显示了鼠标当前位置的 RGB 数值。

(6)【Camera Raw 设置】按钮▤：单击选项卡右上角的扩展按钮，可更改 Camera Raw 的设置。在 Adobe Bridge 中选择【编辑】|【开发设置】命令，也可以更改 Camera Raw 的设置。

Photoshop CC 2017 图形图像处理教程(第 2 版)

（7）【存储图像】按钮：单击该按钮，可打开【存储选项】对话框，在对话框中可以设置文件的存储名称、位置、类型等。

（8）【缩放级别】：单击缩放级别中的【一】和【＋】按钮，可以缩小或放大图像处理区域中的图像。如果想将图像显示为浏览区的大小，可在【缩放级别】下拉列表中选取【符合视图大小】选项。

（9）【打开图像】按钮：单击该按钮，可以在Photoshop 中打开其图像。

（10）【图像调整选项组】：图像调整选项组中有10 个选项卡，对图像的控制选项进行了分类，如图 10-3 所示。

图 10-3　图像调整选项组

10.1.2　Camera Raw 的基本功能

通过 Camera Raw 工具可以查看图像的内容，并对图像格式进行转换，调整图像的对比度和亮度，校正偏色的照片等。Camera Raw 功能简单实用，只要通过简单的几步操作，即可很直观地制作出符合需求的照片。

1. 将相机原始数据文件转换为 DNG

导出相机原始数据文件之前，需要通过 USB 连接线将相机连接到计算机，然后就可以为其命名以及对其文件进行排序、复制等处理。选择【文件】|【在 Bridge 中浏览】命令，运行Bridge CC，在 Bridge CC 中选择【文件】|【从相机获取照片】命令，可以完成这些任务。

2. 在 Camera Raw 中打开图像文件

选择【滤镜】|【Camera Raw】命令，可以打开硬盘上 RAW 格式的图像文件。

3. 调整颜色

颜色调整包括白平衡、色调及饱和度等，可以在【基本】选项卡中完成大多数调整，然后使用其他选项卡对图像进行微调。如果希望 Camera Raw 分析图像并应用大致的色调调整，则单击【基本】选项卡中的【自动】按钮，调整后如不满意，可以单击【默认】按钮恢复原来状态。

4. 进行其他调整和图像校正

可以使用 Camera Raw 窗口中的工具和控件进行校正图像操作。完成对图像进行色调处理、减少杂色、纠正镜头问题以及锐化处理等。

5. 将图像设置存储为预设或默认图像设置

如果要将对图像的调整应用于其他图像，则应将这些设置存储为预设。使用这种方法，可以方便地对特定的图像进行相同的调整。

6. 存储为其他格式的图像

在 Camera Raw 中调整完图像后,可以将调整后的图像存储为其他格式,如以 JPEG、PSD、TIFF 或 DNG 格式存储图像的副本。

10.2　在 Camera Raw 中打开图像文件

Photoshop CC 2017 将 Camera Raw 插件添加到【滤镜】菜单中。它不仅可用于 RAW 格式图像的处理,而且还能用于 JPEG、PSD 等图像格式的编辑。

10.2.1　打开 RAW 格式的图像文件

用数码相机拍摄的原始图像都是 RAW 格式文件。不同的数码相机厂商的 RAW 格式文件又有所不同,而且各厂商开发的 RAW 图像编辑软件只能读取自己品牌型号的 RAW 图像格式,不同牌子的数码相机生成的 RAW 格式文件的扩展名是不一样的,如佳能相机 RAW 格式文件的扩展名是.CR2;尼康相机 RAW 格式文件的扩展名是.NEF;徕卡、理光相机 RAW 格式文件的扩展名是.DNG;索尼相机 RAW 格式文件的扩展名是.ARW;富士相机 RAW 格式文件的扩展名是.RAF;松下相机 RAW 格式文件的扩展名是.RW2;奥林巴斯相机 RAW 格式文件的扩展名是.ORF 等,这些格式的 RAW 格式文件都不一样,不能通用。而 Camera Raw 正是解决此问题的好工具,它能识别所有主流数码相机拍摄的 RAW 格式图像,完成图像的后期编辑与存储。在 Photoshop CC 2017 中打开 RAW 格式文件的方法如下。

(1) 选择【文件】|【打开】命令,可以打开 RAW 格式的图像文件。例如,打开 DSC03507.ARW 图像文件,打开后,它的编辑窗口如图 10-4 所示。

(2) 如果要一次性查看多个图像文件,以便对各个图像进行调整,则使用下面的办法进行操作,可以同时打开多个图像文件。选择【文件】|【打开】命令,在【打开】的窗口中首先单击要打开多个图像文件的第一个文件,然后按住 Shift 键不放,单击最下面的文件,便可以连续选中多个文件。如果用 Ctrl 键替换 Shift 键,则可以选择不相邻的多个文件。

这时 Camera Raw 窗口分为左、中、右 3 栏,左侧显示了当前要打开图像的缩小浏览图,中间图像处理区域显示了对图像操作后的效果,右侧显示了 Camera Raw 的设置选项,如图 10-5 所示。

10.2.2　用 Camera Raw 打开其他格式的图像文件

在 Photoshop 中,选择【文件】|【打开为】命令,在【打开】对话框中选择相应的 JPG 或者 TIFF 格式文件,然后在下面的【文件名】右侧下拉列表中选择 camera raw(＊.TIF; ＊.CRW…),单击【打开】按钮,也可以启动 Camera Raw 界面并打开所选的文件,如

图 10-4　打开单个文件的 Camera Raw 编辑窗口

图 10-5　打开多个 RAW 格式图像文件的 Camera Raw 编辑窗口

图 10-6 所示。

对于 JPG、TIFF 等格式的图像文件，也可以用 Camera Raw 直接打开。选择【编辑】|
【首选项】|【Camera Raw】命令，打开【Camera Raw 首选项（9.7.0.668 版）】对话框，如

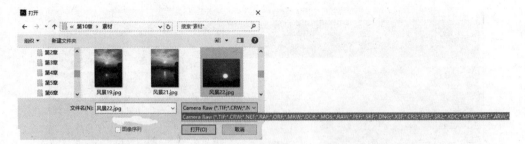

图 10-6　以 Camera Raw 方式打开图像文件

图 10-7 所示。在下面的【JPGEG 和 TIFF 处理】区域选择【自动打开所有受支持的
JPEG】和【自动打开所有受支持的 TIFF】,并单击【确定】按钮。完成【首选项】设置之后,
以后在 Photoshop 中使用【打开为】命令打开 JPG 和 TIFF 格式图像时,会自动打开
Camera Raw 界面,在 Camera Raw 窗口中编辑处理打开的图像文件。另外,像前面介绍
过的在 Bridge CC 窗口中双击选定的图像文件,也可以在 Camera Raw 窗口中直接打开
该文件,进行图像的编辑。

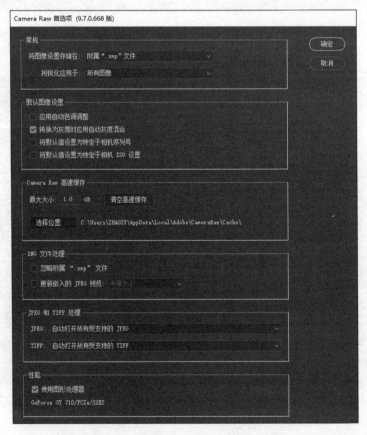

图 10-7　设置 Camera Raw 的首选项

──────── Photoshop CC 2017 图形图像处理教程(第 2 版)

10.3 在 Camera Raw 中调整颜色

在日常生活中,拍摄的照片可能会出现颜色偏调、曝光缺陷、杂色、镜头晕影、污点等问题。本节将介绍如何运用 Camera Raw 对图像进行颜色调整。

10.3.1 修剪高光和阴影

如果拍摄的照片太亮或者太暗,在高光或阴影部分就会发生修剪,此时可以运用【直方图】查看这些修剪的区域。

在【直方图】中单击【高光修剪警告】按钮，按钮位置在直方图的右上角,或者单击【阴影修剪警告】按钮，按钮位置在直方图的左上角,可以快速从预览图像中查看被修剪的像素,红色代表高光,如图 10-8 所示。蓝色代表阴影,如图 10-9 所示。

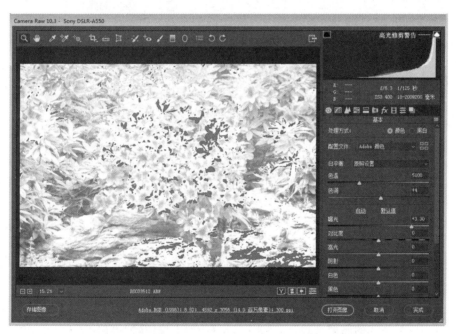

图 10-8　单击【高光修剪警告】按钮后图像显示红色部分

(1) 发生修剪:当像素的颜色值高于图像中可以表示的最高值,或低于图像中可以表示的最低值时,将发生修剪。系统将修剪过亮的值以白色输出,修剪过暗的值以黑色输出,结果导致图像细节丢失。

(2) 查看修剪:要查看被修剪的像素,可以单击直方图最上方的按钮,或者按 U 键查看阴影修剪,按 O 键查看高光修剪。

(3) 修剪方法:在【直方图】中查看阴影和高光修剪后,可以拖曳下方的【曝光】、【高

图 10-9　单击【阴影修剪警告】按钮后图像显示蓝色部分

光】、【阴影】、【白色】和【黑色】等滑块进行图像明亮度、对比度的调整。

10.3.2　在 Camera Raw 中调整白平衡

人类的眼睛能够自动适应不同的光线环境,将最亮的区域感知为白色,但是数码相机的传感器不具备此功能,因此需要使用白平衡进行定义,使图像中的色彩与人眼观察到的色彩相近。白平衡中有两个非常重要的概念——色温和色调。

(1)【色温】:就是以开尔文温度(K)表示色彩,能将外界的热量以光的形式表现出来。这些热量会产生不同的颜色。

(2)【色调】:是指一幅作品色彩外观的基本倾向。在明度、纯度、色相 3 个要素中,若某种因素起主导作用,人们就称之为某种色调。通常可以从色相、明度、冷暖、纯度 4 个方面定义一幅作品的色调。

打开 RAW 格式的图像文件后,单击【基本】选项卡按钮 ,再单击【基本】选项卡中的【白平衡】下三角按钮,可以为图像设置 9 种白平衡模式,如图 10-10 所示。

9 种白平衡模式的功能如下。

(1)【原照设置】:相机拍摄的效果,即原始效果。

(2)【自动】:根据原始图像的整体效果,自动对图像数据进行白平衡计算。

(3)【预设白平衡】:以下 6 种预设的白平衡模式可以根据不同的拍摄环境,选择不同的白平衡模式。

图 10-10　设置 9 种白平衡模式

- 【日光】：在晴天日光下进行正确显色。它是可用于室外拍摄的白平衡，用途广泛。
- 【阴天】：用于没有太阳的阴天。它比【阴影】模式的补偿力度稍小一些。
- 【阴影】：在晴天室外日光阴影下进行正确显色。在晴天日光下使用时，色调会略微偏红。
- 【白炽灯】：对白炽灯的色调进行补偿，可抑制光线偏红的特性。
- 【荧光灯】：对白色荧光灯的色调进行补偿，可抑制白色荧光灯光线偏绿的特性。
- 【闪光灯】：对偏蓝色的闪光灯光线进行补偿，补偿的倾向与【阴天】模式非常近似。

(4)【自定】：可以根据图像的整体效果，自行设置图像的色温和色调。

图 10-11 为不同白平衡设置的效果图。原图如图 10-11(a)所示，其【色温】为 5900，【色调】为 14；预设为【荧光灯】，如图 10-11(b)所示，其【色温】为 3800，【色调】为 21；【自定】如图 10-11(c)所示，其【色温】为 10000，【色调】为 50。

(a) 原图　　　　　　　(b) 荧光灯　　　　　　　(c) 自定

图 10-11　不同白平衡设置的效果图

选择 Camera Raw 工具箱中的【白平衡工具】，在如图 10-12(a)所示的原图右上角乌云深色处单击，可以获得如图 10-12(b)所示的白平衡调整后的效果图。

(a) 原图　　　　　　　　　　(b) 白平衡调整后的效果图

图 10-12　【白平衡工具】调整前、后的效果图

10.3.3　图像色调的调整

通过 Camera Raw【基本】选项卡的调整控件，可以调整图像的曝光、对比度、高光、阴

影、白色和黑色,从而得到不同的图像效果。

RGB 模式的图像中,根据中性灰色的不同,可以形成饱和度不同的各种彩色,从而演变出丰富的图像细节结构;色调则是图像的白场和黑场的一个过渡,所以可以根据白场和黑场调整图像的色调。图像色调控件位于【基本】选项卡中,如图 10-13 所示。

(1)【自动】:如果希望 Camera Raw 自动对图像的色调进行调整,则可以单击色调控件中的【自动】选项。Camera Raw 将自动分析原始图像,并对色调进行调整。通过自动调整,可以平衡图像中的各个颜色。

(2)【曝光】参数:该参数可用于调整图像的整体亮度。如果曝光度降低,图像会变暗;如果曝光度升高,图像会变亮。该值的每个增量等同于光圈大小,+1.50 的调整类似于将光圈加大 3/2;同样,−1.50 的调整类似于将光圈减小 3/2。

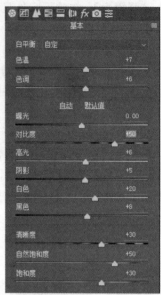

图 10-13　【基本】选项卡

(3)【对比度】参数:该参数可用于增加或减少图像的对比度,主要影响中间色调,一般配合亮度使用,这样图像会变得更加清晰。

(4)【高光】参数:该参数可用于调整图像的明亮区域,向左拖曳可使高光变暗;向右拖曳可在最小化修剪的同时使高光变亮。

(5)【阴影】参数:该参数可用于调整图像的暗部区域,向左拖曳可在最小化修剪的同时使阴影变暗;向右拖曳可使阴影变亮,恢复细节。调整【阴影】如同使用 Photoshop 的【阴影/高光】命令。

(6)【白色】参数:该参数可用于调整白色修剪,向左拖曳可减少对高光的修剪,向右拖曳可增加对高光的修剪。

(7)【黑色】参数:该参数可用于调整黑色修剪,向左拖曳可增加对阴影的修剪,向右拖曳可减少对阴影的修剪。

(8)【清晰度】参数:调整该参数,可以使图像中的细节更加清晰。

(9)【自然饱和度】参数:调整该参数,可以使图像色彩更加艳丽逼真,调整更为智能,适用于初学者。

(10)【饱和度】参数:调整该参数,可以使图像色彩更加艳丽。

例如,打开如图 10-14(a)所示的图像,该图的对比度、饱和度略有欠缺,按照如图 10-13 所示的参数对原图进行调整,可以得到如图 10-14(b)所示的效果图。

10.3.4　通过曲线调整色调

要在 Camera Raw 中设置曲线微调,单击曲线微调按钮▦,切换到如图 10-15 所示的【色调曲线】选项卡。该选项卡中包含【参数】和【点】两个标签,单击不同的标签将显示不

(a) 原图

(b) 调整色调后的效果

图 10-14　调整色调前、后的效果图

同的调整选区。图 10-15(a)所示的是单击【点】标签后的【色调曲线】选项卡。图 10-15(b)所示的是单击【参数】标签后的【色调曲线】选项卡。

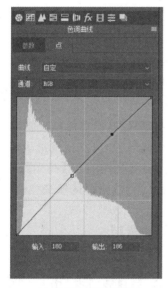
(a)【点】标签示意图

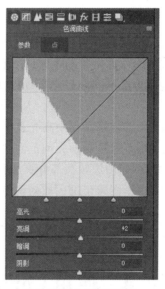
(b)【参数】标签示意图

图 10-15　【色调曲线】选项卡的【点】和【参数】

曲线可以精确调整图像。通过调整曲线,可以调整图像整体效果或者单色通道的明暗对比。曲线微调就是通过一条线段的弯曲控制图像的变化。由于曲线的弯曲弧度不同,对曲线微调一般应用在图像处理的最后,在对图像进行一系列调整后,通过曲线微调可使处理的痕迹与图像融合。曲线微调的主要功能可以分为以下 3 点。

(1) 图像明暗的调整:曲线调整可以将图像整体和局部变亮或变暗。一般情况下,向上拖动曲线,图像会整体变亮;向下拖动曲线,图像会整体变暗。

(2) 图像对比度的调整:改变曲线斜率就可以调整图像的对比度。每个新曲线都是呈对角 45°的直线,这表示光暗输出和输入的比例正好是 1：1。将曲线斜率调整到大于 45°会增加对比度,将曲线斜率调整到小于 45°会降低对比度。

（3）阴影和高光的调整：用曲线可以对图像中的阴影和高光进行调节。整体向下移动曲线会降低输出值，使图像变暗；整体向上移动曲线会增加输出值，使图像变亮。

1.【点】标签

在【点】标签中可以自由拖曳曲线设置图像的色调，也可以通过曲线的预设选项调整图像。【曲线】下拉列表中有下列4个命令。

（1）【线性】：在【点】标签中默认的预设是【线性】，线性曲线是一条平滑的直线段。

（2）【中对比度】：对比度越大，图像层次越丰富；对比度越小，图像层次越弱。

（3）【强对比度】：强对比度对图像的清晰度、细节表现、灰度层次表现都有很大帮助。

（4）【自定】：可以自定义曲线外形调整图像。

【通道】下拉列表中会显示当前图像的颜色模式与颜色通道，以便图像编辑时选择。

2.【参数】标签

可以通过【高光】、【亮调】、【暗调】和【阴影】4个控件分别调整图像的亮部和暗部区域。【参数】标签的操作方法很简单，只在调节的控件上拖动滑块就可以更改各参数的值。与常见的曲线控制方法不同的是，【参数】选项卡中的曲线查看器只用于曲线查看，不能直接对其进行调整。

（1）【高光】：用于控制画面中高光范围的明暗程度，设置的参数值越大，高光越亮。

（2）【亮调】：用于设置画面亮调范围内的明暗效果，向左拖曳滑块，使图像较亮部分变暗；向右拖曳滑块，使图像较亮部分更加明亮。其应用效果比【高光】范围要广。

（3）【暗调】：用于图像暗部区域的调整，提高参数，暗部区域变亮；降低参数，暗部区域变暗。

（4）【阴影】：用于控制画面的暗部，范围比【暗调】小。

10.4　使用 Camera Raw 修饰图像

Camera Raw 中提供了修改图像的工具，可用来修复照片中的不足之处，如使用【拉直工具】校正倾斜的图像，使用【裁剪工具】去掉多余的画面等。下面介绍这些工具的使用方法。

10.4.1　旋转和拉直图像

【旋转工具】和【拉直工具】主要用来对图像进行旋转和拉直。使用【旋转工具】可以对图像进行任意90°的旋转，方便对图像进行查看。【拉直工具】主要用于调节倾斜的图像，从而使图像变为水平。

1. 旋转工具

旋转工具包括【顺时针旋转图像 90 度】和【逆时针旋转图像 90 度】按钮。单击工具栏上的【顺时针旋转图像 90 度】按钮 ，可以将图像按顺时针方向旋转 90°；单击工具栏上的【逆时针旋转图像 90 度】按钮 ，可以将图像按逆时针方向旋转 90°。

2. 拉直工具

单击工具栏上的【拉直工具】 ，按下鼠标右键不放在图像中拖曳，可绘制一条直线，释放鼠标，Camera Raw 会自动根据直线的倾斜度和长度形成一个裁剪框，按 Enter 键确认裁剪。图 10-16(a)是根据需要的长度和角度拖曳一条直线，即图中的一条白线。图 10-16(b)为自动形成的一个裁剪框。

(a)用【拉直工具】拖曳一条调整线　　　　　(b)系统自动形成的裁剪框

图 10-16　拉直图像并自动形成裁剪框

10.4.2　使用【调整画笔】对图像局部区域进行颜色调整

在 Camera Raw 的图像调整选项组中，可以调整整个图像的颜色和色调，如果要对图像局部区域进行颜色调整，则需要使用 Camera Raw 中的【调整画笔】和【渐变滤镜】等工具。

【调整画笔】工具主要用于图像局部曝光度、亮度、清晰度等的调整。【调整画笔】工具可以像运用画笔一样，通过对画笔大小、羽化、流动、浓度的调节，实现更精细的图像调整。

选中 Camera Raw 工具栏中的【调整画笔】工具 ，Camera Raw 窗口右侧的参数设置区域如图 10-17(a)(b)(c)所示。

1. 画笔笔触

单击工具栏中的【调整画笔】按钮 ，显示【调整画笔】选项卡，选项卡下方会出现调整画笔选项，如图 10-17(c)所示。

(1)【大小】参数：该参数可以指定画笔笔尖的直径，以像素作为单位。

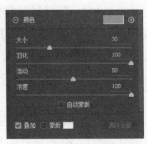

(a)【调整画笔】参数设置之一　　(b)【调整画笔】参数设置之二　(c)【调整画笔】参数设置之三

图 10-17　【调整画笔】参数设置

（2）【羽化】参数：该参数可以用于控制画笔的硬度。数值越小，羽化越低，画笔越硬；反之，画笔越柔软。

（3）【流动】参数：该参数可以用于控制墨水的流动速度。

（4）【浓度】参数：该参数可以控制墨水的淡浓程度。数值越小，浓度越淡。

（5）【蒙版】：用于设置蒙版的显示和颜色。

- 【自动蒙版】复选框：勾选该复选框，可以将画笔描边限制在颜色相似的区域。取消选择【自动蒙版】复选框，运用画笔涂抹时，画笔会越过图像区域；如果勾选此复选框，则 Camera Raw 会自动沿着图像边缘进行绘制，不会越过图像区域。

- 【蒙版】复选框：可以选择，也可以不选择，这样在图像预览中便可以切换蒙版叠加的可见性。

- 【拾色器】：单击【蒙版】右侧的色块，可打开【拾色器】对话框，在对话框中可对蒙版叠加的颜色进行选择。

（6）【叠加】复选框：勾选该复选框，会在涂抹的轨迹上显示起始位置标记；取消选择该复选框，将不会显示笔尖标记。

2．调整画笔

【调整画笔】选项卡的上半部分为调整选项，主要用于调整画笔涂抹区域内图像的色温、色调、曝光、对比度、高光、阴影、清晰度、饱和度、锐化程度、杂色等，如图 10-17（a）（b）所示。

（1）【新建】、【添加】和【清除】单选按钮：默认选中【新建】单选按钮，此时运用画笔涂抹，即可在图像中创建新的调整区域；选中【添加】单选按钮，运用画笔涂抹可以扩大调整区域；选中【删除】单选按钮，运用画笔涂抹可以清除调整区域内的多余部分，即缩小调整区域。

（2）设置【色温】与【色调】区域：可用于控制调整区域内图像的色温与色调。

- 【色温】参数：拖曳该滑块可调整画笔涂抹部分的色温。向左拖曳滑块，色温降低；向右拖曳滑块，色温升高。

- 【色调】参数：拖曳该滑块可调整画笔涂抹部分的色调。向左拖曳滑块，色调偏青；向右拖曳滑块，色调偏洋红。

（3）设置【曝光】和【清晰度】等参数区域：包括【曝光】、【对比度】、【高光】、【阴影】、【清晰度】、【饱和度】等参数的设置。

- 【曝光】参数：该参数可以设置图像亮度，它对高光部分的影响较大。向右拖动滑块，可增加曝光度；向左拖动滑块，可减少曝光度。
- 【对比度】参数：该参数可以调整图像的对比度，它对中间调的影响更大。向右拖动滑块，可增加对比度；向左拖动滑块，可减少对比度。
- 【高光】参数：该参数可以调整图像的亮度，它对高光的影响更大。向右拖动滑块，可增加亮度；向左拖动滑块，可减少亮度。
- 【阴影】参数：该参数可以调整图像阴影部分的明亮度。向右拖动滑块，可增加阴影部分的亮度；向左拖动滑块，可减少阴影部分的亮度。
- 【白色】和【黑色】参数：白色是增加照片亮度，它比高光对照片中间调色彩的亮度影响更明显。黑色是可以让照片黑色的地方更黑，能调节整个照片的黑色。
- 【清晰度】参数：调整该参数可以增加图像的清晰程度。向右拖动滑块，可增强画面的清晰度；向左拖动滑块，可减少画面的清晰度。
- 【去除薄雾】参数：调整该参数可以让雾状图像变得较为清晰，改善对比度。
- 【饱和度】参数：该参数可用于更改颜色鲜明度或颜色纯度。使用【调整画笔】在图像上涂抹，可降低或加强画面的颜色饱和度效果。向左拖动滑块，可降低涂抹部分图像颜色的饱和度；向右拖动滑块，可增强涂抹部分图像颜色的饱和度。

（4）设置【锐化程度】、【减少杂色】等参数的区域：包括【锐化程度】、【减少杂色】、【波纹去除】、【去边】4个参数。

- 【锐化程度】参数：该参数可以增强边缘清晰度，以显示细节。设置【锐化程度】数值越大，效果越明显，最大为100。
- 【减少杂色】参数：图像中有杂点时，可设置此参数对杂点进行去除。向右拖曳滑块，图像中减少的杂色数量更多；向左拖曳滑块，减少的杂色数量变少。
- 【波纹去除】参数：调节该参数时，向左拖曳滑块，预设新调整，以降低波纹去除率；向右拖曳滑块，预设新调整，以去除波纹。
- 【去边】参数：调节该参数时，向左拖曳滑块，预设新调整，以降低去边量；向右拖曳滑块，预设新调整，以增加去边量。

（5）【颜色】：单击【颜色】后方的色块，打开【拾色器】对话框，在该对话框中不仅可以单击颜色板进行颜色取样，也可以直接输入【色相】和【饱和度】值，设置好颜色后单击【确定】按钮，即可完成颜色的设置。

10.4.3 【渐变滤镜】的应用

【渐变滤镜】工具可用于在图像不同的区域上覆盖一层过渡颜色，依据需要对图像的

部分区域进行颜色调整。选中 Camera Raw 工具栏中的【渐变滤镜】工具■,Camera Raw
窗口右侧的参数设置区域与【调整画笔】工具的参数设置区域很相似,如图 10-18(a)(b)
所示。

(a)【渐变滤镜】参数设置之一　　　　(b)【渐变滤镜】参数设置之二

图 10-18　【渐变滤镜】参数设置

1.【渐变滤镜】各项参数的设置

单击工具栏上的【渐变滤镜】按钮,打开【渐变滤镜】选项卡,可以通过调整选区中的选
项控制滤镜的应用效果。在【渐变滤镜】选项卡中,可以设置渐变的【色温】、【色调】、【曝
光】、【对比度】、【高光】、【阴影】、【白色】、【黑色】、【清晰度】、【去除薄雾】、【饱和度】、【锐化
程度】、【减少杂色】、【波纹去除】、【去边】和【颜色】等,各参数的功能及设置方法参见【调整
画笔】工具。

2. 操作【渐变滤镜】工具

对【渐变滤镜】工具的操作有移动、拉伸、旋转等。使用【渐变滤镜】在图像中拖动,可
以绘制两条相连的直线。

绿点表示滤镜开始边缘的起点,红点表示滤镜结尾边缘的中心点。连接这两点间的
黑白虚线表示中线;绿白虚线和红白虚线分别表示渐变滤镜效果范围的开头和结尾。

(1) 移动渐变:将鼠标移动到渐变控制线上,当鼠标指针变为▶✛状时,随意拖动即可
移动渐变;也可以直接拖动圆点,对单个圆点进行移动。

(2) 拉伸渐变:将鼠标移动到左、右渐变控制线上,当鼠标指针变为↕状时,随意左、
右拖动即可拉伸渐变。渐变线的长度不同,渐变的效果也不同。

(3) 旋转渐变:将鼠标移动到红白渐变线或绿白渐变线上,当鼠标指针变为相应↰
状时,拖动渐变线就可以旋转渐变。旋转渐变可以任意更改渐变的方向。

例 10.1　打开素材文件夹中的素材文件 DSC03542.ARW,如图 10-19(a)所示,通过
Camera Raw 技术对该图像文件进行修饰,修整其曝光度、清晰度和去除薄雾,图像处理
后的效果如图 10-19(b)所示,并将文件以"窗外的风景.jpg"为名保存在结果文件夹中。

(a) 原图   (b) 用Camera Raw技术修饰后的效果图

图 10-19　图像修饰前、后对照图

操作步骤如下。

（1）选择【文件】|【打开】命令，打开素材文件夹中的文件 DSC03542.ARW。

（2）在 Camera Raw 窗口中选择【基本】选项卡，设置【曝光】为－0.30，【清晰度】为＋35，【去除薄雾】为＋34，效果如图 10-20 所示。

图 10-20　设置【基本】选项卡中的参数

（3）选择 Camera Raw 工具栏中的【渐变滤镜】，单击【颜色】右边的【拾色器】按钮，打开如图 10-21 所示的【拾色器】对话框，设置蓝色，【色相】为 235，【饱和度】为 95，单击【确定】按钮，确定所选的颜色。

（4）将鼠标箭头移到照片最上面的中点，如图 10-22 绿点处，按下鼠标左键不放，垂直向下拉到图像中心红点处，释放鼠标左键，便可完成渐变颜色的调整。

（5）单击 Camera Raw 窗口左下角的【存储图像】按钮，可以打开【存储选项】对话框，按照图 10-24 所示的参数设置保存选项后保存文件。

图 10-21　设置【渐变滤镜】的拾色器

图 10-22　作用【渐变滤镜】示意图

10.5　使用不同格式存储图像

随着手机与数码相机的普及,拍摄数码照片越来越方便。另外,Adobe Camera RAW 编辑能力越来越强,无论是 RAW 照片,还是 JPG 照片,在要求不是很高的情况下,都可以直接在 Camera RAW 中编辑,不必进入 Photoshop 精细调整就可以直接保存结果。

一般来说,Camera RAW 中可以直接保存 RAW 照片编辑的结果;也可以保存一幅 JPG 大图或者 TIF 文件,用于扩印、印刷、喷绘、写真及打印输出等;还可以保存一幅 JPG 小图,用于网络发表或分享等。

10.5.1 保存修改后的 RAW 格式文件

一个 RAW 的图像文件经过编辑、修改和调整之后，就要对它进行保存。注意，如果还是以 RAW 格式存放这个文件，这个 RAW 文件的大小、修改日期等文件属性都基本没有变动，对图像修改的结果是存放在一个以扩展名为 .xmp 的新文件中。例如，对 DSC03520.ARW 文件进行修改后，它本身基本没有改变，改变的信息都存放在新增的 DSC03520.xmp 文件中，如图 10-23 所示。

图 10-23　修改 RAW 文件后新增的文件

10.5.2 保存修改后的 RAW 格式文件的方法

Camera Raw 中提供了 JPEG、PSD、TIFF 和 DNG 4 种图像存储格式，默认的存储格式为 DNG。可以根据需要，选择不同的格式存储图像。下面主要介绍如何将图像存储为不同的格式。

在 Camera Raw 窗口中对图像进行存储有两种方法：一种是直接存储，不用设置图像的属性；另一种是对图像设置参数，然后存储为多种格式。

1. 直接存储

在 Camera Raw 窗口中按住 Alt 键不放，【存储图像】按钮  存储图像 将变成没有省略号的按钮，此时单击该按钮，将不会弹出对话框，而是直接将图像进行存储，存储文件的格式为 DNG。

2. 更改属性存储

与直接存储不同的是，直接单击【存储图像】按钮会弹出【存储选项】对话框，如图 10-24 所示。【存储选项】对话框最上面的区域是【目标】，可以选择文件存放的位置；紧接着的区域是【文件命名】，可以设置文件名以及文件的格式，单击【文件扩展名】后的下三角按钮，可以选择图像存储的格式，4 种默认的存储格式为：数字负片（DNG）、JPEG、TIFF、PSD 格式，可以根据需要进行选择。在【格式】、【色彩空间】、【调整图像大小】和【输出锐化】区域中，可以对存储的图像格式、大小、色彩等做进一步设置。

3. 图像压缩

不同格式图像的压缩机制是不同的，如 JPEG 和 TIFF 格式。JPEG 格式的压缩机制

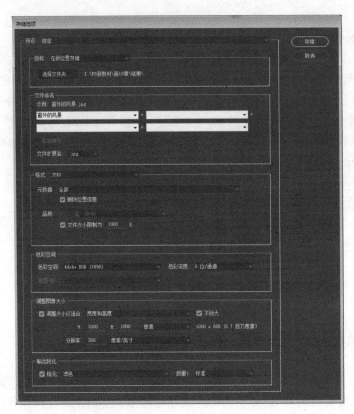

图 10-24　图像文件的存储位置和格式选择

根据品质的不同分为 4 个等级；TIFF 的压缩机制则分为 LZW 和 ZIP 两种，LZW 的最高压缩比可达到 3∶1，ZIP 是一种无损压缩算法。压缩率越大，图像文件的体积越小。存储图像文件时，应综合考虑后选择一种合适的方式保存图像文件。

10.6　管理 Camera Raw 的设置

　　如何面对大量要进行处理的图像，还不想破坏图像原本的效果，对作同样修改调整的图像，可以通过 Camera Raw 设置提高工作效率。设置后可以记录每次对图像的操作，并可以随时查看图像的原始情况。下面介绍如何对 Camera Raw 的设置进行管理。

10.6.1　存储、载入和复位图像设置

　　通过存储、载入和复位图像的设置，可以对当前图像设置进行保存、打开和恢复的操作。当将图像设置存储为预设或一组新的默认设置时，使用这些命令可以重新对其他图像做相应的调整。

　　单击如图 10-25(a)所示的【基本】选项卡右上角的【选项菜单】按钮，会弹出菜单。如

图 10-25(b)所示的菜单下部便是存储、载入和复位图像的命令。

(a)【基本】选项卡　　　　　(b)【基本】选项卡的【选项菜单】

图 10-25　有关 Camera Raw 的设置进行存储、载入等命令的示意

（1）【Camera Raw 默认值】命令：选择该命令，可以使用特定相机或 ISO 设置的已存储的默认值。

（2）【载入设置】命令：选择【载入设置】命令，会打开【载入设置】对话框，在其中可浏览并选择文件，然后单击【打开】按钮载入设置。

（3）【存储设置】命令：可将当前设置存储为预设。单击【存储设置】命令，打开【存储设置】对话框，可在对话框中选择要在预设中存储的设置，也可以在【子集】下拉列表框中进行选择，然后单击【存储】按钮，打开保存【存储设置】的对话框，在对话框中输入文件名称及路径，单击【保存】按钮即可存储设置。

（4）【存储新的 Camera Raw 默认值】命令：将当前设置存储为使用相同相机或 ISO 设置拍摄的其他图像的新默认设置。在【Camera Raw 首选项】对话框的【默认图像设置】中选择相应选项，以指定是将默认设置与特定相机序列号相关联，还是与 ISO 设置相关联。

（5）【复位 Camera Raw 默认值】命令：可以恢复当前相机或 ISO 设置的原始默认值。

10.6.2　指定图像设置存储位置

使用 Camera Raw 技术处理原始图像时，系统会将图像设置存储在以下两个位置：Camera Raw 数据库文件或附属的 XMP 文件中。但是，与 TIFF 和 JPEG 文件一样，DNG 文件的设置通常存储在 DNG 文件本身中。

如果准备移动或存储图像文件，并且要保留 Camera Raw 设置，XMP 文件是非常有用的。使用【导出设置】命令，可以将 Camera Raw 数据库中的设置复制到 XMP 文件中，或将其嵌入到数字负片（DNG）文件中。当再次打开相机原始图像时，所有设置的默认值均采用上次打开该文件时使用的值。

打开【Camera Raw 首选项】对话框的方法有以下几种。

（1）在 Photoshop 中执行【编辑】|【首选项】|【文件处理】命令，在打开的【首选项】对

话框中单击【Camera Raw 首选项】按钮，便可打开【Camera Raw 首选项】对话框。

（2）在【Camera Raw】界面中单击工具栏中的【打开首选项对话框】按钮■，打开【Camera Raw 首选项】对话框，如图 10-26 所示，在对话框中找到【将图像设置存储在】下拉列表框。

图 10-26　有关 Camera Raw 的图像设置存储两种选择

单击【将图像设置存储在】后的下三角按钮，会弹出以下两个选项。

（1）【Camera Raw 数据库】：这种存取方式是将图像的设置存储在 C：\Users\Administrator\AppData\Roaming\Adobe\Camera Raw\Settings 文件夹中。该数据库按文件内容编排索引，因此，即使移动或重命名相机原始图像文件，图像也会保留 Camera Raw 设置。

（2）【附属".xmp"文件】：将设置存储在单独选定的文件夹中。该设置文件与相机原始数据文件在同一个文件夹中，它的基本名称与相机原始数据文件的基本名称相同，但扩展名为.xmp。一般可以在除系统盘以外的盘（如 D 盘，E 盘等）上建立文件夹，用以存放 RAW 图像文件。如果遇到重装 Windows 系统的情况，可以避免这些图像文件被删除等破坏。

10.7　本 章 小 结

本章介绍了 Camera Raw 技术的基本应用，以及 Camera Raw 大部分命令的功能，介绍了如何把数码相机拍摄的 RAW 格式照片输入计算机的硬盘，并运用 Camera Raw 中合适的工具对有缺陷的照片进行修改、调色、去除污点、照片扶正等操作，最后得到一张满意的照片。学习中要注意在 Camera Raw 中打开 RAW 格式图像文件和其他格式图像文件的区别，以及如何正确保存经过修改后的 RAW 格式图像文件。

10.8　本 章 练 习

1. 思考题

（1）一个 RAW 格式的图像文件经过编辑、修改和调整之后，就要对它进行保存，如果以 RAW 格式存放这个文件，那么这个 RAW 格式文件的大小、日期等属性是否发生了改变？

（2）用什么方法可以一次性打开多个 RAW 图像文件？如何方便地对某个图像进行编辑时，能够参阅或编辑其他图像，可以通过上机操作实践一下。

　　　　Photoshop CC 2017 图形图像处理教程（第 2 版）

（3）如果 Camera Raw 版本不够新，怎样安装最新的 Camera Raw 插件？

（4）在 Camera Raw 中，【基本】选项卡中的【清晰度】与【细节】选项卡中的【锐化】有区别吗？

（5）使用 Camera Raw 技术处理相机原始图像时，系统会将图像设置存储在哪里？DNG（数字负片）格式的图像文件设置通常会存储在哪里？

（6）XMP 是一种加密的图像格式，使用 Camera Raw 技术处理某个图像时，系统会将设置存储在该文件附属的 XMP 文件中。要是再次对该图像文件进行编辑操作，必须有相匹配的 XMP 文件存放在同一个文件夹中。那么，能同步处理 Raw 图像文件和附属的 XMP 文件的软件环境除了 Photoshop、Camera Raw 之外，还有哪些？

2. 操作题

（1）打开素材文件夹中的素材文件 DSC03543. ARW，如图 10-27（a）所示，利用 Camera Raw 技术拉直倾斜照片，并进行颜色修正，调整后的效果如图 10-27（b）所示。

(a)原图   (b)拉直与颜色调整后的效果图

图 10-27　对倾斜的照片进行拉直、裁剪和上色

操作提示如下。

- 打开 DSC03543. ARW，选择工具栏中的【拉直工具】，如图 10-28（a）所示，拖曳鼠标拉出一条直线，释放鼠标后就得到如图 10-28（b）所示的裁剪框，按 Enter 键完成裁剪。

(a)原图   (b)拉直调整后的裁剪框

图 10-28　选择【拉直工具】处理图像

- 选择工具栏中的【调整画笔】 ![icon]，在【拾色器】中选择蓝色，【色相】为 235，【饱和度】为 95，【画笔大小】为 6，【羽化】为 30，【流动】为 50，【浓度】为 70，选择自动蒙版，然后在图像的天空部分小心涂抹。如果涂抹不满意，可以单击【清除全部】按钮全部清除，重新涂抹。单击【存储图像】保存如图 10-27(b)所示的图像文件。

（2）打开素材文件夹中的素材文件 DSC01242.JPG，如图 10-29(a)所示，照片中房屋的正面比较暗，细节看不清，利用 Camera Raw 技术将其修整后使它变亮，并把门口的废物箱去除，调整后的效果如图 10-29(b)所示。

(a) 原图　　　　　　　　　　　　　　(b) 修饰后的效果图

图 10-29　用 Camera Raw 技术修饰照片亮度和污点

操作提示如下。

- 打开 DSC01242.JPG，图像文件是 JPG 格式，所以还需要再选择【滤镜】|【打开 Camera Raw 滤镜】命令，打开 Camera Raw 窗口。

- 把照片中大门口右边的废物箱去除，选择工具栏中的【污点去除工具】 ![icon]，【类型】为修复，【大小】为 10，【羽化】为 5，【不透明度】为 100，如图 10-30 所示。把鼠标移到废物箱上方，这时鼠标指针是一个虚线的圆，向下拖曳盖住废物箱，如图 10-30 中有红点的虚线框，绿点中的虚线框是自动形成的，自动盖住红点的虚线框，这样废物箱就去除了。

图 10-30　用【污点去除工具】去除多余的废物箱

• 选择工具栏中的【调整画笔】 ,设置【曝光】为＋3.6,【对比度】为＋44,【大小】为 10,【羽化】为 30,【流动】为 50,【浓度】为 70,【拾色器】选择白色,然后按下鼠标左 键会出现一个虚线圆,这个圆经过之处图像就变亮了,小心翼翼地在建筑物正面 的暗部进行涂抹,直到满意为止,如图 10-31 所示。

图 10-31　用【调整画笔】处理图像后的效果

（3）打开素材文件夹中的素材文件"夕阳 1.jpg",如图 10-32(a)所示。利用 Camera Raw 技术修整图像后使它变亮,使图像有一种残阳如血的效果,调整后的效果如图 10-32(b) 所示。

(a) 原图　　　　　　　　　　　　　(b) 修饰后的效果图

图 10-32　用 Camera Raw 技术修饰照片前、后的效果图一

操作提示如下。

在 Camera Raw 窗口设置【基本】中的【色温】为 50,【色调】、【清晰度】、【自然饱和 度】、【饱和度】都为 35,【曝光】为－1.30;设置【曲线】中的【高光】为 10,【亮调】为 15,【暗

调】为 5,【阴影】为 15;【分离色调】中【高光】的【色相】为 130,【饱和度】为 30,【阴影】的【色相】为 120,【饱和度】为 20。其他参数酌情设置。

（4）打开素材文件夹中的素材文件"夕阳 2.jpg",如图 10-33(a)所示。利用 Camera Raw 技术将图像修整后使它变亮,使图像有一种残阳如血的效果,调整后的效果如图 10-31(b)所示。

(a) 原图　　　　　　　　　　　　　　(b) 修饰后的效果图

图 10-33　用 Camera Raw 技术修饰照片前、后的效果图二

操作提示:参数调整与设置参考第(3)题。

（5）打开素材文件夹中的素材文件"风景 12.jpg",如图 10-34(a)所示。利用 Camera Raw 技术将图像修整后使图像暗部曝光正常,调整后的效果如图 10-34(b)所示。

(a) 原图　　　　　　　　　　　　　　(b) 修饰后的效果图

图 10-34　用 Camera Raw 技术修饰照片前、后的效果图三

操作提示:参数调整与设置参考第(2)题。

　Photoshop CC 2017 图形图像处理教程(第 2 版)

第11章　网络图像与图像自动化处理

本章学习重点：

- 掌握优化与处理网络图像的方法。
- 掌握动画的创建与应用。
- 了解【时间轴】面板与图像自动化处理方法。

Photoshop CC 2017 中提供了对图像优化处理的 Web 工具，可以很方便地对图像进行优化处理，使图像能在网络上很好地传输，并可以在图像上建立超链接，使得图像并不仅仅只是单个独立的文件，而是具有更多的 Web 扩展功能。利用 Photoshop CC 2017 中动画的编辑功能，能够绘制或编辑动画的各个帧和图像序列文件，实现多种图像效果的转换，并使此类文件可以在 Premiere Pro、After Effects 和 Quick Time 等应用程序中播放，从而使得网络图像的动感效果容易实现。

11.1　优 化 图 像

制作网页时，网页上插入的图像文件体积不能太大，否则常常会因为网络传输速度的限制，使得网页上的图像打开很慢。创建和利用网络传送的图像时，要在保证一定质量与显示效果的同时尽可能降低图像文件的体积。当前常见的 Web 图像格式有 3 种：JPG格式、GIF 格式、PNG 格式。JPG 与 GIF 格式大家已经很熟悉了，PNG 格式（Portable Network Graphics 的缩写）是一种新兴的 Web 图像格式。PNG 格式的图像文件一般都很大，这对于 Web 图像来说无疑是致命的缺点，因此很少被使用。对于色彩丰富的图像，最好使用 JPG 格式进行压缩；而对于色彩要求不高的图像，最好使用 GIF 格式进行压缩，使图像质量和图像大小有一个最佳的平衡点。

11.1.1　设置图像优化格式

对用于网络上传输的图像进行处理时，既要多保留原有图像的色彩质量，又要使其尽量少占空间，这时就要对图像进行不同格式的优化设置。打开图像后，选择【文件】|【导出】|【储存为 Web 所用格式】命令，即可打开如图 11-1 所示的【储存为 Web 所用格式】对话框。

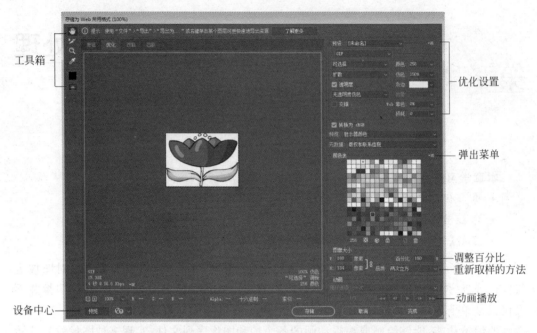

图 11-1 【储存为 Web 所用格式】对话框

工具箱
优化设置
弹出菜单
调整百分比
重新取样的方法
动画播放
设备中心

要为打开的图像进行整体优化设置，只在优化设置区域中的设置优化格式下拉列表中选择相应的格式后，再对其进行颜色和损耗等设置即可。如图 11-2(a)(b)(c)所示图像分别是优化为 GIF、JPEG 和 PNG-8 格式时的设置选项。

(a) GIF格式优化选项

(b) JPEG格式优化选项

(c) PNG-8格式优化选项

图 11-2　3 种不同格式的优化选项

11.1.2　设置图像的颜色与大小

对当前图像设置完优化格式后，还可以设置图像的颜色和大小。将图像优化为 GIF 格式、PNG 格式和 WBMP 格式时，可以通过【储存为 Web 所用格式】对话框中的【颜色表】面板对颜色进行进一步设置，如图 11-3 所示。

面板中各选项的意义如下。

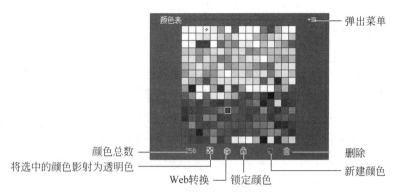

图 11-3　【颜色表】面板

（1）【颜色总数】：显示【颜色表】面板中颜色的总和。

（2）【将选中的颜色映射为透明色】按钮：在【颜色表】面板中选择相应的颜色后，单击该按钮，可以将当前优化图像中的选取颜色转换成透明。

（3）【Web 转换】按钮：单击该按钮，可以将在【颜色表】面板中选取的颜色转换成Web 安全色。

（4）【锁定颜色】按钮：单击该按钮，可以将在【颜色表】面板中选取的颜色锁定，被锁定的颜色样本在右下角会出现一个被锁定的方块图标，如图 11-3 所示。选取锁定的颜色样本再单击【锁定颜色】按钮，会将锁定的颜色样本解锁。

（5）【新建颜色】按钮：单击该按钮，可以将【吸管工具】吸取的颜色添加到【颜色表】面板中，新建的颜色样本会自动处于锁定状态。

（6）【删除】按钮：在【颜色表】面板中选择颜色样本后，单击此按钮可以将选取的颜色样本删除，或者直接拖曳到删除按钮上将其删除。

颜色设置完毕后，还可以通过【储存为 Web 所用格式】对话框中的【图像大小】选项组对优化的图像设置输出大小，如图 11-4 所示。

选项组中各选项的意义如下。

（1）【W】和【H】参数：该参数可以用来设置修改图像的宽度和高度。

图 11-4　【图像大小】选项组

（2）【百分比】参数：该参数可以用来设置图像的缩放比例。

（3）【品质】下拉列表：可以在该下拉列表中选择一种插值方法，以便对图像重新取样。

11.2　网络图像的创建与应用

对经过处理的图像进行优化后，可以将其插入到网页上，如果在图像中添加了切片，可以对图像的切片区域进行进一步的优化设置，并在网络中进行链接和显示切片设置。

11.2.1　创建与编辑切片

　　创建切片是将整个图像分割成若干个小图像，每个小图像都可以被重新优化。创建切片的方法非常简单，单击工具箱中的【切片工具】，在打开的图像中按照设计的要求使用鼠标在其上面活动即可创建切片，如图 11-5(a)所示。

　　使用工具箱中的【切片选择工具】选择图像中的【切片 3】，并在上面双击，打开【切片选项】对话框，其中的各项参数设置如图 11-5(b)所示。设置完毕后单击【确定】按钮即可完成编辑。

(a) 创建切片　　　　　　　　　　　　　　(b)【切片选项】对话框

图 11-5　创建与编辑切片

　　对话框中各选项的意义如下。

　　(1)【切片类型】下拉列表：在该下拉列表中可选择当前切片的种类。

　　(2)【名称】文本框：在该文本框中可以指定当前切片的名称。

　　(3)【URL】文本框：在该文本框中可以指定当前切片的统一资源定位地址。

　　(4)【目标】文本框：在该文本框中可以指定被链接的文件的浏览方式。

　　(5)【信息文本】文本框：在该文本框中可以指定当前切片的信息文本。

　　(6)【Alt 标记】文本框：在该文本框中可以指定当前切片的替代文本，鼠标指向切片时可显示该文本。

　　(7)【尺寸】参数：这些参数可以指定当前切片的位置、宽度和高度。

　　(8)【切片背景类型】：指定当前切片背景的颜色。

11.2.2　创建图像的超链接

　　选择图像中创建好的切片，并选择【文件】|【导出】|【储存为 Web 所用格式】命令，打开【储存为 Web 所用格式】对话框，使用工具箱中的【切片选择工具】选择切片后，可以在【优化设置区域】对选择的切片进行优化，将切片设置为 JPEG 格式，如图 11-6 所示。

　　设置完毕后单击【存储】按钮，打开【将优化结果存储为】对话框，设置【格式】为

Photoshop CC 2017 图形图像处理教程(第 2 版)

【HTML 和图像】,如图 11-7 所示。单击【保存】按钮,保存"海滨晚霞.html"文件。

图 11-6　设置切片的参数

图 11-7　【将优化结果存储为】对话框

　　双击"海滨晚霞.html"文件,在浏览器中打开"海滨晚霞.html",将鼠标移动到切片 3 所在的位置上时,可以看到鼠标指针下方和窗口左下角会出现该切片的预设信息,如

图 11-8 所示。在切片的位置处单击,会自动跳转到 http://www.hainan.net 的主页上。

图 11-8　在浏览器中打开"海滨晚霞.html"

11.3　帧动画的创建与应用

动画会使网页变得生动活泼,Photoshop CC 2017 具有较好的动画制作功能。

动画是连续播放具有一定差别的静态画面,利用人的视觉暂留产生动感而形成的。每个静态画面称为帧,如果一个动画中所有的帧都由人工制作完成,则称为逐帧动画。除了逐帧动画外,Photoshop CC 2017 还可以在两个帧之间自动产生过渡帧,形成过渡动画。

将创建的动画设置为 GIF 格式后保存,可以直接将其插入网页中,并可以以帧动画形式显示浏览。

11.3.1　创建与编辑动画

动画由一系列帧组成,帧里的图像又由多个层和一系列的对象组成。在 Photoshop CC 2017 中,【时间轴】面板和【图层】面板中的一些功能相结合就可以创建一些动画效果。

1. 新建与复制帧

选择【窗口】|【时间轴】命令,可以打开如图 11-9 所示的【时间轴】面板。新建一个图像文档,单击【时间轴】面板中间的下拉菜单按钮 创建帧动画，选择【创建帧动画】选项,并单击该选项,此时可见【时间轴】面板中会出现一个新的帧,这个帧在动画中起着关键作

用,称为关键帧。单击【时间轴】面板底部的【复制帧】按钮 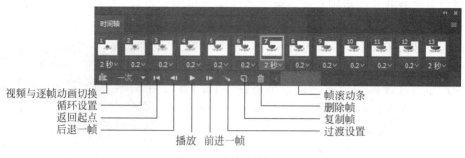 ,可以复制当前帧的一个副本。单击【时间轴】面板右上角的菜单按钮 ,选择【复制单帧】与【粘贴单帧】也可以复制当前帧的一个副本。

图 11-9 【时间轴】面板

2. 改变帧的次序

改变帧的次序就是改变动画播放时图像显示的顺序。在【时间轴】面板中选中需要改变次序的帧,用鼠标拖动到目的位置,松开鼠标即可改变帧的次序。

3. 删除帧

在【时间轴】面板中选中需要删除的帧,单击【时间轴】面板底部的【删除帧】按钮 ,或者将需要删除的帧拖动到【删除帧】按钮 上。也可以选中要删除的帧,打开【时间轴】面板右上角的菜单按钮,选择【删除单帧】选项删除帧。

4. 设置帧延时

帧延时即动画播放时,每一帧在屏幕上停留的时间,设计者可以单击每一帧右下角的小三角,打开如图 11-10 所示的帧延时列表,完成帧延时的设置。

5. 设置动画循环播放次数

动画循环播放次数的设置可以单击【时间轴】面板左下角的【选择循环选项】按钮 ,在如图 11-11(a)所示的下拉列表中选择预设的循环次数,也可以单击【其他】按钮,在【设置循环次数】对话窗口中自定义动画循环播放的次数。

图 11-10 帧延时的设置

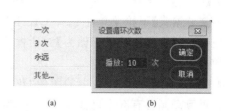

图 11-11 【设置循环次数】对话框

11.3.2 创建与设置过渡帧

创建过渡帧就是让系统自动在两个关键帧之间添加位置、不透明度或效果产生均匀变化的过渡帧,形成过渡动画。要在动画的两个关键帧之间创建过渡动画,可以先选中左边的关键帧,并调整好帧的延时时间,这个关键帧的帧延时时间就是后面产生的过渡帧的延时时间。单击【时间轴】面板中的【过渡动画帧】按钮 ,此时系统会自动弹出如图 11-12 所示的【过渡】对话框。

对话框中各选项的意义如下。

(1)【过渡方式】下拉列表:该列表可以用来选择当前帧与某一帧之间的过渡方式。

(2)【要添加的帧数】文本框:该文本框可以用来设置在两个关键帧之间要添加的过渡帧的数量。

图 11-12 【过渡】对话框

(3)【图层】单选区域:可以用来设置在【图层】面板中相关的图层。

(4)【参数】复选区域:可以用来选择控制要过渡帧的属性。

设置好【过渡】对话框中的各项参数,单击【确定】按钮便可创建过渡动画。

在【时间轴】面板中,在当前帧上右击,从弹出的菜单中可以选择相应的帧处理方法。选择【不处理】,表示在显示下一帧时保留当前帧,即上一帧透过当前帧的透明区域时可以看到,此时在帧的下方会出现一个图标 ;选择【处理】,表示在显示下一帧时终止显示当前帧,即上一帧不会透过当前帧的透明区域,此时在帧的下方会出现一个图标 ;选择【自动】,表示下一帧中有透明图层则扔掉当前帧,即上一帧不会透过当前帧的透明区域。

11.3.3 预览与保存动画

动画创建完成后,单击【时间轴】面板中的【播放动画】按钮 ,就可以在文档窗口观看创建的动画效果,此时【播放动画】按钮会变成【停止动画】按钮 ,单击【停止动画】按钮 ,可以停止正在播放的动画。

动画创建与编辑完成后要存储动画,GIF 格式是用于存储动画的最方便格式。选择【文件】|【导出】|【储存为 Web 所用格式】命令,打开【储存为 Web 所用格式】对话框,在【优化的文件格式】下拉菜单中选择 GIF 格式,如图 11-2(a)所示。设置完毕后单击【存储】按钮,打开【将优化结果存储为】对话框,设置【格式】为【仅限图像】(＊.gif),单击【保存】按钮即可存储动画。

例 11.1 用素材文件夹中的图像"花 1.jpg""花 2.jpg""花 3.jpg"创建两段过渡动画,每段过渡动画各有 5 个过渡帧,过渡帧帧延时为 0.2 秒,关键帧的延时为 2 秒,将动画保存为"开花.gif"和"开花.psd"。

操作步骤如下。

（1）新建宽度和高度各为 3 厘米的文档，打开图像文件"花 1.jpg""花 2.jpg""花 3.jpg"，切换到"花 1.jpg"窗口，用【魔棒工具】选中白色背景，反选后选中花朵，按组合键 Ctrl＋C 将其复制到剪贴板。

（2）切换到新建的文档窗口，按组合键 Ctrl＋V 将其粘贴到当前窗口中。选择【窗口】|【时间轴】命令，打开【时间轴】面板，单击【时间轴】面板中间的下拉菜单按钮，选择【创建帧动画】选项，并单击该选项，此时可见【时间轴】面板中已经有 1 个关键帧，将其【帧延时】设置为 2 秒。

（3）选择【窗口】|【图层】命令，打开【图层】面板，可见【图层】面板中已经有 1 个新的【图层 1】。

（4）单击【时间轴】面板底部的【复制帧】按钮 ，复制一个关键帧。在【图层】面板中新建一个图层，并将图像"花 2.jpg"复制后，粘贴到新的图层中。【时间轴】面板和【图层】面板如图 11-13 所示。

图 11-13　创建过渡动画示意图之一

（5）单击【时间轴】面板底部的【复制帧】按钮 ，复制一个关键帧。在【图层】面板中新建一个图层，并将图像"花 3.jpg"复制后粘贴到新的图层中。【时间轴】面板和【图层】面板如图 11-14 所示。

（6）调整 3 个图层中的位置，使它们居中对齐。可以先隐藏 3 个图层中的某个图层，使其他两个图层中的花先对齐，然后显示刚才隐藏的图层，使其与其他图层中的花对齐。

（7）选中第 1 帧，隐藏【图层 2】和【图层 3】；选中第 2 帧，隐藏【图层 1】和【图层 3】；选中第 3 帧，隐藏【图层 1】和【图层 2】。单击【播放】按钮，此时的动画便是逐帧动画。选择【文件】|【导出】|【存储为 Web 所用格式】命令，打开【存储为 Web 所用格式】对话框，设置图像文件的格式为 gif，将动画保存为"开花（逐帧）.gif"和"开花（逐帧）.psd"。

（8）选中第 1 帧，将【帧延时】改为 0.2 秒，单击【时间轴】面板中的【过渡动画帧】按钮 ，此时系统会自动弹出如图 11-12 所示的【过渡】对话框，单击【确定】按钮便可创建添

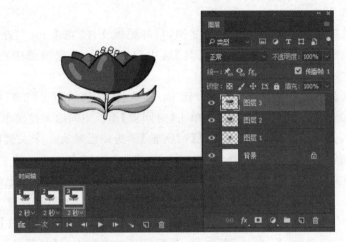

图 11-14　创建过渡动画示意图之二

加 5 帧的过渡动画。再将第 1 帧的【帧延时】改为 2 秒。

　　（9）选中第 7 帧（即原来的第 2 帧），将【帧延时】改为 0.2 秒，单击【时间轴】面板中的【过渡动画帧】按钮 ，此时系统会自动弹出如图 11-12 所示的【过渡】对话框，单击【确定】按钮便可创建过渡动画。再将第 7 帧的【帧延时】改为 2 秒。最后的【时间轴】面板如图 11-15 所示。

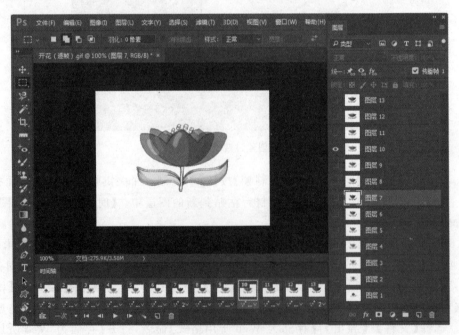

图 11-15　创建过渡动画示意图之三

　　（10）预览动画后，将其保存为"开花.gif"和"开花.psd"。

　　　　　　　　Photoshop CC 2017 图形图像处理教程（第 2 版）

11.4 动作面板及其应用

在图像编辑中,有一组不同的图像要完成一组相同的编辑操作,如果每次都重复这些操作,不但乏味,而且效率很低。可在【动作】面板中将这组编辑操作定义为一个动作,以后可以应用于其他编辑操作与之相同的图像文件上,如此一来便大大节省了图像编辑的时间。

选择【窗口】|【动作】命令,可打开【动作】面板,该面板可以以【标准模式】和【按钮模式】两种形式显示。打开【动作】面板左上角的菜单按钮,在菜单选项中不勾选【按钮模式】选项,面板便切换成如图 11-16 所示的【标准模式】;选择【按钮模式】,面板切换成如图 11-17 所示的【按钮模式】,单击【按钮模式】中的按钮,直接选择命令即可执行该命令。

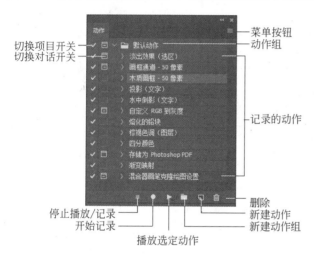

图 11-16 【标准模式】的【动作】面板

图 11-17 【按钮模式】的【动作】面板

【动作】面板中各选项的意义如下。

(1)【切换项目开关】:当面板中出现该图标时,表示该图标对应的动作组、动作或命令可以使用;当面板中该图标处于隐藏状态时,表示该图标对应的动作组、动作或命令不可以使用。

(2)【切换对话开关】:当面板中出现该图标时,表示该动作执行到该步时会暂停,并打开相应的对话框,设置参数后,可以继续执行以后的动作。

(3)【创建新组】按钮▢:单击该按钮,可以创建用于存放动作的组。

(4)【播放选定的动作】按钮▶:单击此按钮,可以执行对应的动作命令。

(5)【开始记录】按钮●:单击此按钮,可以录制动作的创建过程。

(6)【停止播放/记录】按钮▢:单击该按钮,结束记录过程。【停止播放/记录】按钮只有在开始录制后,才会被激活。

(7)【菜单】按钮☰:单击此按钮,会打开【动作】面板对应的命令菜单。

（8）【动作组】：存放多个动作的文件夹。

（9）【记录的动作】：包含一系列命令的集合。

（10）【新建动作】按钮▢：单击该按钮，会创建一个新动作。

（11）【删除】按钮▥：单击该按钮，可以将当前动作删除。

注意：在【动作】面板中，有些鼠标移动是不能被记录的。例如，它不能记录使用【画笔工具】或【铅笔工具】等描绘的动作。但是，【动作】面板可以记录【文字工具】输入的内容、【形状工具】绘制的图形和【油漆桶工具】进行的填充等过程。

例 11.2　在【动作】面板中定义一个名为"椭圆相框"的动作到面板中，该动作在图像上添加一个斜面浮雕效果的椭圆框，框中填充云彩效果的滤镜。添加滤镜效果前、后示意图如图 11-18(a)(b)所示。完成动作录制后，再应用该动作完成另一图像效果。

(a) 原图　　　　　　　　　　　　　　(b) 添加相框后的效果图

图 11-18　添加滤镜效果前、后示意图

操作步骤如下。

（1）选择【文件】|【打开】命令，打开素材图像文件"海滨晚霞.jpg"，如图 11-18(a)所示。

（2）选择【窗口】|【动作】命令，打开【动作】面板，单击【创建新动作】按钮▢，打开【新建动作】对话框，设置【名称】为"椭圆相框"，单击【记录】按钮，开始记录新动作，如图 11-19 所示。

图 11-19　【新建动作】对话框

（3）打开【图层】面板，单击右上角的【菜单】按钮，选择【新建图层】命令，创建一个新图层。选择工具箱中的【椭圆选框工具】，居中建立椭圆选区，选择【选择】|【反向】命令，创建椭圆之外的选区。

（4）设置工具箱中的【前景色】为♯ec0622，【背景色】为♯d9dc04。选择【滤镜】|【渲

染】|【云彩】命令,对选区填充经过滤镜作用的颜色。

(5)选择【图层】|【图层样式】|【斜面浮雕】命令,设置合适的参数,单击【确定】按钮。选择【选择】|【取消选择】命令,最终效果如图 11-18(b)所示。

(6)在【动作】面板底部单击【停止播放/记录】按钮■,此时名为"椭圆相框"的动作创建完成,【动作】面板记录的操作如图 11-20(a)所示,【图层】面板的图层效果如图 11-20(b)所示。

(a)【动作】面板　　　　　　　　(b)【图层】面板

图 11-20　"椭圆相框"的【动作】面板与【图层】面板

(7)单击【动作】面板右上角的菜单按钮,选择【按钮模式】命令,切换到【动作】面板的【按钮模式】,此时可以看到新建的动作按钮【椭圆相框】。

(8)选择【文件】|【打开】命令,打开素材图像文件"海边景色 1. jpg",如图 11-21(a)所示。

(a)原图　　　　　　(b)"椭圆相框"动作效果图　　　　(c)【动作】面板中"椭圆相框"动作

图 11-21　应用"椭圆相框"的动作示意图

(9)选中【动作】面板中的动作"椭圆相框",单击【播放选定动作】按钮▶,如图 11-21(c)所示,最终效果如图 11-21(b)所示。

11.5　图像自动化工具

Photoshop CC 2017 软件提供的自动化命令可以非常方便地完成大量的图像处理过程,从而提高了工作效率。软件中自动化的功能被集成在【文件】|【自动】菜单中。

11.5.1　批处理

选择【文件】|【自动】|【批处理】命令，即可打开如图 11-22 所示的【批处理】对话框。其中可以根据选择的动作将【源】部分文件夹中的图像应用指定的动作，并将应用动作后的所有图像都存放到【目标】部分文件夹中。

图 11-22　【批处理】对话框

对话框中各选项的意义如下。

（1）【播放】：用来设置播放的动作组和动作。

（2）【源】：设置要进行批处理的源文件。

- 【源】：可以从下拉列表中选择需要进行批处理的选项，包括文件夹、导入、打开的文件 Bridge。
- 【选择】：用来选择需要进行批处理的文件夹。
- 【覆盖动作中的"打开"命令】：进行批处理时会忽略动作中的【打开】命令，但是动作中必须包含一个【打开】命令，否则源文件将不会打开。勾选该复选框后，会弹出如图 11-23 所示的警告对话框。

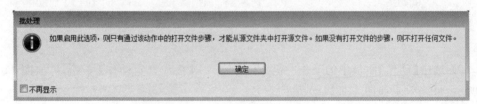

图 11-23　【批处理】提示信息一

- 【包含所有子文件夹】：执行【批处理】命令时，会自动对应选取文件夹中子文件夹里的所有图像。
- 【禁止显示文件打开选项对话框】：执行【批处理】命令时，不打开文件选项对话框。
- 【禁止颜色配置文件警告】：执行【批处理】命令时，可以阻止颜色配置信息的显示。

（3）【目标】：设置批处理后的图像文件的存储位置。

- 【目标】：可以从下拉列表中选择批处理后图像文件保存的位置选项，包括【无】、【存储并关闭】和【文件夹】。
- 【选择】：在【目标】选项中选择【文件夹】后，会激活该按钮，主要用来设置批处理后保存文件的文件夹。
- 【覆盖动作中的"存储为"命令】：如果动作中包含【存储为】命令，勾选该复选框后，会弹出如图 11-24 所示的警告对话框。进行批处理时，动作的【存储为】命令将提示批处理的文件的保存位置和文件名，而不是动作中指定的文件名和位置。

图 11-24 【批处理】提示信息二

（4）【文件命名】：在【目标】下拉列表中选择【文件夹】后，可以在【文件命名】选项区域中的 6 个选项中设置文件的命名规范，还可以在其他的选项中指定文件的兼容性，包括 Windows、MacOS 和 UNIX。

（5）【错误下拉列表】：用来设置出现错误时的处理方法。

- 【由于错误而停止】：若选择该选项，在出现错误时会出现提示信息，并暂时停止操作。
- 【将错误记录到文件】：若选择该选项，在出现错误时不会停止批处理的运行，但是系统会记录操作中出现的错误信息，单击下面的【存储为】按钮，可以选择错误信息存储的位置。

例 11.3 使用之前创建的【椭圆相框】动作，对一批图像实施【批处理】命令操作。

操作步骤如下。

（1）选择【文件】|【自动】|【批处理】命令，打开【批处理】对话框，在【播放】部分选择之前创建的【椭圆相框】动作，在【源】下拉列表中选择【文件夹】，单击【选择】按钮，从弹出的【浏览文件夹】对话框中选择文件夹 K：\图片素材\，单击【确定】按钮确认。

（2）在【目标】下拉列表中选择【文件夹】，单击【选择】按钮，从弹出的【浏览文件夹】对话框中选择文件夹 K：\处理后的图像\，单击【确定】按钮，如图 11-25 所示。

（3）全都设置完毕后，单击【批处理】对话框中的【确定】按钮，即可对文件夹 K：\图片素材\中的图像文件执行"椭圆相框"动作，并保存到文件夹 K：\处理后的图像\中。

11.5.2 创建快捷批处理

选择【文件】|【自动】|【创建快捷批处理】命令，可以打开如图 11-26 所示的【创建快捷批处理】对话框。设置完对话框中的各项参数后，就可以创建一个快捷方式图标了。在处

理图像时,将要应用该命令的文件拖动到图标上即可完成图像的相应处理。对话框中各项的意义与【批处理】对话框中的基本相同,对话框中的【将快捷批处理存储为】参数用来设置创建图标的位置。

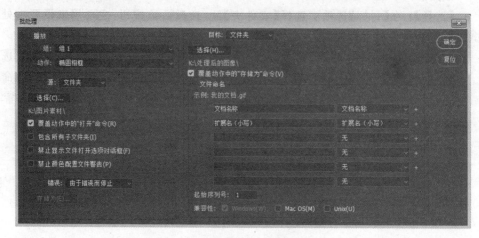

图 11-25   设置【批处理】目标文件

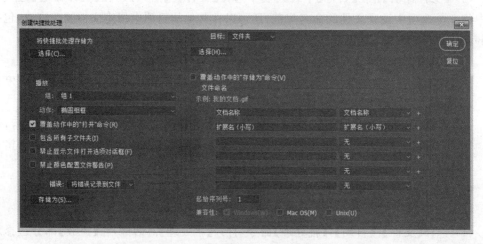

图 11-26   【创建快捷批处理】对话框

11.5.3   图像自动化处理的应用

Photoshop CC 2017 中还提供了另外几种图像自动化处理,如裁剪图像、改变图像的宽度与高度、将局部图像合成为全景图像等,这些功能为图像处理带来了很大的方便,下面分别介绍这些功能。

1. 裁剪并修齐照片

使用【裁剪并修齐照片】命令,可以自动将在扫描仪中一次性扫描的多个图像文件分

成单独的图像文件,如图 11-27(a)所示的是 2 张扫描后连在一起的照片,选择【文件】|【自动】|【裁剪并修齐照片】命令后,可以自动修剪为 2 个图像,如图 11-27(b)所示。

(a) 扫描后两张连在一起的图像   (b) 自动修剪后的两个图像

图 11-27　【裁剪并修齐照片】示意图

2. 更改条件模式

选择【文件】|【自动】|【条件模式更改】命令,可以打开如图 11-28 所示的【条件模式更改】对话框。【条件模式更改】命令可以将当前选取的图像颜色模式转换成自定义颜色模式。

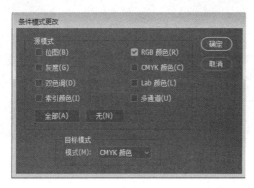

图 11-28　【条件模式更改】对话框

对话框中各选项的意义如下。

- 【源模式】:用来设置将要转换的颜色模式。
- 【目标模式】:转换后的颜色模式。

设置好各种参数后,单击【确定】按钮就可以实现图像颜色模式的转换。

3. 限制图像

选择【文件】|【自动】|【限制图像】命令,可以打开如图 11-29 所示的【限制图像】对话框。使用【限制图像】命令,在不改变图像分辨率的情况下,可以改变当前图像的高度与宽度。

图 11-29 【限制图像】对话框

4. 图像合并

有时拍摄风景照时景色太宽,又没有全景相机,没有办法将全部景色放到一张照片中,此时可以连续拍几张照片,然后用图像合并的功能将几张连续的照片合并成一张全景照片。

选择【文件】|【自动】|Photomerge 命令,可以打开如图 11-30 所示的 Photomerge 对话框,在该对话框中设置相应的转换【版面】,选择要转换的文件后,单击【确定】按钮,就可以转换选择的文件为全景图片。该命令可以将局部图像自动合成为全景照片。

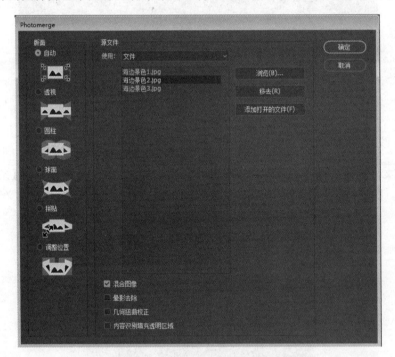

图 11-30 Photomerge 对话框

对话框中各选项的意义如下。

(1)【版面】:用来设置转换为前景图片时的模式。

(2)【使用】下拉列表:在该下拉列表中可以选择【文件】和【文件夹】选项。选择【文件】时,可以直接将选择的两个以上的文件制作成合并图像;选择【文件夹】时,可以直接将选择的文件夹中的图像文件制作成合并图片。

(3)【混合图像】复选框:选择此复选框,应用 Photomerge 命令后会直接套用混合图

Photoshop CC 2017 图形图像处理教程(第 2 版)

像蒙版。

(4)【晕影去除】复选框：选择此复选框后，可以校正摄影时镜头中的晕影效果。

(5)【几何扭曲校正】复选框：选择该复选框后，可以校正摄影时镜头中的几何扭曲效果。

(6)【内容识别填充透明区域】复选框：选择该复选框后，可以自动将选定区域外的图像像素填充到透明区域内。

(7)【浏览】按钮：单击此按钮，可以选择合成全景图像的文件或文件夹。

(8)【移去】按钮：单击此按钮，可以删除列表中选择的文件。

(9)【添加打开的文件】按钮：单击此按钮，可以将软件中打开的文件直接添加到列表中。

例 11.4   打开素材文件夹中的图像文件"a1. jpg""a2. jpg""a3. jpg"，利用图像合并功能将其合并成一副全景图像，并以"风景. psd"与"风景. jpg"保存在结果文件夹中。

操作步骤如下。

(1) 选择【文件】|【自动】| Photomerge 命令，打开 Photomerge 对话框，单击 Photomerge 对话框中的【浏览】按钮，选择素材文件夹中的图像文件"a1. jpg""a2. jpg""a3. jpg"，3 幅原始图像如图 11-31(a)(b)(c)所示。

(a) 素材图像文件a1   (b) 素材图像文件a2   (c) 素材图像文件a3

图 11-31   素材文件示意图

(2) 在 Photomerge 对话框中选择【版面】为【自动】，并选中【混合图像】复选项，单击【确定】按钮，就可以转换选择的文件为全景图像。合并图像后的【图层】面板如图 11-32 所示。合并图像后的全景图如图 11-33 所示。

图 11-32   合并图像后的【图层】面板

图 11-33　合并图像后的全景图

（3）按题目要求，将处理好的全景图像以"风景.psd"与"风景.jpg"保存在结果文件夹中。

11.6　本章小结

本章主要介绍了 Photoshop CC 2017 中的一些重要知识点：图像的优化技术、过渡动画的制作以及图像管理与图像自动化处理。

在网页上添加的图像，应尽可能在保证图像质量的前提下缩小图像文件的体积，图像优化的方法以及在图像上添加切片和超链接是图像 Web 应用必须掌握的知识；网页或其他演示用的文档中若能添加动感效果的动画图像，一定会更加引人入胜。在动画创建中要注意"帧"与"层"的配合方法，要正确理解关键帧与过渡帧，分清它们的区别与共同之处；合理使用【动作】面板与图像【批处理】工具，会给成批图像处理带来便利，可以达到事半功倍的效果。

本章图像的优化与动画制作是学习的重点操作，而图像的自动化处理又为图像处理提供了便捷。

11.7　本章练习

1. 思考题

（1）哪些格式的图片可以输出成 Web 格式？

（2）如何使用切片工具？切片后的图像可否删除或者合并？

（3）Web 的安全色有多少种？包括 256 色吗？

（4）GIF 只能做成动态图像吗？如何在 Photoshop 中制作 GIF 动画？

（5）如何将多幅图像合并成宽屏的一幅全景图像？

（6）什么是关键帧？什么是过渡帧？它们有什么区别？用 Photoshop 制作的逐帧动画中的关键帧至少有几个？逐帧动画中没有关键帧是否可以？没有过渡帧是否可以？

（7）如何完成批量图像的批处理操作？定义批处理图像操作时，哪些操作不能定义为批处理操作？

2．操作题

（1）利用本章素材文件夹中如图 11-34 所示的图像文件 iFashion.jpg 制作符合下列要求的网页文件 iFashion.html。

图 11-34　素材图像文件 iFashion.jpg

制作要求如下。

- 打开本章素材文件夹中的 iFashion.jpg 文件，打开标尺，并放大视图，使用移动工具设置如图 11-35 所示的参考线。
- 用【切片工具】在已经设置好参考线的图片上添加切片，先为左上角的人像图片添加切片，并在【切片选项】对话框中设置【URL】为 http：//www. rayli. com. cn/；【目标】为_blank；【信息文本】为"瑞丽女性网，女性时尚的网站"；【Alt 标记】为"瑞

图 11-35 设置参考线的示意图

丽女性网"。

- 为右上角的人像图片添加切片,并在【切片选项】对话框中设置【URL】为 mailto:xxx@hotmail.com;【目标】为_blank;【Alt 标记】为"请联系我"。
- 选择【文件】|【存储为 web 和设备所用格式】命令,设置图片格式为 jpg。选择存储格式为"html 和图像",保存网页与图像文件。
- 将编辑结果以 iFashion.html 为名保存在结果文件夹中,并浏览该文件。

操作提示如下。

用【切片工具】在图像上添加好切片后,双击该切片,在【切片选项】对话框中完成切片的设置,或者右击该切片,从快捷菜单中选择【编辑切片】命令,然后在【切片选项】对话框中完成切片的设置。

(2) 利用本章素材文件夹中的 flower1.jpg～flower4.jpg 文件,如图 11-36(a)(b)(c)(d)所示,并参考如图 11-37 所示的网页效果图,综合使用各种工具和方法制作个性化主页index2.html。在网页左侧的小图像上和右侧的文字上添加切片与超链接。

(a) 素材文件1 　　 (b) 素材文件2 　　 (c) 素材文件3 　　 (d) 素材文件4

图 11-36 原始图 flower.jpg

Photoshop CC 2017 图形图像处理教程(第 2 版)

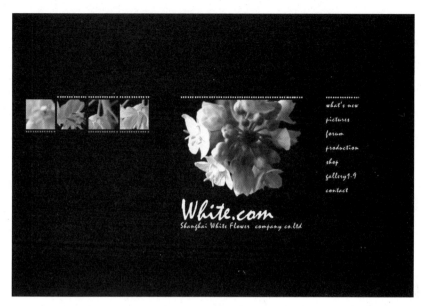

图 11-37　网页效果图

操作提示如下。

网页制作参考上题。

（3）用本章素材文件夹中的图像 f-1. gif、f-2. gif、f-3. gif、f-4. gif 创建 3 段过渡动画，每段过渡动画各有两个过渡帧，过渡帧的帧延时为 0.1 秒，关键帧的延时为 1 秒，将动画保存为"花. gif"和"花. psd"。

操作提示如下。

- 新建宽度和高度各为 400 像素的文档，打开图像文件 f-1. gif、f-2. gif、f-3. gif、f-4. gif，用【魔棒工具】分别选中这些图像的背景，反选后选中花朵的像素，按组合键 Ctrl＋C 将其复制。切换到新建的文档窗口，按组合键 Ctrl＋V 分别将它们粘贴到当前窗口中。

- 打开【时间轴】面板，此时可见【时间轴】面板中已经有 1 个关键帧，将其【帧延时】设置为 1 秒。打开【图层】面板，可见【图层】面板中已经有 4 个图层。

- 单击【时间轴】面板底部的【复制帧】按钮，复制 3 个关键帧。【时间轴】面板和【图层】面板如图 11-38 所示。

- 选中第 1 帧，设置显示【图层 1】，隐藏其他图层；选中第 2 帧，设置显示【图层 2】，隐藏其他图层；选中第 3 帧，设置显示【图层 3】，隐藏其他图层；选中第 4 帧，设置显示【图层 4】，隐藏其他图层。单击【播放】按钮，此时的动画便是逐帧动画。选择【文件】|【储存为 Web 和设备所用格式】命令，打开【储存为 Web 和设备所用格式】对话框，设置图像文件格式为 gif，将动画保存为"花（逐帧）. gif"和"花（逐帧）. psd"。

- 选中第 1 帧，单击【时间轴】面板中的【过渡设置】按钮，此时系统会自动弹出【过渡】对话框，添加两个过渡帧，单击【确定】按钮便可创建过渡动画。再将第 1 帧的过渡帧的【帧延时】改为 0.1 秒。用同样的方法创建其他关键帧的过渡帧，如

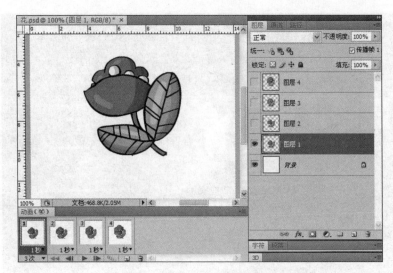

图 11-38 制作"花(逐帧).gif"示意图

图 11-39 所示。

图 11-39 制作带过渡帧的"花.gif"的示意图

• 预览动画后,将其保存为"花.gif"和"花.psd"。

(4) 对本章素材文件夹下的子文件夹 photo 中的图像作批处理,处理之后的图像文件保存在本章结果文件夹下的子文件夹 result 中。

操作要求如下。

• 建立名为"木质画框"的动作,该动作包括打开图像文件、选择【图像】|【自动色调】命令、【图像】|【自动对比度】命令、【图像】|【自动颜色】命令。
• 在名为"木质画框"的动作中,对图像增加如图 11-40 所示的边框线。
• 在名为"木质画框"的动作中,按 photo+序号+.jpg 的方式设置修饰以后保存的图像文件名。

图 11-40 新建"修饰、调整图像"动作的示意图

- 选择【文件】|【自动】|【批处理】命令,用新建的"修饰、调整图像"动作对本章素材文件夹下的子文件夹 photo 中的图像作批处理,处理之后的图像文件保存在本章结果文件夹下的子文件夹 result 中。

操作提示如下。

- 选择【窗口】|【动作】命令,打开【动作】面板,按照题目要求创建新的名为"木质画框"的动作,如图 11-41 所示。

- 选择【文件】|【自动】|【批处理】命令,用"修饰、调整图像"的动作对本章素材文件夹下的子文件夹 photo 中的图像作批处理,处理完成后按照题目要求保存图像文件,参数设置如图 11-41 所示。

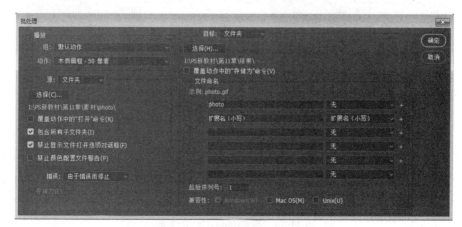

图 11-41 【批处理】参数设置

（5）用素材文件夹中的素材文件 haibao1.jpg～haibao6.jpg，参考图 11-42 所示的样张制作逐帧动画，并用"海宝.gif"保存动画文件。

图 11-42　逐帧动画"海宝.gif"示意图

（6）利用素材文件夹中的图像文件 index.jpg 和 flower.jpg，参考如图 11-43 所示的样张，综合使用各种工具和方法制作个性化主页 index.html。

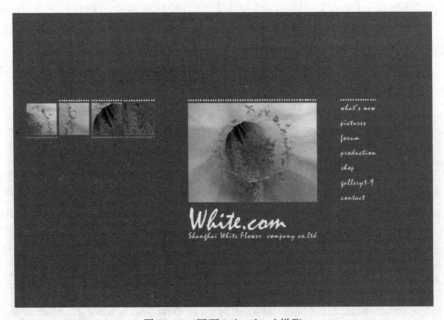

图 11-43　网页 index.html 样张

制作要求如下。

- 用【切片工具】为中间 flower.jpg 的图片添加切片,并在【切片选项】对话框中设置【URL】为 https：//www.huajiang.cc/;【目标】为_blank;【信息文本】为"养花知识大全";【Alt 标记】为"花匠网"。
- 为左边 4 个图像添加切片,并在其中一个【切片选项】对话框中设置【URL】为 mailto：5666888@qq.com;【目标】为_blank;【Alt 标记】为"请联系我"。
- 选择【文件】|【存储为 web 和设备所用格式】命令,设置图片格式为 jpg。选择存储格式为"html 和图像",保存网页与图像文件。

第 12 章 3D 成像技术

本章学习重点：

- 掌握 Photoshop CC 2017 中关于 3D 成像技术的知识。
- 掌握 3D 的工作环境和常用 3D 工具，掌握创建新的 3D 对象和编辑 3D 对象。
- 掌握创建与编辑 3D 纹理的方法，以及掌握适合的渲染方式渲染 3D 图像。

12.1 3D 图像概述

  Photoshop CC 2017 不但在处理平面图像方面有非凡的性能，而且对于三维图像特效的处理也毫不逊色。通常，在 Photoshop 中处理 3D 文件，除了要掌握 3D 的工作环境和常用 3D 工具外，还要掌握网格、材质和光源等几个 3D 文件编辑的重要组件。

  网格相当于 3D 对象的骨骼，是由成千上万个单独的多边形框架结构组成的线框，它提供了 3D 模型的底层结构。3D 模型通常至少包含一个网格，也可能包含多个网格。可以在多种渲染模式下查看网格，可以分别对每个网格进行编辑操作。如果无法修改网格中实际的多边形，则可以更改其方向，并且可以通过沿不同坐标进行缩放，以变换其形状。还可以通过使用预先提供的形状或转换现有的 2D 图层，创建自己的 3D 网格。

  材质相当于 3D 对象的皮肤。一个网格可具有一种或多种相关的材质，这些材质控制着局部或整个网格的外观。它们依次构建于被称为纹理映射的子组件，它们的积累效果可创建材质的外观。纹理映射本身就是一种 2D 图像文件，它可以产生和具有各种品质，如颜色、图案、反光度等。Photoshop 材质可使用多种不同的纹理映射定义其整体外观。

  光源相当于 3D 场景中的太阳或者灯光，能使 3D 场景亮起来。光源类型包括无限光、聚光灯和点光等。编辑 3D 对象时，可以将新的光源添加到 3D 场景中，环绕场景可以设置多种类型的光源，可以移动和调整现有光源的颜色和强度。

  Photoshop 可以支持 U3D、3DS、OBJ、KMZ 和 DAE 等 3D 文件格式，它可以直接打开或者导入这些在不同软件中生成的 3D 文件，可以对这些 3D 文件进行编辑，也可以轻松地实现一些立体感、质感超强的 3D 图像。它可以使用材质进行贴图，制作出质感逼真的 3D 图像，进一步推进二维和三维图像的完美结合。它还可以制作简单的 3D 模型，能够像其他 3D 编辑软件那样调整 3D 模型的角度、透视，在 3D 空间中添加光源和投影，并且还可以将已经创建或编辑完成的 3D 对象导出到其他软件中使用。

12.1.1　3D 工作环境介绍

在 Photoshop CC 2017 中打开、创建或编辑 3D 文件时，软件会自动切换到 3D 界面。主菜单栏中有单独的【3D】菜单，同时软件还预置了【3D】面板和【属性】面板，在这样的工作环境中可以很容易地完成 3D 图像的编辑操作。编辑 3D 对象时，可以在【属性】面板中选择不同的视图，改变 3D 对象的透视视角，对 3D 图像的凸纹进行更加直观的处理，设置 3D 打印等。在【3D】面板中，可以方便地创建 3D 模型，像立方体、球面、圆柱和 3D 明信片等，也可以非常灵活地修改场景和对象的方向，拖动调整阴影与光源的位置，编辑地面反射、阴影和其他效果，甚至还可以将 3D 对象分解成若干子对象后，进行细致的编辑。

在 Photoshop CC 2017 中打开一个 3D 文件，选择【文件】|【打开】命令，在【打开】对话框中选择需要编辑的 3D 图像文件，就可在 3D 工作界面中打开 3D 图像文件，如图 12-1 所示。如果要在打开的文件中将 3D 文件添加为图层，可以选择【3D】|【从文件新建 3D 图层】命令，然后选择该 3D 文件。3D 文件一般包含网格、材质和光源等组件。

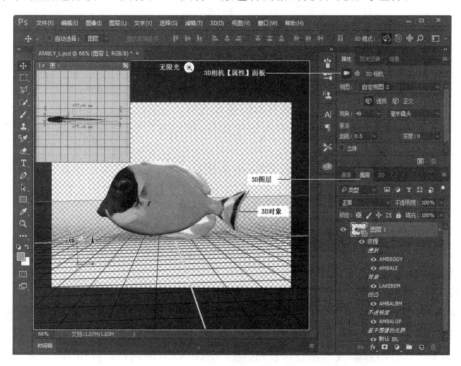

图 12-1　3D 图像编辑界面

选择 3D 图层后，【3D】面板中会显示与之关联的 3D 文件组件，如图 12-2 所示。

【3D】面板中各按钮的介绍如下。

（1）【显示所有场景元素】按钮：单击该按钮后，可以在【3D】面板中列出场景中 3D 对象的所有元素。

図中标注文字:

显示所有场景元素
显示所有3D网格和3D模型

显示所有光源
显示所有材质

将新对象添加到场景
将新光照添加到场景
渲染
开始打印
取消打印
删除所选测量

面板中列表项：
环境
场景
当前视图
AMBCOLA
AMBALETA
AMBALE
AMBALETA
AMBALEO
AMBALETA
AMBBAJA
AMBALETA
AMBCAUD
AMBALETA
AMBBODY
AMBBODY
无限光 1
默认相机

图 12-2 【3D】面板

(2)【显示所有 3D 网格和 3D 模型】按钮：单击该按钮后，可以在【3D】面板中显示网格组件，并可以在【属性】面板中设置当前选中的网格属性。

(3)【显示所有材质】按钮：单击该按钮后，可以在【3D】面板中列出 3D 对象使用的材质，此时可以在【属性】面板中设置材质的各种属性。

(4)【显示所有光源】按钮：单击该按钮后，可以在【3D】面板中列出 3D 场景中包含的全部光源。

(5)【将新对象添加到场景】按钮：单击该按钮后，可以打开添加新对象的下拉列表，下拉列表中的选项有【添加锥形】、【添加立体环绕】、【添加立方体】、【添加圆柱体】等12 种常见的 3D 对象，还可以从文件中添加 3D 新对象。

(6)【将新光照添加到场景】按钮：单击该按钮后，可以打开添加新光照的下拉列表，下拉列表中的选项是【新建点光】、【新建聚光灯】和【新建无限光】3 种光照选项，可以为场景选择合适的光照。

(7)【渲染】按钮：在【属性】面板中可以先设置渲染的颜色、不透明度等参数，单击该按钮后，可以对当前场景进行渲染。渲染时可以根据 3D 窗口左下角的进度条掌握渲染的进度，按 Esc 键可以取消渲染。

(8)【开始打印】和【取消打印】按钮：控制 3D 对象的打印操作。

(9)【删除所选测量】按钮：单击该按钮后，可以删除【3D】面板中选中的测量。

【3D】面板、3D 相机【属性】面板和 3D【图层】面板是编辑 3D 文件的重要面板。

12.1.2　3D 相机工具

编辑 3D 文件时，3D 相机工具是使用最频繁的工具。用 3D 相机工具能够更换场景视图,移动相机视图,同时维持 3D 对象的位置固定不动,还可以使用 3D 轴操控 3D 模型。

在 3D 工具选项栏的【3D 模式】中,会显示 3D 相机工具按钮,它们是【环绕移动 3D 相机】、【滚动 3D 相机】、【平移 3D 相机】、【滑动 3D 相机】和【变焦 3D 相机】。3D 模式的 5 个按钮如图 12-3 所示。单击不同的 3D 相机按钮,可选择不同的 3D 相机工具,从而完成不同效果的 3D 图像编辑。

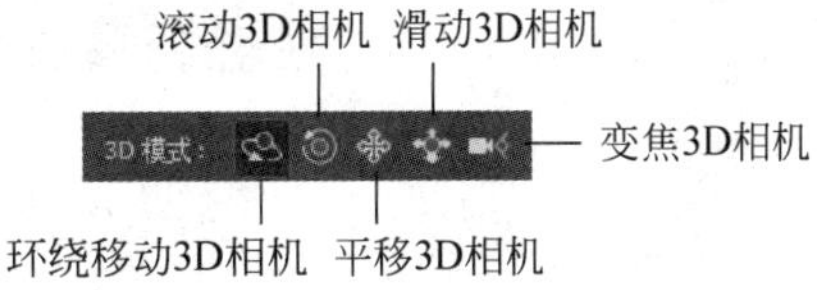

图 12-3　3D 模式的 5 个按钮

(1)【环绕移动 3D 相机】按钮:单击该按钮后,可在编辑窗口中将 3D 模型环绕移动,用鼠标拖曳,使相机沿 X 轴或 Y 轴方向环绕移动,按住 Ctrl 键的同时用鼠标拖曳 3D 对象,可以直接移动 3D 对象。

(2)【滚动 3D 相机】按钮:单击该按钮后,可在编辑窗口中旋转 3D 模型,用鼠标水平拖曳可使模型绕 Z 轴旋转。

(3)【平移 3D 相机】按钮:单击该按钮后,可在编辑窗口中将 3D 模型平行移动,用鼠标拖曳以移动相机,按住 Ctrl 键的同时用鼠标拖曳 3D 对象,可以直接移动 3D 对象。

(4)【滑动 3D 相机】按钮:单击该按钮后,可在图像中滑动 3D 模型,用鼠标水平拖曳可沿水平方向移动模型,上下拖曳可将模型移近或移远。按住 Ctrl 键的同时拖曳 3D 对象,可直接移动 3D 对象。

(5)【变焦 3D 相机】按钮:单击该按钮后,可在图像中对 3D 模型进行缩放,拖曳以更改 3D 相机的视角,最大视角为 180°。

12.2　3D 图像的基本操作

在 Photoshop CC 2017 中可以将 2D 图层作为起始图层,生成各种基本的 3D 对象。创建 3D 对象,可以在 3D 空间中移动它,更改渲染设置,添加光源或与其他 3D 图层合并。

12.2.1　创建 3D 明信片

3D 明信片是一种具有 3D 属性的平面,可以在 3D 工作环境中进行各种 3D 的编辑操作。在 Photoshop 中,可将单个或者多个 2D 图层转换为具有 3D 属性的 3D 明信片。如果起始图层是文字图层,则会保留其文件的所有透明度。

打开一张 2D 素材图像文件,选择【3D】|【从图层新建网格】|【明信片】命令,将 2D 的图像文件转换为 3D 明信片,单击选项栏中的【环绕移动 3D 相机】按钮,可对明信片进行旋转,如图 12-4 所示。

注意,将 3D 明信片作为表面平面添加到 3D 场景中,首先应将新 3D 图层与现有的、包含其他 3D 对象的 3D 图层对齐,然后根据需要进行合并。

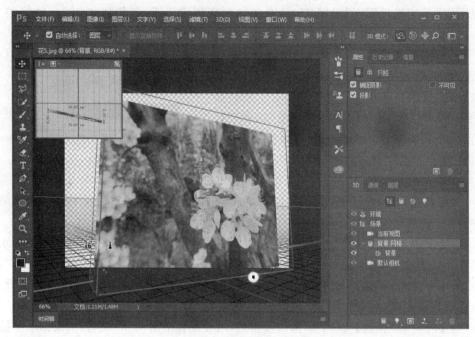

图 12-4　3D 明信片

12.2.2　创建 3D 形状

　　Photoshop 中预置了很多 3D 形状,这为创建 3D 模型提供了方便。充分利用软件提供的各种预设形状和编辑工具,可以很便捷地将 2D 图像创建为各种栩栩如生的 3D 模型。软件预置的 3D 形状有【锥形】、【立体环绕】、【立方体】、【圆柱体】、【环形】、【汽水】、【球面全景】、【酒瓶】等 10 多种基本的 3D 形状,这些 3D 形状涵盖了常用的 3D 图形。

　　打开一张 2D 素材图像文件,选择【3D】|【从图层新建网格】|【网格预设】命令,在打开的级联菜单中可以选取所需的 3D 形状。选择【圆柱体】命令后的效果如图 12-5 所示。

12.2.3　创建 3D 深度映射

　　将 2D 图像转换为 3D 深度映射,可使得平面图像产生纵深的立体感。【深度映射】实际上是将明度值转换为深度不一的 3D 表面,较亮的数值会生成表面凸起的区域,较暗的值会生成表面凹下的区域。

　　打开一张 2D 素材图像,如图 12-6 左下图所示,选择【3D】|【从图层新建网格】|【深度映射到】|【平面】命令,将当前图层转换为 3D 网格的图层,3D 效果如图 12-6 所示。

　　选择【3D】|【从图层新建网格】|【深度映射到】命令,从打开的级联菜单中可以选取所需的网格选项。级联菜单中有 6 个选项,各选项的功能如下。

　　(1)【平面】选项:可将深度映射的数据应用于平面表面。

　　Photoshop CC 2017 图形图像处理教程(第 2 版)

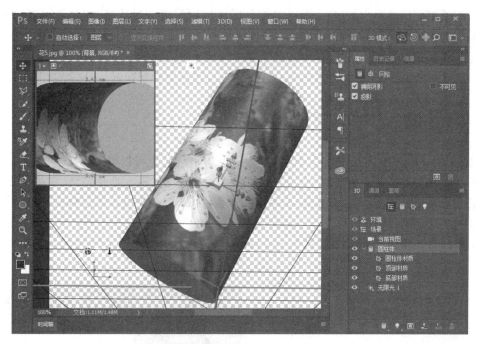

图 12-5　创建圆柱体 3D 形状

图 12-6　创建 3D 深度映射

（2）【双面平面】选项：可以创建两个沿中心轴对称的平面，深度映射数据将应用于两个对称的平面。

（3）【纯色凸出】选项：可以对纯色区域应用深度映射数据。

（4）【双面纯色凸出】选项：可以对纯色区域应用深度映射数据，并且将深度映射数据应用到两个平面。

（5）【圆柱体】选项：从垂直中心向外应用深度映射数据。

（6）【球体】选项：从中心点向外呈放射状地应用深度映射数据。

12.2.4 创建 3D 文字模型

在 Photoshop 中不但可以将 2D 图像转换为 3D 模型，也可以将平面文字转换为三维立体文字。软件提供了丰富的 3D 文字编辑手段，可以较容易地改变 3D 文字的角度、方向、凸出效果、纹理映射、变形效果、扭曲度和锥度、立体文字各边特效设置等。创建与编辑 3D 文字如下所述。

例 12.1 将平面文字"PS"转换为立体文字，并给立体文字添加变形效果。创建 3D 文字模型前、后效果如图 12-7（a）（b）所示。

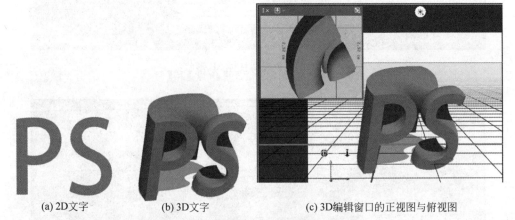

（a）2D 文字　　　　　（b）3D 文字　　　　　（c）3D 编辑窗口的正视图与俯视图

图 12-7　文字 3D 模型的效果图

操作步骤如下。

（1）新建 500 像素×400 像素的空白文档，输入文字"PS"，设置字体为黑体，颜色为 ♯ ff0000，大小为 48 点。

（2）选择【3D】|【从所选图层新建 3D 模型】命令，将平面文字新建为 3D 模型，如图 12-8（a）所示，此时在【3D】面板中选择文字 3D 网格"PS"，如图 12-8（b）所示，然后在【属性】面板中调整文字的属性，如图 12-8（c）所示。

（3）在【属性】面板中调整 3D 文字属性，单击【网格】按钮 ，可以切换到【网格】选项卡。在【形状预设】下拉列表中选择文字不同的 3D 形状，如图 12-9（a）所示。在【纹理映射】下拉列表中选择【缩放】、【平铺】或者【填充】选项，可以调整文字的【凸出深度】参数，还可以调整文字的颜色。

（4）在【属性】面板中单击【变形】按钮 ，可以切换到【变形】选项卡。在其中可以完成 3D 文字的变形设置。文字变形的【属性】面板如图 12-9（b）所示。可以从【形状预设】

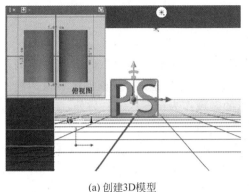

(a) 创建3D模型

(b)【3D】面板

(c)【属性】面板

图 12-8　创建文字 3D 模型

下拉列表中选择文字不同的 3D 形状,可以调整 3D 文字的【凸出深度】、【扭转】、【锥度】等
参数,还可以选择【弯曲】或【切变】单选项,调整其【水平角度】和【垂直角度】。

(5)在【属性】面板中单击【盖子】按钮 ,可以切换到【盖子】选项卡。在其中可以完
成 3D 文字的前部和背面形状的设置。文字【盖子】的【属性】面板如图 12-9(c)所示。可
以在【边】下拉列表中选择文字变形的侧面,共有【前部】、【背面】和【前部和背面】3 个选
项。在【斜面】区域中可以调整 3D 文字的【宽度】、【角度】和【等高线】等参数。在【膨胀】
区域中可以调整 3D 文字的【角度】和【强度】等参数。

(6)在【属性】面板中单击【坐标】按钮 ,可以切换到【坐标】选项卡,如图 12-9(d)所
示。在其中可以显示【位置】坐标、【旋转】角度和【缩放】尺寸等数据。

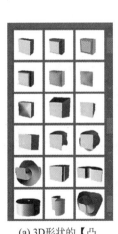

(a) 3D 形状的【凸
出】拾色器

(b) 文字变形的
【属性】面板

(c)【盖子】的
【属性】面板

(d)【坐标】的
【属性】面板

图 12-9　文字 3D 模型的【属性】面板

(7)在如图 12-7(a)所示的 2D 文字的基础上创建 3D 文字模型,适当调整【网格】、
【变形】、【盖子】等选项卡中的参数,可以获得 3D 文字效果图,如图 12-7(b)所示,3D 编辑
窗口的正视图与俯视图,如图 12-7(c)所示。

12.2.5　3D 模型的绘制

使用任何 Photoshop 的绘画工具都可以直接在 3D 模型上绘制图案,这与在平面图层上绘制图案完全一样。绘制图案时,可使用选择工具将特定的 3D 模型区域设为绘图的目标区域,或者让可识别的区域以及高亮显示的区域作为绘图区域。另外,使用【显示/隐藏多边形】命令能隐藏 3D 模型区域的背面与底部,便于绘画。

新建一个 500 像素×400 像素的文档,设置背景色为"黄色"。选择【3D】|【从图层新建网格】|【网格预设】|【环形】命令,可以新建一个 3D 环形,如图 12-10(a)所示。用【环绕移动 3D 相机】旋转 3D 环形,选择【3D】|【在目标纹理上绘画】命令,在打开的级联菜单中选取一种绘画模式,这里选择【漫射】命令,在工具箱中选择【画笔工具】,并在【画笔预设】中选择【散布枫叶】,画笔大小为 45 像素,用画笔在绘制的 3D 环形上涂抹,效果如图 12-10(b)所示。

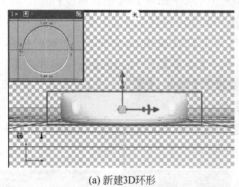

(a) 新建3D环形　　　　　　　　　(b) 用画笔绘制3D环形后的效果

图 12-10　在 3D 环形上绘制图案

在 3D 模型上绘画,可能会由于角度或者模型的不同侧面存在是否适合绘画的问题。在不适合绘画的区域上绘制图案,会影响 3D 模型的效果,如图 12-10(b)所示的手环内侧就没必要绘画。如果想在 3D 模型指定区域上绘图,可以使用【套索工具】或者【选框工具】先在要绘画的 3D 模型上建立选区,然后选择【3D】|【显示/隐藏多边形】命令打开级联菜单,选择【选区内】、【反转可见】或者【显示全部】选项,显示或隐藏该 3D 模型的绘图区域。

12.3　【3D】面板的运用

在 3D 环境中打开 3D 模型后,【3D】面板中就会显示 3D 模型的网格、材质和灯光等相关信息,可以通过【属性】面板设置 3D 模型的材质、光源等。选择【窗口】|【3D】命令和选择【窗口】|【属性】命令,可以打开【3D】面板和【属性】面板。

选择【3D】面板中的【场景】,并单击【3D】面板中的【滤镜:整个场景】按钮 ![按钮图标],如

图 12-11(a)所示,可以在【属性】面板中修改当前场景的设置,如图 12-11(b)所示。单击
【圆柱体】左侧的三角形按钮,可展开或折叠显示网格的材质。

单击【3D】面板中的【滤镜:网格】按钮 ▦,可显示所有网格组件,如图 12-11(c)所示。
单击【滤镜:材质】按钮 ▩,可显示所有材质组件,如图 12-11(d)所示。单击【滤镜:光源】
按钮 ☀,可显示所有光源组件,如图 12-11(e)所示。在【属性】面板内可查看和调整相应
的设置与参数。

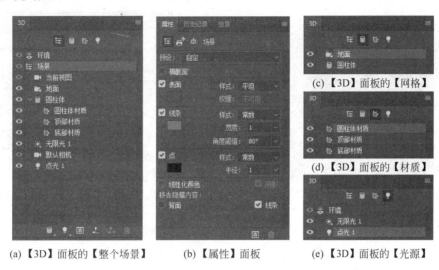

(a)【3D】面板的【整个场景】　　(b)【属性】面板　　(e)【3D】面板的【光源】

图 12-11　【3D】面板和【属性】面板

如要显示或者隐藏 3D 网格、材质或者光源时,只须单击位于【3D】面板组件列表中不
同条目前的眼镜按钮即可。

例如,打开一个 3D 圆柱体,如图 12-12(a)所示,选择【3D】|【选择可绘画区域】命令,
可以在 3D 圆柱体上构建一个最佳绘图的选区,如图 12-12(b)所示,可按照显示的最佳绘
图区域在模型上改变材质。

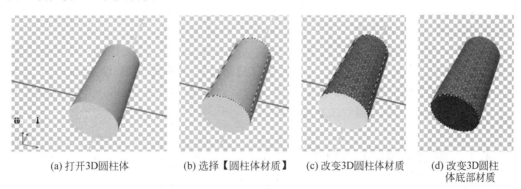

(a)打开3D圆柱体　　(b)选择【圆柱体材质】　　(c)改变3D圆柱体材质　　(d)改变3D圆柱
　　　　　　　　　　　　　　　　　　　　　　　　　　　　　　　　　　　　体底部材质

图 12-12　在 3D 圆柱体可绘图区域中改变材质

打开【图层】面板,选择【图层 1】,如图 12-13(a)所示。打开【3D】面板,选择【圆柱体材
质】,如图 12-13(b)所示,表示要给圆柱体可绘图区域改变材质。打开【属性】面板,单击

【材质拾色器】按钮,在【材质拾色器】中选择【趣味纹理】,其他参数设置如图 12-13(d)所示。此时,3D 圆柱体改变了材质,如图 12-12(c)所示。在工具箱中选择【快速选择工具】,在 3D 圆柱体底部建立选区,在【3D】面板中选择【底部材质】,表示给圆柱体底部区域绘图,如图 12-13(c)所示。打开【属性】面板,单击【材质拾色器】按钮,在【材质拾色器】中选择【皮革(褐色)】材质,如图 12-13(e)所示,此时 3D 圆柱体底部改变了材质,如图 12-12(d)所示。

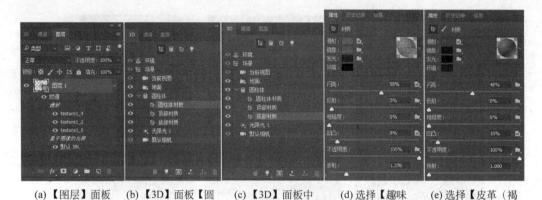

(a)【图层】面板　(b)【3D】面板【圆柱体材质】　(c)【3D】面板中【底部材质】　(d)选择【趣味纹理】材质　(e)选择【皮革(褐色)】材质

图 12-13　3D 圆柱体的【3D】面板和【属性】面板

12.4　创建和编辑 3D 模型的纹理与材质

　　贴图是一幅图像或者一张照片,可用于替代 3D 模型的表面。纹理是基本图像的重复,可以是一张贴图,也可以是一张贴图所产生的无数扩充。例如,木纹有很多基本条纹,其实整个木纹就是一些基本条纹的阵列,基本条纹拉伸扩充后便形成了木纹的效果。材质具有反光,折射、透明度、自发光等材料的光学特性和视觉特效。材质是具有视觉层面的表现力,主要用来表现物体对光的交互(如反射、折射等)作用。

　　所以,3D 模型的表面可以用贴图、纹理和材质构成。打开 3D 文件时,3D 模型上的纹理会与 3D 模型一起导入,它们会显示在【图层】面板中,并嵌套于 3D 图层的下方,以漫射、凹凸、光泽度等映射类型进行分组,如图 12-13(a)所示。在 Photoshop 中可以创建新的纹理,或者用绘画工具和调整工具编辑纹理。

12.4.1　创建与编辑 3D 模型纹理

　　Photoshop CC 2017 能够在 3D 图像中编辑 2D 格式的纹理。编辑 2D 格式的纹理时,该纹理将会以【智能对象】的方式在新文档的面板中打开,运用各种 2D 图像编辑调整工具对图像进行编辑修饰,然后作为 3D 模型的纹理贴到 3D 模型表面,便可以完成 3D 模型纹理的编辑。

例 **12.2**　打开素材文件夹中的 3D 文件"椅子.3DS",如图 12-14(a)所示,将椅子靠背与坐垫上的表面用 2D 图像替换,将椅子木扶手与椅子腿的材质用预置的"红木"材质替代,椅子纹理与材质替换后的效果如图 12-16(c)所示,编辑后的 3D 文件用"椅子.U3D"保存。

操作步骤如下。

(1) 打开素材文件夹中的 3D 文件"椅子.3DS",用【环绕移动 3D 相机】旋转 3D 椅子,在【3D】面板中单击【滤镜:整个场景】按钮，并在面板中选择 Material 条目,表示要对椅子靠背与坐垫表面进行编辑,如图 12-14(a)所示。

(2) 单击【滤镜:材质】按钮,并切换到【属性】面板,单击【材质】下方【漫射】右侧编辑纹理的按钮,在弹出的列表中选择【编辑纹理】选项,如图 12-14(b)所示。

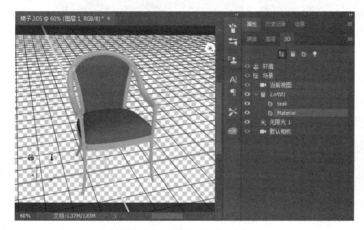

(a) 选择3D对象"椅子"的Material条目　　　　(b) 在【属性】面板
中编辑【纹理】

图 12-14　【3D】编辑窗口与【属性】面板

(3) 此时的编辑窗口 Material 如图 12-15(a)所示,选择【文件】|【打开】命令,打开素材文件"花 12.jpg",选择【图像】|【调整】|【亮度/对比度】命令,对图像的亮度与对比度加以调整,按组合键 Ctrl+A 全选图像,按组合键 Ctrl+C 复制图像,如图 12-16(a)所示。切换到编辑窗口 Material,按组合键 Ctrl+V 粘贴图像,编辑窗口 Material 如图 12-15(b)所示,按组合键 Ctrl+S 保存调整效果。

(4) 切换到"椅子.3DS"窗口,可以看到所做的表面纹理修改已反映到 3D 模型上,如图 12-16(b)所示。

(5) 在【3D】面板中单击【滤镜:整个场景】按钮,并在面板中选择 teak 条目,表示要对椅子脚与扶手表面材质进行编辑。单击【滤镜:材质】按钮,并切换到【属性】面板,单击【材质拾色器】右边的按钮,在【材质拾色器】中选择【红木】材质,此时 3D 模型的效果如图 12-16(c)所示。

(6) 选择【3D】|【导出 3D 图层】命令,在【导出属性】对话框中选择【3D 文件格式】为"U3D",将 3D 模型保存为"椅子.U3D"。

纹理可以由图案中完全相同的拼贴构成,重复纹理可以提供更加逼真的模型表面覆

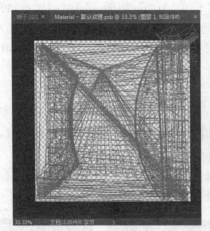 

(a) 3D对象"椅子"的编辑窗口　　　　　　　(b) 粘贴素材文件后的编辑窗口

图 12-15　【纹理】编辑效果的前、后变化

 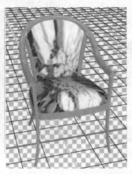 

(a) 素材图像文件　　　　(b) 更改3D模型的表面纹理　　(c) 更改3D模型的材质

图 12-16　3D 模型椅子纹理编辑后的效果

盖,占用更少的存储空间,并且可以改善渲染性能。任意 2D 文件转换成拼贴绘画时,在预览多个拼贴如何在绘画中相互作用之后,还可以存储一个拼贴,以作为重复纹理。打开一张 2D 素材图像,如图 12-17(a)所示,选择【3D】|【从图层新建拼贴绘画】命令,创建一幅拼贴画,效果如图 12-17(b)所示。

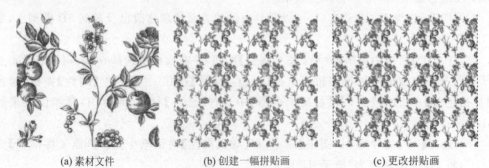

(a) 素材文件　　　　　　(b) 创建一幅拼贴画　　　　　　(c) 更改拼贴画

图 12-17　拼贴绘画创建前、后效果图

单击工具箱中的【画笔工具】,在图像中对一个拼贴所做的更改会出现在其他拼贴中,如将画笔设置为"散布枫叶"和"草",用【画笔工具】在图 12-17(b)中涂抹,效果如图 12-17(c)所示。用"花卉拼贴画.psb"保存文件。这里,PSB 是大型文档格式,支持宽度或高度最大为 300 000 像素的文档,在 Photoshop 8.0 以上的版本中可以打开。

12.4.2 创建与编辑 3D 模型材质

创建与编辑 3D 模型材质一般都是由【3D】面板、【图层】面板和【属性】面板协同完成。【属性】的【材质拾色器】中预置了数十种材质,可以让设计者根据需要直接贴到 3D 模型的表面。也可以编辑 3D 模型的表面纹理,在场景中添加各种光源,修正 3D 模型表面纹理的【反射】、【折射】、【凹凸】效果、【闪亮】、【不透明度】等各种参数,然后将编辑好的纹理存储为新的预设材质,供需要时使用。还可以很方便地载入外部材质文件。材质文件的扩展名为".p3m"。

例 12.3 创建一个 3D 锥形模型,分别用 2D 图像、拼贴绘画、新建的纹理、替换纹理、新建的材质和预置材质更换 3D 锥形模型的表面。

操作步骤如下。

(1) 新建一个 800 像素×600 像素,【背景颜色】为黄色的文档。选择【3D】|【从图层新建网格】|【网格预设】|【锥形】命令,新建一个 3D 锥形模型,如图 12-18(a)所示。

(2) 在【3D】面板中单击【滤镜:整个场景】按钮,并在面板中选择"锥形材质"条目,如图 12-18(b)所示。

(3) 切换到【属性】面板,单击【材质】下方【漫射】右侧的按钮,在弹出的列表中选择【替换纹理】命令,如图 12-18(c)所示。在【打开】对话框中选择文件"花卉拼贴画.psb",3D 锥形模型的表面如图 12-18(d)所示。在【打开】对话框中选择其他 jpg 文件或者 psd 文件也可以替换纹理。

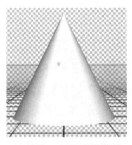
(a) 新建一个 3D 锥形模型

(a)【3D】面板

(c) 在【属性】面板中替换纹理

(d) 3D 锥形模型效果图

图 12-18 【替换纹理】示意图

(4) 从图 12-18(c)所示的下拉列表中选择【新建纹理】命令,打开如图 12-19(a)所示的【新建】对话框,在【名称】框中输入新建纹理的文件名,其他参数设置如图 12-19(a)所示。单击【确定】按钮后,会打开一个名为"锥形材质-漫射.psb"的新窗口,窗口中的内容如图 12-19(b)所示。

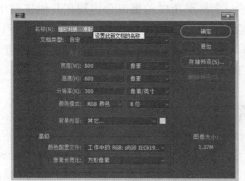

(a)【新建】对话框   (b) 打开"锥形材质-漫射.psd"的新窗口

图 12-19 【新建】纹理文件

（5）选择【文件】|【打开】命令，打开素材文件夹中的图像文件"背景 11. jpg"，按组合键 Ctrl＋A 全选图像，按组合键 Ctrl＋C 复制图像，切换到"锥形材质-漫射. psb"窗口，按组合键 Ctrl＋V 粘贴图像，如图 12-20(a)所示，按组合键 Ctrl＋S 保存图像，此时 3D 锥形表面如图 12-20(b)所示。

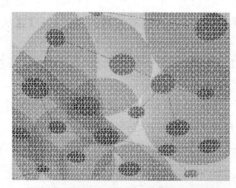
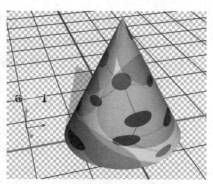

(a) 将素材文件粘贴到"锥形材质-漫射.psd"的窗口   (b) 更换3D锥形表面材质

图 12-20 新纹理更换锥形表面后的效果

（6）打开【3D】面板，单击面板底部的【将新光照添加到场景】按钮，如图 12-21(a)所示，在下拉列表中分别选择【新建点光】和【新建聚光灯】命令，在当前场景中添加【点光】和【聚光灯】，在【3D】面板中单击【显示所有光照】按钮，如图 12-21(b)所示，单击【无限光1】条目，此时可以在当前场景中拖曳【无限光 1】的调整手柄改变此光源的位置和角度，如图 12-22 所示。单击【属性】面板，【无限光 1】的【属性】面板如图 12-21(c)所示。在【属性】面板中可以调整【无限光 1】的【颜色】、【强度】、【阴影】【柔和度】，以及选择【预设】的无限光的样式。

（7）分别选择【3D】面板中的【点光 1】和【聚光灯 1】，它们的【属性】面板如图 12-21(d)(e)所示，可以参照调整【无限光 1】的方式，在当前场景中调整【点光 1】和【聚光灯 1】光源点，如图 12-22 所示，并调整【属性】面板中的【颜色】、【强度】、【阴影】、【柔和度】、【光照衰减】等参数，以及选择【预设】的光照的样式。

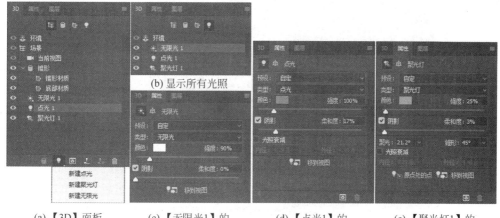

图 12-21　各种光照的【属性】面板

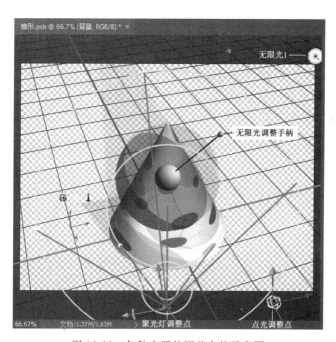

图 12-22　各种光照的调整点的示意图

（8）单击【3D】面板中的【显示所有材质】按钮![按钮],并选中【锥形材质】条目,切换到该种材质的【属性】面板,如图 12-23(a)所示。单击【材质拾色器】右侧的按钮![按钮],打开【材质拾色器】,如图 12-23(b)所示。单击【材质拾色器】面板右上角的按钮![按钮],从展开的【管理材质】下拉列表中选择【新建材质】命令,系统会弹出一个【新建材质预设】对话框,如图 12-23(c)所示。在【名称】框中输入"创意球",表示当前 3D 锥形材质名为"创意球",在【材质拾色器】的最后会新增一个以该名字命名的小缩览图。

（9）从【管理材质】的下拉列表中选择【存储材质】命令,系统会打开一个【另存为】对

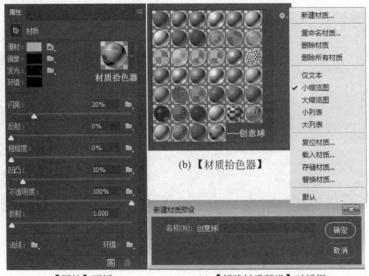

(a)【属性】面板   (c)【新建材质预设】对话框

图 12-23 【新建材质预设】示意图

话框，选择保存新建材质的路径，并给新材质命令为"创意球.p3m"。

（10）用【环绕移动 3D 相机】工具改变 3D 锥形的倾斜角度，如图 12-24（a）所示。单击【3D】面板中的【显示所有材质】按钮，并选中【底部材质】条目，切换到该种材质的【属性】面板，打开【材质拾色器】，选中【棋盘】材质后的效果如图 12-24（b）所示。

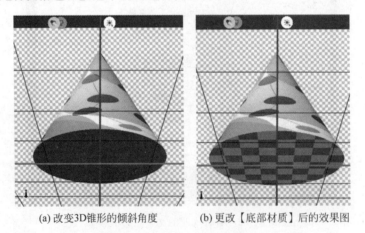

(a) 改变3D锥形的倾斜角度 (b) 更改【底部材质】后的效果图

图 12-24 3D 锥形添加材质示意图

（11）选择【文件】|【存储为】命令，将 3D 锥形以"锥形.psb"保存在"结果"文件夹中。

12.4.3 3D 模型的渲染设置

Photoshop CC 2017 中拥有多种不同的渲染设置，可以通过设置不同选项获得不同的 3D 渲染效果。要注意的是，渲染设置是针对图层的，如果文档中包含多个 3D 图层，则要为每个图层分别设置渲染方式。

单击【3D】面板中的【显示所有场景元素】按钮 ⫶,如图 12-25(a)所示。在【属性】面板中单击【预设】右侧的三角按钮,如图 12-26(a)所示在展开的下拉列表中可以选取所需渲染的设置,如图 12-26(b)所示,分别选择【素描细铅笔】和【实色】渲染的图像效果,如图 12-25(b)(c)所示。

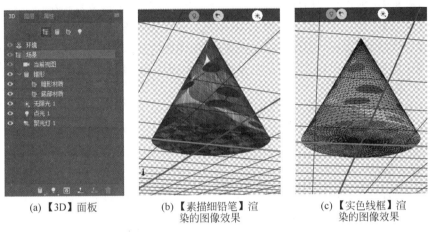

(a)【3D】面板　　(b)【素描细铅笔】渲　　(c)【实色线框】渲
　　　　　　　　　　染的图像效果　　　　　染的图像效果

图 12-25　3D 渲染的预设效果

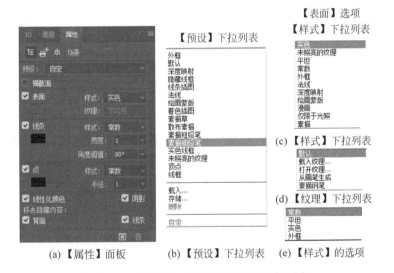

(a)【属性】面板　　(b)【预设】下拉列表　　(e)【样式】的选项

图 12-26　模型渲染的【属性】面板与下拉列表

【属性】面板中的渲染设置除了【预设】之外,还有【表面】、【线条】和【点】等几个选项组,其中的各项参数可以决定如何渲染模型。

勾选【表面】复选框,单击【样式】右侧的下三角按钮,弹出的下拉列表如图 12-26(c)所示,其中各选项的意义如下。

(1)【实色】选项:可以使用图像处理器显示卡上的 GPU 绘制没有阴影或反射的表面。

（2）【未照亮的纹理】选项：可以绘制没有光照的表面，而不仅仅显示选择的【纹理】选项。

（3）【平坦】选项：3D 模型外形轮廓表面的每一个小平面都应用相同的表面标准，即创建相同的刻面外观效果。

（4）【常数】选项：可以用当前指定的颜色替换纹理。

（5）【外框】选项：可以用反映每个组件最外侧尺寸的简单框查看模型。

（6）【法线】选项：可以用不同的 RGB 颜色显示表面标准的 X、Y 和 Z 组件。

（7）【深度映射】选项：可以显示灰度模式，使用明度显示深度。

（8）【绘画蒙版】选项：可以用白色显示最佳绘画区域，蓝色显示取样不足的区域，红色显示过度取样的区域。

（9）【漫画】选项：可以用漫画形式显示纹理映射。

（10）【仅限于光照】选项：可以使用计算机主板上的 CPU 设置绘制具有阴影、反射和折射的表面。

（11）【素描】选项：可以用素描的形式指定纹理映射。

选择【表面】复选框，单击【纹理】右侧的下三角按钮，弹出的下拉列表如图 12-26(d) 所示。

【线条】选项组可以决定线框线条的显示方式。勾选【线条】复选框，单击【样式】右侧的下三角按钮，弹出的下拉列表有【常数】、【平坦】、【实色】和【外框】4 种选项，如图 12-26(e) 所示，其中各选项的作用如上所述。【线条】选项组中其他参数的作用如下。

（1）【宽度】参数：可以指定线条的宽度，以像素为单位。

（2）【角度阈值】参数：可以调整出现在模型中的结构线条数量，当模型中的两个多边形在某个特定角度相接时，会形成一条折痕或线，如果边缘在小于【角度阈值】设置(0～180)的某个角度相接，则会移去它们形成的线；如果设置为 0，则显示整个线框。

【点】选项组可用于调整 3D 对象顶点的外观，也就是组成线框的多边形相交点的宽度。勾选【点】复选框，单击【样式】右侧的下三角按钮，弹出的下拉列表有【常数】、【平坦】、【实色】和【外框】4 种选项，如图 12-26(e) 所示，其中各选项的作用如上所述。其中，【半径】参数可以决定每个顶点的像素半径。

勾选【属性】面板中的【线性化颜色】复选框，可以线性化场景的颜色。【背面】复选框可以决定是否移去隐藏背面。【线条】复选框可以决定是否移去隐藏线条。

在【属性】面板中选择【表面】复选框后，不同样式的渲染如图 12-27(a)(b)(c) 和图 12-28(a)(b)(c) 所示。

如果要【存储】或【删除】渲染预设时，可在【属性】面板中打开【预设】下拉列表，如图 12-26(b) 所示，从中选择【存储】命令，从弹出的【另存为】对话框中保存渲染预设。也可以在【属性】面板中打开【预设】下拉列表，从中选择【删除】命令删除不要的渲染设置。

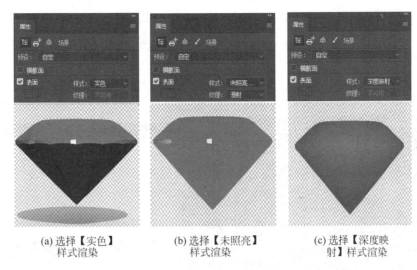

(a) 选择【实色】 (b) 选择【未照亮】 (c) 选择【深度映
样式渲染   样式渲染   射】样式渲染

图 12-27　不同样式的表面渲染效果之一

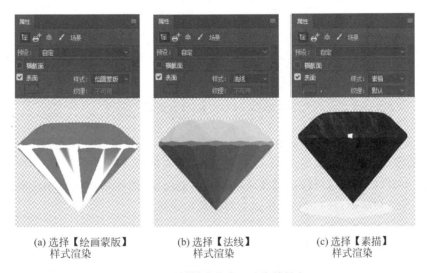

(a) 选择【绘画蒙版】 (b) 选择【法线】 (c) 选择【素描】
样式渲染   样式渲染   样式渲染

图 12-28　不同样式的表面渲染效果之二

12.5　存储和导出 3D 图像

3D 图像的管理是 Photoshop CC 2017 处理 3D 图像的一个重要环节,进行导出 3D
图层和存储 3D 文件等操作。

12.5.1　导出 3D 图层

要保留文件中的 3D 内容,需要以 Photoshop 格式或其他支持的图像格式存储 3D 文

件。在 Photoshop 中可以用 Collada DAE、Wavefront OBJ、U3D 和 Google Earth 4 KMZ 等支持的 3D 格式导出 3D 图层。选择【3D】|【导出 3D 图层】命令，打开【导出属性】对话框，在对话框中设置导出的 3D 文件格式，单击【确定】按钮，即可导出 3D 图层，如图 12-29 所示。

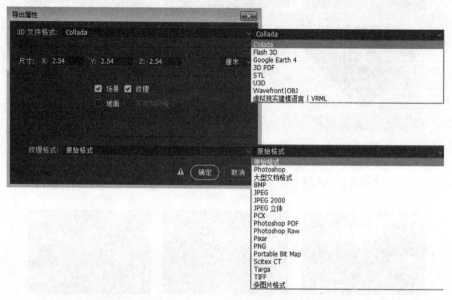

图 12-29 【导出】属性对话框

U3D 和 KMZ 支持 JPEG 或 PNG 作为纹理格式。DAE 和 OBJ 支持所有 Photoshop 用于纹理的图像格式。选取导出 3D 文件格式时，所有的【纹理】图层将会以 3D 文件格式存储，但是 U3D 格式只保留【漫射】、【环境】和【不透明度】的纹理映射。OBJ 格式不存储相机设置、光源和动画，只有 DAE 格式会存储渲染设置。

12.5.2　存储 3D 文件

要保留 3D 模型的位置、光源、渲染模式和横截面等 3D 模型的要素，可以用 PSD、PSB、TIFF 或 PDF 格式存储包含 3D 图层的文件。选择【文件】|【存储】命令，打开【另存为】对话框，在对话框中可以设置存储 3D 文件的格式，可以选择 Photoshop（PSD）、PDB 或 TIFF 格式等，设置完成后单击【确定】按钮，即可存储 3D 文件。

12.6　本 章 小 结

本章介绍了 3D 对象编辑的工作环境和常用 3D 编辑工具，还介绍了 3D 的一些基本概念，如网格、材质、纹理和光源等几个 3D 文件编辑的重要组件，另外还重点介绍了创建 3D 明信片、创建 3D 形状和创建 3D 文字，以及 3D 模型的绘制等技术，介绍了创建与编辑

3D模型的纹理与材质,以及3D模型的渲染技术,并对3D文件的导出与存储进行了介绍。

通过本章3D模型创建和编辑技术的学习,基本上可以利用Photoshop创建和编辑一些简单3D模型与3D文字,并将其应用于平面图像中,给平面图像增添立体的效果。

12.7 本 章 练 习

1. 思考题

(1) Photoshop默认支持的3D文件格式有哪几种?这些文件的扩展名是什么?

(2) 在编辑3D对象的过程中常常会碰到".PSB"文件和".P3M"文件,它们分别是什么文件,有什么作用?有什么特点?

(3) 3D对象的纹理与材质有什么区别?如何创建3D对象的纹理与材质?如何将它们添加为预设的材质?

(4) Photoshop的3D场景中有几种不同的光照?这些光照是否可同时添加到3D场景中?每一种光照是否可以多次添加到场景中?

(5) Photoshop中拥有多种不同的渲染设置,可以通过设置不同参数获得不同的3D渲染效果。如果文档中包含多个3D图层,是否可以为每个图层分别设置不同的渲染方式?

(6) Photoshop中可以用Collada DAE、Wavefront OBJ、U3D和Google Earth 4 KMZ等3D格式导出3D图层,那么,哪种文件格式会存储渲染设置?

2. 操作题

(1) 将平面文字"图像处理"转为立体文字,并给立体文字添加预设的变形效果【锥形增长】。创建3D文字模型前、后的效果图如图12-30(a)(b)所示。

(a) 平面文字

(b) 3D文字模型

图12-30 创建3D文字模型前、后的效果图

操作提示如下。

- 新建 600 像素×600 像素的空白文档,输入文字"图像处理",设置【字体】为"华文琥珀",【颜色】为蓝色,大小为 120 像素。

- 选择【3D】|【从所选图层新建 3D 模型】命令,将平面文字新建为 3D 模型,如图 12-32(a)所示。此时,在【3D】面板中选择文字 3D 网格"图像处理",如图 12-31(a)所示。然后在【属性】面板中调整文字的属性,参数设置如图 12-31(b)所示。选择【形状预设】为"锥形增长",【文本颜色】为红色。

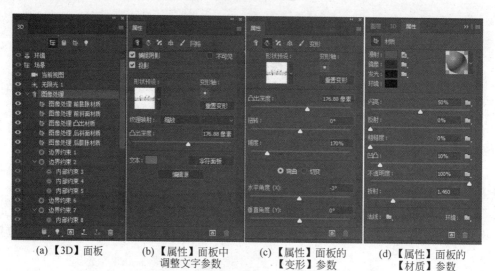

| (a)【3D】面板 | (b)【属性】面板中
调整文字参数 | (c)【属性】面板的
【变形】参数 | (d)【属性】面板的
【材质】参数 |

图 12-31 【3D】面板和【属性】面板

- 单击【属性】面板中的【变形】按钮,参数设置如图 12-31(c)所示。

- 选择【属性】面板中的 图像处理 前膨胀材质,切换到【属性】面板,此时【属性】面板为材质的【属性】面板,参数设置如图 12-31(d)所示。在【材质拾色器】中选择"绒面塑料(蓝色)",此时 3D 文字正面材质便被更换了。最终修饰后的文字效果如图 12-32(b)所示。

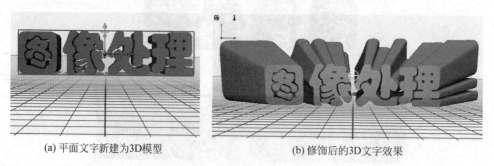

(a) 平面文字新建为3D模型   (b) 修饰后的3D文字效果

图 12-32 3D 场景中的文字效果

(2) 打开本章素材文件夹中的"海浪.jpg"文件,按下列要求对图 12-33 所示的易拉罐进行编辑,操作结果以"啤酒罐.psd"为文件名保存在本章素材文件夹中。

操作提示如下。

- 打开素材文件"海浪.jpg",选择【3D】|【从图层新建网格】|【网格预设】|【汽水】命令,将 2D 图片转换为易拉罐形状的 3D 图像。
- 按样张输入文字"清醇啤酒",文字的格式为:隶书、颜色为黄色,大小为 30 像素、竖排,红色居外描边。

(3) 打开本章素材文件夹中的素材文件"葡萄园.jpg"和"美酒.jpg"文件。对图像"葡萄园.jpg"进行裁剪,将其转换为酒瓶形状的 3D 图像,并使用 3D 工具对其编辑。将酒瓶复制到本图像"美酒.jpg"中,适当缩放大小,如图 12-34 所示。操作结果以"美酒.psd"为文件名保存在本章素材文件夹中。

图 12-33　3D 易拉罐

图 12-34　美酒样张

操作提示如下。

- 打开素材文件"葡萄园.jpg"和"美酒.jpg",切换到"葡萄园.jpg"的编辑窗口,选择【3D】|【从图层新建网格】|【网格预设】|【酒瓶】命令,将 2D 图片转换为酒瓶形状的 3D 图像,如图 12-35(a)所示。
- 在【3D】面板中选中【瓶子材质】,如图 12-35(b)所示,切换到【属性】面板,参数设置如图 12-35(c)所示,在【材质拾色器】中选择"黑缎"预设材质,更换酒瓶材质。
- 在【3D】面板中选中【盖子材质】,切换到【属性】面板,参数设置如图 12-35(d)所示,在【材质拾色器】中选择"皮革(褐色)"预设材质,更换盖子材质。
- 用【魔棒工具】选择 3D 酒瓶,复制并粘贴到"美酒.jpg"编辑窗口,调整 3D 酒瓶的大小与位置后,按题目要求保存文件。

(4) 打开本章素材文件夹中的"茶壶.3ds"和"背景图 2.jpg"文件,参照样张制作成如图 12-36 所示的效果,操作结果以"茶壶.psd"为文件名保存在本章素材文件夹中。

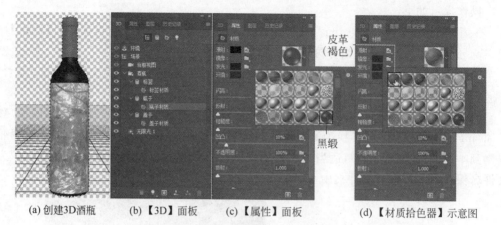

(a) 创建3D酒瓶　　(b)【3D】面板　　(c)【属性】面板　　(d)【材质拾色器】示意图

图 12-35　3D酒瓶的【3D】面板与【属性】面板

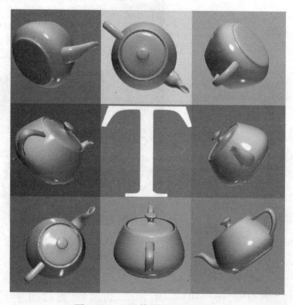

图 12-36　图像"茶壶"的样张

操作提示：打开 3D 文件"茶壶.3ds"，按照样张用 3D 工具调整 3D 对象茶壶的视角，然后复制到背景图中。

Photoshop CC 2017 图形图像处理教程(第 2 版)

参 考 文 献

[1]　李金蓉. Photoshop CC 2015 设计与制作深度剖析[M]. 北京：清华大学出版社,2016.

[2]　创锐设计. Photoshop CC 2017 从入门到精通[M]. 北京：机械工业出版社,2017.

图书资源支持

感谢您一直以来对清华版图书的支持和爱护。为了配合本书的使用，本书提供配套的资源，有需求的读者请扫描下方的"书圈"微信公众号二维码，在图书专区下载，也可以拨打电话或发送电子邮件咨询。

如果您在使用本书的过程中遇到了什么问题，或者有相关图书出版计划，也请您发邮件告诉我们，以便我们更好地为您服务。

我们的联系方式：

地　　址：北京市海淀区双清路学研大厦 A 座 701

邮　　编：100084

电　　话：010－62770175－4608

资源下载：http://www.tup.com.cn

客服邮箱：tupjsj@vip.163.com

QQ：2301891038（请写明您的单位和姓名）

用微信扫一扫右边的二维码，即可关注清华大学出版社公众号"书圈"。

资源下载、样书申请

书圈

扫一扫，获取最新目录